隐伏矿床预测的理论和方法

（第2版）

刘家远　单娜琳
钱建平　吴　虹　编著

北　京
冶金工业出版社
2011

内 容 提 要

本书是在第1版的基础上进行了一些修改和补充，新增加了两章内容。

全书分为三篇十四章。第一篇主要介绍国内外地学界对隐伏矿床的定义和分类，着重讨论如何运用已有成矿学理论指导隐伏矿床的预测。第二篇为重点内容，分六章介绍隐伏矿床预测的方法。主要从构造预测，地层—岩相预测，岩浆岩预测，隐伏花岗岩预测，岩石和矿物地球化学预测六个方面来讨论。还介绍了勘查地球物理方法、勘查地球化学方法和遥感技术等应用于隐伏矿床预测的基本原理、方法种类、程序和实际效果（结合实例）。第三篇对山东招（远）—莱（州）地区、江西、闽、粤中生代火山岩区以及新疆北部陆相火山岩区等五省（区）近20年来对隐伏矿床找矿预测成果和新进展进行了介绍。

本书可供从事矿产资源勘查工作的地质人员阅读，也可供矿山、地质部门研究人员、技术人员和管理人员参考。

图书在版编目（CIP）数据

隐伏矿床预测的理论和方法/刘家远等编著．—2版．
—北京：冶金工业出版社，2011.6
ISBN 978-7-5024-5542-2

Ⅰ．①隐…　Ⅱ．①刘…　Ⅲ．①隐伏矿床—成矿预测　Ⅳ．①P612

中国版本图书馆CIP数据核字（2011）第093214号

出 版 人　曹胜利
地　　址　北京北河沿大街嵩祝院北巷39号，邮编100009
电　　话　（010）64027926　电子信箱　yjcbs@cnmip.com.cn
责任编辑　王之光　美术编辑　李　新　版式设计　孙跃红
责任校对　王贺兰　责任印制　牛晓波
ISBN 978-7-5024-5542-2
北京兴华印刷厂印刷；冶金工业出版社发行；各地新华书店经销
2006年1月第1版，2011年6月第2版，2011年6月第1次印刷
787 mm×1092 mm　1/16；15印张；361千字；227页
48.00元
冶金工业出版社发行部　电话：(010)64044283　传真：(010)64027893
冶金书店　地址：北京东四西大街46号(100010)　电话：(010)65289081(兼传真)

序

随着我国工业化建设的全面快速发展，重要矿产资源的短缺情况日益突出。当前，加强矿产资源勘查已经成为政府、企业、事业单位和人民大众的共识。对于我国的广大地区，找寻隐伏矿床也已成为勘查工作的主要任务。这就一方面需要从多种渠道汇聚足够的资金，同时也需要先进的地质成矿理论和有效的方法、技术，以便正确地选择靶区和合理施工，减少风险，提高找矿工作的成效。

矿床是地质历史演化产物，是在一定地质时、空域中由多种成矿因素耦合，经过适当的作用过程而形成的。它们常成群出现，占有一定的空间和边界，其中，矿体是勘查的主体对象。而矿体周围的地、物、化、遥异常则是找矿的标志。露头矿较易发现，而隐蔽的深部矿床难以追踪。为了找寻隐伏矿床更需要用系统的、整体的和历史的观点研究矿床的形成条件和后来变化，以便对整个矿床（田）的形态、产状和空间位置有一个比较完整的认识，帮助我们从已知矿到未知矿、从浅表矿到深部矿、从单矿种到多矿种的综合找矿和评价工作。

多年来，桂林工学院（原桂林冶金地质学院）隐伏矿床预测研究所的专家教授坚持科研为找矿服务和理论与实践密切结合的方向，与地矿、冶金、有色、黄金等勘查和矿业部门合作，在广东、山西、河北、内蒙古、新疆、浙江等省（区），开展了隐伏金属矿床的预测研究，积累了丰富的工作经验，取得了丰硕的研究成果。摆在我们面前的《隐伏矿床预测的理论和方法》一书，就是他们多年来辛勤探索和劳动成果的结晶。

本书在简要论述隐伏矿床的基本理论后，着重详细阐述了隐伏矿床的综合预测方法，包括地质、勘查地球物理、勘查地球化学、遥感技术、生物学等方法。书中列举了多个地区金、银、铜等矿种的隐伏矿床预测工作实例，分析了近年来隐伏矿床预测工作的新进展及其经验教训。其特色是实际资料丰富，论述深入浅出，透彻分析预测工作中的经验教训，给人以深刻的印象和启迪，为隐伏矿床预测工作提供了新的思路和方法手段，有重要的理论和实际意义。

隐伏矿床预测是一项艰巨复杂的任务，随着我国金属矿山由浅部开发向深部开发（如500 m以下深度）的发展，面临着新的理论和技术问题。如成矿系统的空间结构和分带特征、深部构造的控矿特点、构造地球化学及其深部显示、钻井和坑道中矿化标志的精细研究、经济高效的深部探矿技术等问题，都需要进一步的深入研究和探索；已有的经验和认识也需要在新的探矿实践中加以检验和总结提高。这需要我们大家的密切合作和共同努力。

我衷心祝贺这本专著的出版，希望它在隐伏矿床勘查工作中发挥应有的作用，并能在新的实践中得到进一步的深化和提高。

翟裕生

2005.9.18

第2版前言

《隐伏矿床预测的理论和方法》一书，自2006年1月出版以来，先后印刷了两次，受到地质和矿业界读者的欢迎，并提出了不少宝贵意见和建议，给我们助益良多。为了适应国家进一步大规模开展地质勘查普查找矿工作的形势，以及大力寻找隐伏矿、深部矿的需要，在第1版书稿的基础上，做了某些充实修改，并着重结合我们近年来在隐伏矿床综合找矿预测方面的工作实践、经验教训，以及国内老矿山深部找矿的若干新进展，补充了一些新的资料和成果。如果通过本书的再版，能对进一步推动隐伏矿床预测找矿工作起到积极的作用，我们将感到莫大的欣慰，并鞭策自己更加努力和脚踏实地去做好这一项有意义的工作，同广大地质、矿业界同行一道，为寻找出更多国家建设所需要的各类地下矿产资源，贡献我们微薄的力量。

这里要特别提出和致谢的是，中南大学地质研究所刘亮民教授为本书提供了第十四章老矿山深部找矿新进展的全部资料。这些宝贵的资料是他多年来在诸多老矿山深部找矿工作中辛勤劳动的结晶和所取得的丰硕成果，对于老矿山深部找矿工作，具有很实际的借鉴意义。

刘家远

2010年12月

第1版前言

目前，我国面临着地表找矿难度愈来愈大这一严峻问题。国外亦是如此，自20世纪70年代以来，新发现的矿床数量明显减少。随着找矿难度的不断增加，找矿费用也日益暴涨。以加拿大为例，1950～1955年期间，发现一个矿床的费用，约需500万美元，到1971～1975年，已上升为2500万美元（陈光远，1987）。自70年代以来，苏联用于寻找新矿床的费用占整个投资的60%～65%，且投资很大而找到的矿却不多（金兹堡，1981）。

自中华人民共和国成立以来，1949～1980年找到的矿床多数是露头矿，很少盲矿体。其中，1966～1980年找到的矿床仅占1949～1980年找到矿床总数的五分之一，但盲矿体相应增加（胡伦积等，1982）。据统计，截至1983年底，我国找到的378个大型矿床中，1965年以前占280个，其中隐伏矿28个，仅占10%；1965年后找到的为98个，其中隐伏矿床49个，占50%（池三川，1988）。

国内外的上述情况和不完全的统计数字都说明，出露地表的矿床数量在显著地减少，尤其是金属矿床。随着我国国民经济的迅速发展，对各种矿产资源的需求量都在急剧地增长，某些矿产资源由于不能满足需要，不得不耗费巨额外汇从国外大量进口，如铁矿、铜矿，乃至石油无不如此。面对这一尖锐矛盾，加强矿产资源的探寻，尤其是隐伏矿床的预测找矿工作，已日益显示其重要性和紧迫性。1984年8月在莫斯科召开的第27届国际地质大会强调指出，今后找矿工作将进入一个新的时期，找矿方向要转向重点找深部隐伏矿，以及向海洋、北方冻土和沙漠地区找矿。这充分反映了地质找矿工作所面临的全球性的时代潮流。为此，总结过去的找矿经验，不断引进新理论、新技术、新方法，深入系统地开展隐伏矿床预测理论和方法的研究，并及时地将研究成果应用到隐伏矿床找矿工作中去，以发掘出地下深处更多的各类隐伏矿床，特别是各类隐伏的大型、超大型矿床，更好地满足国家建设对各类矿产资源日益增长的需要，将成为我国地质工作者责无旁贷的历史使命。

20世纪80年代中期，桂林冶金地质学院（现为桂林工学院）为适应这一形势的需要，经当时的冶金工业部批准，率先在院内成立了以隐伏矿床预测为主攻目标的隐伏矿床预测研究所，并与地矿、冶金、有色、黄金等系统的地质勘查和矿业部门合作，先后在广东、山西、河北、内蒙古、新疆、浙江、山东等省（区）开展了贵重、有色金属隐伏矿床预测的研究工作。随后，该所在承担“八五”、“九五”国家科技攻关新疆305项目的任务中，对新疆北部东准噶尔地区锡、铜、金的找矿评价研究，也把隐伏矿床的找矿预测作为其主要任务贯穿于研究工作的始终。从80年代中期到2000年冬，新疆“九五”科技攻关任务结束，我们一直坚持这项工作；即使在地质工作陷入低谷，社会上创收、下海之风盛行，科研人员工资和经费十分困难的条件下，也从未停顿。正是这些年来我们自己坚持工作和艰难实践的基础上，并认真地参考、学习、吸取了国内外同行专家在这一领域的研究成果和宝贵资料，才有可能萌发编写这本隐伏矿床预测专著的念头，并付之于行动。最早本书第一作者应原地矿部秦岭项目办公室之邀，为该室编写了内部文献《造山带地质矿产研究的理论与方法》中的最后一部分——第七篇隐伏矿床预测的理论和方法；随后又应广西地质学会之约，将其详细摘要刊登在2002年《广西地质》第15卷第1期上。这可算是本书的雏形，很不成熟；特别是由于编写者所从事专业的局限，这篇初作偏重于地质角度的论述，关于物探、化探、遥感技术等隐伏矿床预测重要方法的论述，十分空泛、简单。为了弥补这一明显的缺陷和不足，本书第一作者特地邀请同所科研集体中长期合作共事，并分别专攻勘查地球物理、勘查地球化学、遥感技术三方面造诣精深、经验丰富的专家——单娜琳、钱建平、吴虹三位教授，再次共同编写了这本专著，并仍用原名《隐伏矿床预测的理论和方法》；既将其作为我们十多年来从事隐伏矿床预测研究工作的初步总结，也愿将此书作为对隐伏矿床预测研究所的创始人，已故原桂林冶金地质学院院长兼隐伏矿床预测研究所所长、著名地质学家袁奎荣教授的深切缅怀。本书的出版如果能起到抛砖引玉的作用，以推动隐伏矿床预测研究工作进一步的深入发展，将使我们感到莫大的欣慰。

书稿完成后承中国科学院院士、中国地质大学翟裕生教授百忙中加以审阅，并挥笔为本书作序，我们衷心地感谢！

在这里，我们要深深感谢老友——原福建地矿局闽西地质队黄庚耀高级工程师和中国地质科学院矿床地质研究所陈文明研究员分别为我们提供福建紫金山铜金矿勘察史和山东、福建、江西、湖南、湖北等省矿产发现史等宝贵资料。还要诚挚地感谢我们曾参考、学习、引用其研究成果和资料的各有关部门及池三川教授、钱大都研究员等所有同行专家。

全书分为十二章，第四章由单娜琳编写，第五章由钱建平编写，第六章由吴虹编写，第八章由刘家远、单娜琳、钱建平、吴虹编写，其余各章由刘家远编写。全书由刘家远统稿。

刘家远

2005年7月

目　录

第三篇 近年来隐伏、半隐伏矿床预测找矿工作的新进展及其经验教训

第一篇　隐伏矿床预测的一般理论问题

第一章　隐伏矿床的定义、分类和有关概念的讨论

第一节　隐伏矿床的定义和分类

关于隐伏矿床的定义和分类问题，国内外地质界不尽一致。国外常用的分类方案有前苏联 П. А. 舍赫特曼（1979）等的分类方案和美国彼德斯（Peters 1976）的分类方案。П. А. 舍赫特曼把未出露地表的矿床统称为隐伏矿床，并进一步分为以下四类（图 1-1）。① 覆盖矿床；② 掩埋矿床；③ 掩覆矿床；④ 隐伏或盲矿本身。彼德斯则将未出露地表的矿床统称为隐蔽矿床，进一步按成因分为以下五类（图 1-2）：① 盲矿体（Blind orebody）——受地下构造和岩性控制，地表没有或很少矿化标志显示的矿体；② 淋滤矿体（Leached orebody）——矿体顶部被淋滤溶蚀，只在地表保留一顶帽子；③ 分带矿体（Zoning orebody）——靠地表部分常由与成矿关系密切的脉石矿物组成，中下部由金属硫化物构成；④ 削蚀矿体（Truncated orebody）——主要由断层错断而深埋地下的矿体；⑤ 被隐蔽矿体（Post-or Concealment orebody）——被成矿后的沉积物或熔岩所掩覆。因而在地表很难找到任何标志及成矿地质信息。苏联 B. B 阿里斯托夫等（1982）将隐伏矿床分成三类：（1）盲矿；（2）埋藏—盲矿；（3）埋藏矿（图 1-3）。并将隐伏矿按上覆壳层的平均深度分为近地表的（小于 30 m 或 30 ~ 100 m）、中深的（100 ~ 300 m）、深埋的（300 ~ 1000 m）、超深的（大于 1000 m）4 个亚类。

国内有施林道（1987），池三川（1988），姚金炎（1990）等提出的分类方案。

施林道将隐伏矿分为三大类六小类。（1）假隐伏矿（a. 难辨矿和 b. 难查矿）；（2）似隐伏矿（c. 若隐若现矿和 d. 半隐半现矿）；（3）真隐伏矿（e. 准隐伏矿和 f. 全隐伏矿）。

池三川将隐伏矿分为以下四类（图 1-4）：①盲矿体——产于基岩中未受到后期切割作用（未剥蚀裸露）的矿体；②覆盖盲矿体——受到就近沉积物覆盖的盲矿体；③埋藏矿体——产于基岩中受到后期切割作用和就近及外来沉积物双重覆盖的矿体；④埋藏盲矿体——受到就近或外来沉积物双重覆盖的盲矿体。

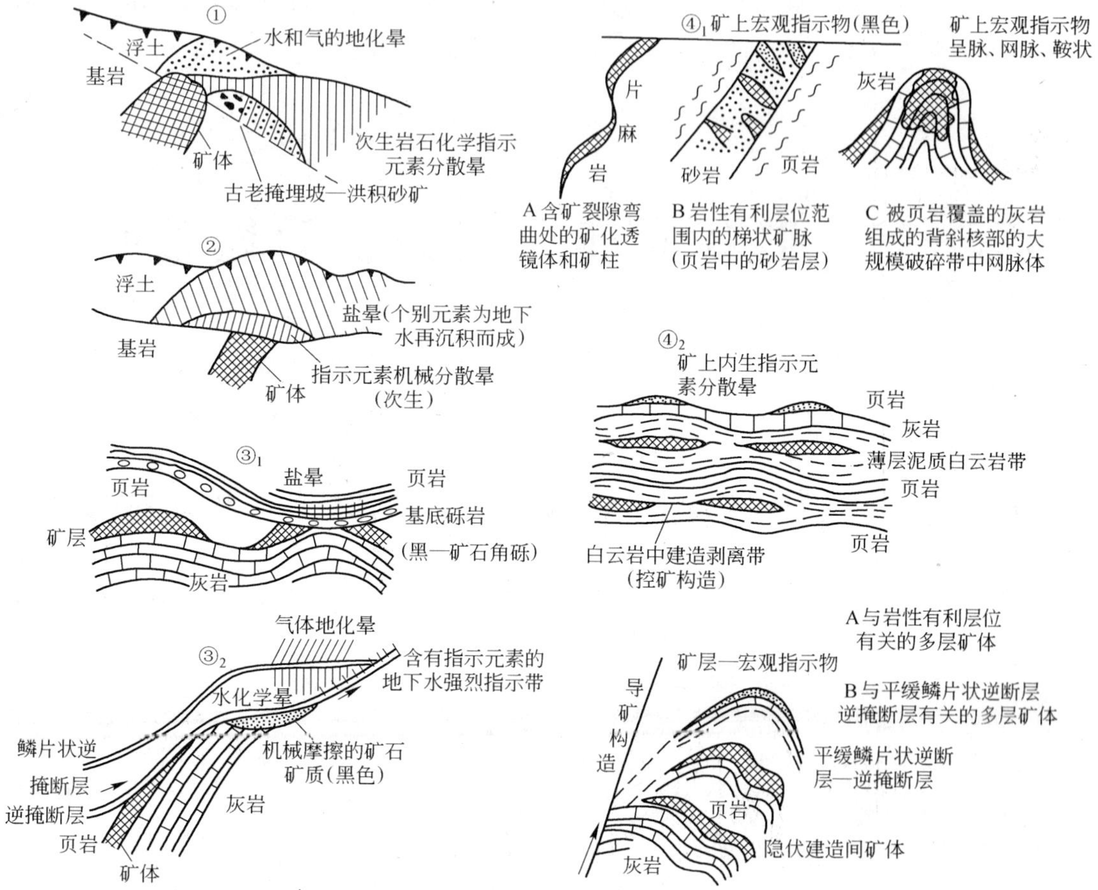

图 1-1 П. А. 舍赫特曼等人的隐伏矿床分类示意图

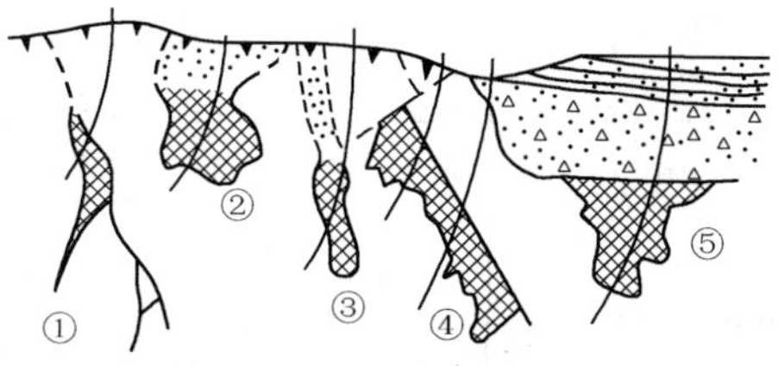

图 1-2 彼德斯的隐伏矿床分类示意图

姚金炎将隐伏矿床分为:(1)第四纪覆盖区的隐伏矿床;(2)基岩覆盖区的隐伏矿床;(3)半隐伏矿床等三类。

以上国内外学者所提出的隐伏矿床定义和分类基本上反映了隐伏矿床产出的客观面貌。各家分类方案各有优点,也有其不确切或不完善的地方。我们以为隐伏矿床预测是一项探索性和实践性很强的工作,为了人们便于判别和工作,隐伏矿床无需繁琐的定义和分类;正如黄崇柯(1987)所指出,现今没有直接出露地表的矿床(体)均属隐伏矿床(体)。至于隐伏矿床的进一步分类,则应有明确而统一的分类准则。我们完全同意黄崇柯关于隐伏矿床(体)的定义。至于分类准则主要应包括以下三点:(1)统一按隐伏矿床形成的原始特性并考虑后期叠加改造因素加以分类;(2)分类命名宜简单明确,避免繁琐含混,必要时也可采用依次挨级的两级分类；(3) 严格遵循隐伏矿床的定义，不属于隐伏范畴的矿床，如假隐伏的难辨矿、难查矿，似隐伏矿等，一律不宜划归隐伏矿床。

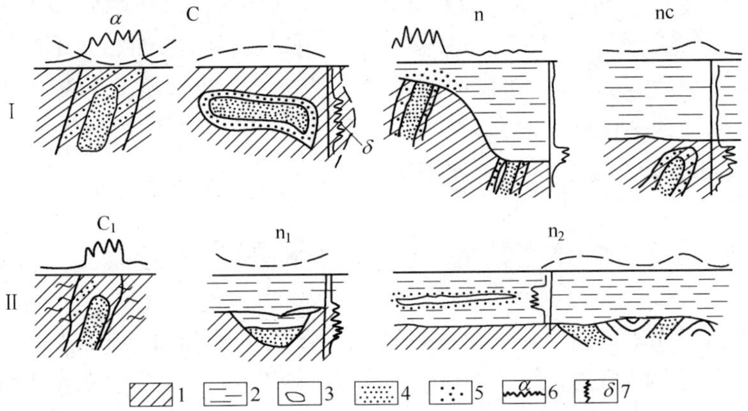

图 1-3 隐伏矿床模式

（阿里斯托夫等，1982）

I—内生的：C—盲矿；n—埋藏矿；nc—埋藏 - 盲矿；II—外生的：C_1—盲矿（风化壳）；

n_1—埋藏矿（砂矿）；n_2—埋藏矿（沉积的风化壳）

1—基岩；2—覆盖沉积（松散的第四纪产物，地台盖层）；3—隐伏的普查对象（矿床、矿体）；矿物 - 地球化学晕；

4—原生的；5—次生的；6，7—普查对象造成的异常（6—地面异常；7—深部异常）；

α—地球物理异常；δ—地球化学异常

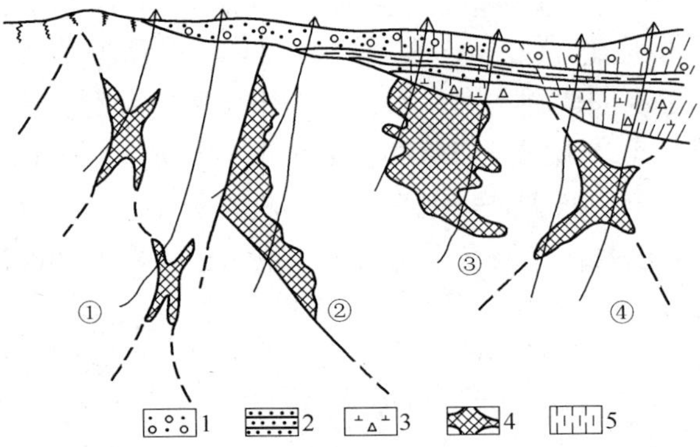

图 1-4 隐伏矿床(体)分类示意图

（据池三川，1988）

1—就近沉积物；2，3—外来沉积物；4—矿体；5—后生晕

按照上述分类准则，参考国内外已有各家的分类方案，建议将隐伏矿床作如下分类：

(1) 隐伏矿床(或称原生隐伏矿床)——产于不同时代基岩中未被剥蚀裸露和后期改造的矿床。

(2) 覆盖矿床(或称次生隐伏矿床)——曾经剥蚀出露地表，后来通过不同地质作用过程重新隐伏于地下深处的矿床。进一步分为以下 4 个亚类：

1) 沉积覆盖矿床(包括第四系或其他年轻盖层覆盖之矿床)；

2) 水域覆盖矿床(被海水、河水、湖水等掩覆于水域之下的矿床)；

3）断裂掩埋矿床（经后期断裂作用被重新掩埋于地下深处的矿床）；

4）淋滤覆盖矿床（被淋滤帽覆盖的矿床）。

（3）半隐伏矿床——同一矿区部分出露地表，部分或大部分隐伏于地下深处且与出露地表部分无直接联系的矿床。此类矿床的主要工业矿体是盲矿体，如江西德兴县银山多金属矿床西山区的隐伏脉状金、铜矿体。该矿区的铅锌矿基本上属产于地表至浅部的露头矿，而金铜矿则主要属产于深部的隐伏矿。因此，整个银山矿床应划归半隐伏矿床范畴，而其中九区和西山区隐伏于地下深处的脉状金、铜矿体属隐伏矿体。

第二节 隐伏矿床预测与成矿预测两个概念的讨论

隐伏矿床预测与成矿预测是两个既相联系又相区别的不同概念。成矿预测是比隐伏矿床预测更为广泛更为全面的概念，是一项早在20世纪50年代前后即已在国内外地质界广泛开展的对未知矿产资源进行预测研究的工作。在国外，前苏联的地质学家们在这一领域进行了系统深入的研究，他们所完成的各种不同比例尺的成矿预测图，对指导当时找矿勘查工作起到了重要作用，发现了一大批新的矿产资源产地。我国地质界学习、效仿他们的经验，也在国内广泛开展了不同地区、不同规模、不同针对性（针对不同矿种）的成矿预测工作，取得了指导普查找矿工作的显著效果。根据成矿预测的对象及预测区范围，一般可划分为小比例尺（1∶50万～1∶100万以上）矿产预测（如在全国或大区或某一巨大的成矿域针对某一类矿种或几类矿种组合所开展的成矿预测）；中比例尺（1∶20万～1∶5万）矿床预测（如在省（区）内某一地区或成矿带上所开展的成矿预测）；大比例尺（1∶25000～1∶5000）矿体预测（如在某一已知矿田，矿区范围所开展的深部及外围成矿预测）。不同比例尺的成矿预测其目的都是为了指导未知矿产资源的找寻。它包括了不同矿种不同产出状态的一切矿产资源。隐伏矿床预测，顾名思义，它是专指针对呈现隐伏状态产出的未知矿产资源所进行的成矿预测工作，是一项隶属于成矿预测范畴的特定性成矿预测。它也是一项晚于广义成矿预测之后开展起来的新的成矿预测工作。近20多年来，随着地表找矿难度愈来愈大和找矿方向重点转向深部隐伏矿的探寻这一新的形势，才应运而生地提出了隐伏矿床预测这一新的概念。

成矿预测的基本原则，对于指导找矿勘查工作至今仍不失其作用和意义，特别是对于工作程度甚低的边远和高山地区，则仍具有十分现实的指导作用，如西藏、青海的某些高山地区，新疆南部的阿尔金、昆仑等高山区。对于地质勘探程度较高的我国中、东部地区来说，则已有的一般性成矿预测已远远不能满足当前找矿工作的需要。这些地区的当务之急是要大力加强隐伏矿床预测研究，深入开展深部隐伏矿床的找矿评价工作。

第二章　隐伏矿床预测的成矿理论基础

第一节　运用已知成矿规律进行未知的隐伏矿床预测

已知成矿规律包括区域成矿规律和具体矿区的典型矿床成矿规律。区域成矿规律是通过区域性成矿作用特征所总结出来的成矿规律，也是从区域面上指导隐伏矿床预测的理论基础。当人们根据任务和需要选定某一区域（成矿带或成矿域）开展某一种或几种矿产的隐伏矿床预测和深部找矿时，首先应对该区业已总结出来的区域成矿规律有较深入、充分的了解，从而才能有针对性地运用这些已知规律，去指导未知隐伏矿床的预测和探寻。例如长江中下游地区的铁、铜、金矿床，其最主要的规律就是与中酸性侵入岩成因上密切相关，时空上紧密相伴，并受一定构造和特定层位岩性的控制，环绕岩体而成矿的。近年来，在该区隐伏金矿的探寻中，所以能取得突出的成果，包括鸡冠嘴大型金矿床的发现，鸡笼山金（铜）矿床深部找矿的重大突破，金储量的成倍增长等，都是较好地运用这一区域成矿规律，紧密围绕石英闪长玢岩质成矿侵入体内外接触带，通过认真细致的工作所取得的。又如南岭地区所总结的燕山期超酸富碱富挥发分的高位侵入小岩体成矿的钨、锡成矿规律，至今不失其科学的现实意义。区内许多大规模隐伏钨、锡矿床的发现和探明，无不都是认真地运用这一区域成矿规律所取得的成效。江西南钨北铜的区域成矿格局，可以说是上述长江中下游和南岭两地区域成矿规律最好的集中体现。如果说在江西开展铜、钨隐伏矿床的预测找矿工作，从总体的工作部署来考虑，首先就必须考虑南钨北铜这一区域成矿格局的基本规律，离开了这一基本规律，一切工作的部署都将是盲目的。这是普遍的规律，但又有特殊性。例如，在江西北部有超酸富碱富挥发分花岗岩高侵位小岩体产出的地方，同样也是隐伏钨、锡矿床产出的有利场所。赣北武宁县大湖塘钨矿床，德安县曾家垅锡矿床的发现和查明，即是最好的实例。

运用典型矿床成矿规律指导新的同类隐伏矿床的探寻，实例更多。安徽铜陵狮子山矿田中冬瓜山大型隐伏铜矿床的发现，即为运用已知典型矿床成矿规律找到大规模隐伏矿床的佳例。该区已知典型矿床成矿规律的一个重要特征是多层位控矿（图2-1）。除岩体边缘内外接触带成矿外，还在三叠系底部（大团山矿）、二叠系大隆组底部（老鸦岭矿）、石炭系黄龙—船山组（铜官山矿）等层位中发现多层含铜矽卡岩矿层。根据这一已知成矿规律，安徽地矿局321地质队在狮子山矿田进行隐伏矿床预测，并大胆采用深部钻探工程进行对深部隐伏铜矿的探寻。结果在880 m以下发现了厚达50 m的铜矿层。随后经过详细勘查，终于查明铜金属量达141×10^4 t的冬瓜山大型隐伏铜矿床，取得了该区深部隐伏矿床预测找矿的重大突破。

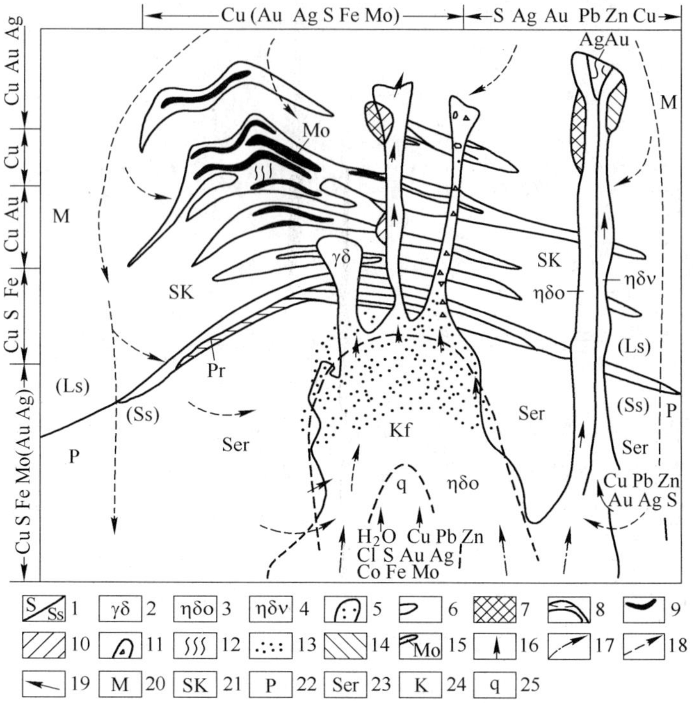

图 2-1　安徽铜陵狮子山矿田成矿模式

（据 321 地质队，1995）

1—灰岩/砂岩；2—花岗闪长岩；3—石英二长闪长岩；4—辉石二长闪长岩；5—隐爆角砾岩；6—层控矽卡岩；7—块状矽卡岩；8—层控矽卡岩型/沉积变质型铜矿床（冬瓜山矿床）；9—层间矽卡岩型铜矿床；10—接触矽卡岩型铜矿床；11—角砾岩筒矽卡岩型铜矿床；12—脉状热液型铜金矿床；13—斑岩型铜矿床；14—黄铁矿；15—钼矿；16—成矿元素迁移方向；17—岩浆热液；18—地层水、天水；19—成矿流体；20—大理岩化带；21—矽卡岩化带；22—青盘岩化带；23—绢云母化带；24—钾化带；25—硅化带（石英核）

第二节　运用成矿系列理论进行隐伏矿床预测

成矿系列是在同一地质历史发展阶段，由同一性质（或同一成因）成矿作用在不同外部条件制约下所形成的多种（或一系列）矿床类型的自然组合。由程裕淇、陈毓川院士等于 20 世纪 70 年代提出的成矿系列理论，对于我国成矿学理论研究和找矿勘探工作起到了极大的推动作用。特别是找矿勘探工作，在成矿系列理论指导下，国内不同地区相继研究和总结出具本地区特色的成矿系列，并通过分析构成成矿系列的不同类型矿床形成和变化的规律、控制因素及其相互的空间关系，从地面或浅部的已知矿床去预测和寻找矿区或外围的深部隐伏矿床，都取得了显著的成效。例如，胶东招（远）—莱（州）地区的金矿，通过长期的找矿勘查和地质科研工作证明，无论是含金石英脉型金矿床，还是破碎带蚀变岩型金矿床，都不是孤立存在的，而是密切相关地结合成一个统一的成矿系列。现有资料证明，招（远）—莱（州）地区金矿成矿系列包括含金石英脉型金矿床、破碎带蚀变岩型金矿床和细脉浸染花岗岩型金矿床。不少矿区都同时产有含金石英脉型和破碎带蚀变岩型两类金矿，如莱州望儿山金矿，蓬莱县黑岚沟金矿等。招远玲珑金矿则三者兼具，矿床东区主要是含金石英脉型金矿，西区主要为破碎带蚀变岩型金矿。近年来在矿区深部又发现有“含金黄铁矿细脉浸染型金矿”。近年来所发现的细脉浸染花岗岩型金矿这一新的金矿类型，进一步丰富和完善了招（远）—莱（州）地区与燕山晚期郭家岭花岗闪长岩杂岩体有关的金矿成矿系列。随着界河、河东、玲珑等矿区深部细脉浸染型金矿的相继发现表明，今后招—莱地区进一步扩大找矿的主攻方向，不应是单一的某一类金矿的找矿，而是包括上述三类金矿在内的整个成矿系列的找矿，特别是深部隐伏金矿的预测找矿。又如，江西斑岩铜、钨矿床成矿系列（表 2–1）的总结。同样，通过分析，掌握这些成矿系列的有关矿床类型在空间上分布和变化的规律，就能由此及彼地由一种矿指引找出另外一些新的矿种，或由同一矿种的某一矿床类型指引找出另外一些新的矿床类型。以江西瑞昌县武山铜矿为例，原为一小铁矿，新中国成立以来，由铁矿普查而发现铜矿，先是发现环绕斑岩体南北接触带的矽卡岩型铜矿，继而发现岩体外接触带的层间充填交代似层状铜（硫）矿，接着发现赋存于矿区铁帽中的铁帽型金矿（吴家金矿），最后又在矿区西部发现远离接触带的白杨畈银金多金属矿。江西武宁县大湖塘钨矿，原为地方土法开采石英大脉型矿体的小钨矿。由 20 世纪 50 年代末期到 70 年代末期，历经地质人员反复多次的深入工作，最终查明该矿为一包括细脉浸染型（或细脉带型）、石英大脉型、云英岩型和角砾岩型等多种类型钨矿所构成的复合钨矿床。

表 2–1　斑岩铜矿、钨矿的主要矿床类型组合

成矿系列	矿床类型	典型矿区
斑岩铜矿床系列	(1)细脉浸染型(网脉型)矿床	铜厂、富家坞、朱砂红
	(2)裂隙充填型脉状铜矿床	丁家山、海源
	(3)层间充填交代型似层状铜矿床	永平
	(4)接触交代(矽卡岩)型铜矿床	村前、铜录山
	(5)爆破岩筒型铜矿床	银山
	(6)次生富集型铜矿床	红山
	(7)多位一体复合型铜矿床	城门山、武山、封山洞
斑岩钨矿床系列	(1)细脉浸染型钨矿床	陶河、大宝山
	(2)层间充填交代型似层状钨矿床	永平
	(3)裂隙充填型脉状带状钨矿床	青树下、帮彦坑
	(4)接触交代(矽卡岩)型钨矿床	塔前、上房沟
	(5)爆破岩筒型钨矿床	阳储岭、莲花山

总之，成矿系列理论是指导隐伏矿床预测的重要理论之一。运用成矿系列理论指导隐伏矿床预测，可以起到开阔思路、指明找矿方向的作用，可以取得由此及彼、举一反三找到未知矿床的良好效果。

第三节　运用成矿系统理论指导隐伏矿床预测

“成矿系统”是翟裕生院士在深入研究成矿系列理论的基础上所提出的又一新的成矿学理论。按照他新近的阐述(中国成矿系统研究的来龙去脉,地质勘查导报 2005.9),广义的地质系统概念,是指在一定的地质时空域中,控制矿床形成、变化、保存的全部地质要素和成矿作用动力过程,以及所形成的矿床系列、矿化异常系列构成的整体。是具有成矿功能的自然系统。从这个概念可以看出,成矿系列或矿床系列是成矿系统内涵的一个部分。成矿系统理论是成矿系列研究的深入和发展。

在成矿系统的理论框架里,主要包括 5 个理论要点,分别是成矿系统的构造背景、成矿系统的多因耦合、临界转换的成矿机制,矿床系列和异常系列构成的矿化网络,矿床形成、变化、保存的演化过程,成矿系统资源环境的双重效应。

广西北部地区的锡多金属成矿系统是一个研究较深入的成矿系统的范例,根据陈毓川等的研究成果,该成矿系统具有不同地质年代、不同性质成矿作用所形成的锡多金属成矿的复杂组合,包括由早而晚五期不同性质和特征的锡或锡多金属成矿。最早一期成矿是元古宙雪峰期(700 ~ 900 Ma)宝坛电英岩型 Sn、Cu(B、Pb、Zn)矿床和九毛锡石硫化物型矿床的形成。第二期成矿是加里东期(364 ~ 460 Ma)的 W、Sn(Bi、Ag)成矿,形成以钨为主伴以锡的牛塘界矽卡岩型白钨矿床。第三期成矿是印支末—燕山期(117 ~ 204 Ma)成矿,环绕姑婆山花岗岩体形成岩浆晚期交代自变质型和矽卡岩型 Nb、Ta、RE、W、Sn 矿化。第四期成矿是燕山晚期(84 ~ 115 Ma)成矿。这是该区锡多金属成矿的鼎盛时期,以 Sn、Cu、Pb、Zn、Ag、Sb 的复合成矿为特色,形成了驰名中外的大厂超大型锡多金属矿床。同时还形成了大厂附近的芒场热液型和珊瑚热液脉型锡多金属矿床。最后一期成矿是第四纪的次生富集成矿,在该区下游水系的有利部位形成具有一定工业价值的富贺钟砂锡矿床。自然界也存在组成相对较简单的成矿系统。如桂林工学院黄令山项目组近年来研究的广西横县与贵港交界处的黄令山地区铁 - 铜 - 金成矿系统,其组成即相对较为简单。该成矿系统主要包括寒武纪时期赋存于黄洞口组碳酸盐岩层中铁的初始富集矿化;燕山早期晚阶段的早期层控迭改矽卡岩型磁铁矿;燕山早期晚阶段的晚期岩浆热液充填交代型脉状铜多金属矿和脉状硫化物型金矿。成矿系统不论其组成的复杂程度如何,其成因属性和标志是一致的。

翟裕生指出,从区域成矿演化谱系的观点,成矿系统内不同的矿化组成部分,均可以互相作为找矿的标志。同成矿系列理论一样,成矿系统的理论也是隐伏矿床预测的重要理论基础之一。从隐伏矿床预测的角度而言,成矿系统理论研究的重要意义在于,通过成矿系统及其演化的研究,能够全面了解和认识成矿规律,是对矿床个体、局部的静态研究扩展到系统、整体的动态研究。从成矿系统的观点出发,可以扩大区域找矿目标,胸有全局、举一反三,是综合找矿评价的理论基础之一。它还可以完善找矿思路和评价准则,启发人们既研究矿床的形成条件,又研究矿床的保存条件。它还从人与自然的协调发展出发,全面研究矿产资源开发与环境保护,为发展绿色清洁矿业作贡献。从成矿系统的整体出发,可以从已知到未知发现新类型矿床。由单一矿种、单一类型的个别研究到多矿种、多类型的整体研究,由浅入深进行新类型矿床的寻找。从成矿系统的空间结构分析,区域矿化分带在矿床物质组成、结构、矿化类型垂深方向的变化,可引导人们向深处和外围找寻新类型矿床。从成矿系统的时间结构分析，可以通过查找成矿系统中的缺失环节找寻新类型矿床。这在有关岩浆演化形成的成矿系统中不乏实例。

第四节　运用国内外已知典型矿床的成矿模式进行隐伏矿床预测

关于矿床模式及国内外矿床模式研究的现状和发展，池三川（1988）在其专著中已作较多的介绍和论述，此处不再赘述。这里仅拟通过国内外若干实例的讨论，来说明矿床模式的研究和应用，在隐伏矿床预测中的重要作用和意义。

在国外，利用矿床模式来进行矿产预测和指导找矿勘查工作，其中突出的成功实例有：美国根据圣马纽埃矿床建立的斑岩铜矿蚀变分带模式（图2-2），结合构造研究，成功地发现了隐伏的卡拉马祖斑岩铜矿床（图2-3）。20 世纪 80 年代根据这一成功经验，又在毕乌夫带上发现了同类型矿床，如智利特大型高品位的埃斯康迪达斑岩铜矿床。根据克莱梅克斯钼矿床的成因模式，在科罗拉多州成矿带上开展普查找矿工作，相继找到了居世界第四位的亨德逊钼矿床和埃蒙斯山等几个大型钼矿床，新

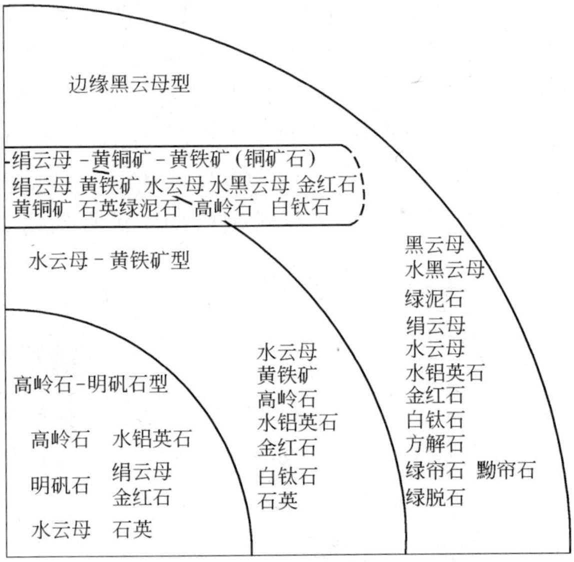

图 2-2　圣马纽埃铜矿各类蚀变可能关系示意图

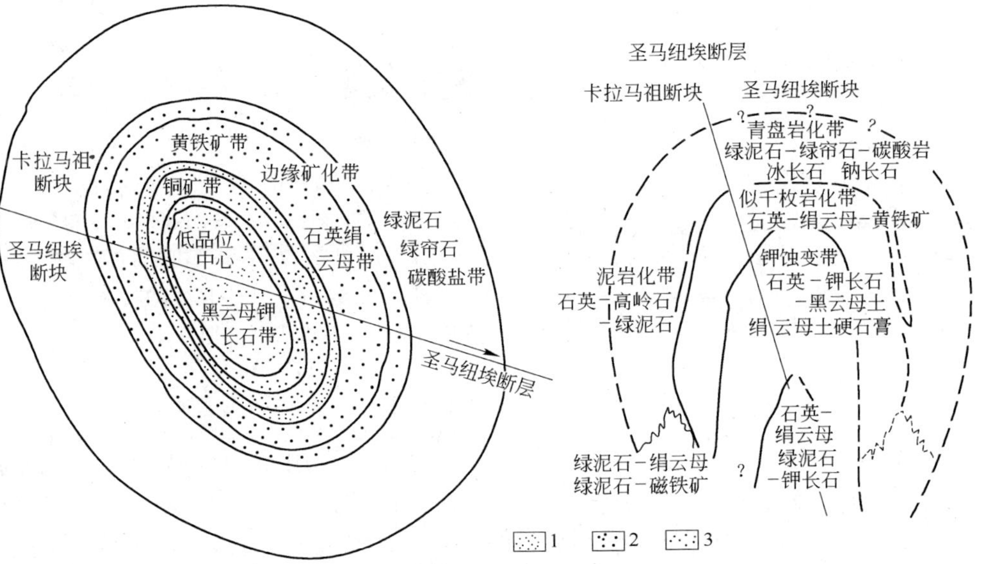

图 2-3　蚀变及矿化分带示意图

1—0.1%～0.5% Cu；2—大于 0.5% Cu；3—黄铁矿带

增矿石储量近 7×10^{8} t。

应用贱金属矿床与贵金属矿床的火山成因模式(黑矿模式)指导找矿预测工作,成效尤为显著,世界各地块状硫化物矿床的产地越来越多,储量越来越大。横跨西班牙和葡萄牙的伊比利安铜、锌、黄铁矿带中,已有里奥—廷托等几个大型块状硫化物矿床的相继涌现。近年来,据其成矿地质模式,又在葡萄牙境内找到了隐伏于地下 300 m 处特大、特富的内维斯科尔沃矿床。这种海底火山作用形成的铜 - 锌 - 硫组合块状硫化物矿床成因模式引入我国后,显著的成效首先是甘肃白银厂黄铁矿型铜矿床的发现,近年来在我国新疆又获得了重要的进展,如阿尔泰地区海相火山成因的阿色勒大型铜 - 锌块状硫化物矿床的发现。

我国自 20 世纪 60 年代以来,也广泛开展了矿床模式的研究,相继提出了宁芜地区的玢岩铁矿模式(图 2–4),江西与斑岩有关的铜矿床"多位一体"成因模式(图 2–5),赣南粤北钨矿的"五层楼"模式,(图 2–6)花友仁等提出的与花岗岩浆侵入作用有关的钨矿床成矿模式(图 2–7),金的破碎蚀变带成矿模式,与次火山岩有关的火山热液成矿模式,大厂锡多金属矿田的多因复成成矿模式等,具有我国自身特色的一系列矿床成矿模式。这些模式的提出和推广运用,对有关矿种的隐伏矿床预测和找矿勘查工作都发挥了重要的指导作用。

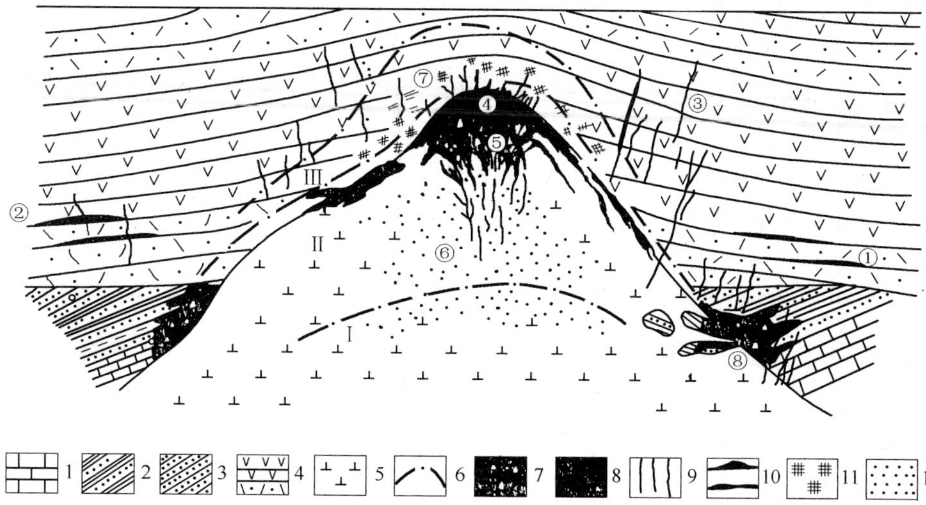

图 2–4 玢岩铁矿理想模式

(据宁芜研究项目编写小组《玢岩铁矿》,1978)

1—青龙群石灰岩(T_{1-2});2—黄马青组砂页岩(T_3);3—象山群砂岩(J_{1-2});4—龙王山、大王山两旋回火山岩(J_3/K_1);5—辉长闪长玢岩 - 辉长闪长岩;6—蚀变分带界线;7—角砾岩化带及角砾状矿石;8—块状矿石;9—镜铁矿或磁铁矿脉;10—层状铁矿;11—黄铁矿化;12—浸染状磁铁矿化

①—龙旗山式;②—竹园山式;③—龙虎山式;④—梅山式;⑤—凹山式;⑥—陶村式;⑦—向山式(黄铁矿);⑧—姑山式、凤凰山式

Ⅰ—下部浅色蚀变带;Ⅱ—中部深色蚀变带;Ⅲ—上部浅色蚀变带

在江西,最早提出的钨矿床"五层楼"模式,通过推广运用,利用地表云母线(细)脉带作找矿标志,先后在赣南粤北及其邻区找到了一大批隐伏的石英脉型黑钨矿床或钨锡矿床(如江西漂塘)。以江西于都县黄沙钨矿为例,20 世纪 50 年代,黄沙钨矿只是属于铁山垅钨矿管辖的一个坑口。60 ~ 80 年代的 20 年间,江西钨矿地质工作者们运用黑钨矿床"五层楼"模式,和采用"探边、摸底、补漏、找盲、综查"的找矿经验,在黄沙矿区反复多次开展深部

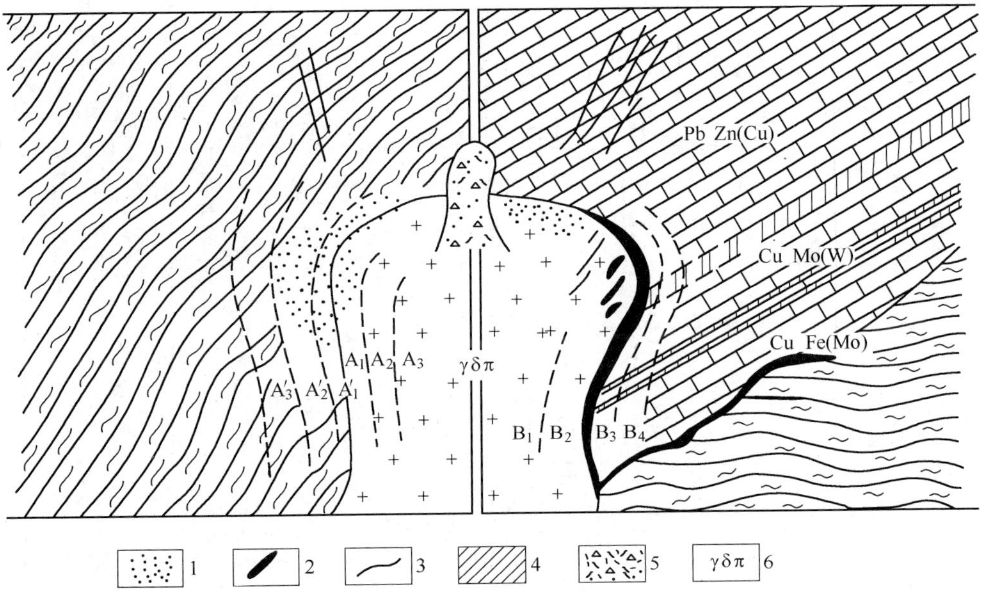

图 2-5　江西省与斑岩有关的铜矿床“多位一体”成因模式

（据江西地质科研所，1977）

1—细脉浸染状铜矿；2—矽卡岩铜矿；3—脉状铜矿；4—似层状铜矿；5—爆破角砾岩筒铜矿；6—花岗闪长斑岩；A'_3—（绢云母化－伊利石化－绿泥石化带）；A'_2—（硅化）－（水白云母化）－绢云母化带；A'_1—硅化－（绢云母）白云母化带；A_1—硅化－绢云母－白云母化带；A_2—绿泥石化－（伊利石、绢云母）－水白云化带；A_3—（钾化）－绿泥石化－伊利石－绢云母带；B_1—硅化（钾化）带；B_2—（泥化）绢英岩化带（含矽卡岩捕虏体）；B_3—绢英岩化、青盘岩化矽卡岩带；B_4—大理岩

找矿工作，不仅在隐伏花岗岩体内找到了大量新的黑钨矿盲矿体（脉），还在隐伏花岗岩体顶部发现了具有工业价值的新的钨矿类型——云英岩化花岗岩型钨矿，从而使矿区由50年代的小型坑口，到60年代的中型矿床，到80年代一跃而为大型钨（铜）多金属矿床。除以钨为主之外，铜、锌、铅、铋、钼、铌、钽等均具有综合利用价值。同时，通过黄沙矿区深部找矿工作所建立的钨矿床“五层楼”结构的相带分布模式及“三环一帽一壳”（钨、锡、钼、铜、铅、锌等元素规律的空间分布所组成的内、中、外三环；细脉带顶部由氟、氯、汞等挥发性元素形成的帽；云英岩、似伟晶岩组成隐伏花岗岩体顶部的外壳）的地球化学分带模式和多种钨矿共存的“多位一体”矿床组合模式，进一步丰富了钨的成岩成矿理论，推动了江西钨矿的扩大找矿工作。又如运用江西与斑岩有关的铜矿床“多位一体”成矿模式，不仅在江西境内找到了新的多位一体复合型隐伏铜金多金属矿床（如村前），在银山矿区深部找到了隐伏于330 m之下的大型铜（金）矿床；在邻区的湖北阳新封山洞矿区也发现了与矽卡岩型铜矿伴生的爆破岩筒型斑岩铜矿，在安徽铜陵地区，则在老的矽卡岩型铜矿床的基础上，又相继发现了层间充填交代似层状铜矿床（新桥）、金矿床（黄马）。据江苏地矿局总工程师王学孟指出（1988），多位一体成因模式对江苏安吉山铜矿深部找矿所取得的突破性进展，起到了重要的指导和参考作用。这里需要特别提到的是江西九江市城门山铜矿的工作。70年代初期，通过对国外斑岩铜矿模式和隐爆角砾岩成矿模式的引进和学习，江西地质科学研究所的铜矿地质工作者们较早地注意到原有矽卡岩型铜矿区内找斑岩铜矿和与斑岩铜矿经常伴生的

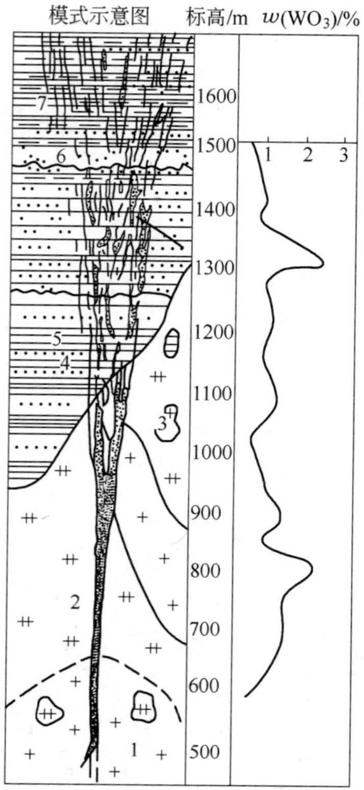

序号	分带	垂距/m	地层	脉幅	脉石矿物	矿石矿物	矿物特征
Ⅰ	线脉 细脉	260 380	J	<1cm 占 60%、1～10cm 占 40%	石英、白云母、菱锰矿	黑钨矿、锡石；辉铅铋矿；黝锡矿、黄铜矿、毒砂；孔雀石	梳状石英灰白色、油脂光泽，星点状微量黑钨矿、锡石和硫化物
Ⅱ	细脉 薄脉	450 620	D	1～60cm，以 18～50cm 为主	石英、长石、白云母、含锂白云母；方解石、含锰方解石、菱锰矿；萤石	黑钨矿、锡石；辉铅铋矿；黝锡矿、黄铜矿、方铅矿、闪锌矿、毒砂；孔雀石	块状石英，灰白-浅钢灰色，半透明，强油脂光泽，黑钨矿呈星点状，板状、砂包状充填裂隙、垂直脉壁。锡石在云母边内侧
Ⅲ	薄脉 大脉	120 170	θ	>50cm，以 70～100cm 为主	石英、长石、白云母、含锂白云母、绿泥石；方解石、锰方解石、菱锰矿；萤石	黑钨矿、白钨矿、锡石；辉铅铋矿；黝锡矿、黄铜矿、方铅矿、闪锌矿、黄铁矿、毒砂	块状石英、灰白色，强油脂光泽。黑钨矿板状。放射状、垂直脉壁或分散于脉中，硫化物、硫酸盐显著增加
Ⅳ	单(巨)脉	260 370	γ	>100cm，少数单脉 200～300cm	石英、长石、白云母、含锂白云母、绿泥石；层解石、方解石、含锰方解石、菱锰矿	黑钨矿、白钨矿、锡石；辉铅铋矿；黝锡矿、黄铜矿、方铅矿、闪锌矿、黄铁矿、毒砂	块状石英、灰白色，油脂-玻璃光泽，破碎，条带状构造。硫化物沿走向呈条带状分布，黑钨矿厚板状，富集于脉中及两壁
Ⅴ	尖灭带 (根部)	150 200		多数大于 50cm	石英、长石、白云母、绢云母、绿泥石等	黑钨矿；黝锡矿、毒砂	块状石英，灰白色，玻璃光泽，矿物成分简单，黑钨矿渐次减少

图 2-6 赣南钨矿"五层楼"分带模式
（据陈依壤，1981）

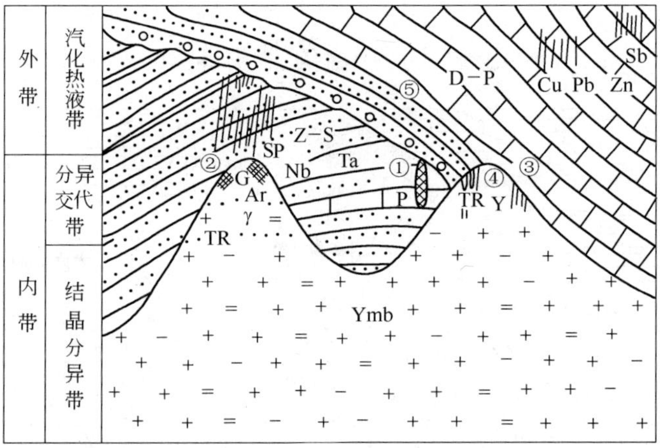

图 2-7　与花岗岩浆侵入作用有关的钨矿床成矿模式图

（据花友仁等资料修编）

D－P 泥盆—二叠系砂、页岩、碳酸盐岩；Z－S 震旦—志留系砂板岩夹碳酸岩；Ymb—二云母花岗岩；

γ—花岗岩；Ar—钠长石花岗岩；G—云英岩；SP—似伟晶岩；P—伟晶岩；

TR—稀土矿床；Nb、Ta—铌钽矿床；Cu、Pb、Zn—多金属矿床；Sb—锑矿床

①—伟晶岩型钨矿；②—网脉浸染型钨矿；③—矽卡岩型钨矿；④—石英脉型钨矿；⑤—似层状钨矿

隐爆角砾岩等问题。通过对矿区金鸡嘴地段一种原被称为“砂火岩”的碎屑状岩石深入细致的观察研究，首先发现了隐爆碎屑岩（图 2-8）。这在当时的江西乃至国内尚属首次，具有开拓的意义。随后，他们与江西省地质局赣西北地质队地质人员密切合作，以此为契机通过斑岩体及隐爆碎屑岩与成矿关系的深入研究，及赣西北地质队的正规勘查工作，终于在具有隐爆特征的筒状石英斑岩体内发现了规模可观的斑岩型铜——钼矿，取得了新类型铜矿探寻的重大突破。加上矿区矽卡岩型铜矿和层间充填交代似层状型铜矿等原有类型铜多金属矿深部找矿的丰硕成果，不仅使矿床规模进一步扩大，铜金属储量增长到 187.19×10^4 t，锌金属储量 151.82×10^4 t，硫铁矿矿石储量 1.13×10^8 t，钼金属储量 3.4×10^4 t。伴生矿储量金 67.74 t，银 2769 t，碲 5571 t，镓 4156 t；由最早的一处小型铁矿一跃而成为特大型的铜锌硫钼多金属矿床。而且，进一步丰富和发展了铜的成岩成矿学理论。通过城门山矿区成矿规律研究所建立的“三位一体”成矿模式（图 2-9），大大推动了江西与中酸性斑岩有关铜矿的科学研究和扩大找矿工作。正是在此基础上，江西地质科研所进一步通过江西全境特别是赣北地区已知典型铜矿床成矿地质特征及其规律的系统研究，终于总结出了江西与中酸性斑岩有关的铜矿床“多位一体”成矿模式（图 2-5）。这是继长江中下游玢岩铁矿模式之后，由江西地质科学研究所铜矿地质科学工作者们根据自身的工作和实践，针对铜矿这一特定矿种所提出的又一具有普遍意义的矿床成矿模

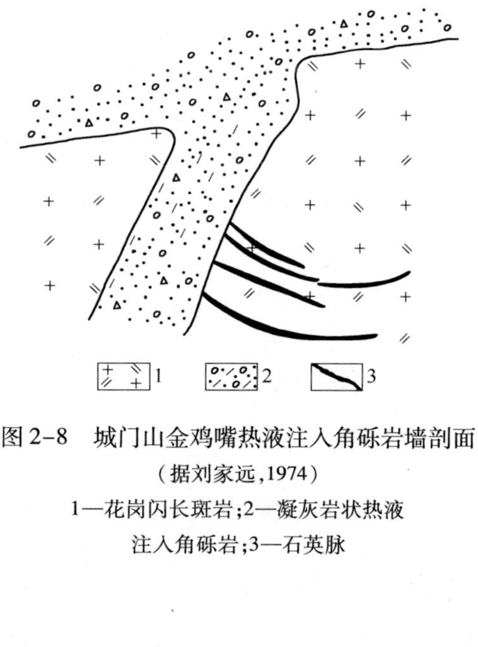

图 2-8　城门山金鸡嘴热液注入角砾岩墙剖面

（据刘家远，1974）

1—花岗闪长斑岩；2—凝灰岩状热液注入角砾岩；3—石英脉

式，通过1977年原国家地质总局在江西德兴召开的全国斑岩铜矿现场会议的交流推广，曾在我国地质、矿业界产生广泛的影响，为中国铜矿地质事业的发展作出了可贵的贡献。

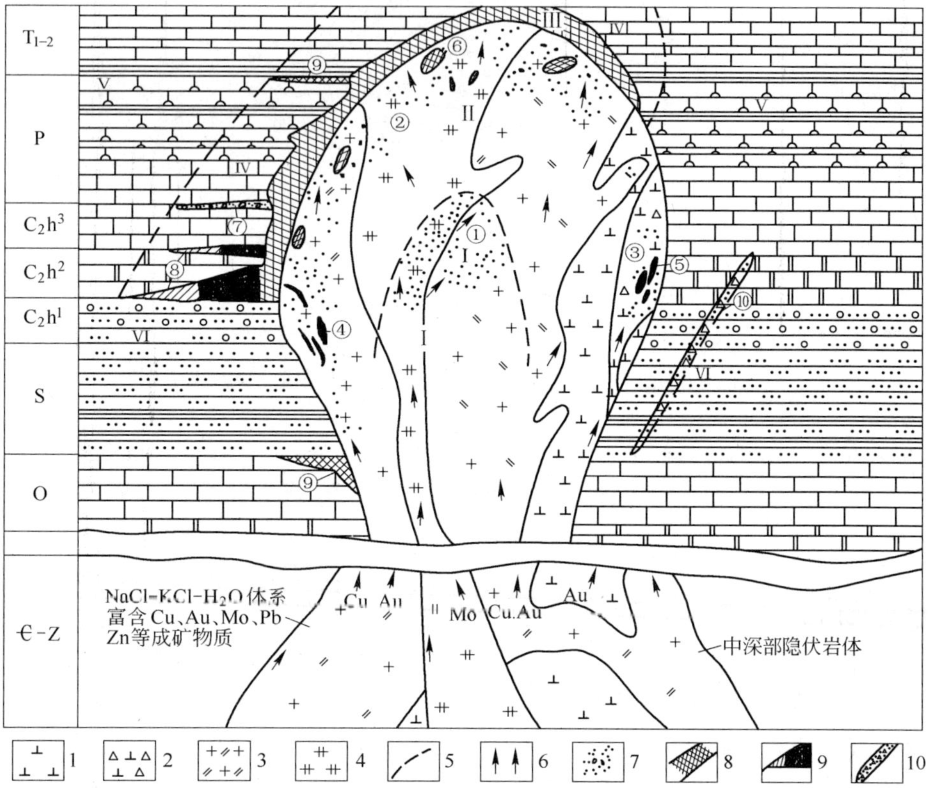

图2-9 九瑞地区广义矽卡岩铜、金、硫成矿系列模式

（据赣西北地质大队，1990）

1—石英闪长玢岩；2—隐爆石英闪长玢岩；3—花岗闪长斑岩；4—石英斑岩；5—围岩蚀变带界线；6—矿液运移方向；7—斑岩型矿床；8—矽卡岩型矿床；9—层控型矿床；10—硅化蚀变带型矿床

①—斑岩型钼矿；②—斑岩型铜矿；③—玢岩型金银矿；④—岩体中块状硫化物铜矿；⑤—岩体中块状硫化物金银多金属矿；⑥—矽卡岩型铜及金铜矿；⑦—层控硫化物型铜矿；⑧—层控金银多金属矿；⑨—层控碳酸盐型铜矿；⑩—破碎蚀变带型金矿

Ⅰ—钾化-硅化带；Ⅱ—硅化-黏土化带；Ⅲ—矽卡岩带；Ⅳ—矽卡岩化大理岩带；Ⅴ—大理岩化带；Ⅵ—硅化-绢云母化带

陆相火山作用两层楼多因控制多位一体复合成矿模式，是刘家远（2001）根据新疆北部晚古生代陆相火山作用与贵重有色金属成矿关系的研究总结提出来的。研究证实，新疆北部（主要是天山和东西准噶尔地区）晚古生代（同位素年龄介于350～250 Ma）陆相火山作用，主要包括两种形式，即以中心式喷发为主的地面火山喷溢喷发作用和以作用于地下为特征的地下潜火山侵入作用。两种作用形式相应地形成了两类特征各异、空间上密切伴生的成矿岩浆建造。火山喷溢喷发作用主要形成一套以安山质-英安质岩石为主的火山喷溢喷发岩浆建造；潜火山侵入作用主要形成一套以闪长质-石英闪长质、花岗闪长质岩石为主的中性-中酸性、弱酸性浅成侵入岩浆建造（或称潜火山杂岩建造）。两类陆相火山成矿岩浆建造具有以Au-Cu-Fe组合为主要标志的同一成矿专属性，同时又具有各自所独具的成

矿作用特征。正是在此基础上刘家远(2001)提出了新疆北部陆相火山作用成矿的两层楼多因控制多位一体复合成矿或系列成矿模式(图2-10)。所谓“两层楼成矿”是指统一隶属于陆相火山作用成矿的上层地面火山喷溢喷发岩成矿和下层地下潜火山杂岩成矿。上层火山喷溢喷发岩成矿的突出特征是多因控制成矿。反映在陆相火山岩型金矿的成矿,主要受三种因素的控制,即主要成矿物质来源的火山母岩浆控制,矿床空间定位和定型的构造作用控制和岩性选择控制,浅成低温环境成矿的火山作用方式控制。以直接产于陆相火山岩中为标志的浅成低温热液陆相火山岩型金矿床,正是这种多因控制成矿的必然产物。典型矿例如西天山的伊宁阿希金矿,东南天山的西滩金矿,东准噶尔的金山沟金矿,双峰山金矿等。下层潜火山杂岩成矿的突出特征是多位一体复合成矿或系列成矿。表现为环绕同一成矿岩体或同类成矿岩体,在不同的空间部位上形成不同类型一组(两类或两类以上)矿体(化)的规律组合。以与潜火山杂岩有关的铜矿为例,即包括形成于岩体接触带的接触交代矽卡岩型铜矿(如富蕴索尔库都克铜矿床)或矽卡岩型铜、金、铁矿(如富蕴乔夏哈拉类矽卡岩型铜、金、铁矿床,伊吾绿石沟矽卡岩型铜(铁)矿床等),形成于岩体内的斑岩型铜矿(如哈密土屋斑岩铜矿床),形成于角砾岩筒中的角砾岩筒型铜矿(如奇台乌伦布拉克角砾岩筒型铜(钼)矿床),以及岩体内外主要受构造控制的裂隙充填型脉状铜矿化等。

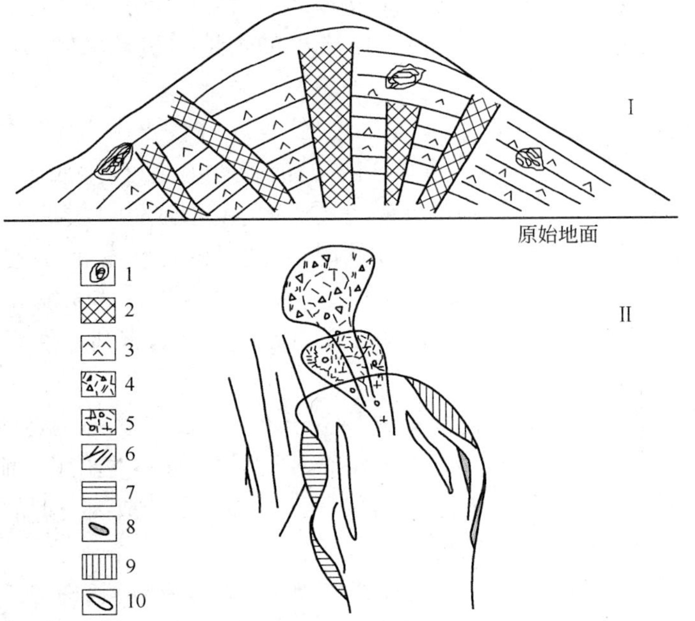

图2-10　陆相火山作用两层楼多因控制多位一体复合成矿模式

(据刘家远,2002)

Ⅰ—火山喷溢喷发岩多因控制成矿(火山热液成矿);

Ⅱ—中性-中酸性潜火山杂岩多位一体复合成矿(潜火山热液成矿)

1—鸡窝状铜铁矿;2—浅成低温热液陆相火山岩型金矿;3—陆相火山岩;4—角砾岩筒型斑岩铜(钼)矿;

5—侵入体接触带型金矿;6—含金石英脉型金矿;7—破碎带蚀变岩型金矿;

8—接触带铜矿;9—接触交代类矽卡岩型含铜金磁铁矿;10—脉状铜矿

陆相火山作用两层楼多因控制多位一体复合成矿或系列成矿模式的总结和提出,对于陆相火山岩分布地区的火山岩与成矿关系的探索研究及其找矿预测和隐伏矿探寻工作,无疑具有一定的参考价值和指导作用。

第五节 运用多因复成矿床成矿理论进行隐伏矿床预测

多因复成矿床成矿理论是由我国已故老一辈地质学家、中国科学院资深院士、地洼学说创始人陈国达教授所提出来的一种新的成矿理论。陈先生指出，多因复成矿床概念的提出，其旨在于体现这样一条新的大地构造成矿学研究思路——即大地构造成矿不单是多阶段性的，同时又是递进性的，存在着后成构造单元（尤其是活动构造区）对先成继承矿产的种种叠加、改造成矿作用。因此，应当摆脱以往的从三维空间和单一成因的角度研究矿床的传统思路和研究方法，转向从四维时空和多成因的角度，采用对大地构造形成条件（包括先天、临产及后天条件）进行分析与研究的方法去研究矿床。多因复成矿床的概念，是作为传统的内生、外生之外的另一大类被认识的矿床成因类型而提出来的。它对于一些成因及找矿方向问题长期争论难以解决的矿床，在其成因研究和找矿勘探工作中，已起了有效的作用。舒见闻等（1983）对湖南花垣铅锌矿寻找深部大型富矿的成功先例，湖南黄沙坪铅锌矿等老矿山深部找矿有极其丰富的突破性进展，都是最好的证明。因此这一矿床新概念有助于摆脱以往按单一成因的矿床学理论和找矿方法的束缚，打开思路，兼顾构控、岩控及建控（通常所谓层控实际是建造控矿），根据具体矿床产出的大地构造环境和形成条件的具体特点去分析研究。

多因复成矿床这一新的成因类型矿床的形成，反映并代表了由大地构造成矿的多阶段性、矿产的继承性和递进性，导致了先成构造单元的各种内生、外生成矿作用类型及成矿物质来源之间，存在有叠加、改造、再造的交织关系，因此而形成的一类综合成因的复杂矿床。因而，它是经历不同大地构造发展阶段或发展时期、递进演化和发展而成的一类矿床。这类矿床的成矿构造阶段既可以是地壳演化中多个有关的基本构造单元发展阶段，也可以是其中的发展小阶段。这类矿床虽然在活化（地洼）区最具发育的有利条件而广为多见，但并非限于地洼区。

多因复成矿床就其定义而言，是专指那些由于不止一次的大地构造阶段演化成矿作用的综合结果，以致明显地同时具有多方面的综合成因特征的一类矿床。他们往往无论归入内生还是外生矿床都不尽合适，只有划分出来列为另一种综合成因类型的矿床，才易于认识并阐明其形成机理及时空分布规律，明确其找矿方向。

多因复成矿床的主要特点为五多，即多成矿大地构造阶段，多成矿物质来源，多成矿作用类型，多控矿因素以及多成因类型。其中，多大地构造阶段（或次级阶段）成矿是最基本的特点。产生多因复成矿床的不同成矿作用和成矿物质，可以来自同一含矿区内地壳演化过程中的不同基本阶段（如前地槽阶段、地槽阶段、地台阶段、地洼阶段等），也可以来自同一基本阶段中不同次级阶段（例如地洼阶段的早、中、晚期，以此类推）。

多因复成矿床的主要成矿模式是多种多样的，包括很广，差别很大，每每因大地构造发展历史和成矿条件不同而异。据现有资料所及，依它们的共同成因特点，大致可以归纳为叠加富化、改造富化和再造富集三种重要模式。在各种模式中又可以分为若干种次级模式。

一、叠加富化型

经过两个或多个大地构造成矿阶段较后阶段的岩浆活动、变质作用或其他成矿作用单独或综合地带来新的成矿物质，或者形成新的矿床，叠加在较早阶段的被作为基础的矿床之上（一般还兼有改造），互相结合从而构成一类多因复成矿床。这类矿床往往最为复杂，规模大，品位大都比原矿床高，成为大规模富矿者不少。典型矿床如内蒙古白云鄂博的铁—稀土—铌矿床。这是一个现今已探明储量达数亿吨以上的大型铁矿床，更是一个超大型稀土矿床和大型铌矿床。而它就是一个沉积＋热液或（及）接触交代的叠加富化型多因复成矿床。

二、改造富化型

改造富化型是指由于岩浆热液、地下水或热液、构造等单独作用或综合作用，使先成矿床受到强烈改造（有时还兼有少量叠加），因而形成的多因复成矿床。这种多因复成矿床往往可以因经过改造，或以改造为主，还可有叠加后品位相对提高，或者呈塑性流动集中到某一层位或构造有利部位，从而形成具有工业价值的新矿床。典型矿床例如湖北大冶铁矿，这个铁矿以前被认为是单纯的矽卡岩型矿床，后来发现其围岩中还含有菱铁矿。以铁山矿区为例，除磁铁矿 1.3×10^8 t外，还有菱铁矿 1.0×10^7 t，菱铁矿具有经受过轻微交代熔蚀的现象，有时呈细脉状，品位一般为30%～40%，少数为20%～30%，个别达45%。周圣生（1979）认为铁山的磁铁矿其原矿床为地台期三叠纪的沉积型菱铁矿，因受地洼期燕山花岗闪长岩的热液交代作用，大部分变为磁铁矿，现今见到的菱铁矿实为改造后残留部分。

湖南东部地台期宁乡式铁矿也有一部分因受活化造山期中生代岩浆活动影响，发生改造富化而形成多因复成矿床。据统计，茶陵、攸县一带29个宁乡式赤铁矿中，有9个因此而还原磁化，由原来的赤铁矿部分地变为磁铁矿，并使其矿石品位相对提高。例如茶陵老槽泊赤铁－磁铁矿，含铁品位增至50.21%；潞水赤铁－磁铁矿，增至43.2%；清水赤铁－磁铁矿，增至45.76%，而在所有上述矿区的邻侧未经过这种改造的矿石（即原生菱铁矿或赤铁矿矿床的矿石）含铁品位一般较低。

华北地台期长城系宣龙式铁矿一般均为赤铁矿，凡在遇到活化造山期花岗岩的地方，也发生接触变质，富化成为磁铁矿，其含铁品位可明显增高达50%。

三、再造富集型

再造富集型是指那些原来含在矿源层中分散的成矿元素，主要经受地下水热液或溶液、岩浆热液或变质热液的作用，运移、集中于特定层位或有利构造部位，形成具有一定工业价值的矿床。

以地下热水再造富集型铀矿床为例，据姚振凯（1980）研究，中国东南部地区的铀矿床，从元古界到新生界，各时代地层都产有铀矿，但成矿年龄都无一例外地均属中生代晚期至新生代。同时，矿化强度与含矿层中的裂隙密度成正比，在裂隙内及紧靠裂隙处，矿化强度明显增高。并且由于断层及裂隙的构造控制作用，致使铀矿矿化可跨不同层位。这类多因复成矿床的典型矿例如湖南汪家冲铀矿床。

多因复成矿床的研究,其理论意义是对传统矿床三维空间和单一成因研究的突破,另辟了一条从四维时空和综合成因进行矿床研究的新途径。在实际意义方面,则是可运用多因复成这一新概念去重新检验已知的一些成因复杂的矿床,重新给予认识和评价,并作为新的找矿勘探的依据(特别是对一些已知矿区的富矿体和老矿区深部的隐伏、半隐伏矿、新类型矿)。同时,多因复成矿床往往是一些大型、超大型矿床,因而运用多因复成矿床概念来研究大型、超大型矿床或贫中求富的找矿方向,常可探求取得重大突破的成效。

第六节 “就矿找矿”

“就矿找矿”是地质工作者和劳动群众在长期的找矿勘查工作实践和开发矿业的生产活动过程中积累起来的一条宝贵的经验。依据这一经验,在不少老矿区的外围或深部找到了新的矿产资源或同一矿种的新类型矿床(体),使小矿变大矿,一矿变多矿,这样的实例不胜枚举。原江西地质矿产局自 1958 年以来向国家提交了 76 处不同矿种的矿产地,其中有 35 处是在老矿区按“就矿找矿”方法找到的(池三川,1988)。驰名中外的西华山钨矿床发现于宋朝,直至清康熙年间均以采锡为主,1908 年按“就矿找矿”方法,在花岗岩体内及其接触带周围发现石英脉型黑钨矿后转为采钨。20 世纪 60 年代在石英脉型黑钨矿的围岩——黑云母二长花岗岩中发现具有工业价值的稀土矿床。70 年代末期,又在花岗岩体内发现浸染状钨矿化。矿区从早期开采锡转向采钨,继而兼采稀土金属。按“就矿找矿”方法,还在西华山钨矿床外围,先后找到了荡坪钨(铍)矿床,生龙口钨(锡)矿床。据刘家远(2002)研究,它们与西华山钨矿床一起,成因上都与西华山复式岩体密切相关(表 2-2)。

表 2-2 西华山复式岩体的花岗岩组成与成矿关系

阶 段	代 号	侵入期次	岩 石 名 称	矿床(化)类型
燕山晚期第一阶段花岗岩(<130 Ma)	γ_5^{3-1}	单一侵入体	细粒斑状黑云母二长花岗岩、花岗斑岩	钨的小型矿床或矿化
燕山早期第三阶段荡坪杂岩体(142~135 Ma)	γ_5^{2-3c}	附加侵入体	细粒斑状含石榴石二云母碱长花岗岩	荡坪中型钨(铍)矿床;生龙口小型钨(锡)矿床
	γ_5^{2-3b}	主侵入体	中细粒斑状黑云母二长花岗岩	
	γ_5^{2-3a}	早期侵入体	中细粒-细粒深色斑状黑云母二长花岗岩	
燕山早期第二阶段西华山杂岩体(162~150 Ma)	γ_5^{2-2c}	附加侵入体	细粒含斑二云母碱长花岗岩	西华山特大型钨矿床
	γ_5^{2-2b}	主侵入体	中粒黑云母二长花岗岩	
	γ_5^{2-2a}	早期侵入体	中粒斑状黑云母二长花岗岩	

著名的江西德兴斑岩铜矿田,20 世纪 50 年代末期首先发现和查明的是铜厂斑岩铜矿床,探明铜金属储量 363×10^4 t。同样按“就矿找矿”方法,通过外围普查找矿,紧随铜厂之

后，又于60年代初期发现和查明了富家坞斑岩铜钼矿床，探明铜金属储量 141.9×10^4 t，钼金属量 11.3×10^4 t。基本上与此同时，地质人员还在铜厂北西侧发现了朱砂红斑岩铜矿床，探明铜金属储量 24.3×10^4 t。3个斑岩铜矿床由南东向北西，由富家坞—铜厂—朱砂红，依次排列，构成一呈线（或带）状展布的矿田格局，首次揭示了成矿斑岩体及其有关矿床成群成带的空间分布规律。随着国家建设对铜资源日益增长的需要，为适应国家决定在江西建设大型铜矿生产基地的规划，从70年代中期开始，江西省地矿局在铜厂和朱砂红两矿区开展第二轮深部找矿会战。与此同时，江西冶金地质勘探公司也对富家坞铜钼矿集中优势兵力，进行深部铜矿勘探会战。通过3年工作，都获得了深部找矿的巨大突破。铜厂矿床铜金属储量由原来的 363×10^4 t 上升为 559×10^4 t，新增 196×10^4 t。同时对金、银、钼、铼、硫等伴生矿产进行详细研究和定量评价，都达到了大型矿床规模，大大提高了矿床综合利用的价值。朱砂红矿床铜金属储量由原来的 24.3×10^4 t 上升为 184.4×10^4 t，新增 160.1×10^4 t。富家坞矿床铜金属储量由原来的 141.9×10^4 t 上升为 257.3×10^4 t，新增 115.4×10^4 t。钼金属含量也新增 5.48×10^4 t。按涂光炽院士提出的大型矿床的5倍即为超大型矿床的标准。则铜厂和富家坞均已进入超大型铜矿床之列，朱砂红也达到特大型矿床规模。按照“就矿找矿”的规律，德兴斑岩铜矿田3个矿床第二轮深部找矿的辉煌成果生动地证明，老矿山深部扩大找矿的前景是不容忽视的。

除上述江西钨矿和铜矿在“就矿找矿”方面所取得的一系列显著成绩外，山东省胶东地区不同类型金矿在“就矿找矿”方面，也毫不逊色。就焦家式破碎带蚀变岩型金矿来说，仅焦家断裂带这一条断裂带上，自焦家特大型金矿床发现后，根据其控矿地质条件，很快相继找到了新城、马塘、东季等十余个相同类型的中大型金矿床。其中，新城也达到特大型矿床规模。这种金矿床沿断裂带成群成带聚集的产出特点，既充分反映了断裂构造作用对金矿床形成、分布的严格控制；也以事实为依据说明“大断裂只导矿不赋矿”并非普遍规律。招（远）—莱（州）地区的招平断裂带、焦家断裂带、三山岛断裂带等一系列大规模断裂，无不都既是良好的导矿构造，也是极佳的赋矿聚矿构造。

老的金矿类型——含金石英脉型金矿亦不例外。以乳山县青金顶金矿床为例，据陆盛鼎资料（1989），近年来在矿区深部又找到了品位高、厚度大、连续稳定的新矿体（Ⅱ号矿体）。仅此一个矿体，金储量即达大型规模。所以，对一些老类型的老矿山，也不能忽略“就矿找矿”的工作。青金顶金矿深部找矿的新进展，给人以深刻的启迪。

尤其是云南个旧锡矿田具有“就矿找矿”的生动历史。20世纪50年代初，该区主要开采砂锡矿，60年代初按成矿有利空间（中三叠世灰岩、白云岩互层带与断裂交汇部位）的认识，相继在矿田上部找到层间矿和层间细脉带富矿。70年代初，为了继续扩大矿区储量，对深部黑云母花岗岩接触带进行系统研究，结果发现了极好的隐伏矽卡岩型锡石硫化物矿体。80年代初又在深部岩体内找到了隐伏的细脉浸染型铜－钼矿体。因而，该矿田在空间上，自上而下依次为砂锡矿、细脉矿、层间锡矿、细脉带锡矿、矽卡岩型锡矿、细脉浸染型铜－钼矿（图2-11）。在时间上，则是几乎每隔10年有一次由浅而深的找矿工作的重大突破。

江西德安县曾家垅锡矿是20世纪80年代初查明的一个大型锡石——硫化物矽卡岩型隐伏锡矿床。在对曾家垅矿区进行勘查工作的同时，本着“就矿找矿”的原则，运用曾家垅矿区成矿地质特征、控矿条件，开展矿区外围找矿工作，先后发现了尖峰坡锡矿，红花尖锡锌矿，张十八铅锌矿。经随后的详细工作证明，均达到中型矿床规模。近年来，通过江西地矿局九一六地质队工作，又在曾家垅锡矿附近的彭山黄金洼一带找到了品位很富且出露地表的脉状锡矿床。这一事实说明在南方某些老矿山外围，局部发现一些产于地表或浅部的矿化，并非绝对不可能，而且通过它们作为标志，又可以去找寻深部的隐伏矿。

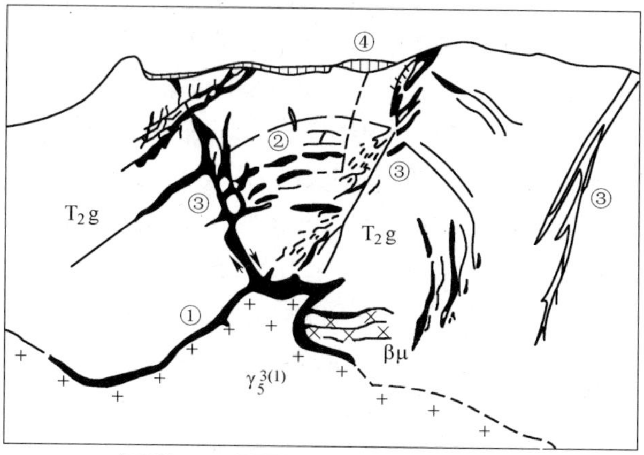

图 2-11　个旧矿区锡矿床模式
（据任治矶，1986）
①—接触带式；②—层间整合式；③—层状不整合式（呈各种脉状产出的富铅多金属氧化矿）；④—砂矿

总之，事实证明，“就矿找矿”是符合客观认识规律和多快好省找矿思路的。如果说“就矿找矿”这一提法本身，或这一概念提出和使用的初期，是带有一定经验性的局限，未能上升到理论化的高度的话，但客观上它却包含了深刻的理论意义。前面所谈的成矿系列、矿床模式等许多成矿理论问题，实际上都融会在“就矿找矿”这一朴素的提法上。越来越多的事实表明，新的“就矿找矿”概念是完全建立在新的成矿理论基础上的，是一种有充分理论根据的科学的找矿方法论。对于隐伏矿床的预测找矿尤为重要的捷径。当前，许多地质生产和科研部门相结合，在一些老矿区，矿带的深部和外围进行大比例尺的隐伏矿床（体）综合预测研究和找矿工作，实际上也都是遵循着“就矿找矿”的基本原则。

第七节　在隐伏矿床预测工作中，密切注视国内外发现的新类型矿床和提出的成矿新理论

作为隐伏矿床综合预测的研究者，特别是地质人员，不仅要熟悉国内外已知的各种类型矿床及其形成条件和规律；而且要密切注视国内外新类型矿床的出现和一些成矿新理论的提出，以便开阔思路，及时掌握和运用一切有利于指导隐伏矿床预测的新理论，服务于工作，增加发现更多更好的成矿靶区和隐伏矿床的可能性。20 世纪 70 年代，国外一系列新类型矿床的涌现与其相应的黑矿成矿（海底火山作用成矿）理论、斑岩铜矿成矿理论，岩浆隐蔽爆破作用成矿等成矿新理论的提出和引进，对我国地质找矿工作都起到了积极的推动作用，导致一系列新类型矿床的发现和贵重、有色金属等

矿产资源储量的大幅度增长。80 年代，国外浅成低温热液成矿、层控成矿、热卤水成矿等许多成矿理论的引进，以及美国卡林型（微细浸染型）金矿被介绍到国内等，对我国铜矿、金矿、铅锌矿等主要矿产资源的找矿勘查工作，也都产生了深远的影响和借鉴作用。比如通过对卡林型金矿及其热卤水成矿理论的学习、借鉴，在黔西南的二叠系、三叠系中发现了很有前景的微细浸染型金矿，连同广西、云南两省（区）微细浸染型金矿的重大突破，被誉为滇、黔、桂“金三角”，成为我国新的黄金基地。随后在四川、陕西、宁夏、甘肃等也都相继发现了微细浸染型金矿。

近年来，隐伏的大金矿在美国卡林金矿带不断有新的发现，整个带上金矿储量大增。卡林金矿带原勘探深度多在 100 ~ 300 m 以内，已发现 20 多个金矿床，多为低品位沉积岩容矿的微细浸染型金矿。80 年代后期，美国两家公司执行深钻计划，在矿区 550 m 深处首次发现了高品位、大规模的深部波斯特—贝茨硫化物金矿床，包括浅部波斯特金矿，总储量达 550t。这两家公司的成功使其他公司纷纷效仿，也在卡林金矿带其他部位进行深部找矿勘查。通过激发极化法和电阻率测量，发现存在重要的深部物探异常。随后根据地表硅化及地化异常布钻，又发现了控制深达 579 m 的米克尔隐伏金矿床，且向下尚未尖灭。最近在科特兹金矿附近也发现了深部的派普莱恩隐伏金矿床。一系列深部富金矿床的发现，充分证明卡林金矿带深部找矿潜力巨大。美国是如此，既然同为微细浸染型金矿，我国许多卡林型金矿产地，特别是滇、黔、桂“金三角”地带，是否也可能有深部高品位、大规模隐伏金矿的存在呢？很值得滇、黔、桂三省（区）该类金矿的矿山或矿业公司高度重视、研究和大力加强工作。陕西、四川、甘肃、宁夏等产有卡林型金矿的省（区）也都应密切关注这个问题，投入必要的探索研究。

浅成低温热液成矿问题，前已述及，在我国福建、新疆等省区都有重要的发现和发展。近年来，英国矿床学家 R. H. 西里托通过美国、菲律宾、巴布亚新几内亚、前南斯拉夫等国斑岩铜矿的研究后指出，在火山岩区，很多斑岩铜矿系统高部位都发育有浅成热液贵金属矿脉和含硫砷铜矿块状硫化物矿脉，它们发育在含铜、钼稳定长石蚀变之上数百米的高级泥化蚀变带内，是斑岩铜矿系统上部火山岩段的一个组成部分，它们共同组成火山岩区的热液成矿系统。他相信在大量硫砷铜矿脉之下很可能有斑岩铜矿存在，这就为找矿勘查人员寻找隐伏矿床提供了一个新的方向和重要线索。R. H. 西里托还通过智利金矿的研究后指出，智利斑岩型金矿分布在斑岩岩株体的顶部，高硫化（酸性硫酸盐）浅成低温热液型金矿床产于斑岩型金矿的上方，低硫化（冰长石 - 绢云母）浅成热液型金矿床和接触交代矿床则产在斑岩型金矿的四周。这种认识和思路对指导金矿和铜矿的寻找都有重要意义。我国福建紫金山铜矿与这种含硫砷铜矿脉的浅成热液铜矿床颇相类似，在紫金山铜矿床周围或其深部是否有斑岩铜矿的存在，也是很值得重视和研究的。据戴自希（1994）资料，在紫金山铜矿区已有这方面新的发现。澳大利亚奥林匹克坝铜 - 铀 - 金组合矿床，前苏联穆龙套金矿床等世界级超大型矿床的发现，更是引起了世界各国地质和矿业界的震动，人们都在纷纷探索、对比研究，希望在自己的国家也找到这样巨大的矿床。中国也不例外，一度掀起超大型矿床研究的热潮。据说在我国新疆南部已经有穆龙套式金矿重大线索的发现。

上述事实充分说明，密切关注和学习、借鉴国外不断涌现的新类型矿床和成矿新理论，对于我们深入开展隐伏矿床预测研究和深部找矿具有深远的意义和作用。

在国内,山东焦家式破碎带蚀变岩型金矿这一新类型金矿床的发现和创立,不仅彻底改变了胶东地区长期以来的含金石英脉型金矿占据主要地位,作为主要开采对象的历史,而且开创了山东乃至全国金矿找矿工作和黄金生产的新局面。继胶东地区焦家式破碎带蚀变岩型金矿之后,广东河台,江西金山及秦岭造山带金矿等全国各地一系列破碎带蚀变岩型、剪切带型、糜棱岩型等构造控制成因或构造成矿成因的金矿床,如雨后春笋般地相继涌现。这一事实有力地证明了这一新类型金矿无比巨大的生命力及其典型示范作用。同样,随着国内成矿系列、成矿系统、多位一体复合成矿和多因复成成矿等一系列成矿新理论的提出,推广交流和运用,导致了前面提及的许多老矿山深部一系列隐伏半隐伏矿床的查明,一系列不同矿种新类型矿床的涌现,一大批贵重有色金属矿产资源储量的剧增,也从更大的深度和广度推进了我国成矿学理论研究和深部隐伏矿床预测找矿工作的开展。

第二篇　隐伏矿床预测的方法

从目前工作程度和已有资料来看，隐伏矿床预测的方法主要包括以下 6 个方面，即隐伏矿床预测的地质学途径，隐伏矿床预测的勘查地球物理方法，隐伏矿床预测的勘查地球化学方法，隐伏矿床预测的最新遥感技术，隐伏矿床预测的生物学方法和隐伏矿床预测的综合途径与深部工程验证工作。隐伏矿床预测的地质学途径，又包括构造预测、地层-岩相预测、岩石学预测、矿物学预测、隐伏花岗岩预测和围岩蚀变预测 6 种预测方法。下面分别加以简介。

第三章　隐伏矿床预测的地质学途径

第一节　构造预测

对于绝大多数内生金属矿床来说，都受一定构造的制约而成矿，金矿尤为如此，不论其属于何种类型金矿床，几无不严格受一定构造的控制。在特定的动力学机制作用下，构造本身即成矿。如剪切带型金矿即被认为是构造作用直接成矿的产物。因此，构造预测是隐伏矿床预测必不可少的一种方法，也是一条重要的途径，不论是区域性面上的预测工作，还是局部性点上的预测工作。构造预测的基础，首先就是要深入扎实地做好预测区的构造研究工作，查明构造的基本特征、规律及其与成矿的关系。有效的构造预测必须重视以下四个方面的工作：(1)构造体系的控矿分析；(2)构造力学性质的分析；(3)控矿构造因素的解剖和辨认；(4)构造发生、发展和变化过程的研究。只有通过以上四个方面的深入研究，掌握翔实的第一手资料和规律，才有可能发挥构造预测在隐伏矿床预测中的关键作用。许多内生金属矿床与断裂构造关系也极为密切，断裂构造不仅为含矿溶液的运移、上升提供必需的通道和储矿赋矿的有利场所，而且严格控制着矿体的形态、产状、规模甚至矿化类型。然而，在自然界常常可以看到，并不是所有的断裂构造都有利于成矿；在同一个地区，常常是有的断裂构造及其附近成矿，而另一些断裂构造及其附近不成矿；甚至同一条断裂构造一段或几段成矿，而另一些地段却不成矿。因此，深入地研究断裂构造的发育特征及其与成矿的关系，十分重要。其中一项重要的实际工作就是要严格区分和辨认断裂构造是成矿前的、成矿同时的还是成矿后的。这对寻找隐伏矿床很重要。下面通过图解加以说明。

一、成矿前断裂的识别标志

成矿前断裂的识别标志见图 3–1。

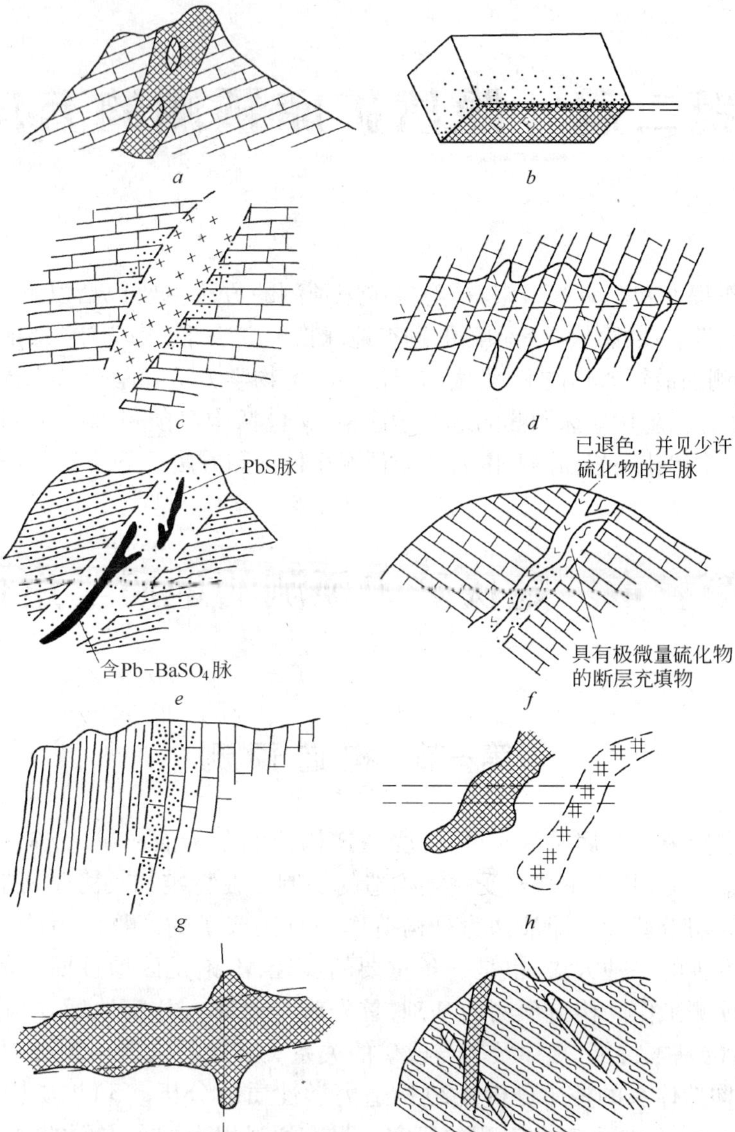

图 3–1 成矿前断裂的识别标志

（据池三川，1988）

a—断层角砾被原生矿石矿物或与矿石矿物伴生的脉石矿物所胶结；*b*—断裂带内见不到新鲜的断层泥或镜面，若有也均遭到蚀变或浸染矿化（矿化随错动面往外变贫）；*c*—断裂带和围岩虽遭到不同的热液蚀变，但性质是统一的（没有明显界线，只有粒度粗细的变化）；*d*—围岩的热液蚀变带严格受断裂控制；*e*—断裂带内的金属矿物呈脉状产出；*f*—在断裂带或其两侧之脉岩内，可见到原生金属矿物；*g*—在断裂上盘（或下盘），除见到一层渗透性差、微遭蚀变的断层泥外，找不到任何成矿后标志，而下盘（或上盘）却蚀变较强；*h*—矿体或蚀变带明显切过断裂带；*i*—矿体产状严格受断裂产状控制或直接产于断裂中；*j*—断裂带中有早期同类脉岩产出并被矿体切割

除图 3-1$a \sim j$ 所示的识别标志外，尚有以下几点标志现象应予注意：(1)断裂带内见到不稳定、极易分解的硫化物(不在断层角砾中，而在断裂带中呈自形晶)；(2)断裂带内肉眼虽见不到任何矿石矿物或其角砾，但采样后证实存在(断裂无成矿后标志)；(3)断裂带内虽见不到金属矿物，但成矿元素富集在断裂上盘的一定距离之内(其下盘断裂一般起通道作用)；(4)断裂带内虽见不到任何与热液活动有关的金属矿物，但采样化验后，断裂带及两侧围岩均含成矿元素。

二、成矿同时的构造识别标志

成矿同时的构造识别标志见图 3-2。

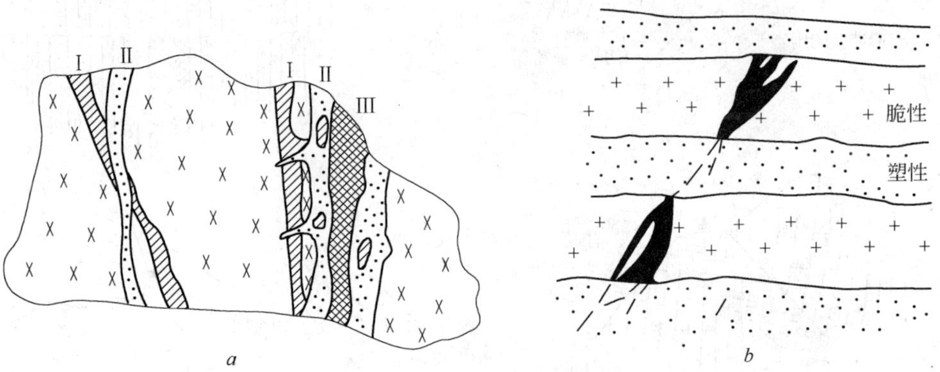

图 3-2　成矿同时的构造识别标志

(据池三川，1988)

a—在同一矿体内存在多种(不同成矿阶段)的矿石结构构造或交错现象(受成矿时构造作用所致)；b—矿物组合在共生上的不一致(不协调)性

除图 3-2 所示的识别标志外，还有以下几种识别标志：

(1)某些矿物作为包裹体出现或早阶段矿石破碎并被晚阶段矿石胶结；

(2)对称带状构造(脉壁早，向内则晚)；

(3)明显的交代蚀变作用；

(4)由于围岩物性改变而不含矿的断裂(方位也变了)；

(5)既错断了矿体，又被晚阶段矿化所充填的构造；

(6)岩体、矿体中由针状、柱状、板状矿物所表现出来的线状、面状等定向构造。它们的形成绝大部分是由于成岩、成矿期构造作用的结果。

三、成矿后构造的识别标志

成矿后构造的识别标志见图 3-3。

同时，深入的构造预测需要编制构造预测图及深部地质图等系列图件。值得指出的是，为了有效地进行深部地质填图，必须在深部地质填图的全过程——从准备工作到编绘成果图件和编写报告，都要把地质、地球化学、地球物理和其他方法紧密地结合起来，要充分利用深部工程所揭示出来的全部实际资料。只有充分地、合理地利用所有信息源，才能保证深部

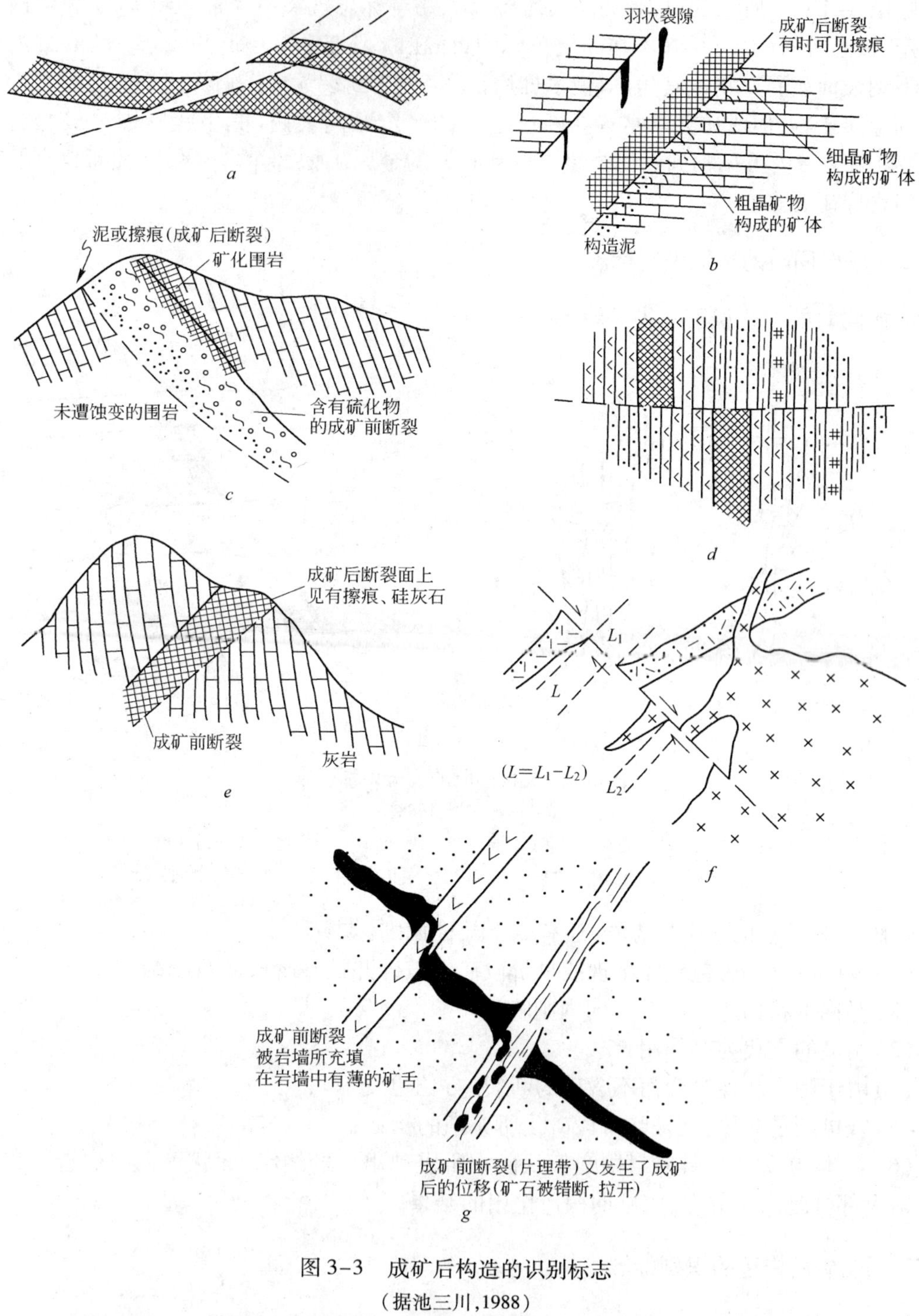

图 3-3　成矿后构造的识别标志

(据池三川,1988)

a—矿体在靠近断裂带处突然消失或产状明显改变,矿体内见有断裂滑动镜面、泥或擦痕;*b*—断裂纵切被矿体充填的成矿前构造,被切后致使上、下盘的成分、结构构造明显不同;*c*—在断裂的一盘(如下盘)见不到蚀变,而另一盘(如上盘)见有构造泥和擦痕(说明成矿后又有活动);*d*—断裂切断矿体或蚀变带(断裂带内有矿石角砾);*e*—断裂面上见有滑动镜面及动力变质矿物;*f*—多期次的穿插和错断;*g*—断裂带内见新鲜断层泥和矿石角砾、破碎晶体(成矿后再次活动),带有成矿后标志的成矿前断裂(尾折)

地质填图所必需的可靠性、详细程度和深部找矿效果。

构造地球化学方法，作为一种新的构造预测方法，是把构造与地球化学有机结合起来的一种综合构造预测找矿方法，对于深部隐伏矿床的预测，也是一种比一般构造预测方法更为直接有效的方法。如果说通过工作证实，有利于成矿的一组控矿构造或多组构造交汇部位，单纯从构造角度，它只能指示30%左右成矿的可能性；那么，把构造与地球化学结合起来，进一步通过构造地球化学（构造含矿性）研究证实，这组控矿构造（或多组构造交汇部位）具有很高的含矿丰度，甚至局部出现初步富集的矿化信息，则从构造地球化学的角度，其指示成矿的可能性必将大为提高，达60%～70%，甚至更高。桂林理工大学有关项目组在新疆、广西等地，对某些已知矿区（或重点靶区）配合物探工作进行大比例尺构造地球化学扫面，以期探索深部成矿远景，均取得了良好的找矿预测效果。实践证明，构造地球化学方法是进行隐伏矿床预测的一项较为便捷而行之有效的方法，值得大力推广。其具体工作原理和程序等将在后面论述勘查地球化学方法章节中加以介绍。

通过构造预测探寻隐伏矿床并取得显著成效的实例很多。如湖北鸡冠嘴金矿床，在追索已知铜矿体，探查北东东向构造破碎带深部含矿性过程中，所见矿化很不理想，没有达到预期效果。后来通过大比例尺成矿预测和深入的构造综合研究，地质人员确认鸡冠嘴预测段是应该首先工作的最为有利的成矿地段，并预测主要矿体最有可能出现的部位是北北东向与北东东向断裂构造交汇地段及其北西部，推测见矿深度为 -500～-800 m，并强调提出对金的评价工作。根据这一深有远见的构造预测，该区找矿方向由北东东向改为北北东向。结果沿北北东向断裂带施工的第一个钻孔一举见矿，见矿厚度达73.08 m，从而发现了以金为主金、铜共生的Ⅲ号主矿体，取得了深部隐伏金、铜找矿工作的巨大突破，仅此一个矿体的金储量即达9.57t，平均品位4.16g/t。通过随后进一步的详细勘查工作，终于探明鸡冠嘴为一与中型铜硫矿共生的大型金矿床。不仅为国家创造了可观的经济效益，而且为丰富成矿理论和通过构造预测寻找隐伏矿床提供了宝贵的理论依据和经验。同时，对鄂东南地区评价其他金铜、金锑等共生金矿床的工业价值起到了推动作用，意义深远。又如原山东地矿局第六地质队的金矿工作者们通过焦家金矿床的找矿勘查工作，不仅发现和建立了焦家式破碎带蚀变岩型金矿这一新的金矿类型，还突破“大断裂带只导矿不储矿”这一传统观念的束缚，总结提出了具有胶东特色的“大断裂带成矿”的构造控矿规律。带动了整个胶东地区沿大断裂带找矿的金矿扩大找矿工作，导致该区几条大断裂带上一大批不同规模破碎带蚀变岩型金矿床的相继涌现。以招（远）—莱（州）地区三条主干大断裂带为例，焦家断裂带继焦家金矿床之后，又在该断裂带上不同部位先后发现了包括新城特大型金矿床在内的十多个中-大型金矿床。三山岛—仓上断裂带继三山岛特大型金矿床之后，又在其南部同一断裂带上，先后发现了仓上、新立两个隐伏的大型金矿床，且根据构造分析预测新立与仓上两矿之间尚有进一步找矿的潜在远景。招远境内的招平断裂带，继玲珑超大型金矿床之后，又在该断裂带中部距地面250多米的地下深处发现了大尹格庄大型隐伏金矿床。勘查工作过程中，开始按“主矿体为一整体，被大尹格庄断裂错断”的认识部署工作，进展不是很大。后来地质人员通过深入的资料分析和构造控矿关系的综合研究，大胆提出主矿体并非被大尹格庄断裂错断的整体，“而是在断裂的南北两侧存在两个形态不同的矿化富集中心”。根据这一新的认识重新部署工作，很快取得突破，仅使用有限的钻探工作量，就控制和揭露了矿体厚大的富集部位，并查明矿体延深较大，使矿床金储量剧增，平均品位也有所增高，终于成为招平断裂带上又一大型金矿床,而且是深埋地下的隐伏矿床。实践证明,对于探索性极强的隐伏矿床找矿预测来说,一个正确的认识多么重要;而正确的认识来源于对资料的充分占有、深入分析,以及在此基础上通过深入的构造综合研究所得出的正确判断。由此,再次证明,构造预测对一切受构造控制成矿的矿床特别是金矿床的找矿,有着头等重要的意义。大尹格庄隐伏金矿床成功的找矿勘查工作,从构造预测角度为胶东地区隐伏金矿的探寻提供了十分有益的经验,具有十分重要的指导意义。

第二节 地层—岩相预测

地层是指形成于一定地质时期和具有一定岩相特征和层序关系的沉积物。岩相是指沉积物形成环境的物质表现。岩相分析则是通过沉积物中矿物、岩石和古生物特征的分析,去推断这些沉积岩层形成的条件和环境。古地理是指不同地质时期的自然地理变迁,包括古气候、古地貌、古水文和古构造等特征。地层、岩相、古地理是沉积学中紧密联系的三要素。近年来,随着沉积学的不断发展,加上不少矿床都直接赋存在地层中某一有利的空间部位,因而地层—岩相研究在找矿工作中,常被作为一种重要的找矿预测手段。通过地层对比与岩相分析,恢复和识别古地理环境,从而具体指导找矿工作。地层—岩相预测不仅对直接形成于一定地质时代沉积岩层中的各类沉积和外生矿床的找矿预测直接发挥作用,对于那些常常受一定层位控制的许多内生金属矿床来说,也同样具有重要意义。地层—岩相预测,通常要从盆地的地质条件入手,注意加强区外或国外的对比研究,注意地质(沉积)建造与成矿关系的研究,特别强调层、相、位控矿的研究。

以广西环江县北山礁控型铅锌矿床为例,矿床赋存在中泥盆统东岗岭组碳酸盐岩建造中,严格受生物礁控制,产于生物礁体(北山礁体)的顶部。礁顶由枝状层孔虫细晶白云岩,含碳泥质白云岩、迭层石细晶白云岩、角砾白云岩组成,是矿床主要赋矿部位。按层—相—位控矿规律分析,北山礁控型铅锌矿床形成的主控地层是中泥盆统东岗岭组,控矿岩相为“局限-半局限碳酸盐台地边缘生物礁相”,主要赋矿部位为礁体顶部,其直接赋矿围岩为白云岩。

近年来,在广西南部宁明—崇佐一带二叠系中,又发现有富含生物礁的碳酸盐岩建造,且已有铅锌矿化显示,正引起人们的关注。桂林理工大学有关项目组即拟与该区有关地质队合作,借鉴北山礁控型铅锌矿床的控矿规律和经验,通过地层—岩相预测途径,并配合物、化探手段,对该层位含矿远景作初步探索,以期能在广西及其邻区发现孕育礁控型铅锌矿床的新的含矿层位。

第三节 岩石学预测

所有工业矿化无一例外地都与某类岩石密切相关,赋存在一定特性的岩石中,有的岩石本身就构成矿体。这些经历过不同程度成矿作用洗礼的岩石必然或多或少地保留着某些直接或间接的成矿作用痕迹(矿化痕迹)。因此,通过对岩石中矿化痕迹的观察、研究和追踪查证来进行预测找矿,是岩石学预测的内容之一,无疑也是隐伏矿床预测的一种重要的地质途径。著名岩石学家、原长春地质学院张树业教授在这方面做过深入的研究,在他生前所著

《岩石中的成矿痕迹》一书中，曾强调指出岩石中成矿痕迹研究的重要意义，至今仍有现实的指导作用。

岩石中的成矿痕迹主要包括以下三方面：(1)岩石中微量存在的某些原生或次生矿石矿物，如锡石、黄铜矿、方铅矿、黄铁矿、孔雀石、蓝铜矿、胆矾、黄钾铁矾等。这些微迹矿物常常要通过室内显微镜下光、薄片的仔细观察才能发现。(2)岩石中初步富集的某些成矿元素，如Cu、Pb、Zn、Au、Ag、Sn、Mo等。(3)岩石中出现某些与成矿热液活动有关的蚀变现象，如硅化、绢云母化、绿泥石化、次生石英岩化、绢英岩化等。前二者属直接的成矿痕迹，后者属间接的成矿痕迹。当从野外采回的岩石标本经初步化学分析或光谱分析，发现含有某些成矿元素或伴生指示元素的较高丰度时，当在野外岩石露头上发现(或室内显微镜下发现)岩石中明显含有某些原生或次生的矿石矿物，或与成矿作用有关的某些蚀变现象时，都应加以重视；及时返回野外去，仔细观察了解这些岩石野外产出情况、空间分布范围、有无其他找矿标志信息，并系统采样做进一步的分析研究。通过岩石中细微成矿痕迹的指示，从而导致工业矿床的发现，国内外都不乏实例。前面提到新疆东南天山土屋—延东一带超大型斑岩铜矿床的发现，开始引起地质人员重视的，就只是稀疏分布于斑岩露头岩石中的孔雀石。新疆奇台县乌伦布拉克铜矿区西区一种强烈硅化的角砾岩，常常岩石表面看不到什么，可打开来一看，里面出现的斑点状、团块状十分鲜艳的绿色孔雀石，像宝石一样镶嵌在岩石中。任何一位有心的地质人员看到这一种现象，在欣赏这种自然美的同时，不会不想到深部可能产有原生的铜矿。虽然由于一些客观原因，这个矿区的真正远景至今尚未查明，但是矿区深部特别是北部外围，联系物探工作所获良好的综合物探异常(包括局部磁异常及相伴的瞬变电磁和自然电位异常)来看，作者等深信存在铜及可能伴生的铁、钼、金等的潜在远景，很值得进一步工作。

除上述岩石中的成矿痕迹之外，岩石的某些特殊的外貌特征(如颜色、岩石组构等)或某些特殊变异的岩石(如因强烈蚀变，岩石原始组构尽失，变得面目全非难以辨认的岩石)，以及某些特殊类型的岩石(如不同外貌特征的角砾状岩石、条带状岩石等)，也常常可以成为间接的成矿痕迹或找矿标志。20世纪五六十年代以至后来，一些群众报矿，常常是拿着这类特殊外貌或变异的石头来报矿。通过这类群众报矿活动，引起地质部门的重视并加以详细工作，从而发现工业矿床的事例也不少。甚至有些大规模的工业矿床也都经历过这种最初的发现史。以至早期的原国家地质部曾把群众报矿工作作为一项重要的工作来抓。

许多金属、非金属矿产资源都与岩浆岩密切相关，对于与成矿有关的岩浆岩来说，岩体的形态、产状，岩石类型组合，岩体组合演化规律，以及岩体剥蚀深度等等这些因素，也都是岩石学预测的重要内容，对于隐伏矿床预测找矿，同样具有重要意义。

为做好岩石学预测工作，除了重视野外现场宏观的深入调查，认真观察之外，还应加强室内显微镜下微观的研究工作。因为，许多细微的蚀变矿化痕迹，一些肉眼难以辨认的矿物，在野外往往是看不出来的；需要通过显微镜下仔细的观察才能加以识别。有些难以辨认的矿物需要通过镜下一系列的鉴定方法，甚至配合电镜、探针等其他手段，才能加以确认。如果不认真做好室内显微镜的研究工作，岩石中许多重要的成矿痕迹就会被漏掉，这对隐伏矿的找矿预测工作是很不利的。近些年来，人们往往只注意追求一些高精度的测试分析，而对显微镜下的研究这项岩石学基础工作有所忽视。当然，必要的测试分析应该做，它对研究岩石中的成矿痕迹，特别是一些微迹成矿元素或伴生组分的测定，也是不可缺少的。我们强调的是，与此同时也应切实加强显微镜下的研究工作。

第四节 矿物学预测

随着找矿难度日益加大，也给矿物学提出了新课题。国内外已相继推出成因矿物学和找矿矿物学，开展了标型矿物共生组合、矿物水平和垂直分带、矿物标型特征（如晶体形态标型、成分标型、结构标型、物性标型、矿物同位素和包裹体标型等）、矿物个体发生史、矿物的成因分类和空间分布等方面的研究，并进行了矿物学填图工作。以前苏联较早、较系统地开展了成因矿物学和找矿矿物学的研究工作。在 A. E. 金兹堡等著的《地质勘探工作实践中的矿物学研究》一书中，已做了较全面的总结。近年来，我国也有不少学者开展这方面的研究，其中如陈光远等（1987）编著的《成因矿物学与找矿矿物学》，在国内外均具有一定的影响。他们认为：矿物学与成因矿物学在找矿工作中的作用主要包括以下八个方面的内容：(1)正确的矿物鉴定在找矿工作中的应用；(2)新矿物的发现在找矿中的应用；(3)已知标志矿物在找矿中的应用；(4)矿物组合在找矿中的应用；(5)矿物标型特征在找矿中的应用；(6)矿物应力标志在找矿中的应用；(7)矿物组合演化在找矿中的应用；(8)矿物地史演化在找矿中的应用。池三川还认为，“矿化及蚀变矿物组合分带是找矿的直接标志，它能指示矿床大致所处的空间位置，在寻找隐伏矿床（体）、判断矿床规模、剥蚀深度等方面起重要作用”。有人则认为蚀变矿物的系统研究完全可以构成矿物学的一个独立的分支——蚀变矿物学。总之，矿物学预测，作为一种重要的手段，在隐伏矿床的找矿预测工作中，正起着日益显著的作用，有着十分广阔的应用前景。近年来，在运用矿物学预测手段寻找隐伏、半隐伏金矿床方面效果十分突出，江西东部产于震旦系变质岩中的茅排金矿，就是华东地质学院徐海江教授等通过重砂矿物组合的深入研究和追踪发现的。早在 20 世纪 60 年代，南方的钨矿工作者对赣南—粤北钨矿集中区所总结出来的“五层楼”模式，既是断裂构造在垂向上的分带，也是矿物组合在垂向上的分带（见图 2-6）。人们正是运用这一从客观实践中提炼出来的经验模式，在后来的钨矿找矿工作中取得了辉煌的成就，找到了我国南方一大批大规模的隐伏、半隐伏钨锡矿床。其中，不少隐伏的石英脉型钨矿床，钨锡矿床就是按照这一模式，通过地表出现的石英线脉或云母线脉等细微矿物标志向深部追踪，钻探而发现的。美国地调所约翰弗 · 斯累克（1982）在《阿帕拉契—加里东块状硫化矿床的电气石及其勘探意义》一文中，揭示了美国伊利沙白铜矿、布莱克霍锌铜矿、奥诺布铜矿、挪威布莱克瓦西铅锌矿等许多层控矿床中，有一种常见的脉石矿物——电气石，呈棕、绿棕或棕黑色浸染状、凝块或断裂充填物状产在块状硫化矿体或近矿围岩中，个别地区还可形成由致密片状电气石组成的岩石—电气石岩。他认为，在非蒸发盐岩中丰富的富集镁电气石意味着那里可能是从前的水下升华喷口中心附近。他建议通过河流沉积的淘洗富集，鉴定电气石的异常量和成分。用这种方法发现的丰富的镁电气石表示存在有层状电气石岩，或可能是块状硫化矿床边部的其他非深成岩化作用所形成的电气石富集。这是寻找层控多金属矿床的一种较新的矿物找矿方法。国外，近年来常在矿物学和地球化学研究的基础上，建立矿体的矿物—地球化学预测模式。这是一种用图表和文字表示的矿化标志和在周围空间查明这些标志的方法的相互联系的体系，也是一种新的矿物学预测方法。建立这种预测模式一般包括下列步骤：(1)考虑在生产条件下是否可利用的前提下，按信息度最大的原则选择模式参数；(2)确定模式参数的鉴别和定量评价方法;(3)沿侧向和垂向(必要时还沿含矿构造的走向、倾向、倾伏)将近矿空间划分为一系列带——外带、过渡带、中心带、矿上带、矿带、矿下带等;(4)获取参数的定性和定量特征及其在各带中的分布;(5)将普查资料归纳成图表,建立普查对象的综合图解模式;(6)编制沿侧向和垂向逼近矿体的准则一览表;(7)对不同类型的普查对象进行比较分析,制定矿化类型的预测准则;(8)通过不同规模普查对象的比较分析,制定矿化类型的预测准则。现以产于复式花岗岩体(花岗岩和辉长-闪长岩体)中的金—硫化物—石英网脉带为例加以说明,该含金网脉带的周围是一些宽阔的交代蚀变晕、新生矿物晕和内生地球化学异常晕(表3-1)。晕的形态和强度由异常地段的中心到其边缘发生很大的变化。在中心带是立体型晕,几乎完全充填了近矿空间。在过渡带是线性晕(透镜状的异常束与背景地段交互出现),充填空间可达50%。在外带是一些局部异常斑点,占围岩体积5% ~10%以下。晕中的元素组合(As、Au、Bi-As、Au、Ag-Au、Mo、W)及其平均含量相应地发生变化(图3-4)。推测的轴向分带序列如下:Ba、Pb、Ag、Au、As、Bi、Cu、Co、V、Mo、$Ba^2/(Co \cdot Mo)$是矿体信息量最大的分带系数,而$(Ag \cdot Pb)/Mo^2$和$(Ag \cdot Pb)/W^2$则是单个矿柱信息量最大的分带系数。为了评价矿化的规模,可以利用强度系数,即主要工业组分及其直接指示元素的线金属量乘积与带出的元素组的比值。矿床规模大的含矿地段可以用指数As、$Bi/(Co \cdot V)$估算,而单个矿柱可以用指数$As \cdot Bi/V^2$估算。

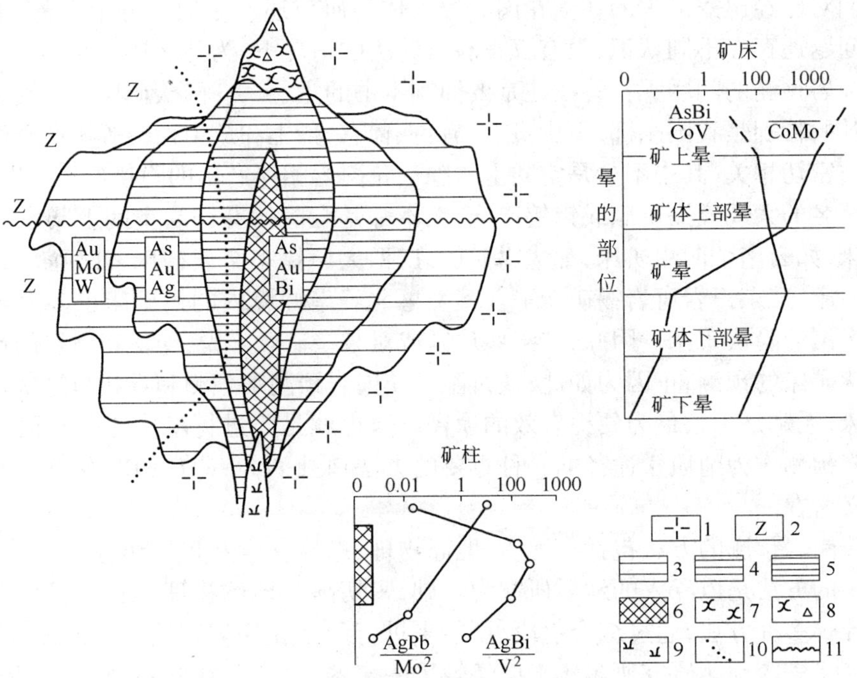

图3-4　金-硫化物-石英矿床的普查模式示意图

1—酸性侵入岩;2—基性和中性侵入岩,纵合晕带;3—外带;4—过渡带;5—中心带;6—矿体;7—矿上绿泥石化带;8—矿上绿泥石—钠长石交代带;9—矿体下部和矿下钾长石化带;10—不同成分侵入岩接触带;11—现代侵蚀截面

表 3-1 沿侧向逼近隐伏矿体的准则

准则	组合晕带		
	外带	过渡带	中心带(聚矿带)
地球化学准则	斑点状晕,空间充填达10%,主要元素组合是 Au-Mo-W	线性晕,空间充填达 50%,主要元素组合是 As-Au-Ag	立体型晕,空间充填达 80% 以上,主要元素组合是 As-Au-Bi
矿物学准则	乳白色石英晕(大于 20%),灰色石英和电气石晕(可达 5%),萤石晕(可达 1%),灰色石英与电气石之比为 1:1	乳白色石英晕(20% ~50%),灰色石英和电气石晕(5% ~ 20%),萤石晕(5%),灰色石英与电气石之比为 2:1	乳白石英晕(小于 1%),灰色石英和电气石晕(20% ~50%),萤石晕(20%),灰色石英与电气石之比为 1:1
近矿交代准则	黄铁细晶岩柱外带的交代岩,其暗色矿物为绿泥石和碳酸盐作假象交代,形态为斑块状。空间充填达 5% ~15%。原岩的结构构造特征完全保留下来	交代柱过渡带的交代岩:在酸性介质中为含斜长石和钾长石的碳酸盐 - 绢云母 - 石英交代岩,空间充填达 50%。原岩的结构构造特征部分保留下来	过渡带产物背景上交代柱尾带的交代岩(碳酸盐 - 绢云母 - 石英交代岩)(可达 30%)。空间充填达 80% ~100%。原岩的结构构造特征大部分或完全消失

第五节 隐伏花岗岩预测与深部找矿

当人们对已经出露地表的各类花岗岩侵入体的研究还不是很充分很完善,不少岩体地质和成因问题还存在不同认识,没有真正获得解决的情况下,为什么还要花很大的力气去研究隐伏花岗岩预测的问题呢?答案还是要回到本书的主题——隐伏矿床的预测上来。众所周知,在我国,特别是我国东部,不少贵重、有色、稀有、稀土和放射性铀等矿产资源成因上都与花岗岩类密切相关,其中不少是空间上与隐伏花岗岩相伴产出的隐伏矿床。以锡矿为例,国内几个著名的大规模锡矿床或锡钨矿床,无不都是与隐伏花岗岩空间上紧密伴生而形成的隐伏矿床,如云南个旧锡矿床,都垅锡矿床,广西大厂锡多金属矿床,江西曾家垅锡矿床、漂塘锡钨矿床,广东银岩斑岩锡矿床等。赣南粤北等南岭境内的钨矿床也多为与隐伏花岗岩体相伴产出的隐伏矿床。因此,在某些地区或对某些矿产来说,隐伏花岗岩的预测实际上也就是隐伏矿床的预测,正因为如此,通过隐伏花岗岩预测来预测和寻找与隐伏花岗岩伴生的隐伏矿床,无疑是一条最为便捷有效的途径。这也就是要进行隐伏花岗岩预测研究和将隐伏花岗岩预测作为地质学途径的一种重要的方法单独列为一节,加以专门和重点论述的缘由和意义所在。

隐伏花岗岩预测的方法包括有地质、地球物理、地球化学和遥感影像等多种方法,但最基本最重要的方法是以深入的地质研究为基础,密切配合地球物理、地球化学、遥感影像以及数理统计等多种方法,通过综合手段、途径来进行隐伏花岗岩预测。这方面,原桂林冶金地质学院隐伏矿床预测研究所多年来已经做了一定的工作,并在此基础上,由袁奎荣、刘家远主编,尝试性地编制了 1:100 万中国南方部分地区隐伏花岗岩分布及预测图,共列出隐伏花岗岩 121 处,其中已知隐伏岩体 38 处,预测隐伏岩体 83 处。同时,根据预测标志,结合编图区内隐伏花岗岩预测和验证的程度,将这 121 处隐伏岩体区分为以下四种类型:(1)已经工程证实的隐伏花岗岩;(2)具有直接地质或矿化标志(包括地球化学异常)的隐伏花岗岩;(3)具有物探异常(以重、磁异常为主)标志的隐伏花岗岩;(4)具有遥感影像标志的隐伏花岗岩。这项工作对于研究区内隐伏花岗岩预测及其伴生隐伏矿床的探寻，具有极大的实用价值。

隐伏花岗岩预测的标志，从现有资料来看，可以初步归纳为以下五个方面：

(1)隐伏花岗岩形成的构造控制作用及构造形迹标志，包括：

1)深部构造——花岗岩带的分布受深部莫霍面构造轮廓的控制。从华南来看，大部分花岗岩(包括隐伏花岗岩)几乎都分布在拗陷带或突变带上，即对应于地壳厚度较大或变化较大的局部地带。

2)区域断裂带、构造薄弱带控制隐伏花岗岩群、带(或深部隐伏岩基)的展布。如赣南受区域断裂带控制的木梓园—棕树坑隐伏花岗岩带(图3-5)。

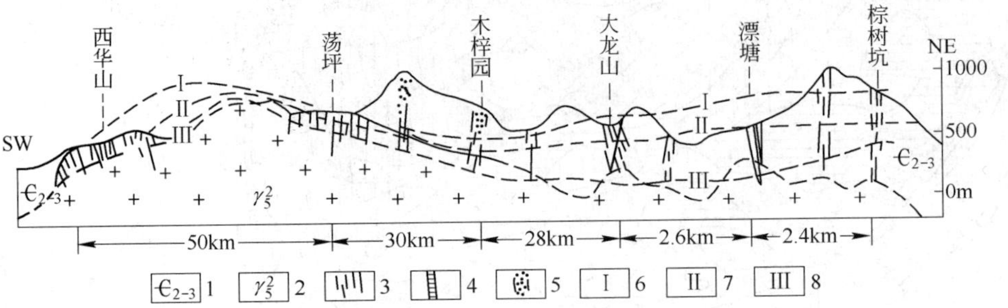

图3-5　矿带纵向地质剖面

(据杨明桂等，1981)

1—寒武系中—上统；2—燕山早期黑云母花岗岩；3—石英大脉型矿体；4—石英细脉带型矿体；5—矿化标志带；6—各矿床主要工业矿体上界连线；7—各矿床主要工业矿体下界连线；8—各矿床主要工业矿体最好部位连线

3)隐伏花岗岩形成和分布的构造等距性控制规律(图3-6)。

4)背斜特别是短轴背斜的核部，背斜轴向的转折部位，背斜与断裂交汇部位，束状断裂的收敛部位等，控制隐伏岩体的侵入、定位。

5)隐伏花岗岩预测的构造形迹。诸如小褶皱，环状，放射状断层，节理、裂隙以及隐爆角砾岩筒等。江西省彭山花岗岩底辟穹隆构造，就是由一个隐伏的燕山晚期高挥发分花岗岩株底辟上升刺穿过程中所形成的。这个呈底辟式上侵的隐伏花岗岩株，在地表所形成的构造标志十分明显。不仅由于岩浆底辟上升使上覆围岩拱起，形成轴向近南北的穹隆构造(短轴背地斜，与其外围构造极不协调)，而且环绕穹隆构造，形成了一系列放射状断层、裂隙和圆弧形层间重力滑动断裂(图3-7)。

(2)隐伏花岗岩侵入定位于围岩时所形成的各种直接相关的地质标志，包括：

1)接触变质晕；

2)岩枝、岩脉；

3)蚀变效应。

接触变质晕是隐伏花岗岩预测的最直接有效的标志。广西芒场矿田成矿隐伏岩体是1:100万中国南方部分地区隐伏花岗岩分布及预测图上最初预测的一个隐伏岩体；后经广西地矿局有关地质队钻探验证，不仅证实了隐伏岩体的存在，而且发现了与隐伏岩体伴生的锡多金属工业矿体，这个隐伏岩体就发育有分带十分明显、完好的接触变质晕(表3-2、图3-8)。

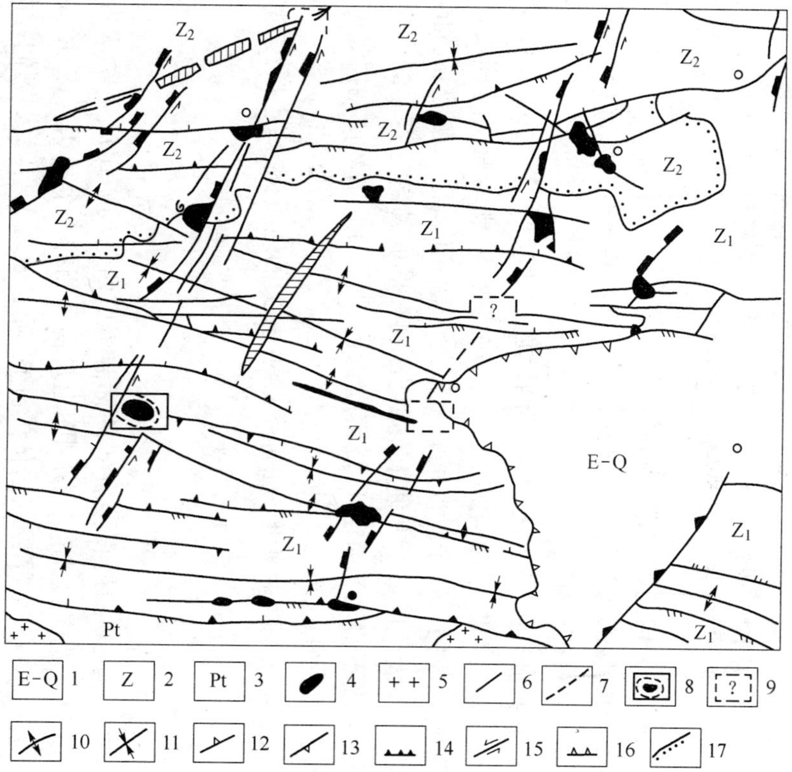

图 3-6 豫西地区隐伏斑岩体预测示意图

（据宜昌地质矿产研究所等，1978）

1—第三系及第四系；2—震旦系；3—元古界；4—燕山期花岗斑岩及闪长岩；5—燕山期花岗岩；6—区域航磁正异常轴；7—区域航磁负异常轴；8—经验证的预测隐伏岩体；9—预测区；10—背斜轴；11—向斜轴；12—燕山期断层；13—凹陷；14—多期继承东西向断裂（张性）；15—多期继承东西向断裂（压性）；16—配套断裂；17—不整合线

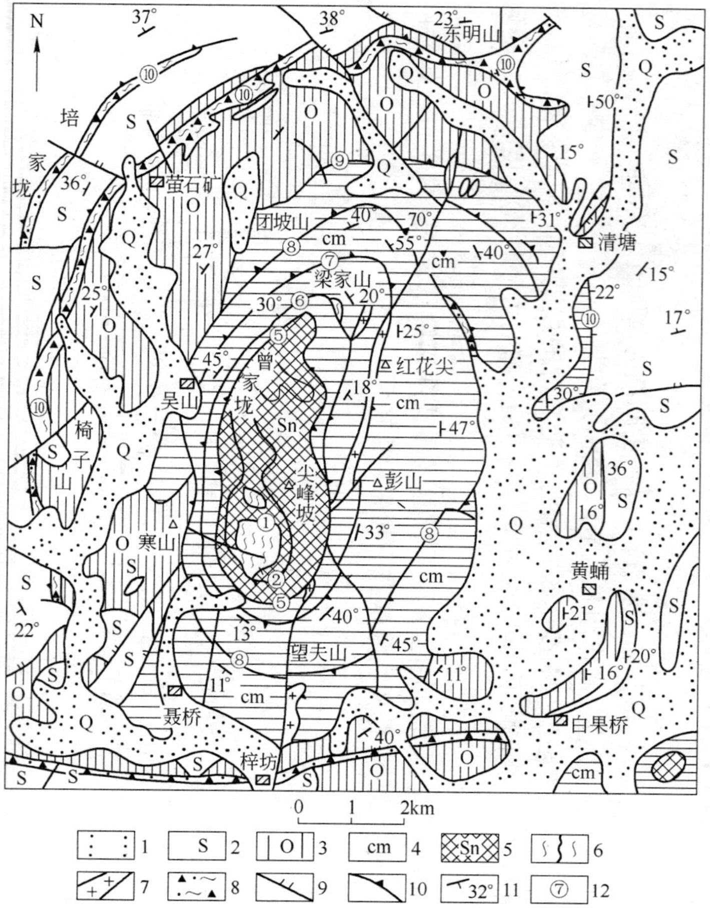

图 3-7 彭山地质构造

（据916地质队，1978）

1—第四系；2—志留系；3—奥陶系；4—寒武系；5—震旦系；6—中元古代变质岩；7—火成岩脉；8—滑裂岩带；9—断层；10—层间重力滑动断裂；11—地层产状；12—断层编号

表 3-2　芒场矿田接触热变质晕综合特征

接触热变质晕带	原岩性质	主要变质岩	结构构造	矿物成分	主要递增变质反应	变质级	变质相	变质厚度/m
角岩化带（1）	含少镁质的泥灰岩、钙质及半钙质岩、半质岩、钙质砂岩等	角岩化黑云母泥岩、含斜长变质砂（粉砂）岩、角岩化泥灰岩（含斜长石）等	变余砂状、粉砂状及变余泥状结构，斑点状构造为主	方解石、石英、黑云母白（绢）云母、斜长石、绿泥石、（斜）黝帘石（?）、白云石、滑石等	$6Ms+3Chl=6BiO+3Chl$（富铝的镁绿泥石）$+14Q+8H_2O$ $3Pr+2CO_2=2Cc+2Zo+3Q+2H_2O$ $2Zo+CO_2=3An+Cc+H_2O$ $3Do+4Q+H_2O=Tc+3Cc+3CO_2$	低级	钠长石－绿帘石角岩相	250～350
透闪石角岩带（2）	含少镁质的泥灰岩、钙质及半钙质岩、半质岩、钙质砂岩等	透闪石角岩、透闪钙长方解石角岩、透闪钙长石角岩、含透闪钙质石英砂岩等	粒状变晶结构、柱状花岗变晶结构、角岩结构，斑点状或块状构造	透闪石、方解石、石英、钙长石、黑云母、白云母、滑石、阳起石、绿泥石、（斜）黝帘石（?）、白云石等	$5Tc+6Cc+4Q=3Tr+6CO_2+2H_2O$ $2Zo+CO_2=3An+Cc+H_2O$	中级	角闪石角岩相	300～400
透辉石角岩带（3）	含少镁质的泥灰岩、钙质及半钙质岩、半质岩、钙质砂岩等	透辉石角岩、钙铝榴石角岩、阳起石角岩、阳起榴辉角岩、透辉钙长石角岩、符山石角岩、符山榴辉角岩、硅灰石角岩、斧石角岩等	柱状变晶结构、鳞片状粒状变晶结构、花岗变晶结构、角岩结构等岩石常具条带状构造	透辉石、钙长石、阳起石、方解石、石英、钙铝榴石、符山石、钙铁辉石、硅灰石、斧石、萤石、绿泥石、黑云母、白云母、白云石等	$Tr+3Cc+2Q=5Dl+3CO_2+H_2O$ $An+2Cc+Q=Gro+2CO_2$ $Gro+Q=2Wol+An$	中高级	角闪石角岩相－辉石角岩相	400～500
黑云母角岩带（4）	钙质及半钙质泥岩、半泥质岩，其中以含少量钙质的泥质岩为主	黑云母角岩、白云母角岩、二云母角岩、黑云钙长石角岩、黑云长英角岩、红柱石钾长石黑云母角岩、铁铝榴石钾长石黑云母角岩、云英角岩等	角岩结构、鳞片状变晶结构，条带状构造、片麻状构造	黑云母、白云母、石英钙长石、金云母、方解石、白云石、萤石、电气石、红柱石、钾长石、铁铝榴石等（凡出现红柱石和钾长石共生现象揭示离隐伏岩体顶板不超过 50～100 m）	Ms（多硅）$+Chl=Ms+BiO+Q+H_2O$ $Ms+BiO+3Q=Am+2Or+2H_2O$ $Ms+Q=Or+Andal+H_2O$	高级	辉石角岩相	450～500

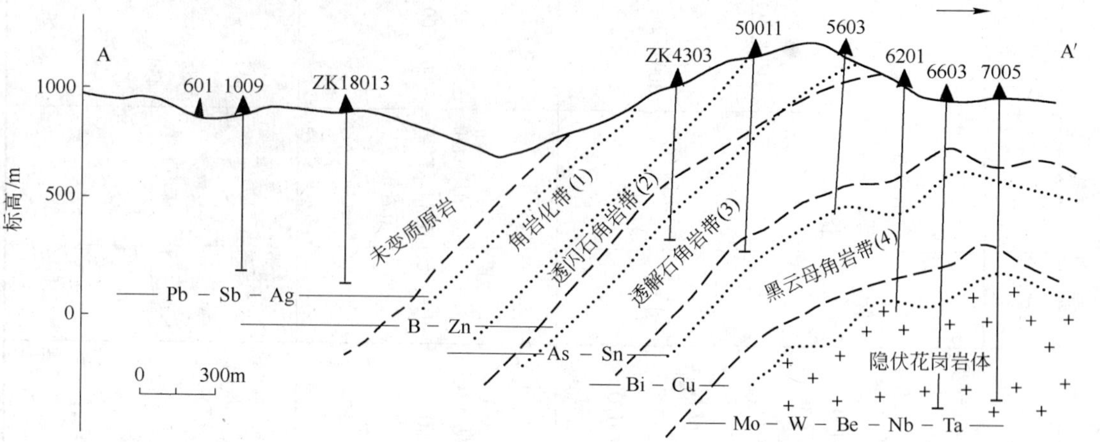

图 3-8 芒场矿田 A—A′剖面元素组合分带、接触热变质岩分带与隐伏岩体空间关系
(据刘自力等,1988)

江西木梓园隐伏钨矿床,其隐伏岩体上部围岩也形成了明显分带的接触变质晕(图3-9)。同时,矿区范围内酸性岩脉十分发育,且具有由上而下由远到靠近岩体,岩脉数量及脉幅大小规律变化的特征。这也是当时预测木梓园隐伏岩体的重要标志之一(表 3-3)。

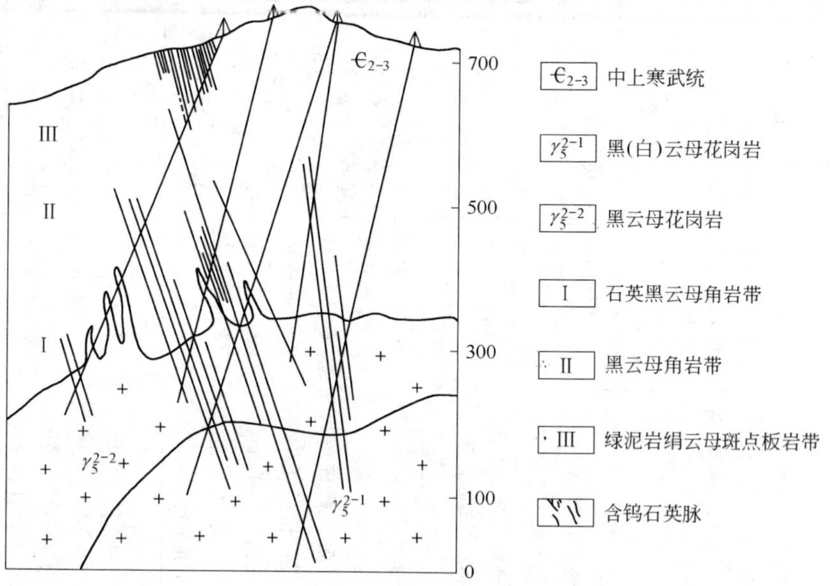

图 3-9 木梓园钨矿验证剖面
(据江西 908 队资料修编)

表 3-3 木梓园矿区岩脉与岩体不同距离的频率统计

距离岩体/m	岩脉条数	出现频率/%	距离岩体/m	岩脉条数	出现频率/%
0 ~ 50	16	59.2	150 ~ 200	2	7.1
50 ~ 100	2	7.4	200 ~ 250	3	11.1
100 ~ 150	4	14.9	>250	0	0

从表3-3可以看到，据木梓园矿区27条岩脉所作统计表明，59.2%分布于距隐伏岩体0～50m范围内，远离岩体逐渐减少；一般超过250m后，岩脉即趋消失。

奥森柯夫(1972)对厄尔士山晚海西期花岗岩的研究，提供了一种借助于细晶岩空间分布来认识隐伏于地表下约200m花岗岩的实例(图3-10)。隐伏岩体位于变质岩系(千枚岩、云母片岩、片麻岩)中，花岗岩枝和细晶岩脉与花岗岩体有密切的成因联系，它们可能是与花岗岩同期以至到花岗岩期后形成的。这些岩脉以晕圈形式包围在花岗岩岩穹上，并且只在最高的岩穹部位上面才出现最大的细晶岩细脉的晕圈，而在深部隐伏岩体的侧翼上面则没有或很少形成这种晕圈。这种细晶岩脉晕圈显示出深部隐伏花岗岩接触带的大概位置。由于该地区的锡矿化，特别是石英—黄玉—锡石矿化是受岩穹控制的，所以隐伏岩体接触带正是勘探这种类型矿床所需查明的。

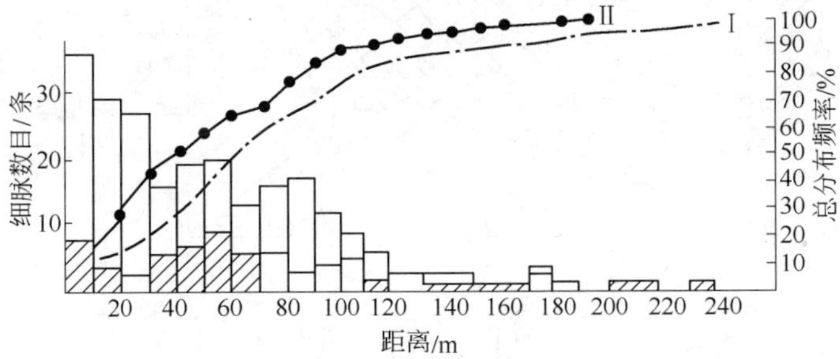

图3-10 细晶岩脉分布频率与距花岗岩接触带垂向距离关系
(据奥森柯夫，1972)
Ⅰ—在阿尔登贝克花岗斑岩中的细脉总频率；Ⅱ—在变质岩中的细脉总频率
斜线柱—在花岗斑岩中细脉数量；空柱—在变质岩中的细脉数量

(3) 隐伏花岗岩侵入定位于围岩时，在围岩中产生的各种地球化学效应，包括元素组合分带异常，挥发性元素异常，热晕和蒸发晕，碳、氧同位素异常等(图3-11)。

(4) 隐伏花岗岩侵入定位于围岩时所导致的各种地球物理性质差异及其异常。其中，在区域重力低值异常场背景之上的“局部重力低”，往往预示着较浅隐伏岩体的存在(图3-12)。环状航磁异常或孤立规则的磁异常也往往预示着隐伏岩体的存在，尤其是当其有局部重力低叠加时。如芒场隐伏岩体的独立磁异常(图3-13)。

(5) 遥感地质卫片环形影像及其数字图像处理，在隐伏花岗岩预测中的作用。图3-14反映大厂矿田经综合信息数字图像处理后所获得的多种环形影像模式。

实践证明，地质、化探、物探及遥感等紧密配合的综合预测方法，是隐伏花岗岩预测及深部找矿研究中行之有效的途径。图3-15显示了上述综合预测方法在隐伏花岗岩体上所产生的综合效应模型。

江西丰城徐山钨矿是通过预测和发现隐伏花岗岩而发现深部新类型隐伏钨矿的佳例之一，富有启迪意义，下面加以简介。

20世纪70年代中期，江西冶金地质勘探公司地质七队承担徐山石英脉型钨矿的普查评价任务。通过资料分析，该队地质人员首先选定该区中组石英脉作为重点普查评价对象，并采用钻探工程直接探索。结果布置在中组脉0号勘探线上的第一个钻孔(003号孔)，首战

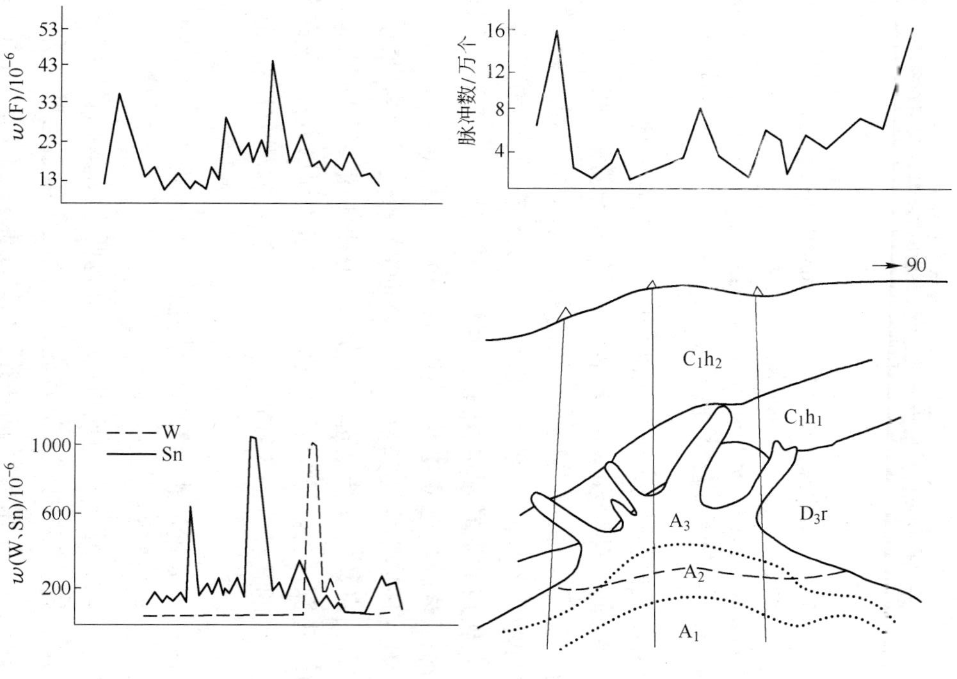

图 3-11 隐伏花岗岩体与挥发性元素异常、原生晕和蒸发晕相关模式

（据袁奎荣等，1986）

C_1h_2—下石炭统黄金组上段；C_1h_1—下石炭统黄金组下段；D_3r—上泥盆统融县组；

A_1—少钠长石花岗岩；A_2—钠长石花岗岩；A_3—多钠长石花岗岩

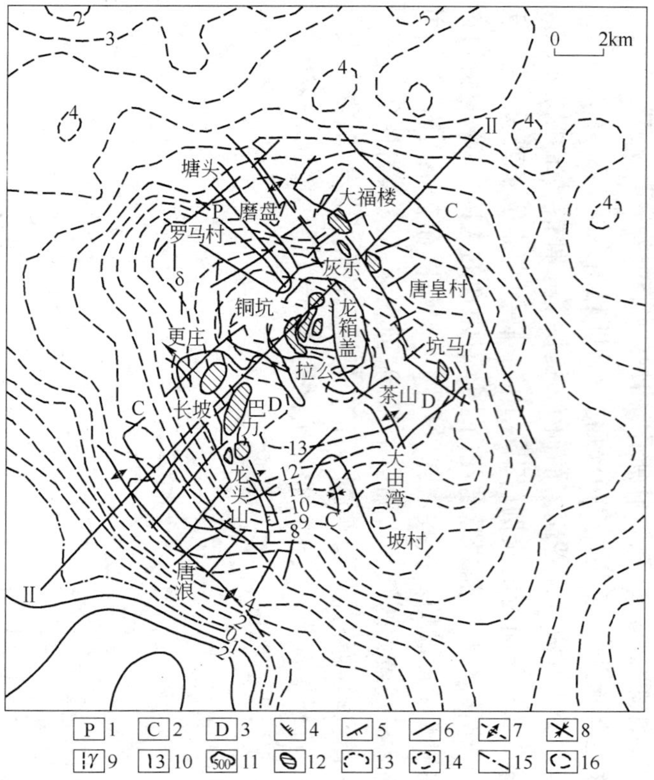

图 3-12 大厂矿田实测重力异常地质简图

（据袁奎荣等，1990）

1—二叠系；2—石炭系；3—泥盆系；4—压（扭）性断裂；5—张（扭）性断裂；6—性质不明断裂；7—背斜轴；8—向斜轴；9—花岗岩、花岗斑岩；10—闪长玢岩；11—花岗岩顶板等高线；12—已知矿平面投影；13—重力异常等值线（负值）（单位 mgal）；14—重力异常等值线（正值）；15—重力异常等值线（0 值）；16—磁异常等值线

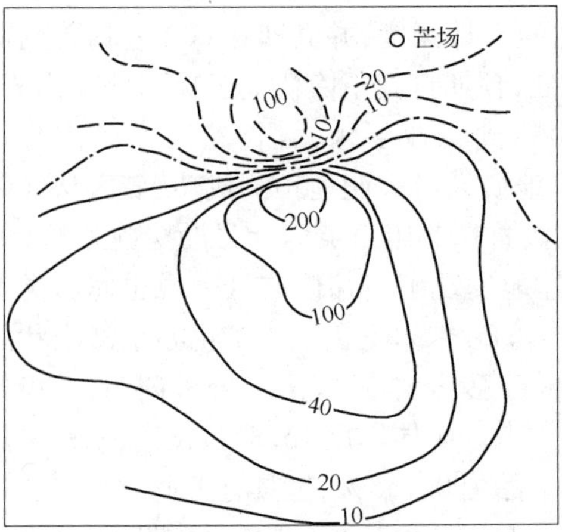

图 3-13 芒场航磁 ΔT 异常
（据唐俊德，1989）

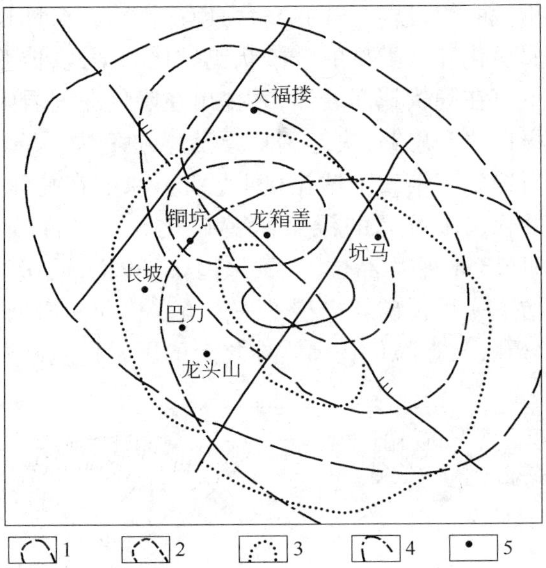

图 3-14 大厂矿田多种环形异常综合解释图
（李恭等，1985）
1—重力；2—航磁；3—化控；4—遥感；5—矿床

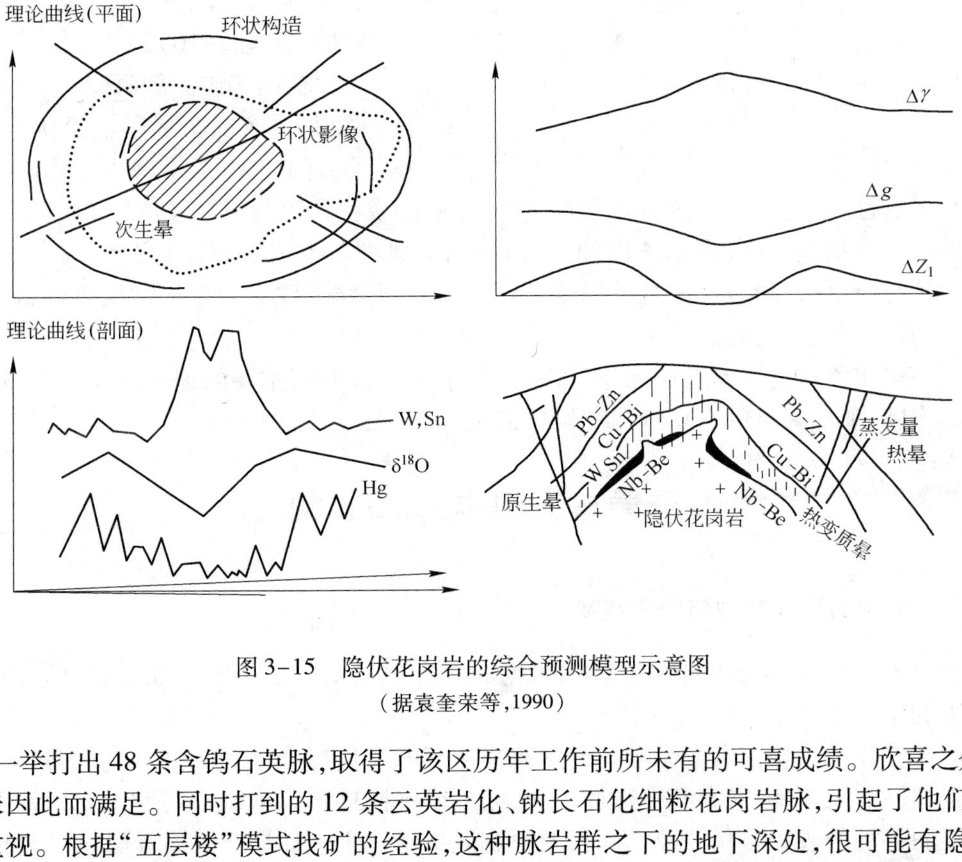

图 3-15 隐伏花岗岩的综合预测模型示意图
（据袁奎荣等，1990）

告捷，一举打出 48 条含钨石英脉，取得了该区历年工作前所未有的可喜成绩。欣喜之余，他们并未因此而满足。同时打到的 12 条云英岩化、钠长石化细粒花岗岩脉，引起了他们的关注和重视。根据"五层楼"模式找矿的经验，这种脉岩群之下的地下深处，很可能有隐伏花岗岩体存在。而且，根据大吉山钨矿深部找矿发现 69 号隐伏花岗岩体顶部具有工业价值的钽、铌、钨、铍矿体的经验，具有云英岩化、钠长石化蚀变的花岗岩，往往伴有钽、铌等稀有金属矿化和新类型的浸染状钨矿化。据此，他们大胆预测这些云英岩化、钠长石化花岗岩脉之下存在隐伏花岗岩体，并提出在隐伏花岗岩中找新类型钨矿和钽、铌等稀有金属矿的设想。根据这一思路，决定调整原设计方案，加深部分钻孔的设计深度，并立即在002号钻孔南侧布置施工第二个钻孔004号孔。果然在孔深323 m处，预期打到了隐伏的云英岩化花岗岩，并含肉眼可见的浸染状钨矿化。经采样分析证明达到工业要求，含钨花岗岩矿体厚达64.13 m，平均品位，三氧化钨0.729%，铜0.396%。地质人员大胆地预测成功，矿区从此新增了一种钨矿新类型——云英岩化花岗岩型钨矿。接着在北组石英脉0号勘探施工的001号孔，又在隐伏花岗岩体之上的围岩钙质砂岩中意外地发现了对徐山矿区来说也属新类型的矽卡岩型钨矿。矿化亦呈浸染状产于矽卡岩中，经采样分析证明，含钨矽卡岩矿体厚度15.82 m，三氧化钨平均品位0.158%，也具有工业意义。通过此次评价工作，进而总结出徐山钨矿区，环绕隐伏花岗岩体不同部位形成岩体顶部隐伏云英化花岗岩型钨矿，外接触带隐伏矽卡岩型钨矿和外带围岩中石英脉型钨矿的三位一体复合成矿模式（图3-16）。

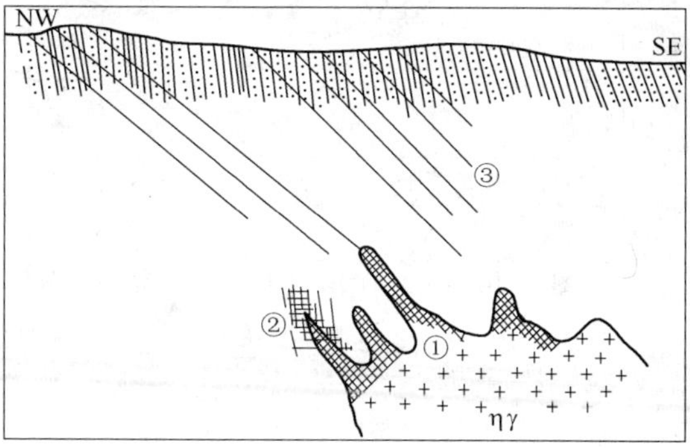

图3-16 徐山矿区矿床组合示意图
（据章崇真，1983）
①—花岗岩型钨矿；②—矽卡岩型钨矿；③—石英脉型钨矿

徐山钨矿深部两种新类型钨矿的发现，再次证明了通过隐伏花岗岩预测，进行伴生隐伏矿床预测找矿的有效性和可靠性。其中，伴生矽卡岩型钨矿的发现，还说明含钨花岗岩浆除与碳酸盐岩围岩接触形成矽卡岩型钨矿（如湖南瑶岗仙，江西宝山等典型矽卡岩型钨矿）之外，与富含钙质的碎屑岩接触，也可以形成一定规模的矽卡岩型钨矿，开辟了矽卡岩型钨矿找矿的新方向，具有重要的理论和实际意义。

徐山钨矿深部的预测找矿工作，再次证明了一个浅显而重要的道理。没有得力的钻探工程的实施，地质人员的一切预测和设想都是空的，无法付诸实现的。

第六节 围岩蚀变预测

一、特定的蚀变类型与预测找矿

特定的内生金属成矿均伴有特定的蚀变类型，这就决定了特定的蚀变类型在预测找矿工作中的重要意义。

矽卡岩化是一切矽卡岩型金属矿床普遍具有的一种标型蚀变类型和直接的找矿标志，这是普遍性的规律，但又有其特殊性，不同地区或不同成矿元素组合的矽卡岩型矿床，往往具有不同特征的矽卡岩化以及不同程度的成矿指示意义。如据庄锦良等研究（1993），湘南锡铅锌多金属矿化有关的矽卡岩化主要是钙质矽卡岩，镁质矽卡岩很少，且主要是由钙铝榴石－钙铁榴石系列、钙铁辉石－透辉石系列以及硅灰石等无水硅酸盐矿物组成的简单矽卡岩。研究表明，这种简单矽卡岩只是指示隐伏花岗岩体存在的一种重要标志，不具有直接的找矿意义。只有在这种简单矽卡岩之上叠加一系列含水和含挥发分矿物而形成复杂矽卡岩时，才可能有矿化作用发生。在柿竹园等多金属矿床中，这种复杂矽卡岩常常其本身就构成矿体。在湘南地区，几乎所有的矿化矽卡岩，其矽卡岩矿物都不只是一个世代的产物。如柿竹园、香花岭、祥林铺等矿床中的矿化矽卡岩，一般都有 2～4 个世代的石榴子石，辉石、符山石、角闪石、萤石和云母等，说明与其相关的岩浆活动具有多阶段性。正是这种多阶段的岩浆活动，导致了多阶段的多金属成矿作用。因此，判别矽卡岩化作用的多阶段性，对指导隐伏、半隐伏矿床的预测找矿工作具有重要意义。

含铍条纹岩化是湘南地区与锡铅锌多金属矿化密切伴生的一种特殊蚀变类型，国内其他地区至今尚未见及。含铍条纹岩化是在 20 世纪 50 年代，由已故老一辈地质学家孟宪明先生及黄蕴慧、杜绍华等根据癞子岭花岗岩体北坡遭受强烈汽化热液变质的“顶垂体”首次命名的（庄锦良等，1993）。它是一种由金绿宝石、塔菲石、锂云母、萤石等矿物集合体形成的密集细脉状交代体，因其细脉呈扭曲条纹状而得名，研究证明，湘南地区的含铍条纹岩化可进一步分为磁铁矿含铍条纹岩化、绿色含铍条纹岩化和白色含铍条纹岩化。在湘南，除香花岭外，在柿竹园矿床顶部大理岩中，含铍条纹岩也广泛发育。在宜章县界牌岭地区也发现了可与香花岭相类比的含铍条纹岩，后经勘探，在该区深部发现和探明了一处隐伏的中型锡多金属矿床。由此可见，在湘南地区运用含铍条纹岩化这一特殊蚀变类型预测隐伏矿床，不仅效果很好，且大有前景。同时，这种含铍条纹岩当其含有大量铍的独立矿物时，即可构成独特的条纹岩型铍矿床。

对于同时受成矿岩浆作用和断裂构造控制所形成的破碎带蚀变岩型金矿来说，黄铁绢英岩化是与金成矿关系最密切且普遍出现的一种蚀变类型。胶东地区焦家、新城、三山岛、仓上、望儿山、大尹格庄等典型蚀变岩型金矿床，无不如此。在新疆东准噶尔地区与一类闪长质浅成岩浆建造有关而形成的多种类型金矿床中，也均发育有普遍而强烈的黄铁绢英岩化。如青河县库普苏岩体接触带型金矿，伊吾县淖毛湖北山脉状蚀变岩型金矿等，均以黄铁绢英岩化为其矿化蚀变的突出特征。蚀变的强弱与矿化的强弱呈鲜明的正比关系。黄铁绢英岩化无疑是此类金矿床预测找矿的一种重要标志。对于新疆北部另一重要金矿类型——浅成低温陆相火山岩型金矿来说，最具指示意义的重要蚀变类型则是次生石英岩化。伊宁县阿希金矿、鄯善县西滩金矿、巴里坤县双峰山金矿等典型陆相火山岩型金矿床中，都发育有这种特征的次生石英岩化，其本身常常构成次生石英岩矿体。在伊吾县淖毛湖地区工作时，我们即利用次生石英岩化这一蚀变标志预测找寻陆相火山岩型金矿，效果很好，已发现了较好的陆相火山岩型金矿化线索。

钠长石化是钽铌矿床或伴有钽铌矿化的其他有色稀有金属矿床普遍的具有一种重要蚀变类型。赣西地区著名的 414 钽铌矿床，强烈的钠长石化导致岩体顶部形成一层几乎全部由钠长石交代花岗岩所形成的钠长石岩。赣南的大吉山钨矿，与矿区深部隐伏的钨铍铌钽矿化相伴，也发育有明显的钠长石化。因此，凡有超酸富碱富挥发分的白云母花岗岩或二云母花岗岩产出的地方，一旦发现与岩体相伴发育的钠长石化，就应注意寻找可能存在的钽铌矿床。

硅化是所有与花岗岩类有关的内生金属矿床几乎都普遍伴有的一种蚀变类型。因此，在野外发现凡有硅化发育的地方，特别是与岩体和断裂破碎带相伴产出的一定规模的硅化蚀变带，就应引起重视，并做必要的地质查证工作。

二、特定的蚀变类型组合与预测找矿

特定的矿床类型常常伴有特定的蚀变类型组合。因此，利用蚀变类型组合标志去预测和寻找特定类型的隐伏矿床，也是一种行之有效的方法。

以斑岩铜矿床或铜（钼）矿床为例。国外总结的斑岩铜矿床蚀变类型组合为钾化、似千枚岩化、泥化、青盘岩化。前面第二章第四节介绍的美国根据圣马纽埃矿床建立的斑岩铜矿床蚀变分带模式（见图 2-2）成功地发现隐伏的卡拉马祖斑岩铜矿床，实际上也就是利用业已总结的特定蚀变类型组合标志去寻找同类斑岩铜矿床。美国斑岩铜矿床蚀变类型组合在空间上的分布规律，是以成矿斑岩体为核心，由下而上由里而外依次为钾化带→似千枚岩化带→泥化带→青盘岩化带。

我国西藏玉龙斑岩铜矿床具有与圣马纽埃铜矿床基本相近的蚀变类型组合和蚀变分带特征，也是以岩体为核心，由下而上由里而外依次为钾化带→高岭石 - 绢云母化带（相当于国外的似千枚岩化带）→青盘岩化带。所不同的是缺失明显的泥化带。蚀变类型组合中则以钾化带上部出现发育的电气石化为特征。

我国江西德兴斑岩铜矿田，以铜厂铜矿床为例，则出现以岩体为核心和以接触带为核心的两种蚀变分带的重叠发育特征。总体表现为以岩体为核心由里而外依次为早期钾化→中期硅化、绢云母、绿泥石化（相当于国外的似千枚岩化）→晚期碳酸盐化、硫酸盐化（相当于国外的青盘岩化）的蚀变分带特征。与铜的成矿作用密切相关则表现为以接触带为核心由接触带向两侧的环状蚀变分带特征。蚀变类型组合也以缺失国外的泥化为特征，西藏玉龙斑岩铜矿床中发育的电气石化，在铜厂也很少见。蚀变分带规律由接触带向两侧分别表现为：由接触带向岩体一侧依次为石英—绢云母化带→绿泥石（绿帘石）- 水白云母化带→绿泥石（绿帘石）- 伊利石 - 钾长石化带。由接触带向围岩一侧依次为石英 - 绢云母化带→绿泥石（绿帘石）- 水白云母化带→绿泥石（绿帘石）- 伊利石化带。对比可见，铜厂矿区以接触带为核心的内外三个蚀变带，大部分相当于国外的似千枚岩化带（岩体侧的绿泥石（绿帘石）- 伊利石 - 钾长石化带除外），而铜矿 70% 赋存于外接触带，30% 赋存于内接触带，充分说明铜的工业成矿主要与中期硅化、绢云母、绿泥石化关系密切。这与国外也有所区别，美国的圣马纽埃、卡拉马祖等斑岩铜矿床，铜的工业成矿也与钾化有关。

运用上述国内外斑岩铜矿床所伴有的特定蚀变类型组合及其分带规律作为标志，去预测和寻找斑岩铜矿床，具有重要指示意义。

浅成低温陆相火山岩型金矿床或铜金矿床，其蚀变类型组合的重要特征是出现一套特定的低温蚀变类型组合。以新疆北部阿希、西滩、双峰山、索尔巴斯套等陆相火山岩型金矿床为例，主要出现明矾石化、冰长石化，水铝英石化等低温蚀变类型组合并以明矾石化的普遍发育为特征。福建紫金山浅成低温热液铜金矿床则以明矾石化，地开石化、绢云母化等低温蚀变类型组合为特征。

利用低温蚀变类型组合标志去预测和寻找与陆相火山作用有关的隐伏金、铜矿床，同样具有重要意义。就新疆北部而言，利用次生石英岩化这一特定蚀变类型标志加上以明矾石化为主的低温蚀变类型组合标志，进行隐伏、半隐伏陆相火山岩型金矿床的预测找矿，可以说是一条十分有效的地质学途径。

第四章　隐伏矿床预测中的勘查地球物理方法

勘查地球物理方法已经成为隐伏矿床预测、评价和勘探中的重要方法技术。勘查地球物理方法简称物探方法，在隐伏矿床预测、评价和勘探工作中，最经常应用的物探方法主要有以下几种。

第一节　电 阻 率 法

电阻率法是以地下岩石和矿石的导电性差异为物性基础，通过观测和研究人工建立的地下电流场的分布规律解决地质问题。电阻率法因电极的排列和移动方式不同分为剖面法和测深法。在隐伏矿床预测中，主要利用电阻率法进行地质填图、寻找高阻或低阻异常地质体、了解地质体产状、探测基岩面深度以及结合其他地球物理方法寻找矿体。

一、岩石和矿石的电阻率

电阻率是表示物体导电性能的一个参量。表4–1列出了部分岩石和矿石的电阻率。

表4–1　部分岩石和矿石的电阻率

矿物名称	电阻率/Ω·m	岩石名称	电阻率/Ω·m	矿物名称	电阻率/Ω·m	岩石名称	电阻率/Ω·m
石　墨	$1\times10^{-5}\sim1\times10^{-4}$	黏　土	$1\times10^{-1}\sim1\times10^{2}$	菱铁矿	$1\times10^{1}\sim1\times10^{3}$	方解石	$1\times10^{8}\sim1\times10^{12}$
斑铜矿	$1\times10^{-4}\sim1\times10^{-1}$	砂　岩	$1\times10\sim1\times10^{3}$	磁黄铁矿	$1\times10^{1}\sim1\times10^{2}$	食　盐	$1\times10^{4}\sim1\times10^{6}$
辉铜矿	$1\times10^{-4}\sim1\times10^{0}$	泥　岩	$1\times10\sim1\times10^{2}$	赤铁矿	$1\times10^{0}\sim1\times10^{5}$	花岗岩	$1\times10^{2}\sim1\times10^{5}$
镜铁矿	$1\times10^{-2}\sim1\times10^{-1}$	粉砂岩	$1\times10\sim1\times10^{2}$	辉钼矿	$1\times10^{-3}\sim1\times10^{3}$	闪长岩	$1\times10^{4}\sim1\times10^{5}$
黄铁矿	$1\times10^{-4}\sim1\times10^{0}$	石灰岩	$1\times10^{2}\sim1\times10^{6}$	闪锌矿	$1\times10^{3}\sim1\times10^{6}$	辉绿岩	$1\times10^{2}\sim1\times10^{5}$
磁铁矿	$1\times10^{-4}\sim1\times10^{2}$	泥灰岩	$1\times10^{0}\sim1\times10^{3}$			玄武岩	$1\times10^{2}\sim1\times10^{5}$
方铅矿	$1\times10^{-5}\sim1\times10^{1}$	硬石膏	$1\times10^{4}\sim1\times10^{6}$			辉长岩	$1\times10^{2}\sim1\times10^{5}$

从表4-1中可以看出岩石和矿石的电阻率变化范围很大，一般金属矿电阻率低，为良导体；岩石电阻率高，为不良导体。岩石中的岩浆岩的电阻率高于沉积岩，沉积岩中化学沉积形成的岩石电阻率高，黏土、疏松砂岩等电阻率较低。

影响岩石和矿石的电阻率的主要因素有三方面。

（一）岩石和矿石的矿物成分

岩石和矿石的电阻率与其矿物成分有关，大多数硫化矿物、石墨及部分氧化矿物的电阻率很低，大部分氧化矿物及富含铁硅酸盐的电阻率在 1×10^{6}Ω·m 范围内变化，造岩矿物的

电阻率一般大于 $1\times10^{6}\Omega\cdot m$。由于组成矿物的成分和结构不同,同一种岩石的电阻率通常在 $n\times10^{3}\Omega\cdot m$ 的范围内变化。

金属矿体通常含有良导电矿物,其电阻率低于围岩。但在金、铜矿体的品位较低或导电矿物含量少的情况下,金铜矿体与围岩可能没有特别明显的电阻率差异。

(二)岩石和矿石的颗粒结构

岩石和矿石的电阻率与颗粒结构有关,如果岩石中的导电矿物以包裹体的状态存在,胶结物不导电,则岩石的电阻率取决于胶结物,岩石的电阻率高,反之,如果胶结物是导电的,则少量的导电矿物的存在将降低岩石和矿石的电阻率。因此,当金属矿物含量相同时,浸染状矿石的电阻率比细脉状及网脉状矿石的电阻率高得多。

(三)岩石的孔隙率和含水率

岩石和矿石的孔隙中都含有水分,孔隙中含水的程度和水的矿化度,对高阻岩石的电阻率影响很大,含水的程度和水的矿化度的增大,会大大降低岩石的电阻率。在构造破碎带含水的情况下,呈现出低电阻率特征。

影响岩石电阻率的因素很多,为了能正确解释电阻率法的观测结果,要获得准确的岩石和矿石的电阻率参数。在现场测定岩石和矿石的电阻率的方法有标本测定法、孔中测定法、在岩石露头上用小四极法,还可以在钻孔旁用电测深法测定岩石或矿石的电阻率。

二、视电阻率的概念

在实际工作中对于地下的不均匀介质,采用如图 4-1 所示的各种不同的装置,在 AB 两点供以电流 I,测量 MN 两点间电位差 ΔV,用下式计算视电阻率:

$$\rho_s = K\frac{\Delta V}{I}$$

式中,K 为装置系数,是一个与供电电极和测量电极的电极排列的几何位置有关的参数;ρ_s 称为视电阻率,它不是某处介质的电阻率,而是介质对特定装置的电性综合反映,它与介质的电阻率、电极距离、电极在介质中的位置、介质的非均匀性、地形起伏等因素有关。因此,视电阻率是地下电性不均匀体和地形起伏对特定装置的电性综合反映。

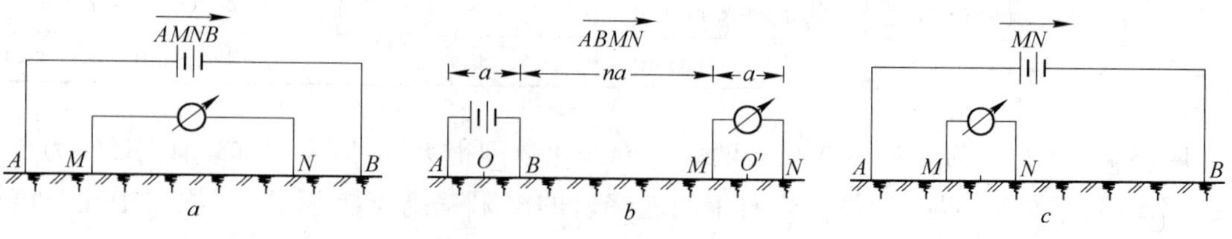

图 4-1　几种常见的四极装置

a—对称四极装置;b—偶极-偶极装置;c—中间梯度装置

视电阻率的这种特性,提供了了解地下地质体空间分布的可能性。采用不同的电极排列方式,使地下地质体的某一种特定的电学不均匀性显示出来,解决特定的地质问题。

根据视电阻率的概念,地形起伏也会产生视电阻率异常,因此应用电阻率法的不利因素是地形异常叠加在地质体异常上，不易判断和分离。

所谓装置，是指供电电极和测量电极的电极排列形式和移动方式。目前常采用的电阻率法装置有剖面法和测深法。无论哪种装置，均有供电回路和测量回路。习惯上，用 A、B 表示供电电极，M、N 表示测量电极。

三、电阻率剖面法

电阻率剖面法有许多分支装置，其共同的特点是各电极间保持一定的距离，同时沿着测线移动并测量电位差以计算视电阻率。由于电极间距固定，其探测深度大致相同，因此剖面法主要了解一定深度内地下介质沿测线方向的变化情况。电阻率剖面法适用于地质普查、划分岩性界面、地质填图、追索脉状地质体等。主要的装置有四极装置、三极装置和二极装置。严格说来，大部分的测量装置都是四极装置，因为供电和测量都需要回路。常见装置如图 4-1 所示。

在四极装置中，当将其中一个供电电极（A 或 B）置于无穷远时，由于该电极对测量电极电位差的影响可忽略，就成为三极装置，如图 4-2a 所示。将两个对称的三极装置联合使用，就成为联合剖面装置，这是一种比较常用的装置。电源的正极交替地接向 A 极和 B 极，电源负极置于无穷远（称为 C 极），分别观测 MN 间的电位差，如图 4-2b 所示。这里，无穷远是一种相对的概念，如相对 A 极而言，C 极在 MN 间的电位差小到实际上可以忽略时，便可认为 C 极为无穷远。一般将 C 极布置在垂直于测线的方向上，并使其到 MN 中点的距离大于 5 倍 A 极到 MN 中点的距离。

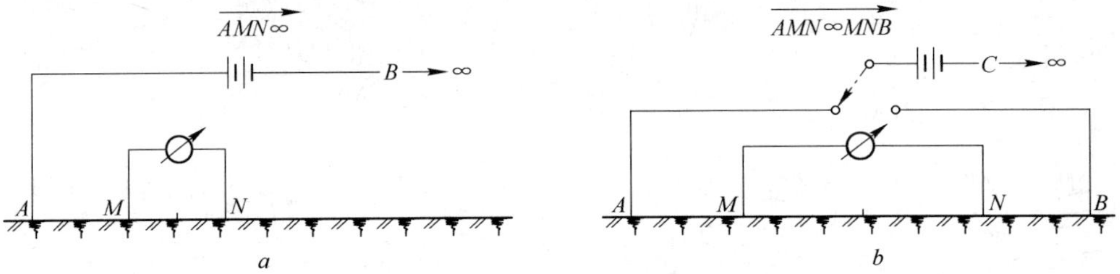

图 4-2　三极装置和联合剖面装置示意图

a—三极装置；b—联合剖面装置

在隐伏矿床预测中，比较常用的电阻率剖面法装置有：中间梯度装置、联合剖面装置和对称四极装置。

（一）中间梯度装置

中间梯度装置如图 4-1c 所示，供电电极 AB 的距离很大且固定不动，测量电极 MN 在 AB 距离中间三分之一地段逐点测量，记录点位于 MN 中点。在测量工作中，AB 的距离要比勘探深度大得多，在观测范围内，电场可以看作是均匀的。当有高阻体存在时，电流受到地质体的排斥，使地质体顶部的电流密度大于正常的情况，在高阻体上方将出现视电阻率高峰异常。当有低阻体存在时，导体吸引电流，导体上方的电流密度小于正常情况，而出现低视电阻率异常。一般陡立低阻脉引起的异常不如高阻脉引起的视电阻率异常明显，因此，中间梯度装置主要用于寻找陡立高阻脉，如含金石英脉等；或配合激发极化法，了解极化体的电阻率特征。

中间梯度装置应用实例：

广西泰富金矿为了扩大矿山资源储量，延长矿山服务年限，提出二轮找矿研究要求，希望在预测区找到新的金矿体。

矿区内金矿化分布于硅化破碎带中，有金矿化必有硅化，但有硅化并不一定有金矿化。金矿化与黄铁矿化关系较密切，往往有烟灰色浸染状黄铁矿化的部位金矿化较强。矿区内各矿体的矿石按矿物成分划分，其自然类型为硅化岩型金矿石。按矿石的工业类型为微细浸染型金矿石。

含金硅化带或金矿体为高阻高极化体，电阻率为 2000 Ω · m 左右，极化率一般大于 2%，矿区的高阻高极化异常与金矿体对应关系较好。非矿岩石一般为低阻、低极化体，极化率小于 2%，只有少量碳质地层具有低阻高极化特征。因此，电阻率法和激发极化法两种方法综合使用是在预测区找矿的有效方法组合。电法的测量装置为中间梯度装置。图 4-3 为预测区中间梯度装置的视电阻率和视极化率异常的平面等值线图。

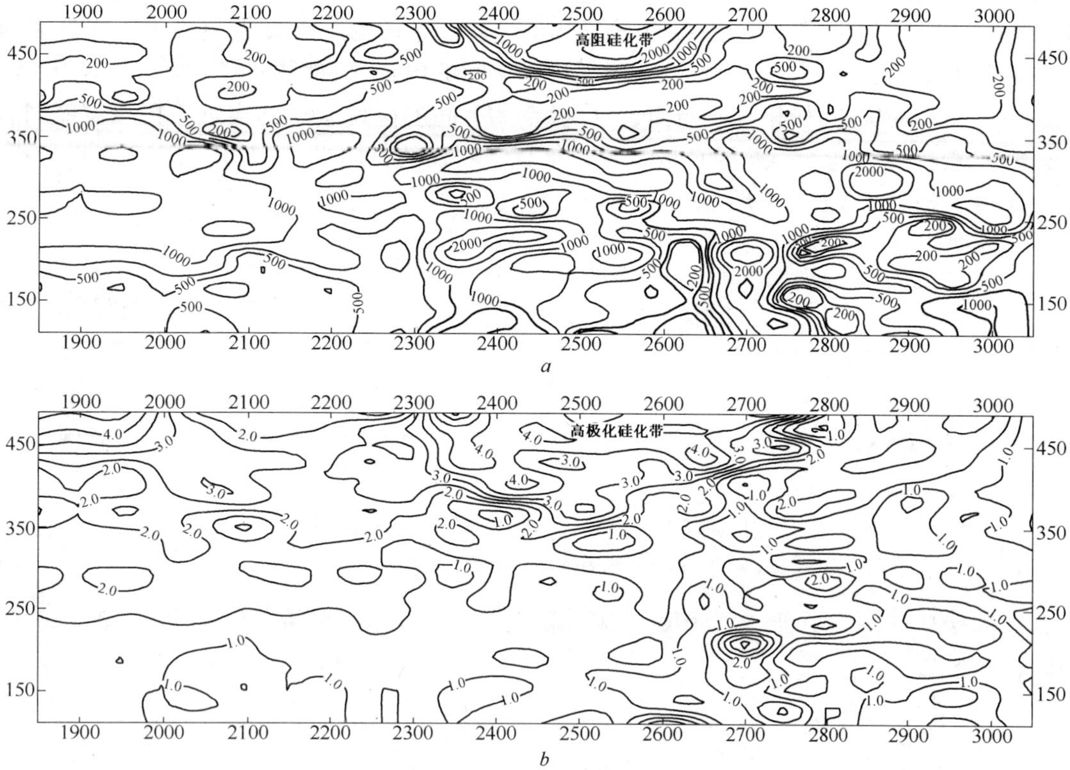

图 4-3 泰富金矿预测区视电阻率和视极化率异常的平面等值线图

a—视电阻率，单位为 Ω · m；*b*—视极化率，单位为%

在预测区 2300 ~ 2700 线之间发现了一大型高阻高极化异常，如图上标注“高阻硅化带”的范围，异常区视电阻率等值线大于 500 Ω · m、视极化率大于 4%。经钻探检查，表土下的硅化岩石为隐伏金矿体。

中间梯度装置的电阻率测量适宜寻找高阻陡立的地质体，配合其他方法使用，地质效果很好,如含矿石英脉等。但电阻率法受地形起伏等因素影响较大,不宜单独使用。

(二) 联合剖面装置

联合剖面装置如图4-2b 所示,联合剖面装置主要用来寻找陡立的岩性接触面或产状较陡的低阻脉状或板状、球状及柱状地质体,如低阻破碎带等。并可以了解地质体的产状。

联合剖面装置的测量结果有两条视电阻率曲线。用A极供电测量得到的视电阻率记为ρ_s^A,一般绘制成实线;用B极供电测量得到的视电阻率记为ρ_s^B,一般绘制成虚线。在低阻体上方这两条曲线形成低于围岩电阻率的交叉点,在交叉点左边$\rho_s^A > \rho_s^B$,在交叉点右边$\rho_s^A < \rho_s^B$,称为低阻正交点。而在高阻体上方,形成高于围岩电阻率的交叉点,在交叉点左边$\rho_s^A < \rho_s^B$,在交叉点右边$\rho_s^A > \rho_s^B$,称为高阻反交点。当脉状地质体的产状倾斜时联合剖面曲线出现不对称性,而交点向地质体倾斜方向移动。用较大的极距测量得到的曲线交点向地质体倾斜方向移动的距离也较大。虽然地质体为低阻体时,联合剖面异常更加明显,但联合剖面装置不仅可以用来寻找低阻地质体,也可以用来寻找高阻地质体。而且当围岩电性较均匀时,根据曲线的不对称性及不同电极距的交点位移情况确定地质体的倾斜方向。

联合剖面装置应用实例——山东望儿山金矿采用电阻率联合剖面法判断构造的产状。

山东望儿山金矿为解决深部构造与地下水的关系问题,采用了多种地球物理方法,其中采用电阻率联合剖面法判断构造的产状。测区基岩主要为花岗岩类岩石,岩性有黑云母花岗岩、斜长角闪岩、斑状黑云母花岗岩等。第四系覆盖层很薄,大多在0到10多米之间。矿区的构造以断裂构造为主,主要为北北东向断裂构造。构造裂隙发育并含水或金矿体时,形成低阻体。

电阻率联合剖面法采用了两组供电极距测量,供电极距分别为$AO = 100$ m 和$AO = 200$ m;测量极距MN均为50 m;测点距25 m。图4-4 所示为山东望儿山金矿断裂带上的联合剖面实测曲线。

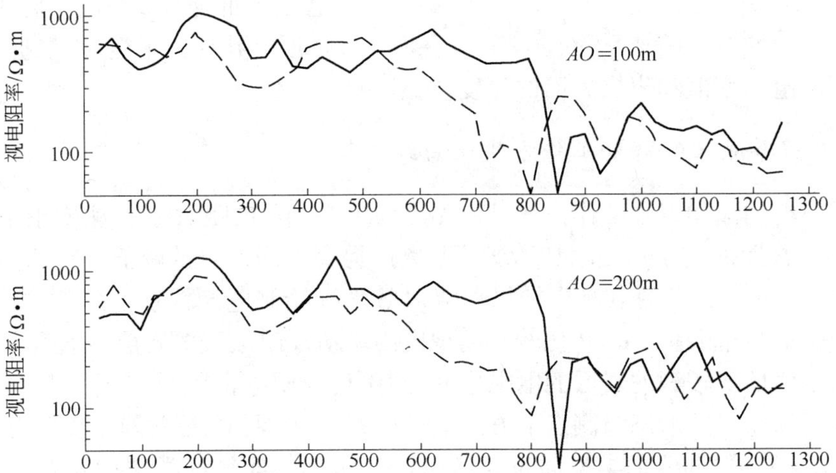

图4-4　山东望儿山金矿断裂带上的联合剖面实测曲线

从图 4-4 的联合剖面装置曲线的交点特征，可以判断断裂的存在；根据不同 *AO* 交点的位置，推断断裂产状很陡，推断结果与实际断裂产状基本吻合。

影响联合剖面装置勘探效果的主要因素是：靠近矿体或破碎带的围岩不均匀，地表的电阻率不均匀，地形起伏不平，在测线上同时存在多个低阻脉状地质体等。在实际工作中，要研究这些因素对实测联合剖面曲线的影响，并采取地形改正、数据处理等方法减小影响，提高方法的解释精度。

（三）对称四极装置

对称四极装置如图 4-1*a* 所示。4 个电极保持固定的间距同时沿剖面移动，可以探测出在探测深度范围内地下断面中电阻率的变化。这种方法可以探测基岩起伏，接触带位置，高阻地质体等。工作效率较高，一般用于地表覆盖地区的地质填图。

四、电阻率测深法

电阻率测深法简称为电测深，主要用来确定基岩面深度、岩层的厚度以及特定地质体的深度和产状等地质问题。电测深也可以采用不同的装置，如三极电测深、对称四极电测深、偶极-偶极电测深等。其中对称四极和偶极-偶极为电测深中比较常用的装置。

（一）电阻率测深法原理

电测深是在同一个记录点上逐次扩大供电电极 *AB* 的距离，逐渐增大电流的穿透深度，使探测深度逐渐加大，以了解观测点处沿垂直方向由浅到深的视电阻率变化情况。在电极距离较小时，视电阻率值趋近表层电阻率 ρ_1，随电极距离增大，逐渐接近下层电阻率 ρ_2。电测深原理示意图如图 4-5 所示。

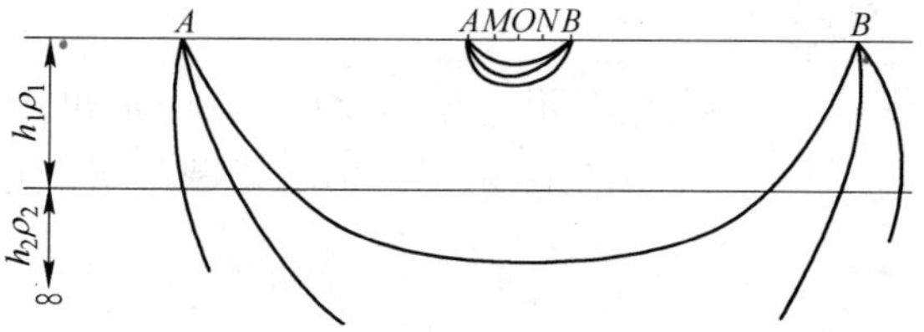

图 4-5 电测深原理示意图

两层大地的电阻率差异关系不同，电测深曲线的形态也有规律的变化，当地层产状比较平缓时，根据曲线可以计算出各岩层的电阻率值和岩层界面的深度。

（二）电阻率测深的野外工作方法及曲线类型

对称四极电测深的野外工作方法是以测点为中心，*AB* 极距对称于测点向两旁按一定倍数增加，视 *AB* 极距的大小适当增加 *MN* 的距离以提高观测信号的幅值。对每一 *AB* 极距测量视电阻率值，每一测点的电测深结果用双对数坐标绘制电测深视电阻率曲线，横坐标为 *AB*/2，纵坐标为视电阻率。*AB*/2 比较小的视电阻率值反映较浅的岩层的电阻率，*AB*/2 比较大的视电阻率值反映较深的岩层的电阻率，电测深视电阻率曲线反映了测点下方垂向地质情况变化。测深曲线的形态与测点下方各电性层厚度、电阻率、层数及电极距有关。对于二层大地，当 $\rho_2 > \rho_1$ 时，曲线的类型称为 *G* 型；当 $\rho_2 < \rho_1$ 时，曲线的类型称为 *D* 型。如图 4-6 中的 *G* 型和 *D* 型。图 4-6 中还列举了一些三层大地不同电性组合的电测深曲线类型，这些是实际工作中比较常见的。

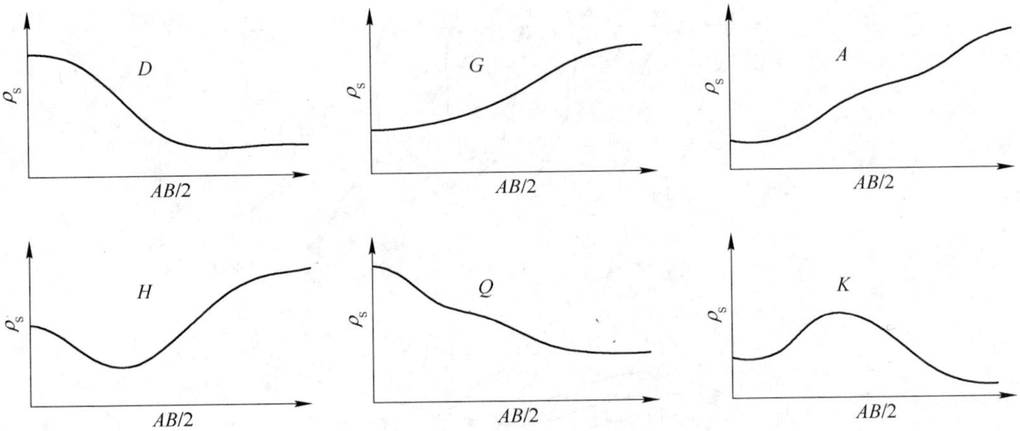

图 4-6　电测深曲线的类型

三层大地的电测深曲线类型的电性组合为：
当 $\rho_1 > \rho_2 < \rho_3$ 时，称为 H 型曲线。当 $\rho_1 < \rho_2 > \rho_3$ 时，称为 K 型曲线。
当 $\rho_1 < \rho_2 < \rho_3$ 时，称为 A 型曲线。当 $\rho_1 > \rho_2 > \rho_3$ 时，称为 Q 型曲线。

（三）电阻率测深的图件

为了同时了解测线下方地质体沿横向和纵向的变化情况，通常要绘制电测深视电阻率曲线类型图和视电阻率断面等值线图。视电阻率曲线类型图是将各测点的电测深视电阻率曲线以较小的比例尺、并顺时针转 90°绘制在测点上。沿测线方向视电阻率曲线类型发生明显变化的地方往往对应于地层分界线或其他地质构造的位置。视电阻率断面等值线图是以测点为横坐标，供电极距 $AB/2$ 为纵坐标（向下为 $AB/2$ 增大的方向），将沿测线逐点、逐个极距所测量的视电阻率值标在相应的位置上，勾勒视电阻率等值线。因为探测深度随供电极距 $AB/2$ 增大而增大，因此图的上部对应于浅部，下部对应于深部。视电阻率断面等值线图可以提供关于地层分层、地质构造的位置和产状的信息，如图 4-7 所示。

偶极-偶极测深与对称四极测深稍有不同，它是通过逐步增加供电偶极和测量偶极之间的距离（OO'）来达到测深目的。偶极-偶极装置的横向分辨率很强，但不同供电极距测量的视电阻率曲线形态差异很大，与供电极距的大小关系密切，因此很少做单一极距的剖面测量，一般以测深剖面测量为主，具有测深断面信息丰富，异常明显的特点。

（四）电测深资料的解释推断及电测深法的应用

电测深资料的解释分为定性解释、半定量解释和定量解释。

定性解释主要根据电测深曲线类型图和视电阻率断面等值线图的特点推断测区地电剖面的性质及其变化，确定各种地质构造的位置和产状。

电测深资料的半定量解释主要根据各测点的电测深曲线大致确定地层或特定地质体的深度。

电测深资料的定量解释一般采用数值计算的方法，其实质是将实测数据和理论模型数据对比，不断修改理论模型，使理论模型数据与实测数据尽可能接近，则认为实际地电剖面与理论模型相同。一般采用电测深方法，都是为了获得地层的深度信息，如测定覆盖层的厚度等，

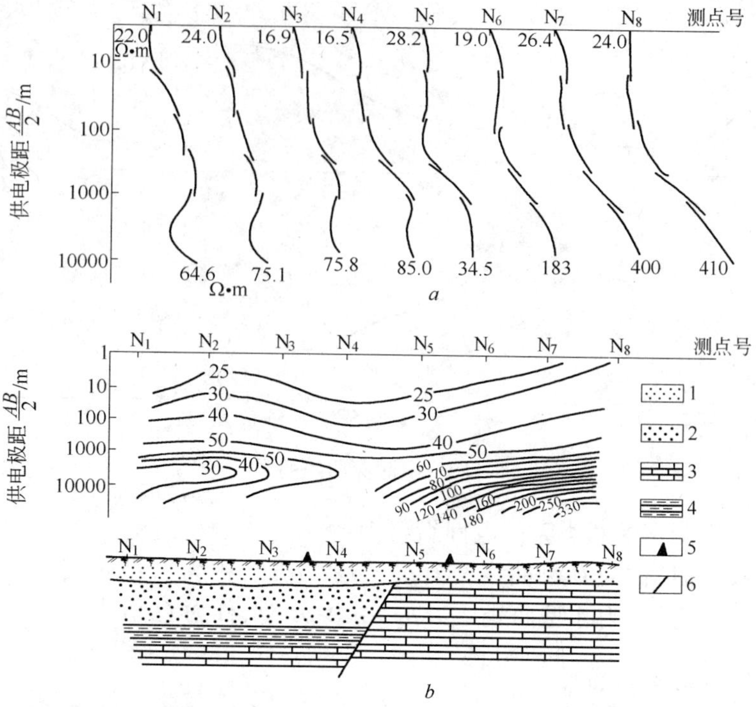

图 4-7　电测深视电阻率曲线类型（a）和视电阻率断面等值线（b）

1—第四系黄土；2—砾石层；3—奥陶系灰岩；4—砂页岩夹石英岩；5—钻孔；6—断层

但在金属矿产勘探中，采用电测深方法往往是要详细了解特定地质构造或矿体的深度和产状。电测深法应用的有利条件是：围岩电性比较简单，探测目标与围岩有明显的电阻率差异，地形比较平坦，表层的电阻率不是过高或过低等。电测深法的应用实例见第二节激发极化法。

电阻率测深法在施工中注意测深点位置和布极方向的选择，测量中心点及其附近介质比较均匀，MN 极应布在同一种介质中，最好选在平坦地带，以最大 $MN/2$ 为半径的范围内地形变化不超过 20°。在坡度大的斜坡上，布极方向大致与地形等高线平行；在山谷中，布极方向与山谷走向一致。

第二节　激发极化法

激发极化法是金属矿床预测及找矿勘探中的最常用的地球物理方法，激发极化法利用岩石和矿石的激发极化特性来探测隐伏金属矿床。在寻找硫化物金属矿床特别是浸染状硫化物金属矿床工作中，激发极化法是最有效的物探方法，在实践中已经取得了显著的地质效果。

一、激发极化法的方法原理

（一）激发极化效应

在电阻率测量工作中，向地下供入稳定电流时，可观测到电位差随着时间变化，在一段时间（一般约几分钟）后趋于某一稳定的饱和值；断开供电电流后，电位差在最初一瞬间很快下降后，便随时间增加缓慢下降，在一段时间后（约几分钟）衰减为零。在充电和放电过程中，这种随时间缓慢变化的附加电场现象是由于电化学作用引起的，称为激发极化效应（简称激电效应）。

（二）岩、矿石的充、放电特性

对地下地质体（岩、矿石）供入脉冲型直流电 ΔV_1，在供电电流不变的情况下，地面上两个测量电极的电位差 $\Delta V(t)$ 随时间增加并趋于稳定值（饱和值）。这个充电趋于饱和过程所需时间与供电电流强度大小有关，大约需几分钟。在断开供电电流后，电极间电位差在最初一瞬间快速衰减，到一定数值后衰减速度变慢，经几秒钟甚至几分钟后衰减至零。图4–8所示为矿石标本的充放电曲线。

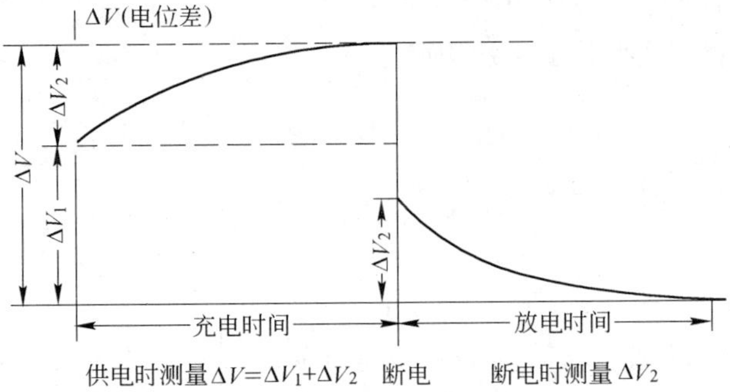

图4–8　岩、矿石标本的充放电曲线

把激发场 $\Delta V_1(t)$ 称为一次场，断电后观测到的衰减电场 $\Delta V_2(t)$ 称为二次场，它是由电化学过程产生的极化场。断电瞬间观测到的极大值用 $\Delta V_2(t)$ 表示。在供电过程中，一次场和二次场是叠加在一起的，$\Delta V(t)$ 称为总场

$$\Delta V(t) = \Delta V_1(t) + \Delta V_2(t)$$

二次场衰减速度取决于岩石矿石的物质成分，一般电子导体衰减速度较慢。由于不同的岩石矿石的衰减速度不同，因此在断电后同一时间测出的二次场电位差也不相同。一些金属矿物二次场衰减慢，非金属矿物二次场的衰减快。利用这一特性，即可以区分不同的岩石矿石。

在供电时，由于两种场叠加在一起，而且一次场往往比二次场大得多，不便观测和研究二次场的变化。因此激发极化法的工作方法同电阻率法是不同的。为了观测和记录二次场的变化规律，大多采用在断电瞬间观测的方法或者采用改变激发场的频率的方法（变频法）进行测量。

除了在以电子导体为主的金属矿石，石墨化岩石中可观测到激发极化效应外，还在不含金属矿的岩石，黏土矿物（属于离子导体）中发现激发极化现象。对寻找金属矿来说，离子导体的激发极化效应构成异常的背景干扰。

（三）表示岩、矿石激发极化特性的参数——极化率

为了反映岩石、矿石激发极化效应的相对强度，采用二次场的饱和电位差与一次场电位差的比值来表示，称为初始极化率

$$\eta^0 = \frac{\Delta U_2}{\Delta U_1} \times 100\%$$

或者采用二次场的饱和电位差与总场电位差的比值表示，称为极限极化率

$$\eta = \frac{\Delta U_2}{\Delta U} \times 100\%$$

由于 $\Delta U = \Delta U_1 + \Delta U_2$，且 $\Delta U_1 \gg \Delta U_2$ 故

$$\eta \approx \eta^0$$

岩矿石极化率的大小与其中电子导电矿物的含量，以及结构、构造有关。电子导电矿物的含量越高，极化率越大；导电矿物的颗粒越小，极化率越大；致密程度越高，极化率越大；沿导电矿物延伸方向，或片理、层理，细脉方向的极化率大于垂直方向的极化率。此外，还与岩矿石的湿度，黏土矿物的含量、孔隙水矿化等因素有关。

常见岩石的极化率一般为1% ~2%左右，个别可达4% ~5%；多金属硫化矿物因含有电子导体极化率一般比较高，可达10% ~50%，但金属氧化矿的极化率一般比较低；含炭岩层和石墨的极化率一般比较高，也可达10% ~50%。

二、直流激电法

激发极化法(简称激电法)分为时域激电和频域激电两大类。

(一) 直流激电法

直流激电法也称时域激电法。时域激电是在稳定电流激发下，观测电场随时间的变化以研究激发极化效应，观测参数为视极化率。按供电时间制式的不同，分为两类：一是长脉冲制式，供单向脉冲电流，持续一段时间，断电前观测总场电位差，断电后测二次场电位差，二者之比为视极化率，长脉冲供电时间制式一般用于激发极化测深。为了尽量减小极差变化引起的观测误差，需使用不极化电极作为测量电极。

另一种为双向短脉冲制式，以一定的占空比(1:1 ~1:3)断续向地下供入正反方向的电流脉冲，正负脉冲断开后分别测量两个视极化率，两者平均作为观测结果，短脉冲供电时间制式一般用于激发极化剖面测量，这种方法耗电少，工作效率高，是目前常用的野外工作方法。由于供电时间短，而且是正反向交替供电，因此极差变化很小，可以采用常规铜电极作测量电极。也正是因为供电时间短，二次电位差未能达到饱和状态，因此 η_s 异常幅度相对长脉冲制式要小一些。

(二) 典型的剖面曲线

直流激发极化法可以用电阻率法的各种电极装置，如中间梯度，联合剖面，偶极剖面和对称四极测深装置。各种装置的特点与电阻率法相同，在隐伏矿床普查中主要采用中间梯度和四极测深装置，激发极化法中间梯度装置可以寻找极化体，并圈定其平面位置(详见图4-3*b*)。在需要详细探测脉状体产状的情况下，也可采用联合剖面或偶极剖面法。图4-9为高阻和低阻在脉状极化体上不同倾角的理论激发极化法联合剖面异常。

(三) 装置的选择

一般来说，激发极化法可采用电阻率法中的各种装置进行测量。既可进行剖面测量，也可根据地质任务进行测深或断面观测。由于激电法观测的视极化率或视频散率均为电位差

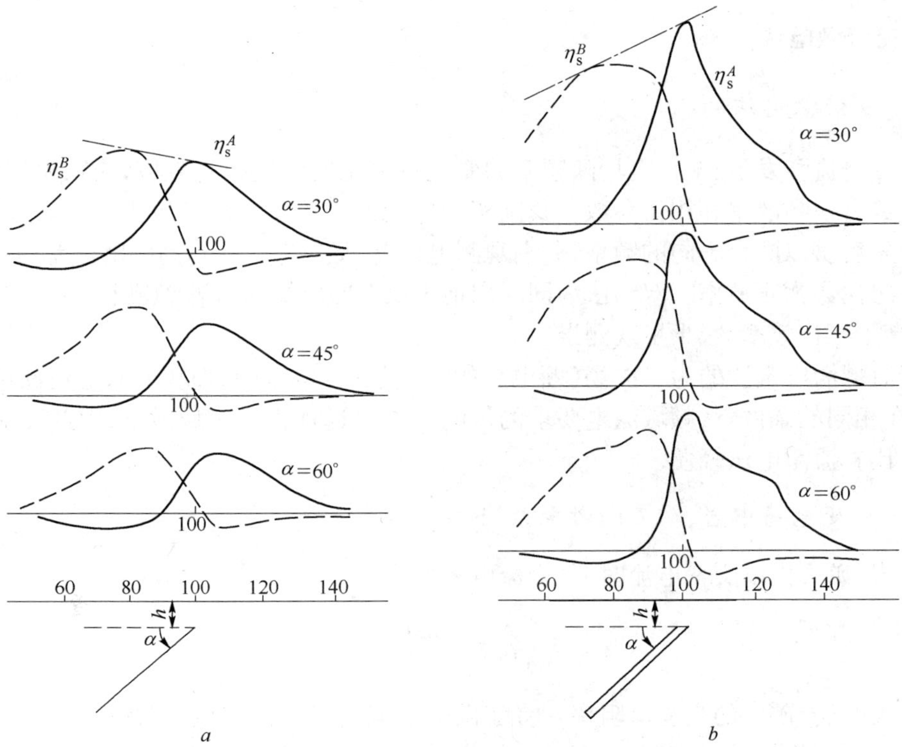

图4-9　极化体上理论激发极化法联合剖面异常
a—低阻高极化体；b—高阻高极化体

的比值，地形对激发极化法的影响非常小，这是激电法相对于电阻率法的一个很大的优势。表4-2列出各种装置的优缺点。

表4-2　各种装置的优缺点

装　置	应用条件	优　　点	缺　　点
对称四极	时间域	适用于直立矿体	探测深度有限，效率低
三　极	时间域或频率域	适用于脉状体，可以了解矿体产状	地表低阻介质敏感
偶　极	时间域或频率域	分辨率高，适用于各种矿体	曲线复杂，信号强度低，对局部地质体敏感
中间梯度	时间域	探测深度大，分辨率高对陡倾斜矿体最合适，异常形态简单，易于解释	对层状矿体不合适，没有明显的异常
对称四极测深	时间域	探测极化体埋藏深度	

直流激电法通常需采用高电压（500 V以上），大电流（1～10 A）工作，故选用中梯装置工作比较方便。其他装置在测量过程中供电电极需要不断移动，每一次移动后都要尽量改善接地条件，以便将大电流供入地下，在技术上有一定困难，而且工作效率将大大降低。因此仅在需要详细研究异常剖面上，才使用联合剖面装置或对称四极测深装置。偶极装置除上述条件外，还由于异常形态复杂，特别是当存在多个相邻极化体时，异常较复杂。

三、交流激电法

（一）交流激电法

在交变电流激发下，根据电场随频率的变化观测到的激发极化效应，为频率域激电，主要观测参数有视频散率和相位参数。我国实际应用的交流激电法一般为变频法和双频法。变频法为先后供以两个不同的频率，分别观测电位差，低频电位差与高频电位差的差值与高频电位差之比作为频散率。双频法为同时向地下供双频电流同时测双频电位差。与变频法相比，提高了工作效率、减少了观测误差。

由于时域激电观测的为二次场（断电后的附加电场）电位差，而频域激电观测的为总场电位差，在相同的条件下，频域激电要求的供电功率要远远小于时域激电，因此交流激电法的装备要比直流激电法轻便。

（二）交变电场中岩、矿石的激电效应

当向岩、矿石供以交变电流时，其交流电阻率为

$$\tilde{\rho} = K\frac{\Delta\tilde{U}}{I}$$

实验表明岩、矿石的交流电阻率 $\tilde{\rho}$ 将随供电电流的频率而变化，即存在所谓频率特性。其本质上的原因仍然是岩、矿石存在激电效应。在直流电场中，供电时间越长，极化效应越强。二次场 ΔU_2 及总场 ΔU 越大。在交流电场中，频率越低，周期越长，单向供电时间就越长。因而总场电位差 $\Delta\tilde{U}$，以及交流电阻率 $\tilde{\rho}$ 就越高，因此交流电阻率随频率变化的特性，实质上就是岩、矿石激电效应的反应。

（三）描述交流激电效应的参数

对岩、矿石供以两个不同频率（f_D、f_G）的交变电流，分别测量其电位差 ΔU_{fD}、ΔU_{fG}，并按下式计算其频散率

$$P = \frac{\Delta U_{fD} - \Delta U_{fG}}{\Delta U_{fG}}$$

在极限情况下，当低频 $f_D \to 0$ 和高频 $f_G \to \infty$ 时，$\Delta U_{fD} \approx \Delta U$，$\Delta U_{fG} \approx \Delta U_1$。即在极低频时，$\Delta U_{fD}$ 与直流情况下的总场电位差相当。在极高频时，ΔU_{fG} 与直流情况下的一次场电位差 ΔU_1 相当。此时

$$P \approx \eta$$

可见，频散率 P 和极化率 η 一样，是从不同侧面描述岩、矿石激发极化效应的重要参数。

四、激发极化法资料的解释

激发极化法与电阻率法一样，其野外观测资料主要以各种图件的形式来表现。包括剖面图，平面剖面图，平面等值线图，测深曲线图，测深断面等值线图等。

（一）激电异常的定性解释

激电异常的定性解释中最主要的问题是区分矿与非矿异常的问题。在前面岩矿石极化

率的讨论中可以看到除了金属硫化物能引起激发极化异常外，石墨化及含炭质地层以及黄铁矿化地层及岩层均能引起激发极化异常。因此在地质条件复杂的情况下，非矿异常很多，有时矿异常被非矿异常干扰或掩盖。

定性解释的任务就是要确定引起激电异常的地质原因，排除非矿异常的工作，需要采用化探或综合物探方法结合地质信息进行定性解释。

以新疆乌伦布拉克铜多金属矿床为例，在这个测区内除了所要寻找的铜矿床能引起激电异常之外，还有炭质岩层，黄铁矿化地层，都可能引起高 η_s 异常。炭质岩层引起的激发极化异常一般特征为，异常的分布范围与岩层的分布范围基本一致，异常走向和地层的走向一致，地层出露于地表或覆盖层薄时，异常的幅度大于矿体异常。野外观测到的激电异常80%以上为上述各种因素引起的“非矿异常”。因此，如何排除各种干扰异常，识别“矿”与“非矿”异常，是异常解释工作中最重要的任务。

到目前为止还没有找到一种方法，能够单纯根据 η_s 异常的特征来区分“矿”与“非矿”异常，而只能根据综合分析的方法来解决上述问题。其方法步骤如下：

（1）了解测区所有地层岩性的物性特征，包括电阻率和极化率，以确定可能有哪几种地质体能产生 η_s 干扰异常。

（2）了解测区及相邻已知“矿区”的地质情况。根据已知“矿”体的产状，埋深，走向，以及与地层，构造的关系，按照由已知到未知的原则，与产生 η_s 异常的极化体的产状及地质环境对比，判断是否为“矿”异常。

（3）结合其他物化探方法综合判断。例如结合磁法，可以判断“矿”是否为有磁性的高极化体。结合电阻率法，判断“矿”是低阻高极化体，还是高阻高极化体。结合化探，判断“矿”是否为含有某种金属元素的高极化体等等。

（4）进行人文地质调查，了解测区内是否埋设有人工导体，是否为古炼矿厂或废矿堆。

（二）激电异常的定量解释

定量解释的任务是确定极化体的位置、形状、产状和埋深。将野外实测的 η_s 异常曲线与对应装置的各种 η_s 理论曲线对比即可大体上圈定极化体的位置，判断其形状和产状。较为准确的解释，则需要利用激电测深的资料。利用 η_s 测深曲线的特征点可以确定局部极化体的埋深，可以利用一维、二维计算机反演计算方法，可以绘出地电断面的结构，以及得出各地层的厚度、电阻率、极化率的参数。

五、激发极化法的应用

（一）激发极化法在广西高龙金矿勘探中的应用

1. 微细浸染型金矿的激发极化特征

国内对微细浸染型金矿金的赋存状态研究证明，载金矿物是黏土矿物和黄铁矿，金以超显微包体的形式分布于黄铁矿内部。微细粒型金矿金含量较低，但这类矿床中或多或少的存在一些硫化矿物。一定量的硫化矿物则可以产生激发极化异常。因此矿体和围岩会有可以测量出的极化率差异，在这样的条件下，则可以快速准确地确定异常区，提出找矿靶区。

广西高龙金矿是正在开采和勘探的矿区，为扩大矿山储量，在矿区外围的成矿预测区内进行电法勘探，为确定下一步找矿勘探靶区提供信息。根据矿区岩、矿石的电性特征，采用了对称四极激发极化和电阻率测深工作。

2. 矿区地质概况及地球物理特征

A 矿区地质概况

矿区出露的主要地层有：

中、上石炭统灰岩，分布于矿区中心构成穹隆核部；下二叠统灰岩，分布于矿区中心核部；上二叠统合山组，炭质泥岩夹煤层；长兴组为生物灰岩夹煤层；下三叠逻楼群为层状泥质条带灰岩、生物碎屑灰岩。与上二叠统为断层接触；具辉锑矿化、金矿化。中三叠统百逢组为薄-厚层泥岩、粉砂岩、细砂岩；具金矿化；为矿区主要含金层位。

高龙金矿区位于西林—百色断裂褶皱带西段南西侧的高龙穹隆核部附近，产于上古生界碳酸岩周边的环状断裂带外侧，主要控矿构造为一产于高龙穹隆周围的不规则封闭环形断裂构造，直径约4km，向外倾斜，倾角45°~80°，破碎带普遍硅化，宽数米至百余米，部分地段岩性分带明显，可分为硅化构造石英岩带和硅化构造角砾岩带。此环状断裂为矿区主要导矿容矿构造，目前发现的金矿床均位于该破碎带或外侧附近的次一级断裂或层间破碎带中。

矿床属中低温热液成因的微细粒型金矿床。矿区的矿石中的金属矿物主要有褐铁矿和黄铁矿、辉锑矿等硫化矿物。主要的载金矿物为褐铁矿和黄铁矿。金矿体主要分布在硅化构造角砾岩带内及其上盘的砂岩层间破碎带中，成矿为多期叠加，热液改造富集而成矿体。

B 矿区内岩矿石电性特征

由于载金矿物为褐铁矿和黄铁矿，所以含金矿石会显示出极化率异常。在测区中用小四极法在岩石和矿体上获得的电性参数见表4-3。

表4-3 高龙金矿岩矿石电性参数

岩矿石名称	含金品位 /g·t^{-1}	电阻率 /Ω·m	极化率/%	岩矿石名称	含金品位 /g·t^{-1}	电阻率 /Ω·m	极化率/%
含金铁锰质砂岩	0.75	1300	5.6	钙质砂岩		1000	1.2
含金炭质砂岩	1.5	258	4.4	破碎灰岩		500	1.3
含金破碎砂岩	3.0	374	2.0	完整灰岩		3870	1.4
含金构造角砾岩	2.0	5600	2.2				

从表4-3中可知，各种含金岩矿石的极化率均大于不含金岩石。

高龙矿区的主要载金矿物主要为黄铁矿或褐铁矿，而黄铁矿化(或硫化物)的存在使岩矿石的极化率提高，因此，极化率高可能反映了金的存在。除岩石中硫化矿物的存在使岩矿石有极化率异常外，含炭质岩石也能产生极化率异常。如含金炭质砂岩，极化率为4.4%。

高龙矿区的构造角砾岩型金矿体，电阻率为5600Ω·m，极化率为2%，其特征为高阻中等极化体；层间破碎带型矿体，位于硅化带及其附近的破碎砂岩及炭质砂岩的电阻率为374~258Ω·m，极化率为2%~4.4%。其特征为低阻高极化金矿体；那些无硅化作用且距离断裂带较远的砂岩，虽然极化率较高，但成矿的可能性较小。

从上面的分析可知极化率差异与金矿有关，而电阻率差异反映了不同的矿石类型。

3. 测区视极化率和视电阻率异常的规律

A　中等电阻高极化矿体

位于 8 测线的已知金矿体从 1240～1360 段岩性变化的顺序为铁锰质砂岩（金矿体）→炭质砂岩（金矿体）→破碎砂岩（金矿体）→构造角砾岩（金矿体）→构造石英岩→灰岩，包括了矿区几种典型的矿石类型。这是典型的在断层附近生成的金矿体。岩性不统一，电性特征也会随着岩性的变化而变化。在测线上宽度约 70 m 的范围内有明显的视极化率和视电阻率异常，电阻率按岩性顺序由小变大，极化率由大变小。从图 4-10a 激发极化测深断面等值线图中可看到，视极化率极大值大于 5%，以 4% 的视极化率等值线范围圈定的范围基本与矿体位置吻合。视极化率异常主要由铁锰质砂岩和炭质砂岩（金矿体）引起。视电阻率极大值约为 2000 Ω · m，见图 4-10b。这种视极化率和视电阻率特征可以指导在断层附近寻找类似的金矿体。

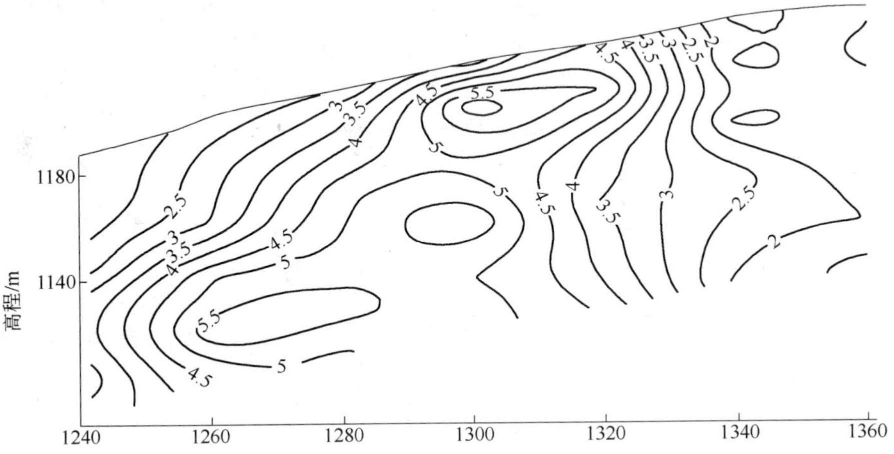

a

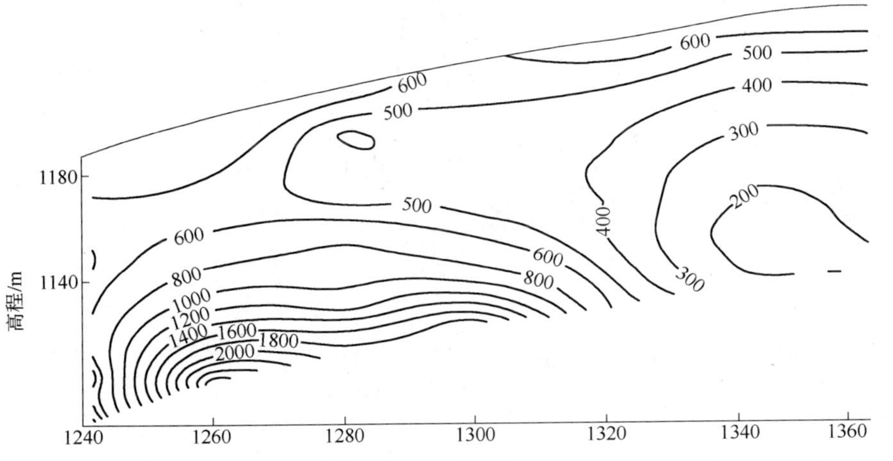

b

图 4-10　高龙金矿 8 测线实测视电阻率和视极化率断面

a—视极化率断面；b—视电阻率断面

B 高阻中等极化率矿体

位于1测线的已知金矿体穿过硅化带的膨大部位，硅化带内的金矿体岩性为硅化构造角砾岩，平均含金量达到2 g/t。如图4-11所示，2%极化率等值线、5000 Ω · m电阻率等值线所圈定的范围与矿体基本一致，矿体在测线上的宽度约为70 m。这种高阻中等极化率异常为硅化构造角砾岩型金矿石的特征。在矿体外侧的不含金的硅化构造角砾岩，极化率为1%左右，与矿体的极化率差异较小。因此，在高龙矿区寻找这种类型的金矿，应注意高阻中等极化率特征。在视极化率和视电阻率断面图中，高阻异常和高极化异常非常吻合，这是典型的硅化构造角砾岩型金矿的地球物理特征。

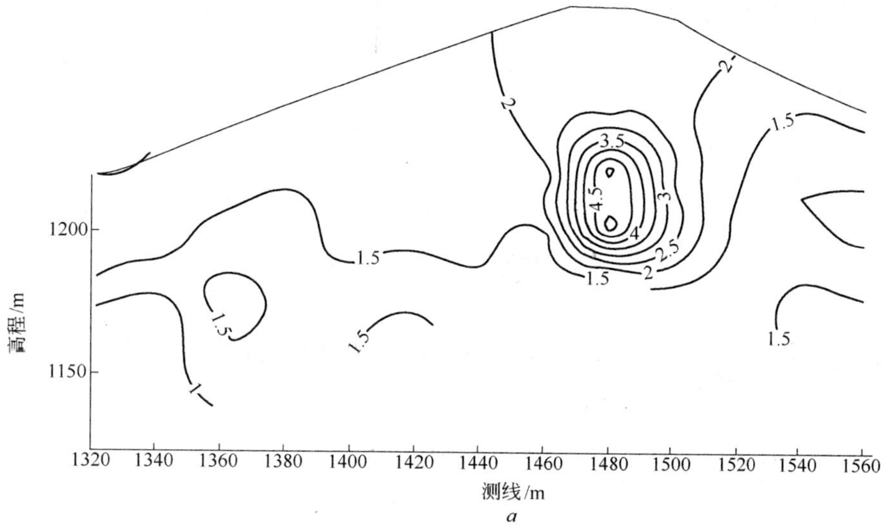

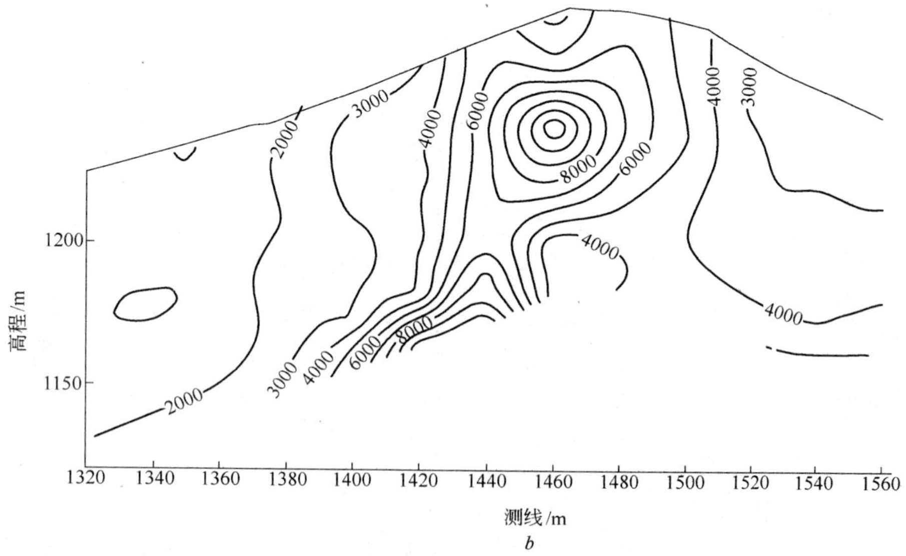

图4-11 高龙金矿1测线实测视电阻率和视极化率断面

a—视极化率断面；b—视电阻率断面

C 中等电阻率高极化率的地层异常

在测区的多条测线上发现大范围的中等电阻率高极化率异常，异常长度达到500 m，其中较典型的剖面为 8 线 860 ~ 1100 段。如图 4-12 所示，极化率约在 $AB/2$ 为 15 m 时达到最大值，然后急剧减小至 1% 左右。即极化体仅存在于地表附近，从地形上看，异常主要存在山顶及其附近。异常附近没有断裂或硅化带存在，岩石为炭质砂岩。岩层极化率虽然高，但电阻率只有 1000 Ω · m 左右，既不同于前面所说的高阻中等极化体，也不同于低阻高极化体，结合地质资料，这种异常推断为残留在山顶的炭质砂岩地层的反映。

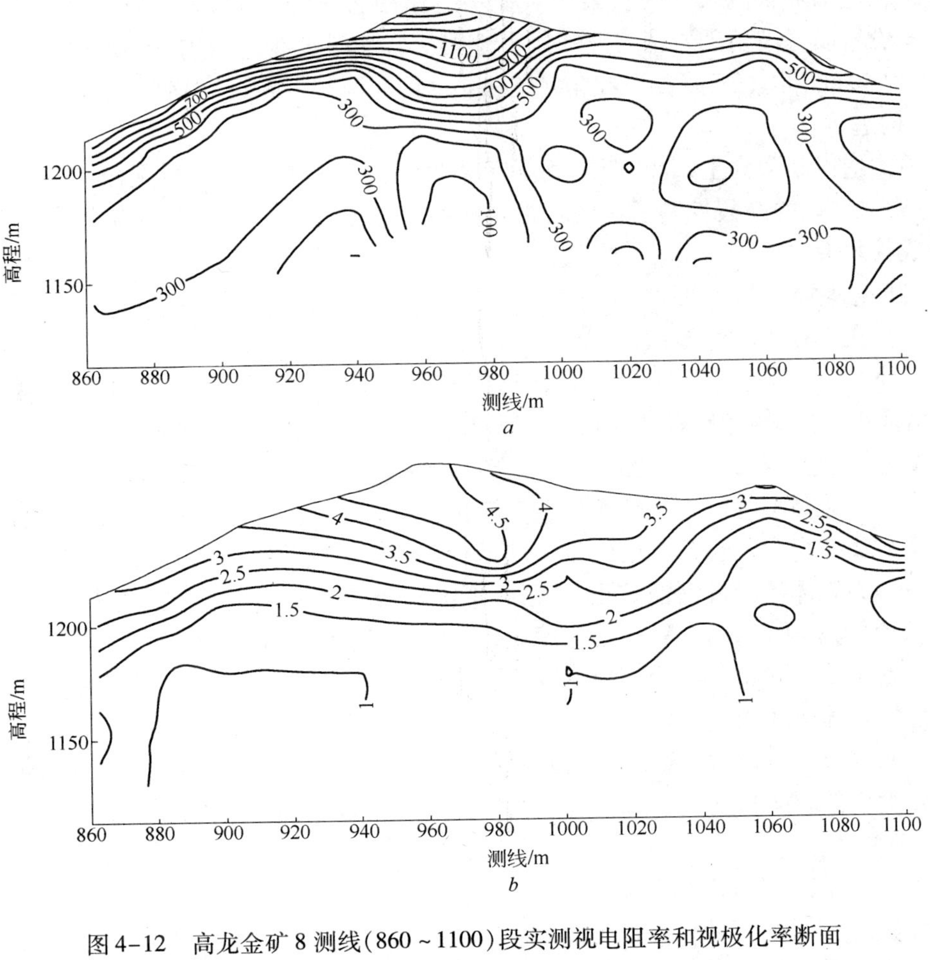

图 4-12　高龙金矿 8 测线(860 ~ 1100)段实测视电阻率和视极化率断面

a—视极化率断面；*b*—视电阻率断面

(二) 激发极化法在新疆奇台县乌伦布拉克铜矿预测中的应用

1. 矿区地质概况

A　地层

矿区及其外围地层主要为中泥盆统北塔山组上部层位以及下石炭统南明水组。

中泥盆统北塔山组由上而下分为 5 个岩性段，第五岩性段为灰绿色火山凝灰岩；第四岩性段为紫色碎屑灰岩、生物碎屑灰岩夹钙质灰岩；第三岩性段为岩屑砂岩、钙质中粗粒砂岩夹层状灰岩；第二岩性段为黄褐色钙质砂岩、长石砂岩夹凝灰岩；第一岩性段为灰绿色蚀变凝灰岩、凝灰质砂岩。

下石炭统为一套弱变质的砂岩、泥质岩地层。

B 岩浆岩

矿区岩浆岩主要有三类，即闪长岩、斜长花岗岩和英安玢岩质爆破角砾岩。闪长岩呈长透镜体和岩枝、岩瘤侵入于中泥盆统北塔山组凝灰岩、长石砂岩夹生物碎屑灰岩中。斜长花岗岩多呈岩枝、岩瘤侵入于中泥盆统北塔山组凝灰岩、砂岩中，与围岩接触处，围岩发生角岩化。有的也呈细脉状侵入于闪长岩中。受构造作用影响，斜长花岗岩强烈片理化、糜棱岩化。英安玢岩质爆破角砾岩呈岩筒状侵入于闪长岩和斜长花岗岩中，已知的岩筒直径都不大，均小于40m。以上三类岩浆岩都分布在北北西向断裂带附近，与铜矿关系密切。

C 构造

区内构造以断裂为主，北北西向挤压断裂为矿区最主要的一组断裂构造，其中的F_2断裂纵贯整个矿区，并断裂控制了矿区岩浆岩和铜矿化的分布，矿区内的铜矿体大都产于该断裂带中或其附近。

D 矿床地质

矿区存在三种矿化类型：

第一种为角砾岩筒型金、铜、钼矿化，产于英安玢岩质爆破角砾岩及其外缘的震碎角砾岩中，矿区内出露的三处爆破角砾岩筒普遍具有强烈的铜矿化。广泛发育的震碎角砾岩和震碎角岩、震碎斜长花岗岩也具有铜矿化，在爆破角砾岩筒中铜平均品位1.17%，最高2.38%。

第二种矿化类型为破碎带碎裂岩型铜矿化，主要产于北西向挤压破碎带内的斜长花岗质碎裂岩或糜棱岩中。在挤压破碎带上的槽探铜品位比震碎角砾岩的铜矿化明显增高。

第三种为岩体接触带型铜矿化，产于石英闪长岩侵入体的接触带。地表主要为浸染状和细网脉状，为氧化矿，估计氧化带深度大于100m。地表见到的铜矿石中，氧化淋滤作用形成的交代残余结构和包含结构均很发育，表明其中的铜已被大量淋失。深部淋失减弱，浅部被淋失的铜可能形成次生富集带。

矿石矿物以黄铜矿、黄铁矿为主，其次有辉钼矿、少量斑铜矿、方铅矿、闪锌矿、磁铁矿、赤铁矿及次生矿石矿物孔雀石、蓝铜矿、褐铁矿等。脉石矿物以石英为主，其次有方解石、长石、绢云母等。

2. 矿区岩(矿)石的电性特征

矿区岩(矿)石的电性特征见表4-4。

表4-4 矿区电性参数

岩石名称	极化率/%	电阻率/Ω·m	岩石名称	极化率/%	电阻率/Ω·m
矿化爆破角砾岩	7.7	518	角　岩	0.6	1750
钙质砂岩夹凝灰岩	1.0	700	含炭质绢云母千枚岩	2.0	461
花岗质碎裂岩	1.0	550			

矿区的主要围岩中泥盆统钙质砂岩及火山凝灰岩电阻率约为1000Ω·m左右。一般说来，浸染状和品位较低的细网脉状铜矿石电阻率比围岩略低，但极化率有明显的差异。因此，铜矿体具有低电阻率、高极化率激电异常。

矿区下石炭统南明水组的千枚岩、砂岩、泥岩含有炭质，具有高极化率和较低的电阻率，也能产生低电阻率、高极化率激电异常。

3. 矿区物探异常特征

矿区圈定了9个激电异常，其中，与已知铜矿体及铜矿（化）体对应的异常5个，推断为铜矿体及铜矿化体的异常3个，含炭质下石炭统明水组千枚岩、砂岩、泥岩地层异常1个。铜矿体及矿化体的异常平面分布一般呈透镜状或串珠状，分布范围一般与矿化岩体的分布范围吻合。已知铜矿体及铜矿化体的激电异常视极化率一般在5%～15%之间，视极化率更高的激电异常反而与矿化无关。其视电阻率并未表现出明显的低阻特征。含炭质下石炭统南明水组地层激电异常则表现为与地层分布吻合的大片低电阻率、高极化率激电异常，其视极化率往往达10%以上。该矿处于变质岩系分布区，地表出露为元古界粉子山群大理岩，云母片岩及变粒岩。断裂比较发育。矿体一般产在云母片岩的底部和硅化石墨大理岩的顶部。矿石以黄铜矿闪锌矿、黄铁矿为主，一般呈星散状，细脉状，局部富集成斑块状。虽然，铜矿及矿化岩石的极化率高，但区内石墨化和黄铁矿化分布比较广泛，对激电法形成严重干扰。然而，客观的地质现象总是可以认识的。由于注意到地质和物化探方法本身的综合研究，使得找矿取得了较好的地质效果。验证的23个激电异常，其中11个为矿异常，其余12个为干扰异常，其中5个为石墨化岩层引起的，7个为黄铁矿化岩石异常。

图4-13为矿区2号角砾岩筒铜矿体及其附近的中间梯度装置的视极化率平面等值线。视极化率异常幅值为10%～20%，异常范围与矿体分布范围基本吻合。2号角砾岩筒铜矿体直径约为20多米，陡立，平硐工程控制矿体已延伸到100 m以下，铜矿品位较高，最高品位达到2.38%。

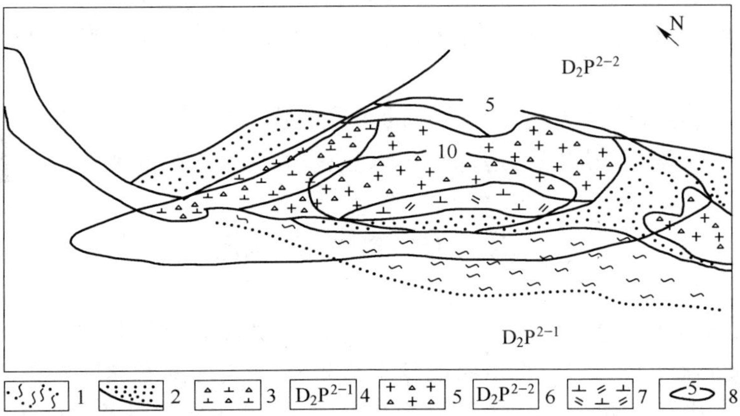

图4-13　乌伦布拉克2号角砾岩筒铜矿视极化率异常等值线

1—构造破碎带；2—角岩化带；3—爆破角砾岩；4—钙质砂岩夹凝灰岩；5—震碎花岗岩；6—钙质砂岩；7—石英闪长岩；8—视极化率等值线

六、激发极化法的应用条件

面积性或剖面性的激发极化测量工作，可以快速有效地在一个区域或一定范围内寻找高极化异常体。在隐伏矿床预测和勘探中，激发极化法的作用是矿点评价、寻找金属矿产预测的靶区、划分黄铁矿化、石墨化岩石界线、圈定含有硫化矿物，并能产生激发极化效应的异常地质体。对金、铜找矿来说，有时不是矿体产生异常，而是共生的硫化矿物产生的异常，例如岩石中的黄铁矿，铜矿中的伴生硫化物。特别是浸染状金、铜矿，只要岩石中存在少量的硫化矿物就会产生明显的激发极化异常。而以硫化物为主要矿物的岩石则可以产生幅度很高的极化率异常。

（一）应用激发极化法找矿的有利条件

应用激发极化法找矿的有利条件有以下几点：

（1）工作区地表为高阻覆盖层或低阻覆盖层，厚度小。如果地表覆盖层的导电性好、厚度大将引起屏蔽作用，供入地下的电流大部分集中在地表的导电层中，流入基岩的电流减少，地下硫化物矿床的极化效应减小，以至于在地表无法探测到异常。

（2）有指示矿体存在的黄铁矿晕存在。黄铁矿晕可以产生明显的激发极化异常，因此可以间接找到矿体。

（3）硫化物矿化与成矿有关，如黄铁矿化与金、铜矿的关系。

（4）矿体的埋藏深度适当。

激发极化法的探测深度与以下几个因素有关：发射机功率、接收机的稳定性和灵敏度、矿体大小以及极化率差异、地表有无低阻层、有无非矿干扰源等。

特别对金、铜找矿来说，由于矿体和围岩的极化率差异较小，如果矿体埋深大，则异常的幅度小，变化缓。

（二）应用激发极化法找矿的制约或干扰因素

近地表的硫化物都存在不同程度的氧化情况，而氧化硫化物（或矿体）不能产生激发极化异常。氧化带的存在增大了原生硫化物的埋藏深度，同时也增大了找矿的难度。

有石墨或炭质岩层的地方会产生明显的激发极化干扰异常，当这些岩层与矿体共生时，难以排除干扰异常，需要采用综合地球物理方法区分矿与非矿异常。

第三节 频率测深法

频率测深法主要用于解决各种构造地质问题，而探查地质构造常与石油及天然气的勘探、煤田勘探、金属矿勘探、寻找含水层以及工程地质等实际问题紧密相关。在隐伏矿床预测工作中，主要利用频率测深法解决深大构造破碎带、隐伏岩体以及岩层深度的问题。

一、频率测深法原理

频率测深法是指人工源频率域电磁测深方法，它利用电磁感应的趋肤效应，即高频电磁场穿透深度浅，低频电磁场穿透深度深，改变频率即可改变探测深度。频率测深法主要采用电偶极或磁偶极场源。因而不像电阻率测深那样通过改变供电极距改变探测深度，而是用改变电磁场频率的办法达到测深目的，使工作效率大大提高。频率使用范围大致为1×10^{-3} ~ 1×10^{5} Hz。并在选取的范围内跳跃式地改变频率。在地面上观测相互正交的电场和磁场分量，计算出视电阻率数据，然后对资料进行推断解释，故本方法实质上是采用另一种手段的视电阻率测深法。

近年来,频率测深法已成为国内外应用较广的一种测深方法,特别在大深度勘探中,频率测深法显示出相对于直流电测深法的优越性。

二、频率测深装置类型及特点

目前,采用水平电偶极子场源的频率测深装置主要有三种,赤道偶极装置、CSAMT(Controlled Source Audio-frequency Magnetotelluric)装置和平行偶极装置。

(一) CSAMT 装置

CSAMT 装置又称为可控源音频大地电磁法,其发射电极 AB 平行于测线布置,AB 的长度可达 1~4 km。测量电极 MN 平行于 AB 布置在测线上,MN 一般为 50~100 m 左右,测量沿测线方向的电场,同时还用一个线圈测量垂直于测线的水平磁场,记录点为 MN 中点。其测量范围在 AB 垂直平分线两侧 60°张角、距离 AB 约 2~10 km 的区域内,一条测线或多条测线的不同测点可以共用同一对发射电极。由于改变测点时不用移动发射电极,这种装置的工作效率较高。装置采用电场和磁场的比值计算视电阻率,不需要知道场源强度,因此对位置测量精度的要求较低。此外,由于平行于构造走向的磁场强度沿测线方向变化不大,在野外工作中,可以几个测点共用一个磁场测量数据。图 4-14 所示为 CSAMT 装置频率测深工作示意图。

(二) 赤道偶极装置

赤道偶极装置的发射电极 AB 和测量电极 MN 互相平行,均垂直于它们的中心连线的方向,测量平行于发射电极方向的电场,记录点为 AB 和 MN 中心连线的中点。这种装置适合于很大范围内地层缓慢变化的石油、天然气和煤田勘探。装置如图4-15a所示。

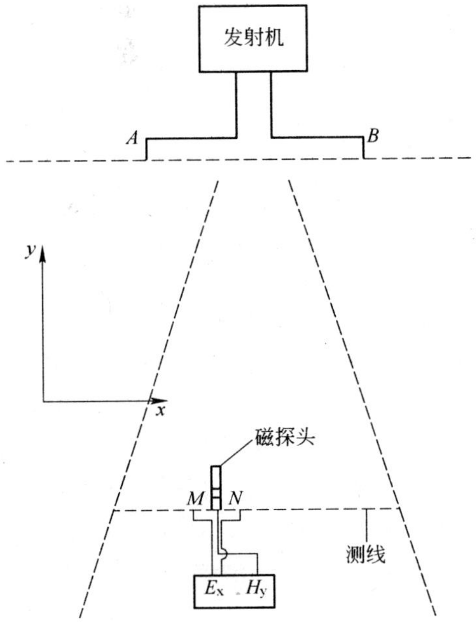

图 4-14 CSAMT 装置频率测深工作示意图

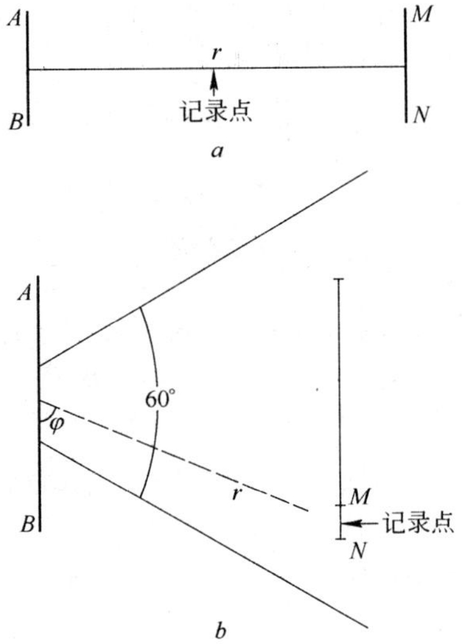

图 4-15 水平电偶极子场源的频率测深装置

a—赤道偶极装置;b—平行偶极装置

以上两种装置适合于地质构造变化比较复杂的金属矿勘探。

（三）平行偶极装置

平行偶极装置与 CSAMT 装置形式、测量范围与记录点位置的规定都相同，不同的是只测量电场，不测量磁场。装置如图 4-15*b* 所示。

三、频率测深视电阻率曲线特征

频率测深视电阻率曲线用双对数坐标绘制，横坐标为周期（频率的倒数）的平方根$\sqrt{T}$（也可以理解为周期 T，但是其比例尺为纵坐标比例尺的二分之一）；纵坐标为视电阻率。频率测深视电阻率曲线的类型与直流电测深视电阻率曲线相同，曲线的形态也大致类似。频率较高（周期较低）时的视电阻率值反映较浅的岩层的电阻率，频率较低（周期较高）时的视电阻率值反映较深岩层的电阻率。

频率测深要求在距离场源很远的波区测量，一般要求发—收距大于 3 倍探测深度。由于发射功率的限制，发—收距一般在 2～10 km 的范围，在频率比较高时可以满足波区要求，此时，任何测量装置定义的视电阻率曲线均相同；随着频率的降低，越来越不满足波区要求，视电阻率曲线偏离标准的波区曲线，不同装置测量的视电阻率曲线形态有明显差异。

图 4-16 为均匀大地和二层大地表面 CSAMT 装置视电阻率理论曲线。图中曲线上的标注的两层电阻率比值为 1 时，为均匀大地的视电阻率测深曲线，视电阻率值的变化是由于频率降低进入非波区而引起的。其他 4 条曲线是二层大地不同电阻率组合的视电阻率测深曲线。

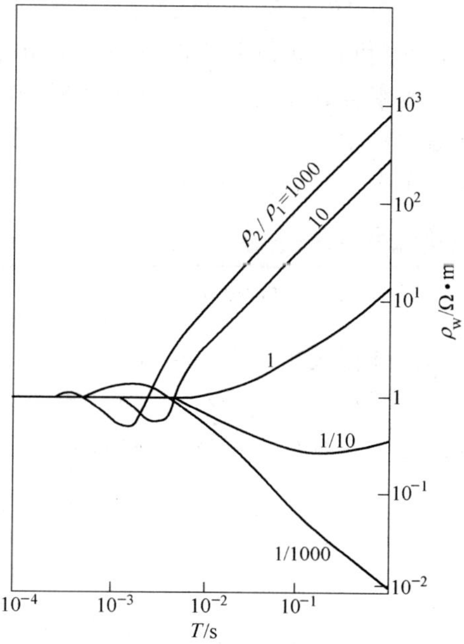

图 4-16　均匀大地和二层大地表面 CSAMT ρ_w 理论曲线

$\rho_1 = 100\Omega \cdot m; h_1 = 25\,m$

四、频率测深资料解释

频率测深资料的处理和解释与直流电测深的处理和解释方法几乎完全相同。就电磁测深剖面工作来说，需要提交的基本图件也为视电阻率曲线类型图和视电阻率断面等值线图。但由于频率测深的静态效应影响比较强烈，在视电阻率断面等值线图上出现很多纵向的等值线，影响对其进行定性解释，绘制视电阻率断面等值线图可以在一定程度上压制静态效应的影响。其资料解释也分为定性解释、半定量解释和定量解释。所不同的是，在频率测深资料的半定量解释和定量解释中，是按照不同频率电磁场的趋肤深度来确定地层或特定地质体的深度。

与直流电测深对比，频率测深具有工作效率较高，易于达到比较大的勘探深度（一般可以达到 1000 m 左右），不受高阻层屏蔽影响等优点，因此在大深度的矿产勘探中具有明显的优势，主要用来确定深大断裂构造和低阻矿体的位置和产状。但由于频率电磁测深要求测量在波区进行，测量电极中心距离发射电极中心很远，其体积效应比直流电测深更大，对资料解释的准确性比不上直流电测深。

五、频率测深法的应用实例

（一）频率测深法在广东翁源下庄铀矿预测的应用

图4-17所示为广东翁源下庄铀矿田的一条频率电磁测深剖面。测区内出露地层主要有寒武系变质岩，电阻率为3000Ω·m左右，分布于测区北部。第四系为坡积物、冲积物，在测区零星分布，电阻率约为50~200Ω·m。测区内的岩浆岩主要为贵东花岗岩体，是矿区的主要成矿母岩，其电阻率在1000~6000Ω·m之间。矿石或矿化岩石的电阻率在200~600Ω·m之间，矿石和矿化岩石与花岗岩及变质岩之间有明显的电性差异，矿体为低阻体，围岩为高阻体。

主要的断裂构造有F_2断裂、F_3断裂以及F_5断裂，均为北东东走向。其中，F_2断裂带和F_3断裂为矿区主要的控矿断裂构造。矿区南部的F_2断裂带倾向北西，矿区北部的F_3断裂倾向南东，已知矿体均产于这两条断裂的上盘，即测线的0~180号点之间，矿床开采深度已经达到大约600m。

测区内布置了3条各长5000m的测线，线距500m，点距50m。图4-17所示为其中的2测线资料。采用平行电极装置。共布置了2组供电电极，供电极距约为1000m，距2测线距离为2950~3060m。测量电极距为50m。工作频率范围为2604~5.09Hz。

从图4-17中可以看到，在F_2和F_3断裂之间（0~180号点）的已知矿体上视电阻率曲线尾支下降，视电阻率等值线出现低阻圈闭，而测线其他区段视电阻率曲线尾支均反映深部为高阻。在矿体较厚、较富的部位，曲线尾支下降也较强烈，准确地反映了矿体赋存位置。在两个主要控矿断裂构造F_2和F_3两侧，视电阻率曲线形态发生明显变化，准确地反映了F_2和F_3的位置和产状。但频率测深资料不能圈定寒武系变质岩与花岗岩的界线，对非控矿大型断裂构造F_5断裂也没有反应。根据频率测深资料推断F_2和F_3断裂带深部交汇部位是形成深部富矿的有利部位，其深度大约在800~1000m。这两条断裂带以外的区域不存在深部大型矿体。对频率测深资料进行了一维定量解释，解释结果绘在地质图上。

从视电阻率等值线图上可以看到明显的静态效应影响，出现了很多纵向的等值线，使得利用其进行资料定性解释变得很困难。于是计算了视电阻率导数。在视电阻率导数等值线图上，等值线基本上为水平方向，反映横向地层变化很小；在矿体对应部位出现负值圈闭。从中可以看到，作视电阻率导数等值线对克服静态效应影响、帮助资料解释确有一定作用。

（二）频率测深法在山东望儿山金矿深大构造探测的应用

金矿矿区地形平坦，除望儿山外，地面高程大都在40~80m之间。测区基岩比较单一，主要为花岗岩类岩石，主要岩性有黑云母花岗岩、斜长角闪岩、斑状黑云母花岗岩等。第四系覆盖层很薄，大多在10多米左右。矿区的构造以断裂构造为主，大多隐伏在覆盖层下。

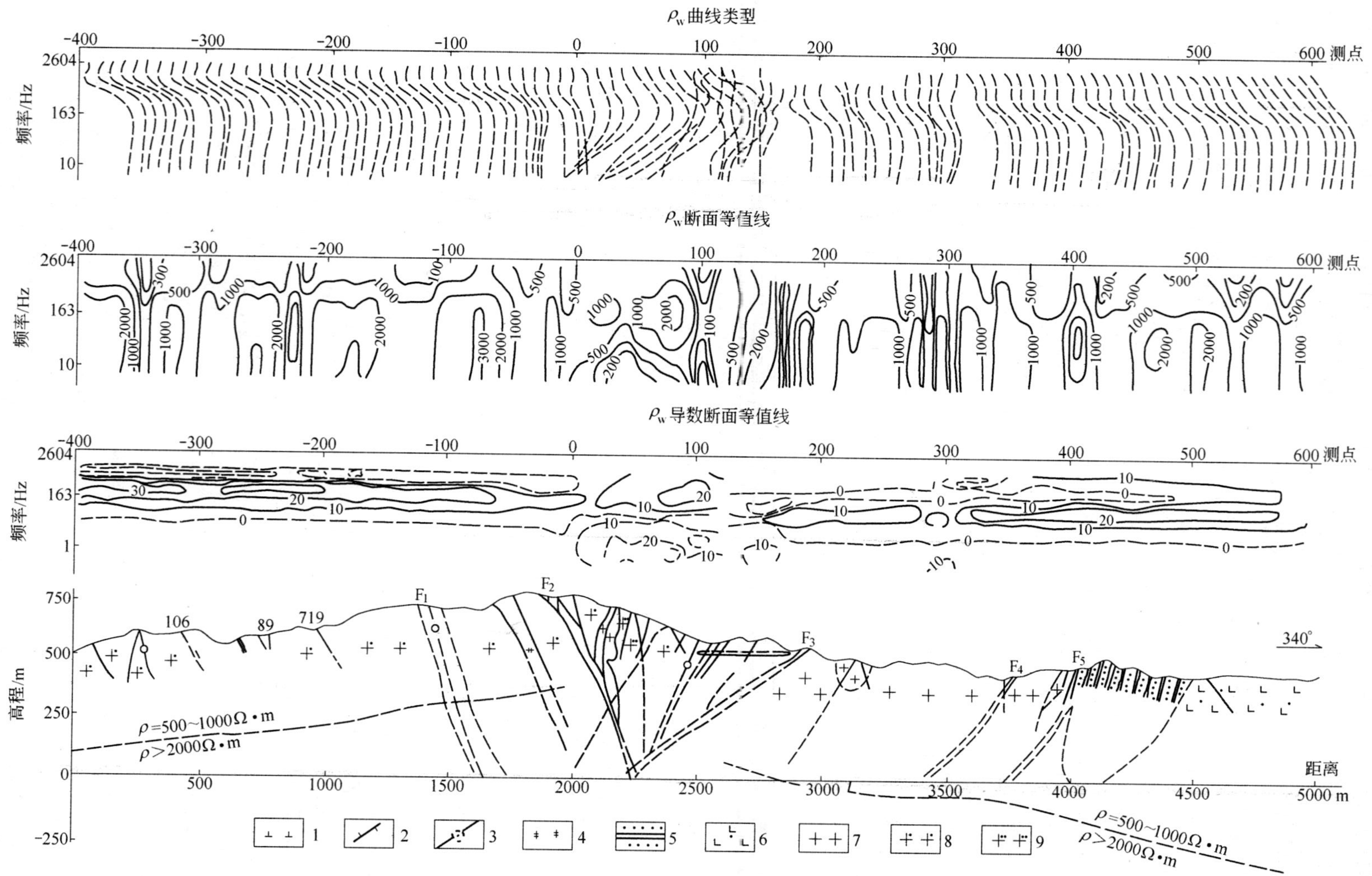

图4-17 广东翁源县下庄田2线频率剖面

1—辉绿岩；2—硅化破碎带；3—碎裂岩带；4—石英硅化岩带；5—寒武系变质岩；6—次英安斑岩；7—中细粒斑状黑云母花岗岩；8—细粒白云母花岗岩；9—中细粒二云母花岗岩

图 4-18 所示为测区 N3 线频率测深剖面，N3 线方位为 8°。频率测深法供电极距 AB 为 800 m，距离 N3 线 1500 m；测量极距 MN 为 50 m，测点距为 50 m。测量频率范围为 2604 ~ 5.086 Hz，测量频率按照 $1/\sqrt{2}$ 等比例递减。

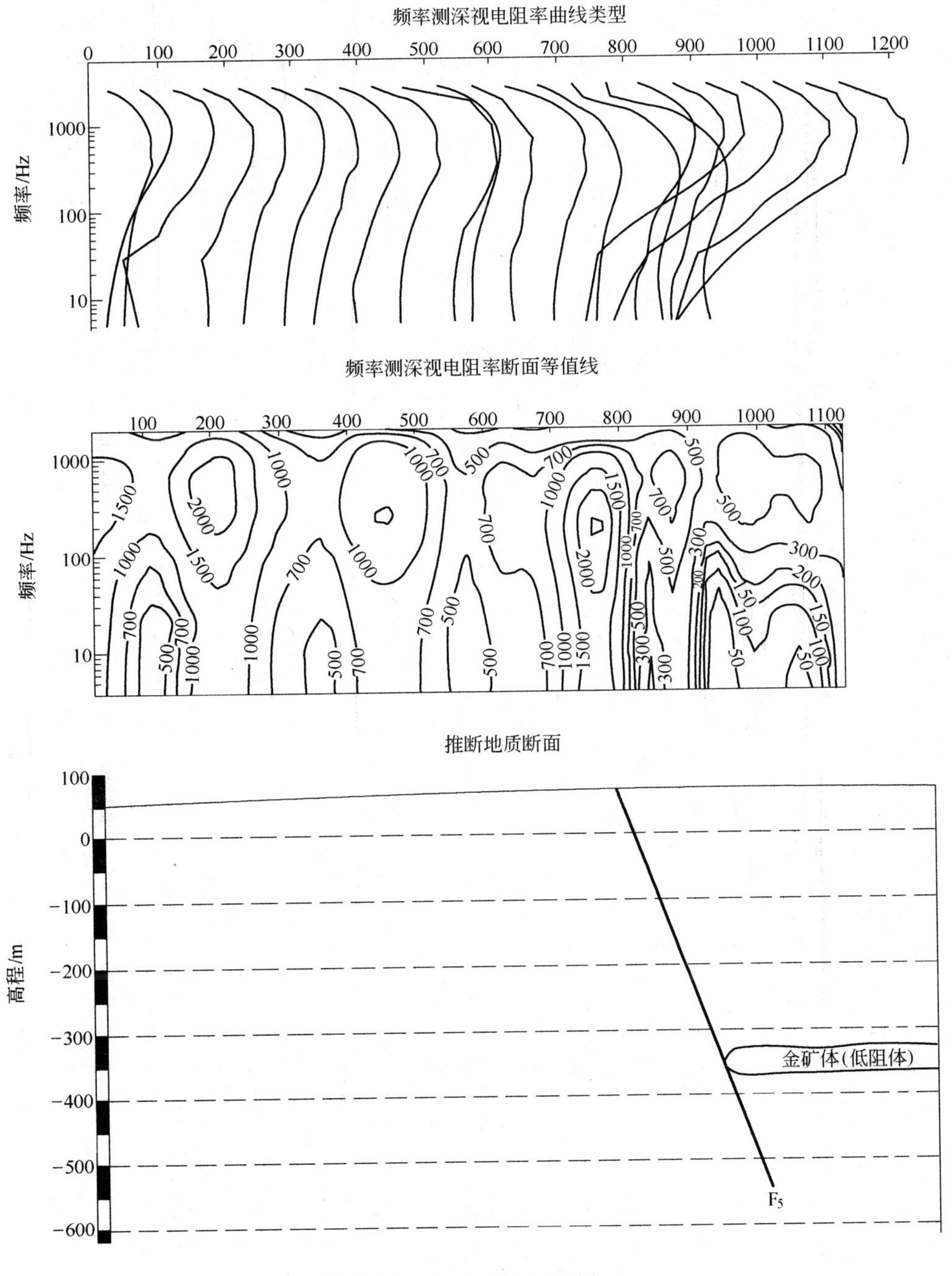

图 4-18　N3 线频率测深剖面

从图 4-18 中可以看到，N3 线 900 m 处为频率测深视电阻率曲线类型发生明显改变的位置。900 m 以南，频率测深视电阻率曲线尾支基本平缓；900 m 以北，曲线尾支剧烈下降，曲线类型的变化反映了断裂带和深部低阻地质体的存在，半定量计算结果表明低阻地质体深度约为400 m。835 m处有分异明显的联合剖面低阻正交点，835 m以北视电阻率呈现低阻。经验证，频率测深资料的解释结果与实际地质情况十分吻合。

第四节　瞬变电磁法

在隐伏矿床评价工作中，瞬变电磁法是寻找金属硫化矿的主要地球物理方法之一，具有勘探深度大，地形影响小，对良导地质体探测能力强等特点，可以直接寻找金属矿体，是近年来寻找和探测低阻金属矿体的常用方法。

一、瞬变电磁法工作原理

瞬变电磁法（TEM）是利用不接地回线或接地电极向地下发送脉冲式一次电磁场，用线圈或接地电极观测由脉冲电磁场感应的地下涡流产生的二次电磁场的空间和时间分布，从而来解决有关地质问题的时间域电磁法。

瞬变电磁法（TEM）可以在没有一次场背景的情况下观测纯二次场异常，因此，可以使用同点装置（即发射点和接收点的位置重合），从而使体积效应、旁侧影响大大减小，而分辨率大大增强，一般其他电法难以探测到的微弱良导异常可以有明显的瞬变电磁异常。其探测深度一般可以达到500 m或更大一些。

瞬变电磁法根据其工作方式可以分为瞬变电磁测深法，瞬变电磁法剖面法。

二、瞬变电磁法常用装置及其特点

地面瞬变电磁法通常采用的工作装置有重叠回线、中心回线、分离回线、框-回线等，如图4-19所示。

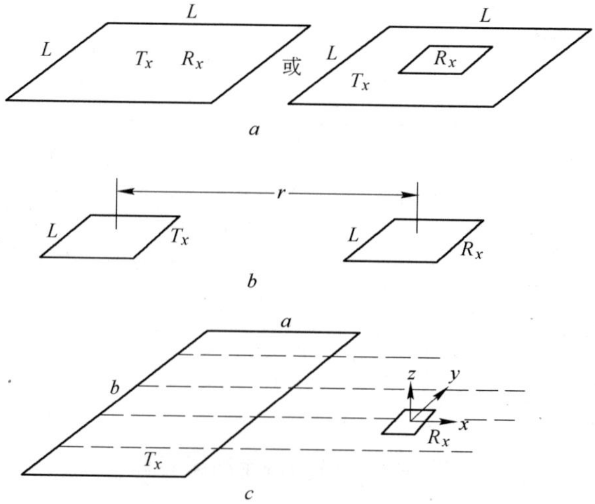

图4-19　TEM常用工作装置

a—同点装置；*b*—分离回线装置；*c*—框-回线装置

（一）重叠回线和中心回线装置

重叠回线和中心回线的装置形式如图 4-19*a* 所示，这两种装置的发射和接收回线中心点位置相同，故又称为同点装置。两种装置在各种形状地质体上的异常形态基本相同。回线一般敷设成正方形，重叠回线的发射和接收回线互相重叠。中心回线装置采用正方形发射回线，用轻便的小型多匝接收回线置于发射回线中心观测。同点装置与探测的地质对象能达到最佳耦合，所得到的异常幅度大，形态简单，受旁侧影响小，横向分辨率高，是瞬变电磁法中最常采用的装置。重叠回线和中心回线装置既可用于剖面法，又可用于测深法。

（二）分离回线装置

分离回线装置形式如图 4-19*b* 所示，也称为偶极装置。发射和接收线圈保持固定间距在测线上移动。因为这种装置相对于同点装置来说，除在直立薄板上异常形态更简单（分离回线在直立薄板上的磁场异常为负单峰，同点装置的磁场异常为正双峰）外，其他方面均不如同点装置，因而采用较少。

（三）框-回线装置

如图 4-19*c* 所示，这种装置又称为大回线定源装置。发射回线采用边长数百米甚至 1000～2000 m 的矩形回线，在回线内或回线外布置测线，用小型线圈或探头沿测线观测。因发射回线固定，可以采用大功率的发送设备以便达到很大的供电电流，而且发射回线面积很大，因而能够提供很强的发射磁矩，有利于大深度探测。由于采用轻便的接收线圈，移动灵活，而且不仅可以测量 z 分量，也可以测量 x、y 分量。野外施工中，可用多台测量装置同时测量，因此，该装置工作效率高，探测深度大。其缺点是体积效应较强，框外测量易受集流效应（集流效应是指当局部良导体走向与围岩中的电流方向平行时，围岩中的电流被局部良导体吸引，大部分电流集中于良导体中的现象）影响。框 - 回线装置主要用于剖面法。

三、瞬变电磁测深法

瞬变电磁测深是以观测导电地层中感应电流产生的磁场来工作的。因此，它对良导层具有比高阻层更强的探测能力。对良导薄层的探测能力问题是有效地进行瞬变电磁测深工作需要解决的一个问题。图 4-20 绘出了 $\rho_1 = \rho_3$，$h_2 = 0.1h_1$，不同 ρ_2/ρ_1 的含有中间良导薄层的三层大地以及电阻率为 ρ_1 的均匀大地的晚期 ρ_τ 曲线。从图 4-20 中可见，中间层导电性越好，其 ρ_τ 曲线与均匀大地的 ρ_τ 曲线差异越明显。理

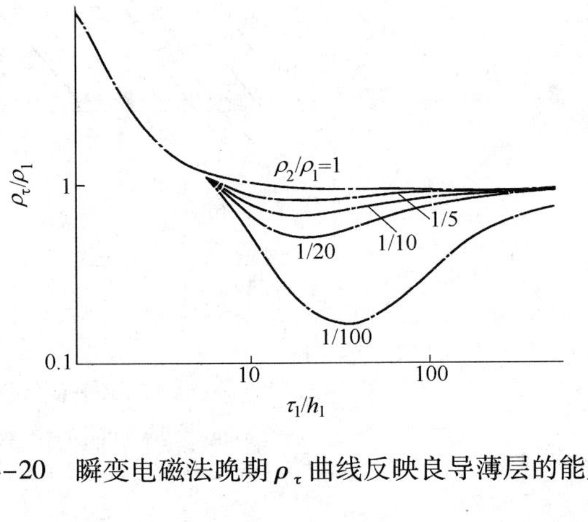

图 4-20　瞬变电磁法晚期 ρ_τ 曲线反映良导薄层的能力

论计算表明，如果以与均匀大地的 ρ_τ 曲线差异大于15%作为探测到良导薄层的标准，则在 $\rho_2/\rho_1=0.2, 0.1, 0.01$ 时，相应的 h_2/h_1 分别为0.15，0.06，0.003。从这几个数据可以看出，瞬变电磁法探测良导薄层的能力是非常强的。

四、瞬变电磁剖面法

在探测局部良导体的工作中，一般使用瞬变电磁剖面法。在瞬变电磁剖面法工作中，一般将测量结果绘制成由发射电流归一的测量线圈感应电压值（V/I）。由于同点装置（重叠回线和中心回线装置）是目前瞬变电磁法使用较多的装置，下面主要介绍同点装置在典型的局部良导体上的瞬变电磁 V/I 异常剖面。

图4-21绘出了重叠回线装置在水平良导圆柱体上由物理模拟得到的多道 V/I 异常剖面曲线。从图中可见，重叠回线在水平良导圆柱体上的磁场异常曲线为一正的单峰对称异常。在圆柱体正上方，发、收回线距离圆柱最近，与圆柱的耦合最好，形成最强异常。球体的异常剖面曲线形态与水平圆柱体相似。都是对称于圆柱中心或球心的单峰异常，只是异常宽度不同，而随时间衰减的速度也不同。实际工作中，可以根据异常的平面分布特征分辨二者的异常。

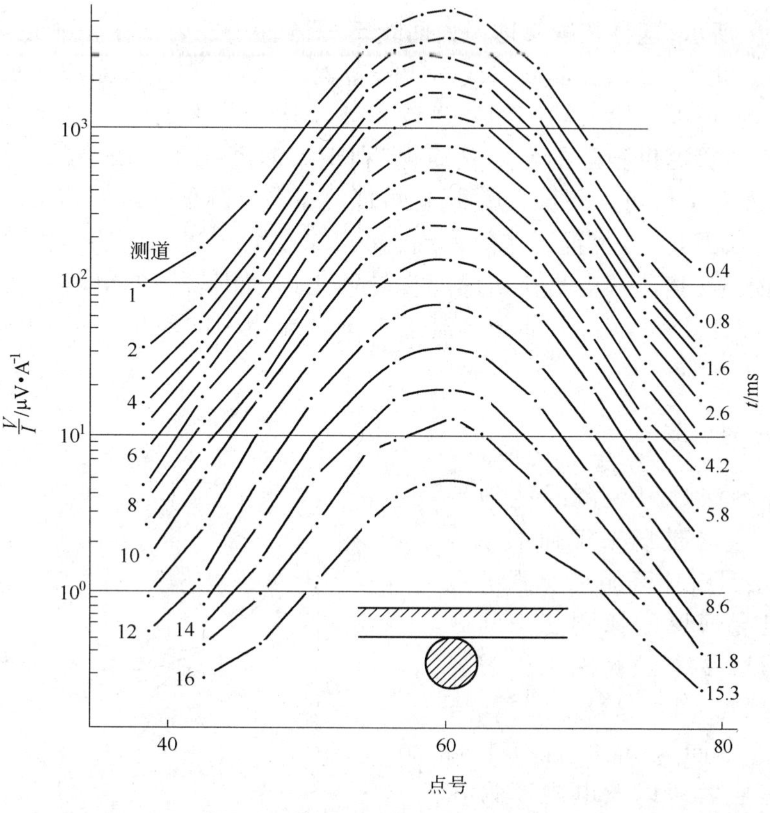

图4-21 重叠回线在水平良导圆柱体上的多道 V/I 异常剖面曲线

铜柱：直径8 cm，长41.7 cm，$h=5$ cm；重叠回线边长10 cm；点号间距4 cm

铝板：70 cm×40 cm×0.1 cm，$h=5$ cm；重叠回线边长10 cm；点号间距4 cm

五、瞬变电磁法的资料整理和解释

(一) 成果的图示

瞬变电磁法成果图一般有以下几种：

(1)多道 V/I 或(dB/dt)/I 剖面图,如图 4-21 所示。

(2)ρ_τ 拟断面图。

(3)ρ_τ 曲线类型图。

(4)$S_\tau—h_\tau$ 曲线类型图。

(5)某些测道的 ρ_τ 或 V/I 平面等值线图。

当工作目的主要是探测局部导体时可不做第(2)、(3)、(4)种图件。而工作目的偏重于对大地分层时,则第(2)、(3)、(4)种图件是重要的基本图件。上述剖面性图件经常汇总在一起绘成综合剖面图,用来做综合解释。

(二) 瞬变电磁法的资料解释

TEM 资料解释,就是根据工区的地质、地球物理特征分析 TEM 响应的时间特性和空间分布特征,确定地质构造的空间分布特点,例如,覆盖层厚度变化,垂向岩性分层和岩层的横向变化情况,断裂破碎带和其他感兴趣的局部地质构造目标的位置、形态、产状、规模、埋深等。和其他物探方法一样,对资料的定性分析和解释是资料解释中最重要和最基本的部分,定量解释一般都是在定性解释的基础上进行的。已有的一些简单实用的定量计算方法都是根据简单地电条件导出的,因此,计算结果实际上只能认为是半定量的,应用时应注意其局限性。

因 TEM 兼有剖面法和测深法两种性质,因此,经常既要对整个工区或剖面进行偏重于剖面法的资料解释,又要对其作测深资料解释,解释的方法和步骤与直流电测深和频率测深法基本相同。

六、瞬变电磁法在内蒙古布敦花铜矿预测中的应用

在内蒙古布敦花地区铜矿通榆山南部的瞬变电磁法(TEM)测量,取得了较好的地质效果(据胡平,吴风翔,1994)。

布敦花位于内蒙古自治区科右中旗境内,地质上处于大兴安岭中段东缘,嫩江深断裂西侧,与莲花山中型铜银矿、孟恩陶力盖大型银铅锌矿等构成了一个以铜为主的多金属矿集中区。该区出露地层主要为二叠系变质砂岩夹板岩、佛罗系砂岩、砂砾岩、凝灰岩等,区内第四系沉积物广泛发育。

测区岩矿石磁性和电性特征主要表现为:铜矿石具有微弱磁性、高极化率和低电阻率,且与围岩差异明显;花岗闪长岩、闪长玢岩脉磁性较强,但极化率低,电阻率高;不同时代地层岩石磁性普遍较弱,极化率极低,但电阻率变化范围较大。

从岩矿石磁、电性特征中可以看出,测区具有良好的应用 TEM 的地球物理前提和条件,但也可能存在多种干扰因素,如炭质板岩或强黄铁矿化等。因此,成功的 TEM 解释必须结合地质及其他综合物化探资料。

通榆山南部地段几乎完全被第四系沉积物覆盖,在已知的金鸡岭矿段有 ZK1116 和 ZK9029 两个钻孔,见矿情况良好,钻孔情况如图 4-22 所示。为了解矿体的延伸及规模,布置了穿过已知钻孔 ZK1116 和 ZK9209 的瞬变电磁中心回线装置的 16 测线。图 4-22 是通过 ZK1116 和 ZK9029 两个钻孔的 16 线 TEM(瞬变电磁)成果图,测线近东西方向布置。从图 4-22 的多道(7 ~ 19)瞬变电磁响应和视电阻率等值线图上可以看到,这两个钻孔的位置并不是电磁响应极大值或视电阻率极小值的中心。根据瞬变电磁异常的位置和形态,推断矿体在剖面上宽达 400 m,视电阻率等值线的低阻异常中心在 550 号点。TEM 异常不仅幅度高、宽度大,异常衰减很慢,且在晚期异常峰值向西移动到 450 号点附近,这种现象说明了该异常带可能由与 ZK9209 和 ZK1116 相似的多层异常体引起,且最上一层埋深较浅。根据近似计算,认为最浅低阻地质体顶部埋深约 90 m。

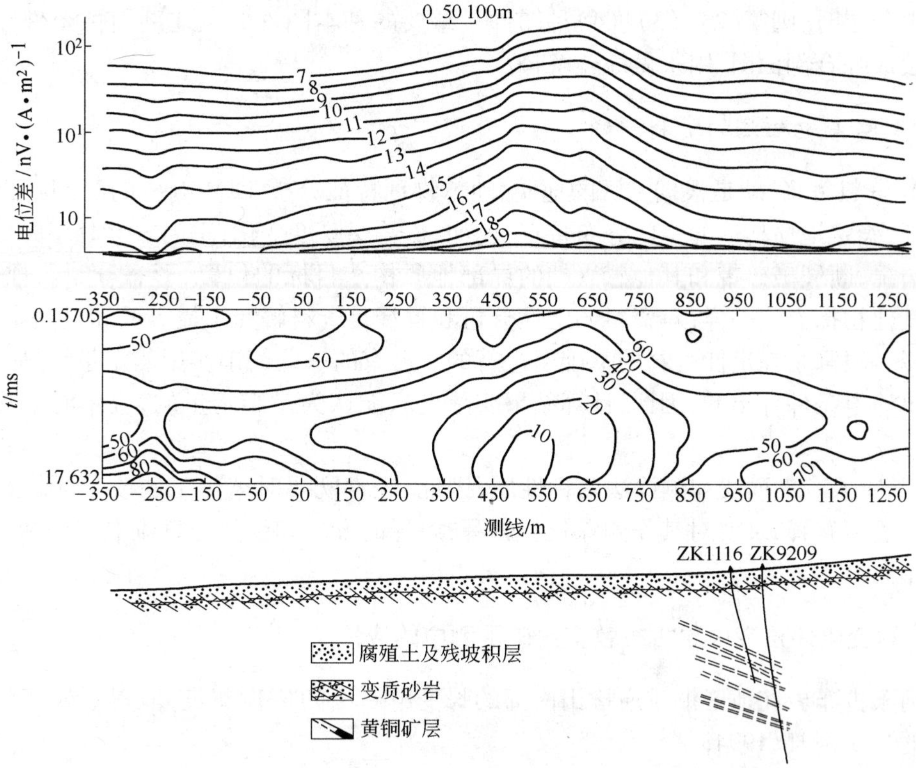

图 4-22 通榆山南段 16 线 TEM 成果图

10 线在 16 线以北 150 m 处, TEM 剖面成果图如图 4-23 所示,从多道(7 ~ 14)瞬变电磁响应和视电阻率等值线图上可以看到,该异常与 16 测线异常的位置对应很好,且幅度更强。在 10 线的 570 号点布置了 TEM 异常验证孔——ZK9301,结果共见矿 7 层,最浅一层深约 82 m,最深一层为 252 m,总厚度约 19.5 m,其中一层厚 7.1 m,铜平均品位达 1.04%。

为追索该异常带走向,又布置了 5 条测线,测区的瞬变电磁异常响应平面剖面图如图 4-24 所示。从平面剖面图中可以看出,浅部异常体沿走向延伸约 400 m,而深部异常体向南延伸尚未追索完整,但已明显表现出北浅南深,应该向南进一步追索。

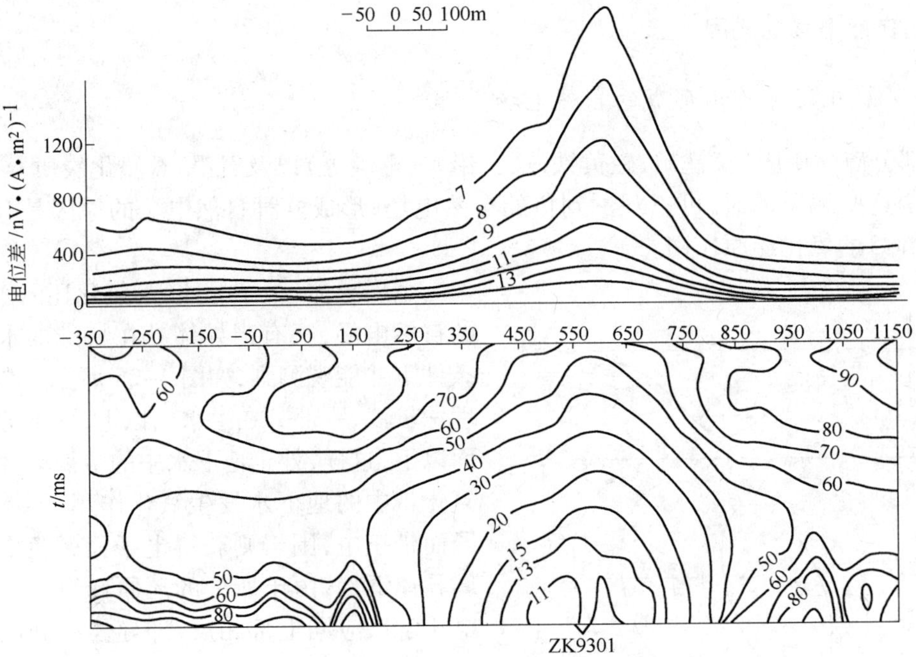

图 4-23　通榆山南段 10 线 TEM 异常响应曲线

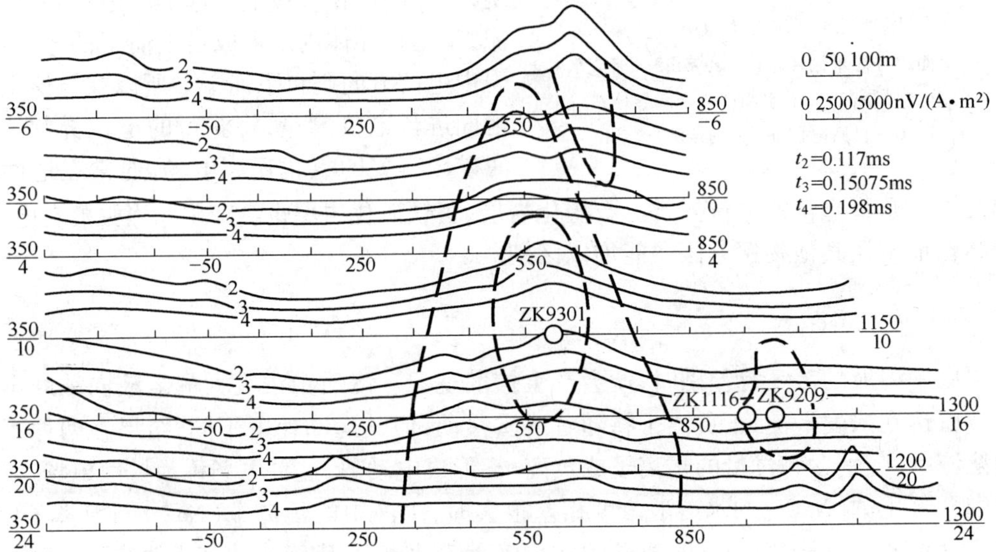

图 4-24　通榆山南段瞬变电磁平面剖面

第五节　自然电场法

地下存在着天然电磁场，在地面上任意两点都能观测到天然电场所形成的电位差。由电子导电矿体的电化学作用、地下水中电离子的扩散或过滤作用产生天然电场，一般称为自然电场，测量并研究这些电场寻找矿产或解决地质问题的方法称为自然电场法。

一、自然电场的成因

（一）氧化还原作用形成的自然电场

大部分硫化矿床（黄铁矿、磁黄铁矿、方铅矿、毒砂等）以及石墨、石墨化炭质岩层，当地下水切割这些地质体时，可以观测到负的自然电场，形成这种自然电场的原因是金属导体（电子导体）的氧化还原作用。

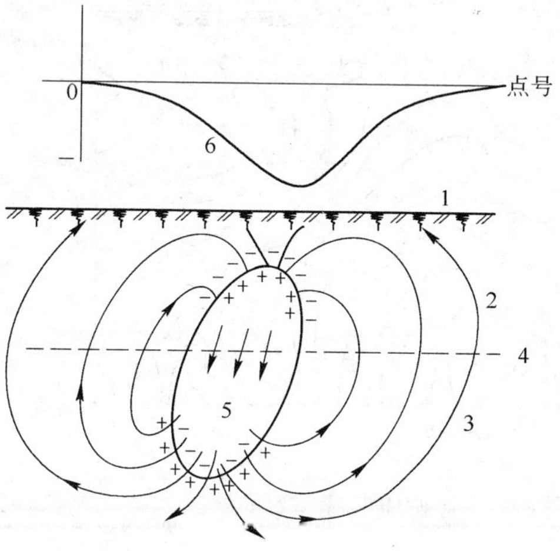

图 4-25 氧化还原电场
1—地面；2—渗水循环带（氧化带）；3—滞流水带（还原带）；4—潜水面；5—金属导体；6—自然电位曲线（负异常）

金属导体（电子导体）的氧化还原作用产生的自然电场，只有当导体处在特殊的水文地质条件下才能观测到，如图 4-25 所示。金属导体埋深较浅，一部分在潜水面以上，一部分在潜水面以下，这样，处于地下水中的金属导体上部与氧化带中的地下水发生氧化作用，导体失去电子而带正电，围岩则获得电子而带负电。在金属导体下部，由于所处的还原环境使得导体的电化学反应同上部相反，即导体得到电子而带负电，围岩失去电子而带正电。在导体与围岩之间，其上部与下部就形成了符号相反的电位跳跃。这样，在导体上下部形成电位差，产生电流，于是在导体内部形成自上而下的电流，在围岩中电流方向则自下而上。所以在导体上方的地面进行电位测量，将获得的电位异常。与金属矿床有关的氧化还原电场，通常在地面上能引起几十至几百毫伏的电位异常。石墨化岩层、黄铁矿化岩层也会产生相当强的自电异常，必须结合地质及其他物探方法才能加以区别。

（二）扩散电场

岩层中溶液的浓度有差别时，便会产生扩散现象。溶质由浓度大的溶液向浓度小的溶液扩散以达到浓度平衡，正负离子将随着溶质移动，但其运动速度不同，结果在两种不同浓度的溶液中，分别含有过量的正离子或负离子，形成电动势，这种电场称为扩散电场。例如，岩层中含氯化钠（NaCl）的水溶液浓度相差很大时，溶液中的钠离子（Na^+）与氯离子（Cl^-）将向浓度小的一方移动，由于氯离子的迁移率大于钠离子，因而在浓度小的溶液一侧氯离子较钠离子多，获得负电位，另一侧为正电位，形成扩散电场。

在自然条件下，岩层中扩散电场与过滤电场同时发生，即在不同浓度溶液扩散作用发生的同时，岩石颗粒对离子也产生吸附作用。

扩散电场强度较小，一般只有 10～20 mV。

（三）过滤电场

地下水在岩石的孔隙或裂隙中流动或渗透时，由于岩石颗粒表面对地下水中的正负离子具有选择性吸附作用,且大多数具有吸附负离子的特性。因此,在地下水的上游方向集中了较多的负离子,形成低电位。而在下游方向集中了较多的正离子,形成高电位,由此形成的电场称为过滤电场。山地电场是过滤电场的一种表现形式。

过滤电场的场强与渗透压力的大小以及岩石、溶液的性质有关。

二、自然电场法的野外工作方法

(一) 自然电场法的仪器

观测自然电位的仪器设备比较简单,包括电位计(可使用电阻率法测量仪器或数字万用表),不极化电极、导线及绕线架。

观测自然电位时,不能使用铜电极或铁电极,而使用不极化电极。当金属电极与土壤接触时,会产生电极电位,由于两个测量电极的接地条件往往不一样,在两电极间有电极电位差,这种电极电位差叠加在自然电场之上,造成结果的重大误差。

(二) 自然电场法的测线布置

自然电场法用于隐伏矿床预测和勘探的各个阶段,在预测阶段,为了不漏掉有意义的异常,要求有1~2条测线通过有地质意义的区域,采用1:25000或1:10000的比例尺;在矿产评价阶段一般布置面积性工作,配合其他地球物理方法评价矿体的性质及经济价值,采用1:5000或1:2000的比例尺。

测线或测网的布置主要根据勘探对象的大小,以及研究工作的详细程度而定,一般与电阻率法的要求相同。基线通常平行于勘探对象的走向,测线垂直于基线。在地质条件复杂、需要了解矿体的详细情况或矿体规模较小时,测线距离和测点距离要小一些,例如线距10~20m,点距2~5m。

(三) 野外观测方法

野外观测方法分电位法和梯度法两种。

电位法是观测所有测点相对于某一固定基点(正常场)的电位值。N极作固定电极,M极做流动电极,沿测线逐点移动进行观测。记录点为M点。基点一般选择在测区边缘,电场比较稳定的正常场区内(避开乱石堆、流水、垃圾,且注意遮荫)。

梯度法是观测沿测线同时移动的相邻两点间(接MN电极)的电位差,记录点为MN中点。

电位法工作效率高,异常形态简单,但干扰大时,就不能应用。用电位法工作时,对一个大的测区分区测量时,要连基点网,以便统一图纸,而且要选择总基点,以便对所有观测的数据作基点改正。总基点应选择在不受自然电场影响的正常场中。

(四) 资料整理及图件

用梯度法测得的结果无需进行整理,用电位法测得的成果则应换算到以总基点为标准的相对电位差。

自然电场法的成果通常用以下三种图件表示:

(1) 剖面图;

（2）平面剖面图；

（3）平面等值线图。

三、自然电场法的应用

（一）自然电场法在新疆黄南金矿中的应用

黄南金矿位于新疆奇台县境内，矿区属于丘陵地貌，有地下水存在，矿区构造发育，断裂产状较陡，倾角一般为75°～85°。金矿化呈平行细脉、网脉或浸染状，具有典型的剪切断裂特点。区内金矿体呈脉状分布，根据初步的检查评价，在400 m宽，2000 m长的工作范围内，共有大小金矿（化）体约50余条。大部分矿体平行排列，单个矿体50～200 m，宽0.2～2.5 m。

金矿（化）体是由含金石英细脉、含金石英网脉及含金硅化凝灰质细砂岩组成，矿石矿物主要为微细粒自然金及黄铁矿、含砷矿物等。

由于测区内没有炭质岩层发育，矿体埋深较小，并有向下矿体逐渐膨大的趋势，因此采用自然电位法在测区进行地球物理方法的选择试验工作。在测区的已知矿脉上布置了垂直走向的自然电位测量剖面，基点选择在没有金矿（化）体的围岩区域内，测点距5 m。自然电位异常见图4-26。矿体在地表呈1～2 m的细脉出露，总范围约5 m。自然电位异常强度达到－135 mV，异常范围约20 m，这是多个小金矿脉状体的综合反映。根据试验结果确定在黄南及其外围矿区，可以利用自然电场法圈定金矿（化）体，扩大找矿成果。

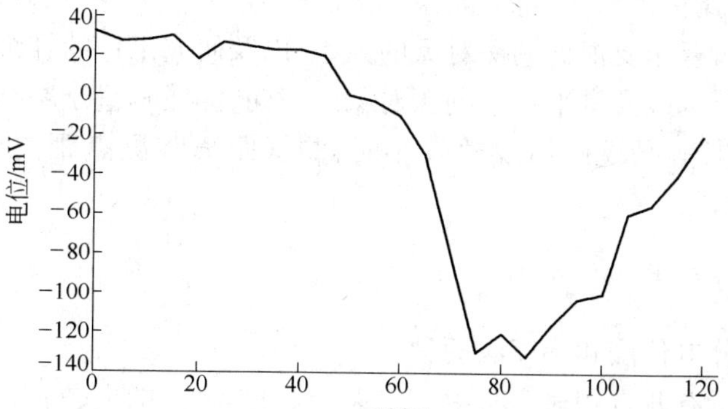

图4-26　黄南金矿1线自然电位曲线剖面

（二）石墨化、炭质地层填图

应用自然电场法进行石墨化、炭质地层填图的效果很好。在石墨化或炭质地层，会得到高强度的自然电位异常，有时可高达－900 mV。在自然电位平面图上可以看到，自然电位异常走向与地层走向一致，异常带内的高负值中心一般指出石墨化或炭质地层的位置。

四、自然电场法的应用条件及异常的推断解释

（一）应用条件

自然电场法是寻找埋藏不深的含硫化矿体的快速、经济而有效的方法。应用自然电场

法寻找隐伏金、铜硫化物矿体的适用条件为：

矿体的导电性好；埋藏深度在 50 m 范围内；矿体部分在潜水面以上。矿体完全在潜水面之上或在潜水面之下时，不能产生自然电位异常，不可采用这种方法。

（二）异常的推断解释

自然电场法解释推断中有两个主要问题，第一是在强干扰背景上发现弱异常的存在；第二是区分矿与非矿的异常。

一般硫化矿体的自然电位异常强度为 $-20 \sim -150$ mV 之间，异常范围有限，而由炭质岩层或石墨化岩层引起的异常幅度达到 $-400 \sim -500$ mV，异常范围可延续几百米或几千米以上。当矿体存在于炭质岩层或石墨化岩层及其附近时，矿体异常不明显，被高幅度的异常掩盖，在这种情况下可以用趋势分析或滤波的方法对实测数据进行处理。

区分矿与非矿的自然电位异常，主要靠其他方法（如化探，其他物探方法、地质观测等）综合解释。

由地下水渗透引起的自然电场与地形（高处为负电位，低处为正电位）及地下水的活动有关，因而与季节有关。因此，由地下水渗透引起的自然电场在不同季节观测，自然电位值会有变化，而由金属矿引起的自电异常则非常稳定，不随季节变化。

第六节　磁 法 勘 探

磁法勘探是利用天然地磁场的空间分布规律及其变化来解决地质问题的，由于岩石和矿石以及地质构造的磁性是不均匀的，在地磁场的作用下，磁性不均匀就要引起地磁场的空间分布发生变化，在正常的地磁场上迭加磁性体的磁场，这个迭加磁性体的磁场称为磁异常。观测磁异常的特点，推断地下磁性矿体的分布和构造情况，达到寻找隐伏矿床的目的。磁法测量是勘查地球物理中最简便，成本最低，效率最高的方法。

一、磁法勘探的基本原理

（一）地磁场要素

地球有其固有的磁性，因此存在地磁场。地球的磁场可以近似地看作一个球体的磁场。测量表明，地磁场的大小和方向随观测点的位置而变化。在地面或空间任一点的磁场，不仅有大小而且有方向，是一个矢量，通常用 T 表示。为了研究方便，将地磁场 T 分成互相垂直的 3 个分量。以测点为原点 o，如图 4-27 所示。X 指向正北，Y 指向正东，Z 轴垂直向下。地磁场总强度 $\boldsymbol{T}$，在 X 轴投影称为北向分量，用 $\boldsymbol{X}$ 表示；在 Y 轴投影称为东向分量 $\boldsymbol{Y}$；在 Z 轴投影称为垂直分量 $\boldsymbol{Z}$。在 XoY 平面的投影称为水平分量 $\boldsymbol{H}$，是 X 和 Y 的合力。水平强度 $\boldsymbol{H}$ 与 X 轴夹角称为磁偏角，用 D 表示。$\boldsymbol{T}$ 与水平面 XoY 夹角称为磁倾角，用 I 表示。通常将 T、Z、X、Y、

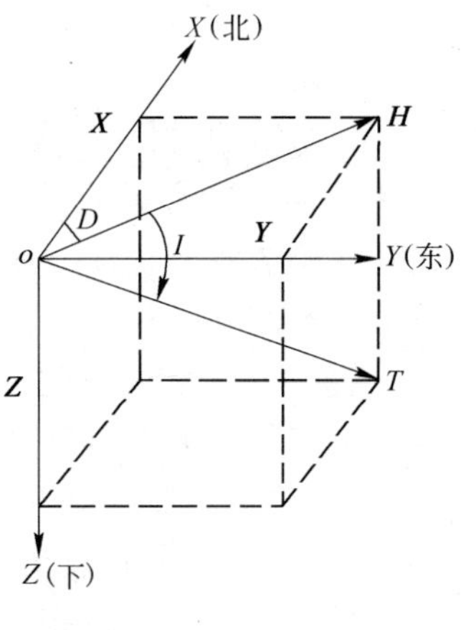

图 4-27　地磁要素

H、D、I 称为地磁要素。

对全球各大陆、海洋和空中进行磁测，将测量结果绘制出地磁要素等值线图，称为地磁图。如全球地磁水平分量等值线图、等偏角图、等倾角图等。在我国则绘制出中国地磁图，由地磁图可以查到地磁要素值及其分布规律。地磁场的单位为伽玛(γ)或纳特(nT)，两种单位制的换算关系为

$$1\gamma = 1\text{nT}$$

（二）地磁场的正常场和异常场

从地球表面的磁场分布规律看，地磁场可以近似看作为磁偶极子的磁场，更近似地表达地磁场的分布，常用高斯球谐表达式。利用全球地磁测量值计算出高斯球谐系数，通过这些系数，根据查找时间、地点的经度和纬度，可求出地磁要素值。

用高斯球谐表达式或全球地磁测量的磁场看成地磁场的正常场，实际观测到的地磁场与正常场之间的差异为异常场。根据异常场的特征，磁异常可分为大陆性异常、区域性异常和局部异常。

在磁法勘探中正常场和异常场的概念是相对的，根据要解决的地质问题和所寻找的地质对象来确定正常场和异常场，在研究局部构造时，区域性地磁场为正常场而局部构造为异常场；如在研究矿体时，小区域构造的磁场为正常场而矿体产生的磁场为异常场。

（三）地磁场随时间的变化

地磁场除与观测点的位置有关外，还随时间变化。这种随时间变化的磁场可分为长周期变化、短周期变化和磁暴等。长周期变化对磁法勘探的影响很小，短周期变化中以太阳日为周期的变化称为日变，其在一天内的变化幅度可达 50 nT 以上，在磁异常观测中，需要在固定的位置按一定的时间间隔进行日变观测，在磁法勘探中要消除这种影响，需要做日变改正。

二、岩石的磁性

岩石在地磁场的作用下，获得磁性，这种现象称为磁化。对于各向同性介质，磁化强度和磁化场是成正比的，即：

$$J_i = \kappa H$$

式中，κ 为物质的磁化率，表示物质磁性强弱的参数，是一个无量纲的物理量；J_i 为感应磁化强度，为物质在地磁场的作用下，具有的磁化强度；H 为地磁场强度。在磁法勘探中磁化率 κ 仍注以单位为 SI（SI 单位制）或 CGSM（CGSM 单位制）。两者的关系是 $1\text{SI}(\kappa) = (1/4\pi)\text{CGSM}(\kappa)$。

除感应磁化强度，有些岩石在生成时，处于一定温度、压力等条件下，受当时的地磁场磁化，成岩后经历漫长的地质年代后，仍能保留部分磁化强度，称为剩余磁化强度，用 J_r 表示。岩石因含有铁磁性物质而具有磁性，一般岩石的磁性见表 4-5。

各种岩石的磁化强度变化范围很大，同一种岩石的磁化强度变化范围也很大。一般的规律是：沉积岩一般磁性很弱，岩浆岩一般磁性很强，岩性从酸性岩石过渡到基性岩石，磁化强度是逐渐增加的。变质岩有些磁性很强，有些磁性很弱；磁铁矿矿体磁性最强。

表 4-5　一般岩石的磁性

岩石名称	磁化率/4πSI	剩余磁化强度/mA·m^{-1}	岩石名称	磁化率/4πSI	剩余磁化强度/mA·m^{-1}
超基性岩	$1\times10^{-5}\sim1\times10^{-3}$	$1\times10^{-1}\sim1\times10^{1}$	变质岩	$1\times10^{-7}\sim1\times10^{-4}$	$1\times10^{-3}\sim1\times10^{-1}$
基性岩	$1\times10^{-6}\sim1\times10^{-3}$	$1\times10^{-3}\sim1\times10^{1}$	沉积岩	$1\times10^{-7}\sim1\times10^{-5}$	$1\times10^{-3}\sim1\times10^{-1}$
酸性岩	$1\times10^{-6}\sim1\times10^{-4}$	$1\times10^{-3}\sim1\times10^{1}$			

岩石磁化率的大小一般决定于其中所含磁性矿物的磁化率、磁性矿物的含量及磁性矿物的形状,即决定于岩石的矿物成分、结构及构造。由于结构及构造的差异,有时岩石或矿石中的磁性矿物含量相同,但磁化率却差异很大。由于地磁场的强度不大,在地磁场中磁化时,岩石的磁化率和地磁场的强度没有关系。

三、磁法勘探的野外工作方法

(一) 磁法勘探的测量仪器

测量各地磁要素的仪器统称为磁力仪。磁力仪大体上可分为两大类。第一类为机械式磁力仪,如悬丝式磁秤等。第二类为电子式磁力仪,如质子磁力仪、磁通门式磁力仪和光泵磁力仪等。现在一般采用的高精度磁力仪为质子磁力仪。仪器轻便便于携带,操作简单方便、采集数据迅速。

在测量要素的选择上,有测量相对垂直分量异常 ΔZ,这在 20 世纪 80 年代以前普遍使用悬丝式垂直磁秤测量的,所留下的大多数是垂直磁异常 ΔZ 资料。80 年代以后,由于质子磁力仪等电子磁力仪的引进,所测量的是地磁场总强度 T 的绝对值,也可作 ΔT 测量和梯度测量。因此,所测的资料基本上为 ΔT 异常。而航空磁测资料大多为总场异常 ΔT。这种异常解释比 ΔZ 复杂一些。由于仪器和观测技术等原因,很少测量水平强度异常 ΔH。

(二) 磁法测量结果的校正

磁法测量后的结果需要进行基点、日变、纬度等项改正,其中:

(1) 基点改正。对于具体的工作区,要选择一个磁测的工作基点,工作区所有各点的磁场值都是相对这一点而言。选择总基点的目的是为了将全区的磁场图统一起来。对于一个具体异常而言,总基点的磁场并不是它的正常场,如果将总基点选在岩浆岩地区,则在沉积岩上将普遍出现负值。因此,在以找矿为目的的磁法勘探中,设计基点时,应使局部的矿体产生的异常为正值。

在选定测区时,要考虑地质走向来建立网格测点,选择在接近地磁场正常的地方建立基点。测量各测点上磁场与基点磁场之差。

(2) 日变改正。磁场观测结果,还需作日变校正,其办法是在磁场平静处,放置一台与野外工作同类型的磁力仪,从早到晚测量磁场的日变化,以供日变校正之用。另外,当用悬丝式垂直磁秤测量 ΔZ 时,还有各种校正,如零点校正,温度校正或混合校正等。

在野外观测到的磁场值中消除地磁场的日变值,称为日变改正。

(3) 纬度改正。如果测区是相对小的,例如几平方千米,可将其中的正常磁场看成为常数，并等于基点上的数值。若在很大的面积上，例如 100 km^2 以上，应加以校正。可由地磁图或高斯球谐系数代入高斯球谐表达式，得出若干点的地磁场值，从而计算出正常梯度值来进行校正，称为正常场校正或纬度校正。

在较大范围内进行磁法勘探时，野外观测到的磁场值包括地球纬度变化而引起的地磁场的变化，为此需要进行纬度改正。

（三）磁法勘探的测网布置

磁法勘探的比例尺选择取决于磁测的地质任务及工作地区的地质和地球物理情况。在研究区域构造时，可以收集、利用航空磁测结果。在国内的大部分地区已有 1∶25000 的航空磁测资料。在直接找矿工作中，一般设计 1∶2000 至 1∶10000 比例尺的详勘工作。这些比例尺的点线距离见表 4-6。

表 4-6　点线距离的关系

比例尺	测线距/m	测点距/m	比例尺	测线距/m	测点距/m	比例尺	测线距/m	测点距/m
1∶10000	100	10～40	1∶5000	50	5～20	1∶2000	20	5～10

四、磁法勘探中的成果图

经过各项改正之后的磁异常一般用平面剖面图和平面等值线图表示。平面剖面图的横坐标根据成图比例尺确定；纵坐标根据磁异常的大小确定。如果工作区的磁异常变化范围很大，可以考虑绘制两种比例尺的平面剖面图，分别突出强与弱的异常。

平面等值线图的比例尺根据工作比例尺确定，最好与测区地质图的比例尺一致。平面等值线的间隔要精心选取，一般的要求是尽可能密一些，以免漏掉小的局部异常，尽可能突出等值线的变化特征，对于急剧变化的高值异常，等值线间隔可适当大一些。

五、磁法勘探在隐伏矿床预测中的应用

磁法勘探在隐伏矿床预测中的应用主要有三个方面，划分岩体、划分构造单元及确定构造位置、直接（间接）找矿。应用磁法勘探解决上面的三方面地质问题时必须考虑到以下几个主要因素。被寻找的对象与围岩有磁性差异，被找的对象可以产生磁异常；被找的地质体的大小与埋藏深度之间有一定的比例，这个比例取决于磁性体的形状、产状及磁化强度，即磁性体产生的磁异常能够被仪器准确地测定；并能够与其他干扰异常区别开来。

（一）划分岩体

在三大岩类中，一般来说，岩浆岩的磁性是最强的。岩浆岩中又以超基性、基性岩的磁性为最强，酸性岩浆岩如花岗岩，一般磁性较弱。因此利用航磁 ΔT 来研究岩浆岩的分布，结合地面 ΔT 和 ΔZ 异常，可以圈定岩体，划分不同岩性区。根据磁异常特征，推断断裂，破碎带及褶皱等。这些岩体和地质构造是与一定类型的矿产相关的，因此利用磁测资料结合地质工作综合研究，圈定成矿区。

不同的岩石具有不同的磁性特征，如沉积岩、酸性岩和基性岩之间有明显的磁性差异，

都有不同的磁性特征。目前,国内大部分地区都有航空磁测资料,可以通过收集航空磁测资料有效地研究工作区岩浆岩的分布范围,并确定岩浆岩与深部矿体的关系。

用磁法进行地质填图主要用在中、小比例尺地质填图工作中。在寻找金属矿时,磁法的任务主要有圈定基性及超基性岩的分布范围,以便寻找赋存在这些岩体中的镍矿及钛磁铁矿等金属矿产;圈定花岗闪长岩等中、酸性侵入体的分布范围,确定接触带,以便在接触带中寻找铁矿、有色金属矿及稀有金属矿等。在寻找含铜斑岩时,磁法有时也可用来圈定含矿侵入体的分布范围。

当条件有利时,用磁法不仅能划分岩浆岩与沉积岩的分布范围,而且可以用来划分不同成分的岩浆岩的分布范围、火山口位置等。

(二) 划分构造单元及确定构造位置

磁法勘探在地质工作的各个阶段中都起着不同的积极作用。从应用古地磁学研究地磁极移动和大陆漂移,到测量海上地磁条带的分布到海底扩张,都为海底扩张和板块构造学说提供了重要的依据。

在有大面积第四系覆盖的平原地区,仅靠地表观察为主的地质手段研究和划分大地构造单元有较大的困难。配合区域地质测量,利用航空磁测资料,根据不同构造区的区域异常和某些大型构造的磁性特点,进行划分是合适的。在我国松辽、华北平原、长江中下游及西北柴达木、准噶尔盆地等地,通过航空磁测及其他区域性物探工作,为了解地下深处地质构造情况,提供了很有价值的地质线索。

在隐伏矿床预测工作中,在预测区范围内划分构造单元及确定隐伏构造位置是一个重要步骤。不同的构造单元的磁性特征不同,利用1∶20万航空磁测资料可以研究区域性地质构造。

(三) 直接(间接)找矿

岩石的磁性强弱用磁化强度来衡量。磁化强度有两种,感应磁化强度与岩石磁化率和当代地磁场强度有关,剩余磁化强度是历史遗留下的磁性,两者合成总磁化强度。铁矿的磁化率和剩余磁化强度都很大,会引起明显的磁异常。我国铁矿资源丰富,类型很多。特别是磁铁矿床。在20世纪50~60年代,磁法勘探在普查铁矿方面做出重大贡献。

磁法能直接寻找的矿有磁铁矿,含铜磁铁矿,黄铁矿和硫化铜镍矿等。在第一个五年计划期间,磁法找到许多铁矿。在长江中下游湖北大冶一带,山东济南、历城、金岭镇一带及河北武安、涉县一带,根据磁法结果,找到了许多高品质的富铁矿。在辽宁鞍山、河北滦县及山西五台山一带,根据磁异常找到规模巨大的鞍山式铁矿。在找钒钛磁铁矿、黄铁矿及硫化铜镍矿床,磁法也取得一定成绩。但如果仅利用磁法直接找矿,磁法的应用范围是很窄的。

用磁法间接找矿,解决找矿过程中的某个与找矿有关的地质问题,大大扩大了磁法的应用范围,使该方法在综合地球物理探矿工作中占有重要的位置。在寻找隐伏的铜、金矿床工作中,由于磁性矿物的含量较低,并不一定获得高值磁异常,但磁性矿物与铜、金共生,会产生与矿体有关的磁异常,在这种情况下,可以将磁法勘探作为一种间接找矿方法。

六、磁法勘探的应用

（一）1∶20 万航磁异常的应用

在隐伏矿床预测工作中，一般要求对1∶20 万航磁 ΔT 剖面平面图及其等值线平面图作重点解释，并对航磁资料进行滤波、化极、延拓，求水平一次导数和垂向二次导数等数据处理，并结合矿床预测任务要求进行定性解释。

1. 1∶20 万航磁异常的作用和应用范围

1∶20 万航磁异常的解释目的是对磁场特征进行深入研究（朱子璋等，1990），深化已有基础地质问题，结合预测目标物的具体地质情况提取与成矿预测有关的地质信息；在解释工作中，研究区域场特征并对磁场进行分区；解释断裂构造及其他有关构造；解释与目标物有关的各类侵入岩体以及与目标物有关的地层；研究已知矿田、矿带的磁场特征并结合地质及其他物探资料提取有用信息，找出预测标志建立区域地质——航磁模式以便预测该类型的矿田和矿带。

2. 主要研究内容

研究内容主要有以下几方面：

（1）进行磁场分区。在航磁 ΔT 剖面平面图或其等值线平面图上进行磁场分区，据中比例尺成矿预测要求可将磁场分三级区。

Ⅰ级磁场区是以区域的正场，有规律的正负场，正负跳跃场或负场以及正场中含有局部负场和负场中含有局部正场等区域范围内具有场特征相似的“群体”（规模大小、形态、幅度、走向等）所组成的区域场单元。单元的边界主要反映了不同级别的大地构造及区域构造单元，大的地质块体和区域成矿有利远景区带的信息。

Ⅱ级磁场分区。是在Ⅰ级磁场分区内的数个次一级磁场单元的（含有正场、负场）划分出的磁场分区。它主要反映了区域地质构造，盆地、隆起及某些局部成矿有利地段等信息，并可预测隐伏、半隐伏地质体，它受Ⅰ级磁场分区控制。

Ⅲ级磁场分区，主要是在Ⅱ级磁场分区内存在的正或负的叠加场，它对成矿及成矿规律的研究、成矿预测和预测单元的划分提供直接的信息。

（2）研究断裂构造。对断裂构造的研究，往往是通过磁性体地层或岩体（脉）与其围岩的差异进行的。但不同地区、不同地质条件其磁场特征的特点有所不同，往往表现为几种标志的组合，其主要特点为特征线具有一定的延伸性、连续性和相关性。区域断裂在其形成过程中或之后由于各种干扰、破坏、扭曲、挤压等都会使构造产生种种变迁，因而一些大断裂的磁场反映都是断断续续的异常带。

（3）解释侵入岩体。利用1∶20 万航磁资料可以分析判断各种不同磁性的侵入岩体，例如：

根据各类侵入岩体的磁异常特征从已知到未知进行对比，结合岩体物性资料推断岩体的性质，有条件时可研究岩体间的关系，划分不同性质或不同期次的杂岩体及岩相带，研究岩体与矿的关系等。

研究已知矿田内岩体磁场特征和分布规律，研究矿产和有关岩体关系及成矿部位，对各类岩体与成矿的关系及其有利储矿部位作出推断，提供找矿信息。

当条件适合时，可推断岩体的边界和埋深，研究岩体主体在覆盖层下分布形态及产状等，用典型剖面进行定量计算求出岩体产状及边界范围。

判断侵入岩体的内部构造，如侵入岩体与导岩构造方向是否一致。研究侵入岩体与围岩接触带的情况，如陡缓、整合还是不整合、规则或不规则。分析侵入岩体的形态产状。

岩体出露地表的形态并不代表岩体的真正形态，尤其是存在隐伏岩体的情况下，应进一步用磁场的一、二次导数标志研究岩体的倾伏方向或深部变化情况。

（二）磁法、重力勘探在发现新疆黄山铜镍矿床中的应用

新疆黄山铜镍矿床是一个与基性－超基性岩体有关的大型硫化铜镍矿床。磁法、重力等勘探方法在发现新疆黄山铜镍矿床中起了重要作用（邓振球，李锡鸿，王欣观，1996）。

1. 矿床地质—地球物理特征

新疆黄山铜镍矿床位于哈密市附近。矿体产在基性－超基性岩体中，含铜镍矿岩体侵位于中石炭统干墩组的碎屑岩、火山碎屑岩中，围岩为细碧玢岩、石英角斑岩、炭质粉砂岩。基性－超基性岩体呈东西向分布，长 3.8 km，最宽 840 m，最窄 55 m，出露面积 1.35 km^2。组成岩体的岩石类型为：辉长闪长岩、辉长岩、苏长岩、辉石岩、橄辉岩、橄榄岩、辉橄岩等。

主要矿体位于岩体深部的边缘及底部，主要产在辉橄岩中，局部为橄榄岩和辉长闪长岩。矿体形态为透镜状，似层状。东西长 100 ~ 700 多米，南北宽 50 ~ 857 m，厚度 1 ~ 116.52 m。

矿石矿物主要为磁黄铁矿、镍黄铁矿、黄铜矿。矿石为稀疏浸染状，局部脉状或块状。矿石品位以贫矿为主，局部有富矿，厚数米至 41.1 m。矿床类型属岩浆熔离型矿床。

2. 岩石的磁性特征

矿区的岩、矿石磁性参数见表 4–7。

表 4–7 岩石标本磁性参数统计

岩石名称	标本块数	磁化率/4πSI		剩余磁化强度/mA · m^{-1}		标本采集地点
		变化范围	常见值	变化范围	常见值	
橄榄岩	90	$(1040 \sim 4401) \times 10^{-6}$	2163×10^{-6}	200 ~ 113	396	地 面
辉长岩	42	$(0 \sim 1983) \times 10^{-6}$	55×10^{-6}	0 ~ 354	9	地 面
脉 岩	13	$(0 \sim 1817) \times 10^{-6}$	296×10^{-6}	0 ~ 324	45	地 面
炭质粉砂岩	13	$(0 \sim 1311) \times 10^{-6}$	101×10^{-6}	0 ~ 119	9	地 面
橄榄岩	376	$(87 \sim 48632) \times 10^{-6}$	2000×10^{-6}	50 ~ 5258	511	钻 孔
矿化橄榄岩	140	$(17 \sim 116472) \times 10^{-6}$	1416×10^{-6}	74 ~ 22350	1285	钻 孔
辉长闪长岩	175	$(3 \sim 221) \times 10^{-6}$	27×10^{-6}			钻 孔
片理化砂岩	45	$(3 \sim 693) \times 10^{-6}$	43×10^{-6}			钻 孔

根据地面岩石标本和钻孔中岩心标本磁性统计结果，矿区内岩石磁性具有以下特征：

橄榄岩磁性最强，感应磁化强度大于剩余磁化强度；辉长岩、辉长闪长岩磁性较弱，含炭粉砂岩和片理化砂岩磁性也较弱。

岩石磁性测定结果表明，橄榄岩与其他岩石存在较大的磁性差异，可引起一定的磁异常。但基性－超基性岩体中的辉长岩、辉长闪长岩与围岩－粉砂岩的磁性没有差别，不能引起磁异常。因此，磁异常只能反映基性－超基性岩体中的超基性岩的存在，而不能指示是否存在闪长岩和辉长岩。

矿化橄榄岩磁性比没有矿化的橄榄岩磁性更高些，因此磁异常的强度和分布与矿化程度存在一定的关系，强磁异常的分布区将指示含矿体的存在。

3. 岩石的密度特征

岩石的密度特征见表4-8。

表4-8　岩石标本密度

岩石名称	标本块数	密度/kg·m^{-3}		标本采集地点
		变化范围	常见值	
橄榄岩	87	2790～3000	2890	地　面
辉长岩	86	2760～2960	2880	地　面
炭质粉砂岩	66	2610～2790	2700	地　面
橄榄岩	290	2970～3410	3190	钻　孔
矿化橄榄岩	133	2770～3230	3000	钻　孔
辉长闪长岩	145	2780～3070	2950	钻　孔
片　岩	42	2830～3090	2950	钻　孔
粉砂岩	30	2660～3030	2850	钻　孔

按岩石密度统计结果，矿区内岩石密度具有以下特征：

（1）橄榄岩密度最大，其次是辉长岩，含炭粉砂岩和粉砂岩密度比上述两种岩石都小，两者之间存在190～340 kg/m^{3}的密度差。

（2）钻孔中岩心标本的密度值比地表标本的密度值要高一些。

（3）不同岩石的密度表明，橄榄岩、辉长岩相对粉砂岩能够产生一定的重力异常。

综合岩石磁性和密度的特征，可以推断基性－超基性岩体可能引起重力异常和部分磁力异常。因为辉长岩一般不具磁性，不能引起磁异常，只有存在橄榄岩体，并岩体具有一定规模时才能引起磁异常。当组成基性－超基性岩体的岩石类型不同时，将产生不同的磁力和重力异常，两者异常可能一致，也可能不一致。

4. 磁法测量成果

在该区进行1∶50000比例尺航空磁测，发现近东西向分布的长条形异常，ΔT最大值为610 nT，异常长约4 km，宽约1 km。对该异常进行地面检查，地表见到基性－超基性岩体。根据航磁异常开展了1∶1万比例尺地面磁测。地面磁测结果表明航磁异常可分解成4个小异常，见图4-28。异常分布大体以146线为界，东部两个，西部两个。西部异常较大，东部较小。异常比较复杂，总的强度不大，属中等强度，ΔZ最高2800 nT，一般200～800nT。异常曲线变化较大，呈剧烈锯齿状变化，北部出现负异常。西部两个异常地表出露为辉长岩、橄榄岩。东部两个异常一个地表出露为辉长岩，另一个较平缓的低弱异常地表为粉砂岩。

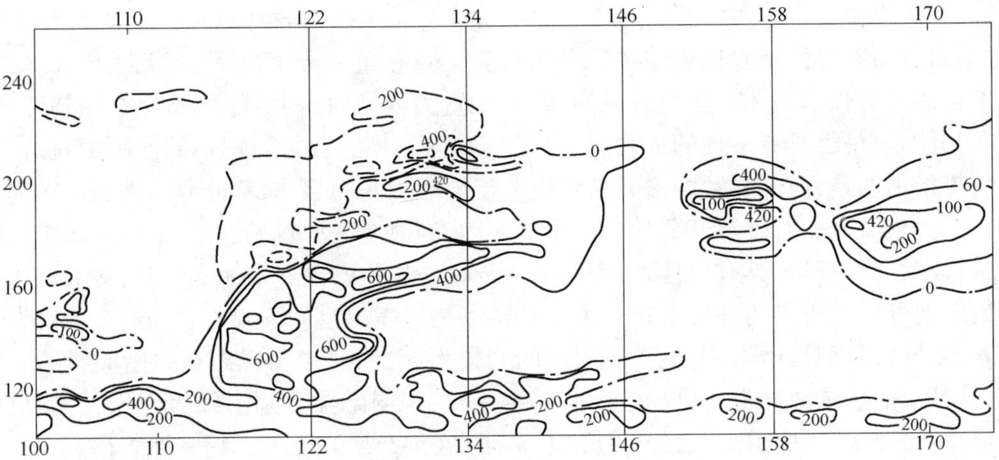

图4-28　黄山岩体上 ΔZ 异常

实线表示正磁异常，虚线表示负磁异常，点划线为磁场零值线；单位：nT

根据对磁异常特征和地表出露岩石的分析，认为西部为岩体的主体部分，东部岩体小，主要为辉长岩，最东部的平缓弱异常，推断是隐伏岩体引起。根据岩石磁性测定结果，橄榄岩磁性强，辉长岩磁性弱。将地面磁测资料与岩石磁性测定和化探资料进行对比，可以看出4个小异常都是同一个基性－超基性岩体引起，磁异常的强弱反映岩体中组成的岩石类型不同。

5. 高精度重力测量成果

黄山铜镍矿床在1∶20万区域重力布格异常图上，是处于重力梯级带中，区域布格重力异常南部高、北部低，重力变化每千米为(5～10)×10^{-5} m/s^2。

为研究基性－超基性岩体的形态、产状和隐伏铜镍矿体可能赋存的部位，在该区进行了1∶10000比例尺的高精度重力测量。按高精度重力测量结果，在岩体上的局部重力异常呈北东向延伸，等值线平面形态呈似蝌蚪状，西宽东窄，长1.5km，宽0.75km，剩余异常强度极大值为3.2×10^{-5} m/s^2。异常曲线不对称，南缓北陡，主要异常分布在西部岩体。异常分布位置与地表岩体分布的长度不一致，重力异常表明西部是岩体的主体部分，与磁异常是一致的，东部岩体变窄，延深不大。

根据高精度重力测量结果，推断该含矿岩体是往南倾，西部岩体延深较大，东部延深较小，岩体的形态大体成舌状，西部是舌根部位。按与基性－超基性岩有关铜镍矿床的成矿理论分析，岩浆熔离型矿床的矿体多分布在岩体的底部和边缘部分。因此，岩体西部是岩体的主体部分，分布着橄榄岩和辉长岩、分异较好，又是岩体延深最大的位置，对形成铜镍矿十分有利，从而是寻找隐伏铜镍矿体有利的位置。

根据重力和磁力测量结果，特别是井中充电法的成果，推测隐伏矿体主要往北倾，布置ZK-122-5孔，在孔深560～860m，打到厚达276.3m视厚度的铜镍大矿体。验证钻孔的成功使该区找矿工作取得重大进展，并证明根据高精度重力测量和井中充电法资料所作推断的正确，重力测量成果在该区的找矿工作中的重要作用是配合磁力测量确定了基性－超基性岩体的形态、产状。

总结新疆黄山铜镍矿床的重、磁异常特征可知：由于含矿基性－超基性岩中岩石类型不同，其产生的重力异常和磁力异常也不一致。重力异常与磁力异常同时出现时，表明是辉石岩、橄榄岩分布并可能是隐伏铜镍矿赋存的位置。只有重力异常出现、而无磁异常时，反映的是不含矿的辉长岩岩体。当只有磁异常、而无重力异常时，则可能既不存在超基性岩，也不存在基性岩，是由具有磁性的火山岩引起的磁异常，不是寻找含铜镍硫化矿的目标。

值得指出的是，西部异常中磁异常宽度大于地表出露的岩体，部分异常地表出露为细碧玢岩和石英角斑岩。对于这部分异常产生的原因，当时有两种意见，一种认为是地表出露的细碧玢岩和石英角斑岩具有磁性，它引起的磁异常与岩体的磁异常无法区分，构成利用地面磁测结果划分岩体边界的一种干扰。另一种认为是地表出露的细碧玢岩和石英角斑岩下存在岩体，磁异常是细碧玢岩、石英角斑岩下的岩体引起，同时说明岩体是向南倾斜的。经过重力测量后，由于重力异常与磁异常位置基本一致，说明磁异常是由细碧玢岩、石英角斑岩下的基性－超基性岩体引起，后经钻探工程验证，在细碧玢岩下见到超基性岩体。

在黄山铜镍矿床勘探工作中采用了多种地球物理方法，高精度重力测量与磁力测量配合在寻找与基性－超基性岩体有关的黄山铜镍矿床工作中起了极其重要的作用，结合井中充电法指导了钻探工程的布置。其中航空磁力测量用于快速寻找基性－超基性岩体效果显著，地面磁测在航空磁测基础上进一步圈定含矿岩体的位置。

（三）磁法勘探在新疆乌伦布拉克铜矿区及其外围隐伏矿床预测中的应用

乌伦布拉克铜矿区位于新疆奇台县北东 90 km 的北塔山区。矿区地处低山区，相对高差约 200 m，地形切割严重，山势陡峭。矿区外围 1:20 万化探的铜异常分布区西部为戈壁滩，东部为低缓丘陵区，地势较平坦。从区域航磁异常解释的构造图上可以看出测区断裂发育。测区地质特征如激发极化法在本章第二节中已介绍。

1. 矿区岩(矿)石磁性特征

矿区中泥盆统钙质砂岩类及下石炭统弱变质砂岩、泥岩地层基本为弱磁性或无磁性。中泥盆统蚀变凝灰岩及火山凝灰岩呈中等磁性或中强磁性；矿化岩石及矿石一般具有中等磁性或中强磁性，但磁性分布不均匀，磁性强弱取决于磁性矿物的含量多少。矿石中磁性矿物主要为磁铁矿和赤铁矿。表 4-9 中列出了部分矿石和岩石的磁性参数。

表 4-9 矿区矿化岩石磁性参数

序号	岩石名称	磁化率 κ	剩 磁	序号	岩石名称	磁化率 κ	剩 磁
1	网脉状氧化带矿石	$(26\sim1043)\times10^{-6}$	$(3\sim83)\times10^{-6}$	4	钙质砂岩夹凝灰岩	415×10^{-6}	—
2	矿化震碎角岩	1683×10^{-6}	104×10^{-6}	5	花岗质碎裂岩	$(44\sim75)\times10^{-6}$	$(2\sim5)\times10^{-6}$
3	矿化爆破角砾岩	$(211\sim1897)\times10^{-6}$	$(16\sim87)\times10^{-6}$				

2. 矿区物探异常特征

对磁测资料进行了区域场与局部场分离以及向上延拓和导数运算等处理。矿区区域磁异常反映了地层和构造的分布。区域磁场二阶导数异常明显地分为正负两个区域，正值区对应总磁场的复杂磁异常区，对应中泥盆统蚀变凝灰岩、火山凝灰岩以及含矿岩体分布区；

负值区对应总磁场的平静磁场区，对应的地层为下石炭统南明水组的千枚岩、砂岩、泥岩以及中泥盆统钙质砂岩等沉积岩。区域磁异常清晰地反映了矿区地层的分布特征及较深的断裂构造形迹。

图4-29所示为2号角砾岩筒铜矿体经过化极处理的局部磁异常等值线。2号角砾岩筒铜矿体直径约为20多米，陡立，平硐工程控制矿体已稳定地延伸到深度大于100 m以下，铜矿品位较高，最高品位达到2.38%。磁异常幅值大于100 nT，磁异常正负变化位置为磁性体的中心范围。

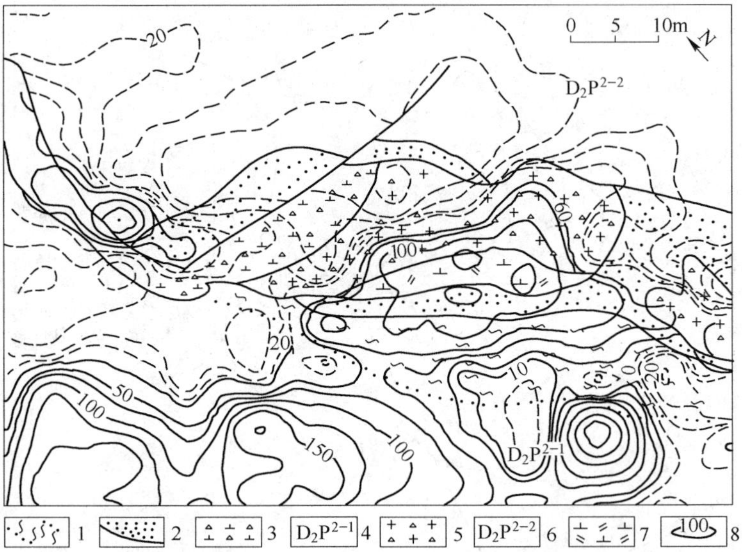

图4-29 乌伦布拉克2号角砾岩筒铜矿化极局部磁异常等值线

1—构造破碎带；2—角岩化带；3—爆破角砾岩；4—钙质砂岩夹凝灰岩；5—震碎花岗岩；6—钙质砂岩；7—石英闪长岩；8—磁异常等值线

对矿区几个已知和推断的矿体磁异常的反演计算表明，它们的延伸深度都比较大，这表明矿区深部有进一步找矿的远景。对矿区外围1∶20万化探的铜异常分布区的高精度磁法测量，如图4-30所示，5条剖面的总体磁场特征表明，测区的磁场明显分为东西两个带，西带低平缓磁异常区，为沉积岩区，东带高锯齿状磁异常区，为火山喷出岩区，岩性为安山岩、英安岩等。在矿区外围1∶20万化探的铜异常分布区上有3个磁异常：Y－Ⅰ、Y－Ⅱ、Y－Ⅲ（见图4-30）有与乌伦布拉克铜矿区相似的地质、地球物理条件，是进一步找铜矿的靶区。

乌伦布拉克矿区的铜矿体和铜矿化体，无论是哪一种矿化类型，大多数都有明显的磁异常和明显的高极化率异常。

下石炭统南明水组的千枚岩、砂岩、泥岩有低电阻率、高极化率激电异常，是该矿区激发极化法找矿的干扰因素，但该地层无磁异常。

中泥盆统蚀变凝灰岩、火山凝灰岩地层具有分布不规则的磁异常，是该矿区磁法找矿的干扰因素，但该地层无激电异常。

该矿区物探找矿应综合应用磁法和激发极化法这两种物探方法组合。这样，基本可以将矿体异常与地层异常区别开来。

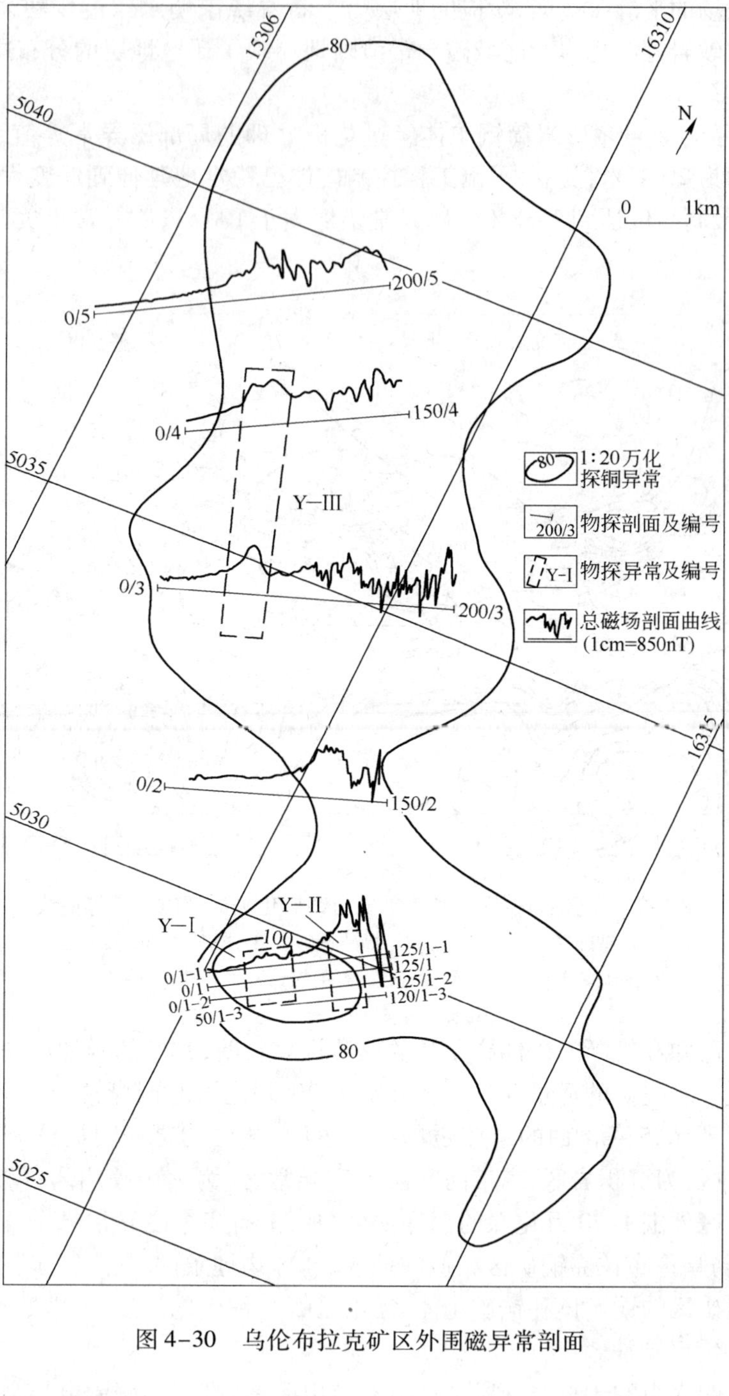

图 4-30　乌伦布拉克矿区外围磁异常剖面

七、磁法勘探的应用条件

（1）被寻找的地质体与围岩有明显的磁性差异，能产生有特征的磁异常。有明显的磁性差异，即围岩的磁性比被寻找的地质体的磁性低，因而产生可以识别的一定幅度的正磁异常（因磁化方向倒转及矿体倾斜，下端向下延伸有限等因素，也会有负异常），如果围岩的磁性比被寻找的地质体的磁性高，在被寻找的地质体上有负的磁异常，如在侵入体中找灰岩俘虏体及在侵入体中找热液蚀变带（火成岩因热液蚀变而失去磁性），以便在这些地带找矿。

（2）被寻找的地质体与其埋藏深度之间要有一定的比例，地质体的异常有足够的大小，能被测出来。这个比例决定磁性体的形状、产状及磁化强度，决定于当地的干扰水平。在每一个矿区，物探对于有矿或无矿的结论都是相对一定深度而言的。

（3）要有适当的客观环境，使被探测的对象所产生的磁异常与所谓干扰异常能区分开来。

第七节　重力勘探

重力勘探通过测定地球表面的重力场的变化解决地质问题。在隐伏矿床探测中重力方法主要解决地质构造和寻找密度异常的矿体。地球的重力场主要是由地球的质量引起的，它的数值大小主要取决于地球质量产生的牛顿引力。地下构造或与围岩有密度差异的矿体存在，引起重力场发生变化，在密度大的地质体上观测到重力局部升高，在密度小的地质体上观测到重力局部降低的现象，由质量分布不均匀引起的重力变化称为重力异常。

一、重力勘探的基本原理

（一）地球的重力场

地球的重力场主要是由地球的质量引起的，数值大小主要由地球的质量产生的牛顿引力决定。

牛顿的万有引力定律为

$$F = G\frac{mm'}{r^2}$$

式中，F 为万有引力大小；两质点的质量分别为 m 和 m'；r 为两点之间的距离，万有引力的方向是两点连线方向。这里 G 为万有引力常数，$G = 6.67 \times 10^{-8}\ \mathrm{cm^3/(g \cdot s^2)}$。

在地球上，除了由于地球质量引起的万有引力之外，还有一个由于地球自转而产生的惯性离心力，这两个力的合力称为重力。

重力是方向向下的力，把这个方向称作铅垂方向，与这个方向垂直的面称作水准面。重力虽然是作为力来定义的，但也常把它作为加速度来对待，尤其是在强调加速度时，就称为重力加速度。重力的方向大体指向地心，若不考虑加速度的方向，一般把加速度的大小作为重力值。

重力采用加速度的单位。在国际单位制（SI）中，重力的单位为 N，重力加速度的单位为 $\mathrm{m/s^2}$。由于历史原因，曾把重力加速度的 CGS 单位称为“伽”，用“gal”表示，常用 $1 \times 10^{-3}\ \mathrm{cm/s^2}$ 单位称为“毫伽”（mgal）。毫伽是目前仍可以保留的非国际单位。

地球上，重力加速度大致为 980000 mgal，它是在海平面上随纬度 φ 变化的，目前应用较广泛的近似公式为：

$$g = 978049(1 + 0.0052884\sin^2\varphi - 0.0000059\sin^2 2\varphi)$$

（二）岩石矿石的密度

引起重力异常的主要因素是探测的地质体与围岩间存在密度差。了解岩、矿石的密度是选择设计重力工作,进行重力资料解释的基础。

表4-10给出了常见岩、矿石的密度值。

表4-10 常见岩、矿石的密度值

名　称	密度/g·cm^{-3}	名　称	密度/g·cm^{-3}	名　称	密度/g·cm^{-3}	名　称	密度/g·cm^{-3}
花岗岩	2.5~3.1	辉绿岩	2.9~3.2	石灰岩	2.3~3.0	铬铁矿	4.5~4.6
闪长岩	2.7~3.0	橄榄岩	2.9~3.4	砂　岩	1.8~2.8	含铜黄铁矿	4.1~4.8
辉长岩	2.9~3.1	片麻岩	2.4~2.9	黏　土	2.0~2.2	黄铁矿	4.9~5.2
流纹岩	2.4~2.5	千枚岩	2.7~2.8	盐　岩	2.1~2.2	重晶石	4.3~4.6
安山岩	2.5~2.8	页　岩	2.6~2.8	赤铁矿	4.9~5.3		
玄武岩	2.7~3.2	大理岩	2.6~2.9	磁铁矿	4.9~5.7		

从表4-9中可以看出,金属矿石的密度最大,岩浆岩的密度大于沉积岩,岩浆岩的密度主要取决于矿物成分,和硅含量有关,一般硅含量越高,密度越低,基性、超基性岩石的密度大于酸性岩。喷发岩的密度与其结构有关,侵入岩的密度大于孔隙率高的喷发岩。沉积岩的密度变化范围很大,除了与矿物成分有关外,还和孔隙发育程度及含水率有关,孔隙率及含水率高的岩石密度较低。岩、矿石的密度随矿化程度的增加而增大。

岩、矿石的密度分布很不稳定即使是同一种岩石,在水平方向和垂直方向也会产生差异,这种情况使重力异常复杂化,这需要在开始工作或过程中,系统地采集标本,测定测区范围内岩、矿石的密度的变化及其规律。

二、重力勘探的野外工作方法

(一) 重力异常的获得

在勘查地球物理中,重力测量主要是获得重力异常。一般采用的是相对测量的石英弹簧重力仪。

在重力测量工作中,采用不同的比例尺布置测线时,不但测定每个测点的平面坐标,还需要测定高程。野外工作在各测点上所测到的数据,首先要进行改正,消除仪器零点变化的影响,获得测点与基点的重力差。另外还须作各项校正,以消除获得异常的影响因素。这些校正有纬度校正、高度校正、中间层校正、地形校正等。进行不同的校正,就得到不同的重力异常。重力勘探中最常用的是布格重力异常。这是作了地形校正、纬度校正和布格校正(即中间层和高度校正)后的重力异常。

布格异常是消除了过测点平面上地形高低不平的质量和测量到基点水准面质量的引力的影响的重力异常。若地质构造在地球上任何地方都是均匀的,布格异常也几乎为零。这是因为影响地表重力的因素已被上述校正完全消除了。布格异常若不为零,则意味着地下地质构造不均匀,如地下存在密度较大的地质体等。由此可见,重力勘探是以地壳中不同岩矿石之间密度差异为基础的。通过对布格异常的数据处理和解释,可推断密度体的形状、埋深和大小等,并做出相应的地质解释。

(二) 重力异常的推断解释

一般而言,重力异常的解释推断与磁异常的解释一样而且更简单,这是因为磁异常的特点,除了与地质体的形状有关外,还与磁化强度的方向有关系。重力异常则仅与地质体的形状及产状有关,地质体与围岩的密度差只决定异常值的大小,而不决定异常的特点。但是,在实际工作中,重力异常的解释往往比磁异常的解释要复杂,其原因是由大的构造所引起的重力异常不仅分布范围大,而且强度大,往往将小构造及矿体的异常掩盖。划分区域异常与局部异常在重力异常的解释推断中成为首要的问题。

三、重力勘探的应用

重力勘探主要用来划分构造单元、地质填图、寻找密度异常的矿体、评价磁异常。

(一) 区域重力异常资料的作用和应用范围

区域重力异常资料可反映一些较大的构造单元或地质体,以及深部的地质及成矿信息,在隐伏矿床预测中,经常使用1:20万比例尺的区域布格重力图。经过分析和处理可以获得许多有用的宏观信息。重力资料研究的内容及要求有:

(1) 据区域布格重力异常的分布情况可分出区域重力场的分区,配合航磁Ⅰ级分区综合解释各类地质构造单元,地质块体及成矿远景区带的信息。

分析各类构造的标志为:

1) 槽台过渡带布格重力异常标志:主要特征是等值线沿一定方向延伸,较大的重力梯度带,它反映地壳厚度的陡变带。

2) 区域褶皱构造标志,一般都有线性特征,隆起和拗陷相间排列,并为断裂所分割,表现为相对重力高和相对重力低的相间排列,重力高和重力低的转换带即为断裂的显示。

3) 区域断裂构造标志,由于断裂的位移(垂直、水平),使两侧具有不同的质量分布,重力场表现为重力梯度带和线状异常,幅度的剧烈变化以及异常在延伸方向有规律的转向、错动或突然中断和消失,都可能是断裂构造的显示,不对称异常梯度较小一侧可显示断层倾向。

(2) 追索、圈定与围岩有明显密度差异的大型隐伏岩体或其他地层。

中酸性岩体与其围岩具有一定的密度差异,一般呈重力低异常,其主要特征是:

1) 在重力布格异常图上呈圈闭的圆形或椭圆形,有时表现为等值线有规律的扭曲,当岩体的重力低异常出现在褶皱构造隆起部位时,表现为重力高异常带中孤立的圈闭异常,结合航磁资料可推断隐伏岩体。

2) 岩体与盆地均为重力低异常,但两者形态特征不同。

盆地重力低多呈长条形圈闭异常,分布在重力低值带内,位于两个高值带之间呈条状展布。大花岗岩体为重力低异常,往往呈环状圈闭。分辨岩体与盆地需要结合地质及航磁资料综合解释。

3) 岩体产状形态的推断。

用垂向二次导数的零值线可大致圈定岩体及盆地的边界范围。采用向上延拓不同高度的垂向M次导数异常的零值线可能大致了解岩体在不同延拓高度上的变化情况。

（二）火山口的重力异常特征

有些火山机构与金属矿床有关，如含铜黄铁矿床可能产生在火山口内，寻找火山口对预测这一类隐伏矿床具有重要意义。

在地质情况简单的情况下，用重力或磁法或两种方法结合，就可以确定火山口的位置。图 4-31 所示为日本三原山火山口上的重力异常，火山口的东缘有 7 mgal 的正异常，这是由于三原山火山喷出的富含玄武岩熔岩，熔岩充填了火山口上部，熔岩流和岩渣形成了山体，这样形成了直径 3 km、密度大于围岩 30 kg/m^3、向下延伸 1 km 的圆筒状岩体，引起了正异常。

图 4-32 所示为日本屈斜路火山口上的负重力异常，这个火山口直径约 22 km，屈斜路湖约占总面积的二分之一，火山口中心布格异常比四周低 45 mgal。此异常为密度差为 -40 kg/m^3、厚 4 km 的火山堆积物所引起的。

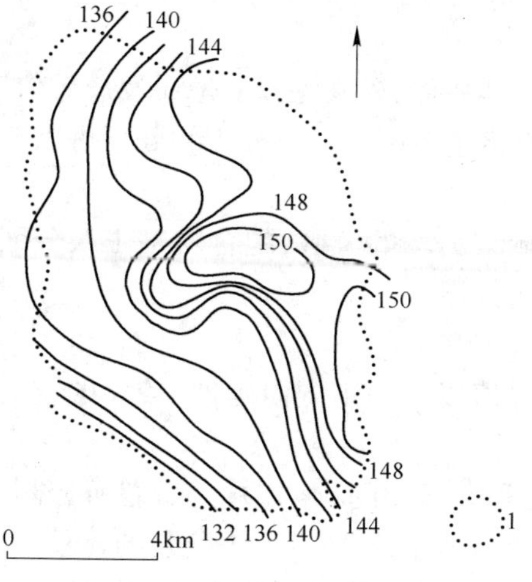

图 4-31 三原山火山的正重力异常

1—火山口

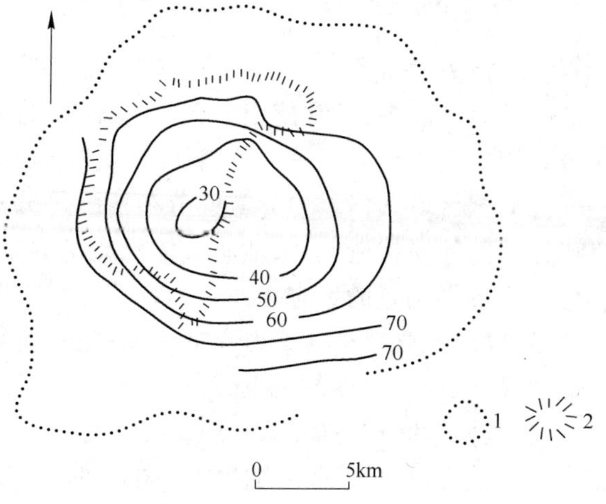

图 4-32 屈斜路火山的负重力异常

1—火山口；2—湖

四、重力勘探的应用条件

重力勘探主要用于解决构造及地质填图等问题，并能够取得较好的地质效果。在直接或间接找矿工作中由于矿体与围岩的密度差不大，且不均匀，不易取得好的地质效果。只有当矿体规模大时，重力法才能用于直接找矿。在直接找矿工作中，影响重力勘探地质效果的因素有：

（1）地形起伏所引起的地形影响，虽然可以作地形改正，若中间层密度取得不当，将引起很大的误差。特别是地形复杂的山区，由于地形改正工作量过大，计算出来的重力异常的精度很低，从地区上限制了重力法的应用范围。

（2）围岩密度不均匀及地下基岩表面不平将引起许多虚假的重力异常，这些异常的数值及范围变化很大，掩盖由矿体所引起的微弱的重力异常，造成解释误差。

（3）区域性的大构造引起的重力异常分布范围广，强度大，往往将小的构造及矿体的异常掩盖。

第八节　地球物理方法在隐伏矿床预测中的综合应用问题

地球物理方法在隐伏矿床预测工作中起到了独特的作用。在实际实施工作中，需要结合地质、地球化学、遥感等信息综合考虑地球物理方法的应用范围、应用条件、野外工作方法技术以及资料解释等问题。

一、地球物理方法在隐伏矿床预测各阶段的应用

隐伏矿床预测和评价大致分为划分远景区，评价典型矿点，成矿有利地段（区）矿产普查，异常区评价，找矿勘查。地球物理方法在预测工作的各个阶段有不同的应用目的、作用和范围。在划分远景区阶段，地球物理方法主要用于研究地质构造，进行地质填图；在评价典型矿点、成矿有利地段（区）矿产普查、异常区评价、找矿勘查等阶段地球物理方法主要用于直接（间接）找矿。在不同的应用范围和阶段中，采用的地球物理方法有所不同。

（一）划分远景区

在这一阶段地球物理方法主要研究：隐伏地质构造、进行地质填图、寻找隐伏岩体等。

1. 隐伏地质构造

大多数矿产都直接或间接地与断裂构造有关，在研究工作开始之前，必须收集整理区域性航磁、重力、地质构造等资料，根据隐伏矿床预测的工作目的，了解隐伏地质构造的性质以及与区域性大构造的关系，选择有效的方法，开展有针对性探测隐伏地质构造的地球物理测量工作。

在区域性大范围内快速有效追踪及圈定断裂构造的主要方法为航空磁测和地面重力等方法；在研究深大断裂及沉积岩中的断裂构造主要采用重力、地震等方法；研究浅部沉积层中断裂的主要方法是磁法和各种电法。对寻找隐伏地质构造，进行断层、破碎带定位的地球物理方法很多，几乎所有的地球物理方法都可以使用，这主要取决于断层、破碎带产生的物理性质的差异。地球物理方法追踪及圈定断裂构造的地质和地球物理特点有以下几个方面（熊光楚，1986）。

（1）断裂的发生使断层带中及其附近的岩石的物理性质发生变化，断裂发生使断层中岩石破碎，降低了密度，因而断裂带上出现重力低；断裂发生破坏了岩石结构，或者由于后期的热液蚀变作用或沿断裂渗流的地下水引起的氧化作用使岩石的磁性降低或磁化方向发生变化，因而断裂带上出现低或负磁异常。如果以上条件同时存在，则在断裂带上出现低磁低重力异常。

（2）在断裂带中有其他地质体侵入，而这些地质体引起异常。如断裂带中含水、断裂带的侵入体有黄铁矿化或石墨化，则电阻率低，断裂带成为低阻异常带。而沿断裂带有磁性岩脉侵入，则形成与断裂位置重合的高磁异常带，对于深大断裂，有几条平行的断裂组成断裂带，有磁性岩脉侵入时，形成平行的磁异常带。

（3）断层可能使一些地层发生水平或垂直移动、地层产状发生变化或尖灭等。这些变化同时引起地球物理场发生相应的变化，如重、磁异常的等值线扭曲等。

（4）深大断裂是不同地质单元的分界线，断层两侧的地层及构造方向不同，因此断层两

侧的地球物理场的特征不同。

(5) 浅部沉积层中断裂一般有侵入体存在,形成电阻率差异,因此可以采用各种电法确定断裂带的位置。隐伏地质构造在覆盖层下的具体位置的研究,还涉及覆盖层厚度的确定、断裂带的性质和产状,断裂带的宽度以及物理性质等,这些问题也可以用电法解决。

(6) 在深大断裂上,往往有综合的地球物理异常。如有明显的重力梯度带,有局部重力低及重合的磁异常。如侵入体为含磁黄铁矿,有局部的激发极化异常。

2. 进行地质填图,寻找隐伏岩体

在隐伏矿床预测工作中,对第四系覆盖地区,利用地球物理方法可以快速准确的进行地质填图,提高工作效率。通过剖面研究和物理场的分析,可以圈定沉积岩、岩浆岩、变质岩、火山机构、火山岩筒等的分布范围等。

(1) 沉积岩。沉积岩一般呈层状分布,大多数无磁性,水平方向没有明显的密度差异。但覆盖层与基岩之间有明显的电阻率或速度差异,可以用电法或地震勘探进行沉积岩地区的地质填图,并较准确地确定覆盖层的厚度。

(2) 岩浆岩。许多金属矿都与岩浆岩的侵入活动有关。因此用地球物理方法进行岩浆岩填图或寻找隐伏岩体有重要意义。基性和超基性一般含有磁性矿物,磁性强比重大,磁法和重力勘探都可以进行基性和超基性岩的地质填图。

中酸性侵入岩体一般具有弱磁性,当围岩为无磁性岩石时可以用磁法勘探圈定。大多数金属矿产(如钨、锡等)与中酸性侵入体有关,并具有弱磁性、低重力的特征。可采用重力、磁法综合判断中酸性侵入体的范围。

(3) 变质岩。变质岩的物性特征受变质前岩石性质的影响,所以有些岩石具有高磁性、高重力的特征;有些有低电阻率特征,而含有炭质或黄铁矿的地层具有高极化率的特征。

(4) 火山机构、火山岩筒等。火山机构和火山岩筒可能与金属矿床有密切的关系,火山口的形状有中心式、裂隙式等,火山口处岩石的特点是具有较大的剩余磁化率、较高的放射性、与金属矿有关时含有金属硫化物。利用地球物理方法可以查明火山构造的充填物或残余物,圈出火山口的范围。地面磁法测量可以查明异常的特点和火山口带的边界;重力测量可以反映充填在火山构造中的岩体和矿床等;电阻率和激发极化法可以了解含金属矿产的信息。

(二) 典型矿床(点)的研究

在隐伏矿床预测工作中,典型矿床(点)的研究对隐伏矿床预测工作具有重要的指导意义,典型矿点的地球物理特征可以作为在预测区内寻找类似隐伏矿床的特殊找矿信息。综合典型矿点的地质、矿床、构造、地球物理、地球化学等特征的深入研究,还可以获得综合性找矿信息。另外,对典型矿床(点)的研究,还可以进行各种地球物理方法的有效性试验,选择经济、有效的直接或间接找矿方法。

用地球物理方法对典型矿床(点)的研究,其实质是用地球物理方法直接或间接找矿的问题。对间接找矿而言,被探测的对象是某一特定的地质构造或某种特定矿物的富集地段。如果含矿的地层与不含矿的地层在物性上没有差异,那么,不论直接找矿或间接找矿地球物理方法都是无能为力的。在以下条件存在的情况下,可以用地球物理方法直接找矿。

地球物理方法直接找矿工作的条件:

（1）被探测的对象与其围岩有物性上的差别，被探测的对象能够产生物探异常。

（2）被探测的对象的大小与埋深之间有合适的比例，其所引起的异常能被仪器检测出来。

（3）被探测对象的异常能从干扰异常中识别出来。

而在间接找矿工作中需要注意以下问题：

（1）利用特定的共生矿物。某些矿体不具备直接找矿的条件，但是，这些矿中含有某些特定的共生矿物，可以产生物性差异，用地球物理方法找这些特定的共生矿物就间接找到矿体。如有些铜矿，含有一定量的黄铁矿，可以用激发极化法直接找黄铁矿；有些铜矿与磁铁矿共生，可以用磁法直接找磁铁矿，从而达到找铜矿的目的；某些金矿床与硫化物共生，金的含量与硫化物成正比，因此可以利用激发极化法寻找硫化物的富集部位，达到间接找矿的目的。

（2）利用矿床的赋存位置。有些矿床的赋存位置与特定的地质构造有关，用物探方法不能直接找矿。但是，能够用物探方法找这些特定的构造。如矿体产在构造的交汇部位、火山口等特定地层中，利用地球物理方法可以确定这些地质部位，达到间接找矿的目的。

为了使直接（间接）找矿获得更好的地质效果，应利用岩体、矿体的多种地球物理差异，采用综合地球物理方法进行勘探。

（三）地球物理方法在长江中下游矽卡岩型铜矿床找矿工作中的应用

长江中下游是以矽卡岩型矿床为主的铁铜成矿带，也是我国最早使用地球物理方法找矿并取得明显效果的地区之一。据粗略统计，建国以来在该区应用地球物理方法直接或间接找到中型以上的矽卡岩型铜矿床有20多处，矿床所在地以及应用的主要地球物理方法见表4-11。地球物理方法由此被认为寻找矽卡岩型铜矿床的重要手段（曹洛华，1997）。

表4-11　长江中下游主要矽卡岩型铜矿床地球物理方法主要作用

序　号	矿床所在地与名称	主要矿产	规　模	地球物理方法的作用	应用的主要方法
1	湖北黄石铁山	铁　铜	大	扩大与发现	磁法
2	湖北大冶铜录山	铜　铁	大	扩大及圈定	磁法、直流电测深 、重力
3	湖北阳新丰山洞	铜　钼	大	扩　大	磁法、电法
4	湖北鄂州陈盛	铁　铜	中	发　现	磁法、激电法
5	湖北鄂州巷子口	硫　铜	中	发　现	激电法、重力、磁法
6	湖北大冶石头嘴	铁　铜	中	发　现	磁法、直流电测深
7	湖北大冶鲤鱼湖	铜　铁	中	扩　大	磁法、重力
8	湖北大冶鸡冠嘴	金　铜	大（金） 中（铜）	扩　大	重力 、电法
9	湖北阳新鸡笼山	金　铜	大（金） 中（铜）	扩　大	磁法
10	江西瑞昌武山	铜　硫	大	扩大与发现	重力、电阻率法、激电法
11	江西九江城门山	铜　钼	大	扩　大	磁法、电阻率法、激电法

续表 4-11

序 号	矿床所在地与名称	主要矿产	规 模	地球物理方法的作用	应用的主要方法
12	江西九江丁家山	铜硫钼	中	扩大及圈定	磁法、自电、激电法
13	安徽铜陵狮子山	铜 硫	大	扩大及圈定	磁法、自电
14	安徽怀宁西马鞍山	铁 铜	中	发现与扩大	磁法、电阻率法
15	安徽铜陵胡村后	铜 铁	中	发 现	磁法、电法
16	安徽铜陵药园山	铜	中	发 现	磁法、重力、自电、激电法
17	安徽铜陵铁山头	铜	中	发 现	磁法、电法
18	安徽铜陵仙人冲	铜	中	发 现	磁法、电法
19	江苏江宁安基山	铜 钼	中	扩 大	磁法、自电
20	江苏江宁伏牛山	铜锌钼	中	扩 大	磁法
21	江苏句容铜山	铜 钼	中	扩 大	磁法、激电法

1. 矽卡岩型铜矿床的地质、地球物理特征

长江中下游成矿带是以构造、岩浆岩、地层三种地质因素相互制约的有机组合，构成了构造岩矿带的显著特征，其地质、地球物理前提为：

岩石圈断裂和地壳断裂是控制区域成岩成矿的主导构造。矿田多处于深断裂或深断裂与盖层断裂的交汇部位及其附近。由于断裂带的地球物理特征明显，有利于使用地球物理方法。

矿床主要受燕山期中酸性花岗岩控制。主要赋矿层位为石炭系 - 三叠系，碳酸岩建造最为有利。中酸性岩体物性为中磁、中密度、高电阻率、中等极化率，碳酸盐岩层则呈现弱磁、中高密度、极高电阻率、低极化率；其接触带也往往是物性界面，可以被地球物理方法发现并对其产状及形态作出推断。

在矽卡岩矿石中，高磁性、高密度、高电阻率、高极化率的矿物，如磁铁矿、黄铜矿、黄铁矿所占的比例很大，当矿体规模较大时，地球物理方法可以作为直接找矿的方法。对岩石建造不同的矽卡岩型矿床，如铜型、铜 - 铁型、铜 - 金型、铜 - 钼型、铜多金属型矿床等，因其主要矿石矿物不同，选择的地球物理方法及其应用效果也不一样。

2. 地球物理方法在长江中下游矽卡岩型铜矿勘探中的主要作用

通过长江中下游寻找矽卡岩型铜矿的"实践、认识、再实践、再认识"的过程，地球物理方法的主要作用有：

（1）直接找矿。发现矿体和圈定矿体形态、产状并扩大矿床储量。其中磁法及高精度重力可直接发现矽卡岩型铁铜矿床和铜铁矿床；自然电场、激发极化、频率电磁测深等勘查方法在条件有利（矿体埋深不大、矿体与围岩物性差异明显等）的情况下，可直接寻找矽卡岩型铜硫矿床和铜矿床；电、磁测井和各种井中地球物理方法可有效划分矽卡岩型铜矿"矿层"，发现周围盲矿体，确定矿体产状。

（2）间接找矿。寻找与研究各类控矿因素、重力和磁法等可用于发现并圈定中酸性岩体和碳酸盐岩层的接触带，对岩体的空间形态作出推断，以及进行深部地质构造研究等；电法（电阻率测深、频率电磁测深等）可用于了解研究接触带及断裂、破碎带的产状与形态等。

并可以进行地面与井中地质及地球物理信息的立体填图,及各种比例尺的隐伏矿床预测工作。

二、地球物理方法的选择

在隐伏矿床预测的各个阶段,合理地选择地球物理方法是完成地质任务的关键。各种地球物理方法的探测原理,所依据的地球物理性质以及方法的使用条件有很大的差异,所以工作之前,需要对测区的地质和地球物理特征进行较详细的研究。

(一) 采集标本,测量岩、矿石的物理性质

对在隐伏矿床预测的地质或地球化学测量中采集的岩、矿石标本,或专门采集有代表性的岩、矿石标本进行物理性质测量,了解岩、矿石的地球物理特征,并确定采用哪些地球物理方法。但在寻找隐伏断层、隐伏岩体等工作中,一般没有合适的标本可供试验,这时需要进行一些实地的试验工作或收集相邻地区,或前人工作的资料。而典型矿区(点)的物理性质信息、钻孔信息是初步选择地球物理方法的重要依据。

(二) 建立地质及地球物理模型

在获得预测区岩、矿石的地球物理特征后,应结合工作地区的地质构造、矿床特征、岩层分布、地球化学异常等情况建立尽可能详细的多参数地质和地球物理模型,根据此模型进行理论计算,预测可能出现的地球物理场的特征,指导地球物理方法的施工和解释。这样才能发挥地球物理方法的最大作用。

(三) 地球物理方法的选择

确定了地球物理方法的地质任务,并建立了地球物理模型后,基本已经确定了需要采用的地球物理方法。但在有多种地球物理差异的情况下,需要根据地球物理特征、矿床类型、地质背景以及最佳经济效益等因素进一步选择地球物理方法,由于地球物理方法具有多解性,需要有多种信息进行资料解释,目前在隐伏矿床预测工作中经常采用多方法结合的综合地球物理探测。

一般在普查阶段可以选择最有效的一种或两种方法,而在找矿勘探阶段需要选择两种或更多的地球物理方法,或者以一种方法为主,其他方法配合,以利于综合分析解释,并克服单一方法的局限性。例如,对于寻找密度较大的铜镍矿,从完成工作的地质任务来考虑,只能用重力方法。但是,重力法受地形起伏影响很大,为了提高重力法的推断解释精度,必须要作一定数量的电阻率测深工作。

如果选择的地球物理方法不全面,没有获得完整、全面的信息,则会影响地球物理方法的地质效果。用综合的方法去研究地质现象,寻找矿产资源,才能取得预期的效果。

三、地球物理方法工作量的确定原则

地球物理方法是一种有效、快速、便宜的普查找矿方法。但在隐伏矿床研究中经常涉及大面积的预测范围,不可能在全区范围内进行一种或多种地球物理方法测量,一般只能根据地质任务进行剖面性或局部面积性测量,一般工作量的确定依据为:

（1）根据地质任务确定工作量。在隐伏矿床预测或评价工作中，地球物理工作在各阶段的地质任务不同，工作量也有很大的区别。例如在探测隐伏构造阶段，可以采用剖面性工作；而在评价典型矿点时，需要进行面积性工作；如测区的成矿条件很好，则需要系统地在整个地区进行面积性的工作，以便找出更多的矿点来。

（2）确定适当的地球物理方法的工作面积。地质规律是极其复杂的，地球物理现象也是极其复杂的，只有通过面上的工作，对地质及地球物理现象有一个全面的认识，才能对地球物理异常作出正确的判断。确定测区面积的原则为：

1）获得完整的某种地球物理方法的异常，完整的异常是地球物理资料解释的基础。

2）获得背景场或区域场的信息，局部异常的解释需要结合区域场的特点来研究，如果测区面积过小，即使异常不受区域场干扰，因为异常是孤立的，也难获得正确的解释。如果测区足够大，局部异常与背景场或区域场的关系能显示出来，解释就会容易一些了。

3）设计适当的工作比例尺。对小型的矿点进行评价时，要注意测线和测点的密度，以便研究小或低异常。尤其是在金、铜矿床的探测中，如果测网不够密，就普查而言是可能漏掉矿体，就详查而言，是测不出异常细节，影响解释推断。

第五章 隐伏矿床预测的勘查地球化学方法

鉴于不同比例尺的一般化探工作方法在隐伏矿床预测中应用,已有较多论文、论著加以论述和介绍,这里不再重述,拟着重从构造地球化学应用于隐伏矿床预测的一般原理和方法加以简介。

构造地球化学是将构造地质研究与地球化学研究有机结合起来的一门边缘学科,它主要研究各种地质建造和构造的物质组成特征,各种地质构造作用与化学元素的活化和迁移,分散和富集的关系、规律及其动力学机制。构造地球化学找矿(亦有称构造化探)则是运用构造地球化学的思路和方法进行找矿研究的一种新方法。

构造是内生成矿作用的基本控矿因素,也是矿床地质学和矿产勘查学非常重要的问题。近年来,构造地球化学找矿被愈来愈多地应用到内生金属矿床的隐伏矿床找矿研究,成为指导内生金属矿床的隐伏矿床预测、普查找矿和矿山深部和外围探矿的常用方法之一。究其主要原因:一是对于内生金属隐伏矿床的预测和找矿来说,构造地球化学找矿方法有其特殊的效用;二是现代分析测试技术、实验模拟技术和计算机技术的进步,为构造地球化学找矿的研究提供了便捷有效的技术手段;构造地球化学、矿床地质学和矿产勘查学的发展,为构造地球化学找矿研究奠定了良好的理论基础。然而,总的来看,与构造地球化学找矿方法的广泛应用相比,构造地球化学找矿理论的研究相对薄弱,制约了构造地球化学找矿方法进一步的应用和发展。因此,今后有必要加强对构造地球化学找矿理论方面的研究,使之不断完善和深化。

第一节 构造地球化学找矿的依据

一、构造运动、物质迁移与成矿关系

地球总是处在不断地运动和变化中,地球的演化历史即是一部构造运动发展史。构造运动在地壳中留下的历史记录一是物理变形—构造变形场(各种构造形迹);二是物质组成的变化—地球化学场。在全球和大区域尺度上形成不同的大地构造单元、地球化学域和成矿域;在区域和矿田尺度上形成不同级次的构造、地球化学异常以及与之相伴的矿床(矿点)群。

构造运动在空间上具有不平衡性,不同地域的构造变形强度和性质(拉伸、挤压和剪切)具有差异。因此表现出强变形区和弱变形区、挤压区和拉伸区同时并存。大量地质资料表明,一般构造强变形区,地球化学异常增强,成矿几率增大。表现出区域造山带、地球化学异常带和内生金属矿床(矿点)群的集中分布区(成矿带)往往重合一致,三位一体,反映三者之间内在的有机联系。构造运动在促使岩石圈岩石发生机械变形和变位的同时驱动岩

石圈物质定向迁移。构造应力场的变化导致地球化学场的同步变化。根据物质平衡原理，在一个大的区域成矿系统中，就某一时刻或总体上看，成矿元素的迁移和停聚，分散和富集是此消彼长，互为补偿的。

构造运动在时间上具有多旋回性。构造变形强度和性质交替变化，构造应力场和地球化学场亦不断变化，从一种平衡达到另一种平衡，由此推动着岩石圈的演化与发展，形成一个构造—物质运动—成矿旋回。一般而言，构造性质转化是成矿的有利时期；多期构造活动的叠加复合的部位，岩石圈物质遭受强烈改造和重组，岩石破碎和渗透性增大，有利于矿化叠加富集，成矿几率增大。

就具体矿床而言，从地球化学的观点来看，其本质上就是高度浓集的地球化学异常。矿床的形成无论在时间还是在空间上都具有其特殊性：表现在时间上是构造—物质运动在一定演化阶段和构造性质转化期的衍生物，在空间上则处于特定的构造环境条件和地球化学异常场之中。构造地球化学找矿就是从构造地球化学系统的思想出发，通过区域地质构造和地球化学异常资料综合分析，选择有利的成矿远景区段，应用构造地球化学找矿的理论、方法和一般程序，并辅以其他的找矿方法去发现和探明这些矿床。

二、构造动力作用下物质迁移聚集机制与成矿

杨开庆(1986)从成岩成矿的建造和改造两个方面分析，将构造动力作用下物质迁移聚集机制与成矿分为建造过程中的动力成岩成矿作用和改造过程中的动力成岩成矿作用。

建造过程中的动力成岩成矿作用主要是动力分异作用。

动力分异作用指岩浆和热液中的成矿组分在成矿期构造应力场的驱动下，发生迁移和富集成矿的过程。其实例如安徽沙溪斑岩铜矿(董树文,1984)。

改造过程中的动力成岩成矿作用包括动力机械运移、动力黏流作用、动力变质作用和动力热液作用。

动力机械运移指各种地质体在构造动力作用下作整体或部分的位移。如底辟作用、冷侵位等方式造成深部物质远距离运移至浅部。有时可将深部矿石集合体直接带至近地表成矿，如青海化隆拉水峡铜镍矿，赋矿超基性、基性侵入体规模很小，与铜镍硫化物矿体不相适应，甚至有些矿体则直接产在含矽线石榴电气黑云母石英片岩和片麻状花岗岩围岩之中，表现出明显的矿体与成矿母岩分离的“冷侵位”或“固态位移”成矿特征(邱小平,2002)。

动力黏流作用指先存含矿岩系中的贫、薄矿层在构造应力和伴生的高温作用下，由于物性差异，产生黏性流动而在应力较低的有利构造部位停聚富集成矿的过程。其实例如海南石碌铁矿(吴学益等,1986)。

动力变质作用指在构造应力及伴生的高温和流体作用下，矿源层或矿源岩的结构构造、矿物成分和化学成分发生变化，使成矿组分相对富集成矿的过程。其实例如韧性剪切带型金矿(王高明,1992)。

动力热液作用指在构造动力作用下，先存岩石中的吸附水、孔隙水、裂隙水和矿物结构水、结晶水、间隙水等被排出并加热形成热液，并将所流经地段的矿源层或矿源岩中的成矿组分活化出来，经过迁移，在有利的构造部位沉淀富集成矿。其实例如贵州独山半坡锑矿(钱建平,2000)。

三、构造动力成矿作用的机理

（一）对建造型动力成矿

构造动力是深部成矿流体定向运动的驱动力。断裂作用驱动含矿流体运移主要有两种模式：

（1）断层阀模式。成矿流体内压力积聚，超过围压时累积的剪应力将促使早期断裂张开，高压流体急剧排入断裂带及其邻近的扩容空间，而后流体压力降低，矿物沉淀，断裂封闭。此后流体压力和剪应力再次发生积聚以至断裂再次张开，如此循环往复，断裂就像是下部流体库的阀门。

（2）地震泵模式。由于断裂活动产生扩容空间，使断裂带内岩石孔隙度增大，孔隙流体压力降低，导致断裂带下部及周围的流体在压力差驱动下进入扩张空间。由于构造活动的脉动性，构造的反复开张或生成新的构造通道，使成矿流体反复流动，造成不同的矿物组合和矿化分带。

在成矿期构造应力场的应力梯度和成矿流体的内压力共同作用下，成矿流体由深部向浅部，由挤压区（高应力区）向引张区（低应力区）流动，成矿组分依密度、离子半径和活动性大小等性质的不同，在定向迁移的过程中发生分异作用、依次沉淀富集。对岩浆流体成矿而言，一般在成矿早期和深部以成矿流体的内压力驱动为主（断层阀模式），成矿中晚期和浅部以构造动力驱动为主（地震泵模式）。

（二）对改造型动力成矿

构造动力可作为成矿元素活化的动力。构造动力作用降低岩石、矿物的强度，导致岩石破碎、矿物晶体畸变、位错，构造动力作用在岩石内积聚的弹性应变能最终被转化成热能，一方面使元素离子、分子活性增强，改变成矿元素的赋存状态；另一方面使岩石表面积增大，表面能相应增大，促进水—岩反应。

构造动力作用可形成动力热液。先存岩石中的各种形式的地下水（岩石中的吸附水、孔隙水、裂隙水和矿物结构水、结晶水、间隙水）等，在构造侧分泌作用下，被排出并加热形成热液，并将所流经地段的矿源层或矿源岩中的成矿组分通过溶解解吸、交换反应（或形成纳米级颗粒）等方式进入溶液。经过迁移，在有利的构造部位沉淀富集成矿。

构造动力作用可以产生动热变质作用。在构造应力及伴生的高温和流体作用下，矿源层或矿源岩的结构构造、矿物成分和化学成分发生变化。矿物的结晶习性和晶胞参数亦发生变化。这里构造动力作用起了一个选矿的作用，原岩矿物中的成矿元素作为杂质元素被排出，发生迁移富集成矿。

构造动力可以影响成矿动力学条件。构造动力直接驱动矿液由高压区向低压区运移；应力梯度引起化学梯度，增大元素扩散系数；应力梯度还可以影响化学反应速率和强度。

构造环境可以制约成矿物理化学环境。相对封闭的压性构造系统往往表现为相对还原环境，相对开放的张性构造系统往往表现为相对氧化环境，造成矿化类型和矿物组合的空间变化。

构造动力作用提供停聚空间。构造动力作用形成大量构造-岩性界面、高渗透性通道和减压扩容空间,为成矿提供了有利的空间条件。

四、构造控矿的若干规律

(一) 构造—岩性界面控矿

构造作用不仅形成流体运移通道和矿石堆积空间,而且也造成了不同结构构造、物理性质和化学组分的岩块和岩石直接接触,形成物理化学上的突变界面,即有利于流体运移充填和通过水-岩相互作用,交代反应沉淀。因此,这些地质界面是控矿的重要因素。如广西高龙金矿体就产于高龙穹隆核部的石炭-二叠系灰岩与穹隆周边三叠系砂泥岩之间剥离断层的构造—岩性界面上。

(二) 构造分带性、对称性和等距性控矿

构造变形具有分带性,尤其是断裂控矿常具有明显的分带性。可分为垂直分带和水平分带。垂直分带是在垂向上由于不同深度岩石的物理性质、变形边界条件、构造的发育强度的差异以及流体运移过程中温度、压力、pH 值、Eh 等因素的改变引起的。如脉状钨矿的“五层楼”分带模式,由下至上,由花岗岩体内的稀疏大脉带—近接触带围岩中的大脉—密集中脉带—密集细脉带—微脉带;又如 R. H. Sibson(1977)提出的断层分带模式,由下至上,由韧性断层过渡到脆性断层。相应地,断层岩由糜棱岩系列-碎裂岩系列-未胶结的断层泥和角砾,形成韧性剪切带不同变形层次、不同阶段控矿模式。水平分带主要是构造应力在主结构面相对集中,而由主结构面向两侧逐渐衰减导致的。常表现为构造变形强度、动力变质程度、构造岩类型、化学元素组合及含量等呈对称分布。在地块岩石性质均一和边界均匀受力作用的条件下,易形成构造的等距性,如江西赣南钨矿带上受北北东向构造与次级东西向构造交汇部位控制了西华山—荡坪—木梓园—大龙山—漂塘—棕树坑六个钨矿,它们大致以约 2 km 的间距等距离分布。

(三) 构造系统性和分级性控矿

构造组合(构造体系)对成矿具有整体性控制作用。如环状构造控矿系统中,其内外环控制不同的矿种甚至不同的矿床类型,表现出构造体系控制成矿系列。如江西城门山多位一体复合型铜钼(硫锌)矿床,在花岗闪长斑岩与石炭—二叠系碳酸盐岩接触部位形成矽卡型铜硫矿体,在岩体外侧的中石炭统与上泥盆统不整合面上形成层间交代似层状铜硫锌矿体,在后期补充侵入的石英斑岩的爆破岩筒内外形成爆破岩筒型铜钼矿体。由于构造体系的规模不同,影响的深度不同,因而控矿作用也不尽相同,表现出不同级别的构造对成矿具有分级控制的特点。依其控矿的作用特点常可分为导矿作用、配矿作用和容矿作用;依所控制矿化体的规模不同形成相应的成矿带—矿带—矿田—矿床—矿体。

(四) 构造分区性与复合性控矿

矿床(点)在地壳中往往是成区成带相对集中分布的,形成巨大的聚矿构造带(数百至数千平方千米)和矿集区(数百至数千余平方千米)。这些巨大的聚矿构造带和矿集区常常属于切割深度大长期继承性的构造活动复合区。多旋回的构造运动,产生多期次强烈的构

造变形，形成高渗透性的贯通性构造，驱动深部物质和流体向浅部运移，提供了成岩成矿作用的能源，带来巨量的金属元素堆积，造成构造变形场、能量场和渗流场的多场耦合作用，形成不同成因类型的矿化叠加和多因复成矿床。如著名的白云鄂博稀土－铁铌矿床。据中科院贵阳地化所研究表明，矿床分两个阶段形成，在元古代期间沉积了稀土－铁建造，海西期的碱性岩浆活动又叠加了稀土-铁-铌矿化，形成我国罕见的超大型矿床。

第二节 不同类型含矿构造的地球化学特征

不同的构造类型具有不同的几何样式、变形特征和形成机制，其地球化学异常亦具有不同的几何形态、规模尺度、元素组合及分带特征。

一、褶皱构造地球化学特征

褶皱总体上控制了地球化学异常和异常群的展布。异常形态通常呈椭圆状、环带状。伴随地层在背斜或向斜构造中的对称重复分布，元素含量无论在背斜或向斜部位，亦作对称重复分布。

在褶皱的翼部，通常异常组合、组分较为稳定；但在褶皱的轴部、转折端等特殊部位，异常组合较为复杂。

成矿元素在背斜部位常形成异常场，在向斜为正常场。在雁行褶皱构造中，地球化学异常亦呈一组平行斜列的异常出现，如云南那能金矿。

由褶皱核部向翼部，成矿元素具有一定的空间分带性。如广西高龙穹隆构造控制环状金、砷异常，砷异常主要位于穹隆核部，金异常位于穹隆周边。

在两组褶皱横跨叠加形成结点的穹隆部位，金、砷异常显著、形成组分复杂的近圆形异常，如黔西南一带的金矿。

地球化学异常表现为沿一定层位稳定延伸者，往往是层控矿田（床）构造的反映（陈先兵等，1994）。

总的来看，形态特殊、强度显著、成分复杂的异常常与有利的成矿构造部位（褶皱轴部和转折端、背斜、穹隆及层控构造等）和某些矿种相对应。分析其对应关系，有助于找矿预测。

二、断裂构造地球化学异常特征

断裂构造地球化学晕，实际上是含矿流体运移过程中，伴随着物理化学条件的变化，在断裂构造带内部及其两侧形成的元素异常带。

断裂构造地球化学异常严格受断裂控制，沿断裂带或构造线方向呈线状、串珠状分布，伴随断裂而大于断裂；异常纵向延伸长，横向发育差；一般断裂上盘异常发育，下盘则较弱，且常具突变。

异常组分和强度变化较大，一般断裂两端异常强，中间弱。异常的峰值出现在断裂的尖灭端和产状突变处。异常在剖面上沿倾向延伸，组分上具明显的分带性，头、中、尾部组合不一，活性组分（As、Sb、Hg、F、B 等），一般集中在晕的前峰及其断裂的上盘。

受多组断裂系统交叉复合控制的断裂复合部位，地球化学异常呈现复合形态。可呈枝杈状、格状等，异常强度大。

晚期异常可切穿早期异常,使早期异常不连续。

利用断裂构造地球化学找矿具有重要意义。断裂构造地球化学异常一般具有如下特征:

(1) 运用地球化学异常资料,作为识别断裂存在的标志。根据线状地球化学异常作为判断断裂存在的辅助标志已在区域地球化学调查工作中得到广泛应用,并进一步提出了地球化学异常特征线、构造地球化学分区线、构造地球化学梯度带和构造地球化学结的概念,作为识别断裂及其交汇部位的标志。

(2) 根据断裂带中元素的分布和组合及分带性特点,有助于筛分与成矿有关的断裂,确定构造的含矿性和有利的成矿构造部位。章崇真指出,与无矿断裂中相比,与成矿有关的断裂其成矿元素明显富集。矿田断裂构造地球化学研究可以查明断裂构造与成矿的关系,确定与成矿有关的断裂,指导矿床的普查评价和寻找隐伏矿床(体)。对广西珊瑚锡矿研究表明,尽管不同方向的断裂成矿元素组合较相似,但元素的含量却显著不同,容矿断裂的钨锡含量往往高于其他断裂。对个旧矿区马拉格矿田的研究也得到相似的结论。

(3) 分析异常组分预测可能存在的矿种。如规模巨大的线性异常,成群成带,常见 Cr、Ti、V、Co、Ni 及贵金属组合,一般显示深大断裂、基底构造,应注意发现基性、超基性岩体和蛇绿岩套组合及有关的 Cr、Ni、V、Ti-Fe、Pt、石棉等矿床(刘泉清,1982)。

(4) 根据不同阶段断裂体系地球化学特征,阐明矿区构造-矿化作用的发展演化规律:Г. М. 贡多宾等指出,哈普切兰金矿区由近东西断裂体系→北西断裂体系→北东断裂体系的构造发展过程,矿化作用相应地表现为金矿化→锡矿化→其他类型的矿化。他们认为,这一研究有助于说明断裂形成的历史和断裂在成矿过程中的作用。李东旭等对内蒙古白乃庙矿田叠生成矿构造地球化学研究也指出由东西向构造→南北向构造→北东向构造的发展伴随有 Cu-Mo、Pb-Zn、Au 三种矿化作用。章崇真认为,在一个矿田范围内,不同阶段的断裂中应有不同的元素富集。掌握成矿作用的演化规律,即可根据断裂地球化学特征区分不同阶段的断裂,进而查明矿田断裂构造的发展演化规律;反之,在查明构造发展演化规律的前提下,亦可根据不同阶段断裂构造的矿化特征确定成矿作用的演化规律。

三、火山及侵入构造地球化学特征

火山构造是反映火山活动特点和历史的地质构造。火山构造的性质控制着火山岩的类型、规模、分布及其物质分异过程,因而在一定程度上决定了化学元素及其组合的分布规律。

由于火山穹隆、破火山口和火山洼地等火山构造在空间上几乎均成近圆形或椭圆形分布,物质在内圈与外围的发生、发展、演化和分异过程有明显差别,因而使得化学元素便随火山构造形态而成环带状分布。

如位于江山-绍兴深断裂东南侧的芙蓉山破火山构造。边缘以环状断裂为界,构成一个直径约 16 km 的近圆形地貌形态,外侧为前震旦系变质岩,与破火山口内火山岩岩性迥异。土壤中微量元素显示以下地球化学特征:

(1) Pb、Hg、Ag 在破火山内呈现一个高含量的趋势,其中 Ag 大于 100×10^{-9},Hg 大于 50×10^{-9}、Pb 大于 35×10^{-6}。而 As、Sb 则呈现低含量趋势,分别小于 8×10^{-6} 和 0.4×10^{-6}。

(2) 高含量的 Cu、Pb、Zn、Au、Ag 分布于破火山边缘,构成以 Sb、As 为外带晕的似环状分带模式。

火山及侵入构造引起的异常一般围绕火山口或岩体呈环状分布,组分分带清晰,显示岩体由内向外，由高温到低温的组合变化。接触带、断裂构造的叠加可形成异常浓集中心。根据异常分布特点（对称性）和组分特点，可以推测岩体产状和剥蚀程度，从而间接指导找矿（吴次芳等，1991）。

第三节　构造地球化学找矿的研究内容和工作程序

构造地球化学找矿的研究内容和工作程序如下：

（1）构造地球化学找矿区段的选择。通过 TM 和 ETM + 图像提取线性构造、环形影像、地层、矿化蚀变信息和地貌景观信息。还可以采用 QuickBird-2 高分辨率（0.61 m）卫星遥感图像提取测区构造的细节，结合区域地质、物化探资料分析和现场地质调查，阐明区域成矿地质构造背景和测区主要控矿条件，选择有利的构造地球化学找矿区段。

（2）成矿期构造应力场分析。从基础地质工作入手，对测区构造进行专题调查和变形分析。通过地质反演、显微构造分析、岩石变形实验、数学模拟和物理模拟等方法揭示成矿期构造应力场及其空间变化规律，探讨成矿物质可能的运移方向和定位空间。

（3）找矿指示元素和成矿元素的组合确定。通过测区和区域已知矿床的化探资料分析确定找矿指示元素，对获取的分析数据进行多元统计分析（聚类分析和因子分析）确定成矿元素组合。

（4）构造地球化学异常圈定和解释评价。运用一系列与成矿元素具有显著相关关系的单变量或组合变量（因子得分），来圈定构造地球化学异常，以达到运用地球化学综合指标来强化异常的目的。阐明构造地球化学异常的空间分布和元素分带性，根据构造地球化学异常形态、产状、规模和强度，结合成矿有利构造部位、蚀变特征等方面资料综合分析，进行隐伏矿体的空间定位。

（5）进行构造地球化学作用和构造动力成矿机制方面的研究。

第四节　构造地球化学找矿的工作方法及特点

一、构造地球化学找矿的工作方法

构造地球化学测量是在岩石地球化学测量的基础上发展起来的一种地球化学找矿方法。

（1）构造地球化学工作设计。不拘泥于传统化探原生晕中的固定式网格取样。构造地球化学剖面间距和样品间距可视已知矿体和矿化蚀变带的形态和规模确定。构造地球化学剖面大致垂直矿区的主要控矿构造带，样品的位置采用 GPS 仪标定。样品间距应遵循近构造带密和远构造带疏的重点性原则。重要地段可加密取样；为保证样品分布均匀和便于成图，在无构造发育地带按一定距离采集岩性控制样。还可沿主要的控矿断裂构造方向加密取样，以最大限度地保证不漏失矿化信息。

（2）采样介质和要求。为断裂破碎带、劈理带、构造岩、矿化蚀变带、岩石裂隙充填物和各种脉体。采用取样点附近多点组合成样（3 ~ 5 个点）以防止偶然性因素影响。对多期活动的构造应对不同活动期次的产物分期取样，采集相应的岩石标本，便于以后室内研究。

（3）构造地球化学异常圈定。通过多元统计分析确定成矿元素组合，利用 suffer 软件对成矿元素含量和矿化因子得分编制地球化学图（或趋势分析图）和地球化学异常图。构造地球化学异常应结合控矿构造的产状和形态特征分析而圈定。

二、构造地球化学找矿的工作方法特点

构造地球化学找矿的工作方法有以下几个特点：

（1）构造地球化学找矿仅采集构造蚀变样品，强调重点提取与成矿有关的信息，因此可强化地球化学异常，取得较好的找矿效果。

（2）由于所采集的构造地球化学样品相对单一，因此样品中包含的地质信息比较一致，无矿的干扰信息少。

（3）由于不局限于传统的网格取样，样品数大大减少，缩短了野外工作时间，提高了工作效率，减少了无效的取样和样品测试，因此是一种经济高效实用的地球化学找矿方法，值得普遍推广。

第五节　构造地球化学找矿的实际应用

近年来，构造地球化学找矿得到了广泛的应用，并已取得了明显的找矿效果。

运用构造成矿作用的思想，在烂泥沟金矿外围陆续找到了瑶家田、高炉、尼罗、尾若、岩碰等一批金矿点，同时在贞丰背斜上对于隐伏、半隐伏矿的寻找取得了重大进展（罗孝桓，1993）。江苏栖霞山矿区外围地表被上构造层中下侏罗统陆相碎屑岩覆盖。由于矿体埋深大（200～500 m），以往常规化探方法效果不佳。后来开展裂隙原生晕法，圈出了若干含量高、范围大的 Pb-Zn-Ag-As-Sb 组合裂隙原生晕异常，指示了深部矿体和矿化带赋存地段。运用构造地球化学方法对会泽铅锌矿进行找矿研究，在 1571 中段 102～130 线间发现并经矿山工程证实 10 号矿体，矿体走向长近 400 m，厚度可达 20 m，铅锌金属储量数十万吨（韩润生等，2003）。

钱建平等人对广西珊瑚锡矿、广西高龙金矿、云南那能金矿和新疆北山金矿等地开展了大量的工作，亦取得了较好的找矿效果。

下面以广西珊瑚锡矿为例，介绍构造地球化学找矿研究的思路。

一、矿区地质概况

矿区出露地层主要为泥盆系，其中莲花山组至郁江组主要为一套碎屑岩，东岗岭组至桂林组主要为一套碳酸盐岩。

矿区构造可以分为三种组合：西部为东西向短轴背斜及相伴的东西、南北向断裂；中部为北东向的八步岭背斜、珊瑚向斜及北东、北西向网格状断裂，其中北东向断裂均向南东倾，倾角 30°～50°，构成叠瓦状，北西向断裂均向北东倾，倾角 45°左右；东部为近南北向的金鹅岭背斜、石墨冲向斜及南北向断裂，见图 5–1。

矿区唯一出露的岩浆岩为西部盐田岭花岗岩株，形成于燕山晚期，成矿元素含量高（W 平均 135×10^{-6}，Sn 平均 201×10^{-6}）、挥发分高（平均 16000×10^{-6}）。矿区中部仅在浅部见一长石脉，但绝大多数研究者都认为存在深部隐伏岩体。

矿区内具有四种矿床类型，即钨锡石英脉型、钨锑萤石石英脉型、钨铁角砾石英脉型和锡石多金属硫化物型。前三种类型在中部均有分布，由东向西依次为钨锡石英脉型（长营

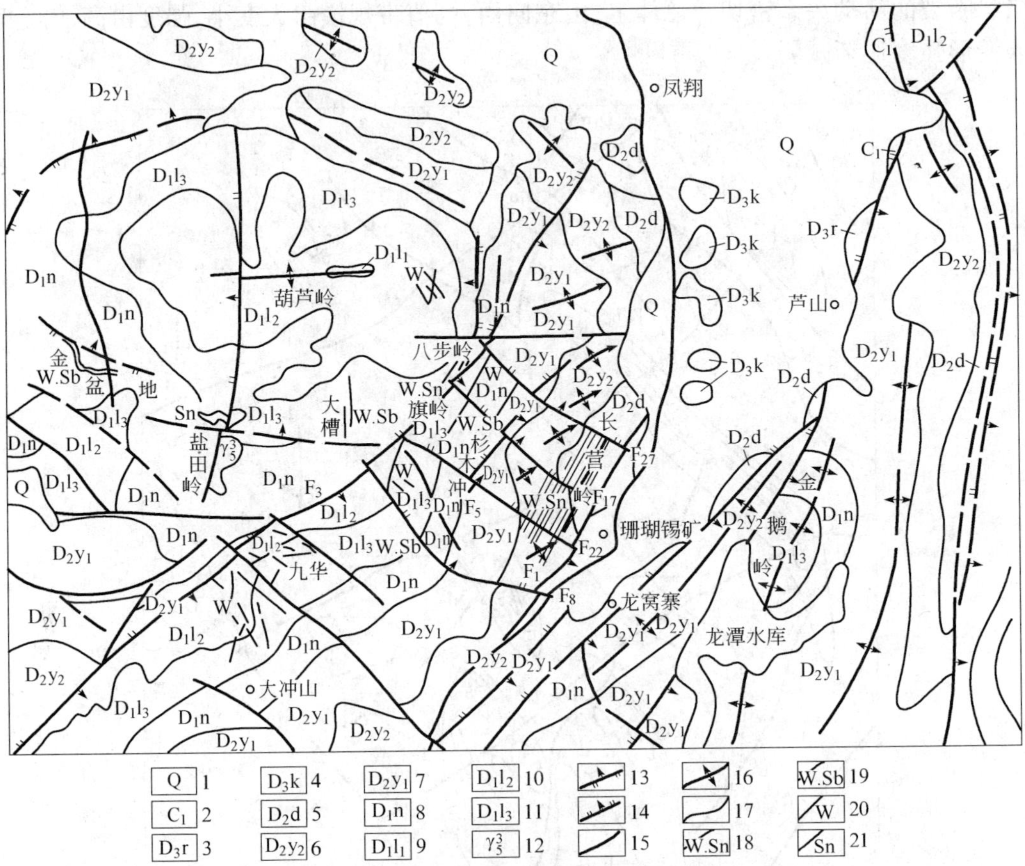

图 5-1　广西平桂珊瑚钨锡矿区地质略图

1—第四系松散层;2—石炭系下统;3—泥盆系上统融县组;4—泥盆系上统桂林组;5—泥盆系中统东岗岭组;6—泥盆系中统郁江组上段;7—泥盆系中统郁江组下段;8—泥盆系下统那高岭组;9—泥盆系下统莲花山组上段;10—泥盆系下统莲花山组中段;11—泥盆系下统莲花山组下段;12—燕山晚期细粒白云母花岗岩;13—逆断层;14—正断层;15—性质不明断层;16—背斜轴;17—地质界线;18—钨锡石英脉;19—钨锑石英脉;20—钨铁角砾石英脉;21—锡石硫化物似层状矿体

岭、八步岭下部)—钨锑萤石石英脉型(杉木冲)—钨铁角砾石英脉型(八步岭上部),具有典型的单侧水平顺向分带(图 5-1)。其中以长营岭钨锡石英脉型矿床工业意义最大。对长营岭矿床研究表明,本区存在四个成矿阶段,即萤石黄玉锡石石英阶段,黑钨矿锡石石英阶段,黑钨矿—硫化物—石英阶段和碳酸盐阶段。其中Ⅰ—Ⅱ阶段为本区的主要成矿阶段。在空间上,由早至晚,各阶段脉体产出深度依次降低,具有典型的垂直逆向分带。

二、成矿期构造应力场分析

本区经历了印支、燕山多期构造变形叠加,构造形迹较为复杂。作者对含矿石英脉裂隙强度(张开度)进行了系统测量,并绘制了裂隙强度等值线图(图 5-2)。由图 5-2 可见,本区主要存在三个裂隙强度高值带,分别与长营岭、杉木冲和八步岭三个矿床对应。高值带均位于北东向主干断层的下盘附近。在北西向断层附近,强度值通常降低,表明其形成与主干网格状断裂的活动关系密切。总体上，由东向西，高值带规模由大变小，强度由高变低，反映拉伸变形强度逐渐减弱。

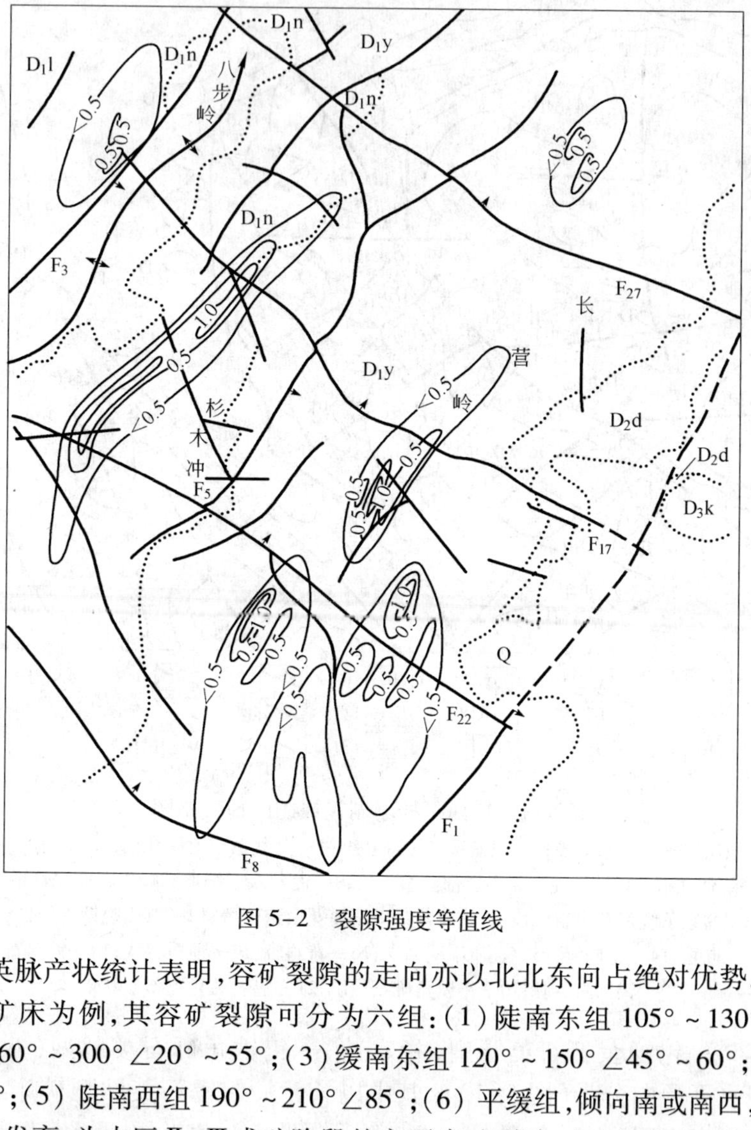

图 5-2 裂隙强度等值线

对含矿石英脉产状统计表明，容矿裂隙的走向亦以北北东向占绝对优势。以本区规模最大的长营岭矿床为例，其容矿裂隙可分为六组：(1) 陡南东组 105° ~ 130° ∠65° ~ 85°；(2) 缓北西组 260° ~ 300° ∠20° ~ 55°；(3) 缓南东组 120° ~ 150° ∠45° ~ 60°；(4) 陡北西组 285° ∠65° ~ 85°；(5) 陡南西组 190° ~ 210° ∠85°；(6) 平缓组，倾向南或南西，倾角 20°。其中以(1)组最为发育，为本区Ⅱ、Ⅲ成矿阶段的主要容矿裂隙；(2)组次之，为本区Ⅰ成矿阶段的主要容矿裂隙，其余各组发育较少。

含矿石英脉产出形态和组合形式表明，本区容矿裂隙兼有典型的张剪复合性质。一方面，在剖面上矿脉常见大量追踪现象，显示典型的“之”字形特征，另一方面，在平面上矿脉常见羽状侧列、尖灭侧现和雁行连接现象，显示左行平移特征(图 5-3)，这与前人认识也颇为一致。

由此可知，本区成矿期构造应力场主要表现为北北东向挤压和北西西向拉伸。由于北东向的一组主干断层在成矿期构造活动中，在三维空间上总体表现为斜向滑移，次级北北东向容矿裂隙亦表现为张剪复合性质，并且在北西向的一组压剪性断层分隔和屏蔽作用下，形成一系列向北东侧伏的减压扩容带，为成矿流体的运移和定位创造了有利的空间(图5-4)。

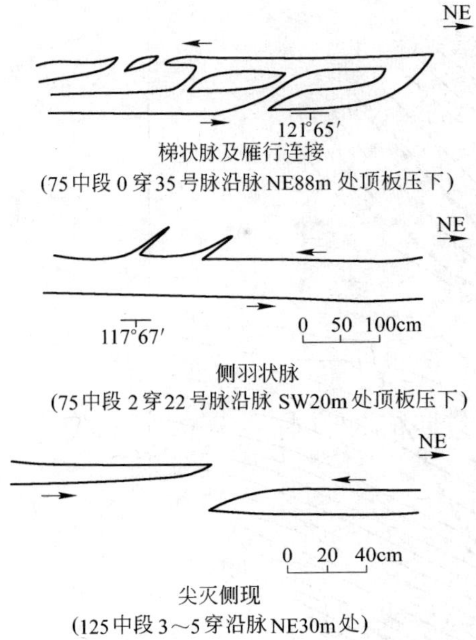

图5-3　容矿裂隙的左行——剪切现象

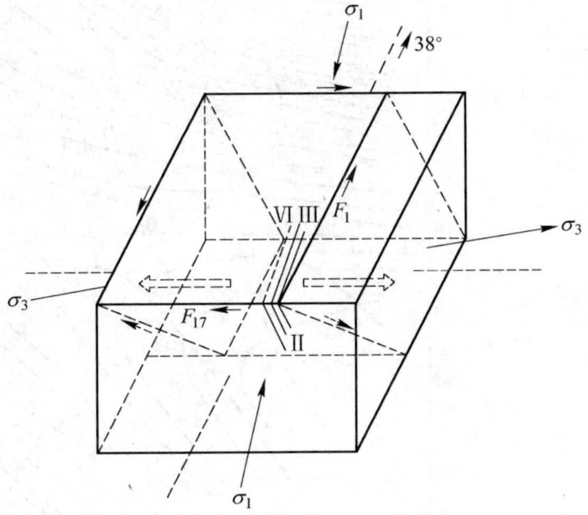

图5-4　成矿期构造应力分析

三、热力场分析

本区中部主要出露一套下泥盆统碎屑岩系,故采用了岩石蒸发晕测量的方法圈定成矿期的热力场。为了更好地反映热力场的空间变化规律,对全区蒸发晕数据进行趋势面分析并加以成图(图5-5)。

在蒸发晕二次趋势面图中,明显出现北西、南东两个高值区,其中北西区趋势值(爆裂脉冲数)为90~210,南东区稍高,为90~330(图5-5)。在蒸发晕四次趋势面图中,北西和南东两个高值区趋于闭合呈圆形。上述结果表明东区长营岭和西区八步岭存在着两个独立的热源,其深部可能分别存在着隐伏岩体或二者为同一隐伏岩体的两个突起部分。

在图5-5中,依剩余值小于零可圈出六个剩余正值带,基本上与裂隙强度高值带吻合。但在杉木冲FS断层下盘出现两个剩余高值带,其中西侧一个与裂隙强度高值带较吻合,东侧一个可能反映出未知的隐伏矿化体。长期以来,矿床学界关于热动力对成矿流体的驱动作用存在着不同的认识。本节试图从如下事实对本区加以分析:

(1)本区岩浆富含大量挥发性组分。据陈渤提供的资料,西区的盐田岭岩体氟可达16000×10^{-6}(4个样品平均值),中区长营岭深部的长石脉中氟可达9250×10^{-6}。

(2)本区主要矿床的矿物组合中含有大量萤石、云母、黄玉、电气石等富挥发分矿物,尤其是萤石广泛见于矿区各种矿床类型中。

(3)对不同阶段单矿物包裹体成分分析表明,早阶段的单矿物包裹体气相组分含量显著偏高,且以CO_2、CO、H_2O为主(表5-1)。又据喻铁阶资料,早世代石英中包裹体大,通常大于10μm,气相比达20%~30%,均一温度高,285~332℃,平均316℃。

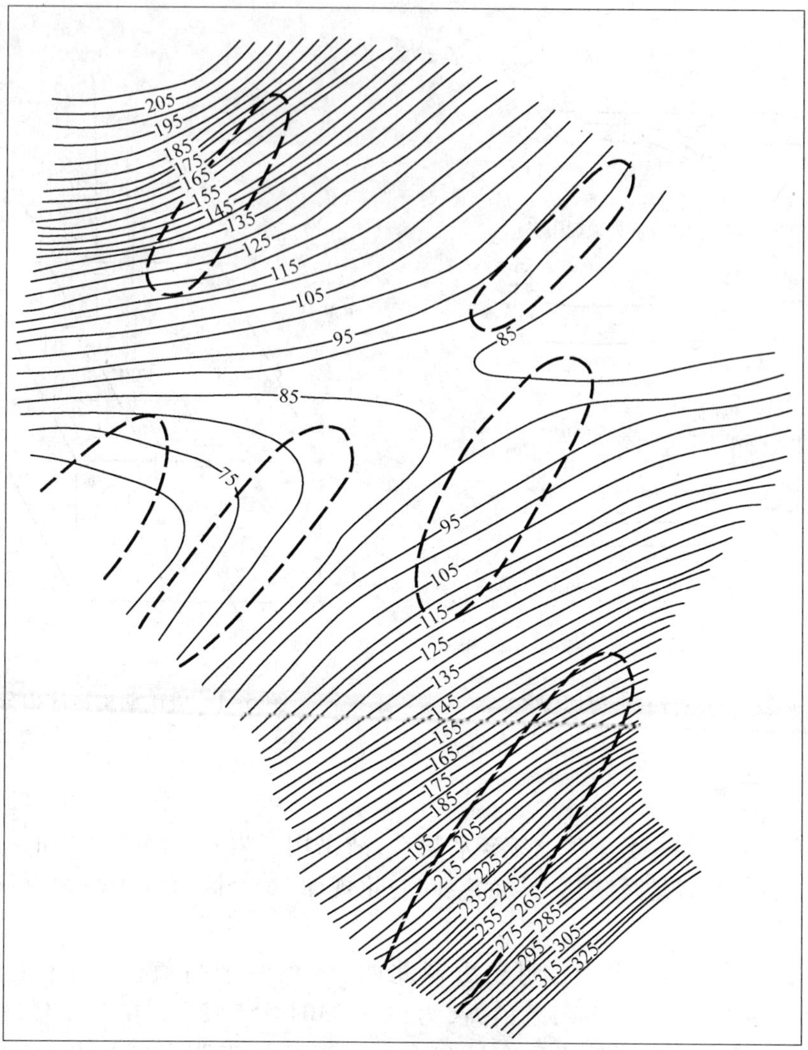

图 5-5 蒸发晕二次趋势面和剩余图

表 5-1 长营岭钨锡石英脉矿床不同阶段矿物包裹体成分

矿化阶段及	液相成分 $w_B/10^{-6}$						气相成分 w_B/mL·(100g)$^{-1}$									
测试矿物	K^+	Na^+	Ca^{2+}	Mg^{2+}	F^-	Cl^-	HCO_3^-	SO_4^{2-}	Cu	Pb	Zn	Fe	CO_2	CO	CH_4	H_2O
第一阶段 锡石	0.43	0.24	1.14	1.51	0.47	1.77	6.70	0.81	0.012	—	—	0.82	36.51	>219	—	12.06
第二阶段 锡石	0.19	0.12	1.56	1.33	0.25	1.06	8.70	5.76	0.021	—	0.03	0.14	14.08	202.56	—	15.99
第一阶段 石英	0.90	1.37	2.10	1.93	0.62	1.24	9.10	2.03	0.005	—	—	0.32	38.52	>202.84	—	83.54
第二阶段 石英	0.07	0.19	0.08	0.05	0.17	0.89	6.80	3.03	—	—	—	0.09	11.42	27.64	0.60	120.19
第三阶段 毒砂	0.12	0.23	2.55	1.09	0.11	1.05	11.40	15.00	—	—	—	1.34	20.30	50.24	—	20.08

注:数据由桂林理工大学化探系分析;"—"痕量。

（4）根据闪锌矿中 FeS 的摩尔分数与压力关系 $p = 42.30 - 32.10\lg X_{FeS}^{SP}$，可求得压力为 89 MPa，大致相当于上覆岩层的静岩压力。鉴于闪锌矿为 1 阶段的主要组分，故可推断早阶段系统压力可能更高。

（5）本区长营岭矿床在脉体形态上具有较为典型的五层楼分带模式。由地表向下，从线脉带—细脉带—中脉带—大脉带，脉幅由小变大，至 -600 m，单脉厚度可达 6.14 m，对不同中段计算各穿脉脉体总厚平均值可得，由 240—175—75 中段，依次为 4.8 m—8.0 m—11.6 m。

（6）长营岭矿床在矿物组合上具有特征的逆向分带。由上向下，依次为萤石黄玉云母锡石石英脉—黑钨锡石石英脉—黑钨硫化物石英脉—碳酸盐脉。

上述特点充分显示岩体的热动力是成矿流体运移的重要因素，尤其在早阶段成矿作用中占据着主导地位。

四、地球化学场分析

为圈定本区的地球化学场，本次研究进行了基岩地球化学测量。全区共取样 445 个，测试元素 19 个（W、Sn、Mn、Ag、Cu、Cd、Sr、Bi、Pb、Ba、Co、Ni、Be、Cr、V、B、Ga、In、Zn）。

对东西两区地球化学数据分别进行因子分析可得，两区具有非常相似的成矿元素组合（表5-2），这似乎亦证实东西两区确实存在着两个独立的成矿中心。进一步分析可见，本区主要成矿阶段的元素组合分别是 Sn(B)（Ⅰ阶段），W（Ⅱ阶段），Cu、Pb(Bi、In)（Ⅲ阶段）。

表 5-2　不同分区原生晕正交旋转因子解

分　区	F_1	F_2	F_3	F_4	F_5	F_6	F_7
西　区	- Ba-Cr-GaMn	NiVCoZn	- Cu-Pb-Bi-In	- Be-H	Sn	Sr	W Ag
东　区	Ba-Cr-Ga-Co	NiVZn	BeSrBiAg	Cu Pb	W	Mn In	Sn B

注：负号表示因子载荷取负值。

对本区三个成矿阶段代表性的成矿元素 Sn、W、Cu 绘制含量等值线图（图 5-6，图 5-7，图 5-8），分析后得出以下几点认识：

（1）本区 Sn、W、Cu 高值带与裂隙强度高值带和蒸发晕剩余正值较吻合，且由东向西，Sn、W、Cu 高值带范围和强度均由大减小，这表明地球化学场与构造应力场和热力场具有不可分割的内在联系，地球化学场是构造应力场和热力场耦合作用的物质体现。

（2）Sn、W、Cu 高值带均呈北北东向展布，这显示北北东向构造是本区有利的容矿构造，其在北西向断层下盘含量迅速增加出现穹状浓集中心，上盘含量突降形成低值槽。再次表明，北西向断层是本区重要隔矿构造。

（3）与蒸发晕二次趋势面图对应，在中部 F_5 断层下盘亦出现两个 Sn、W、Cu 高值带，可能预示着未知的隐伏矿化体。

（4）在 Sn、W、Cu 含量等值线图中，比较而言，W、Sn 异常高值带范围大，强度高，含量变化急剧；Cu 高值带范围小，强度低，含量变化和缓。这一方面说明 W、Sn 是本区重要的成矿元素；另一方面说明 W、Sn 偏于中上部富集，Cu 偏于下部沉淀。由Ⅰ—Ⅲ阶段，成矿系统的能量逐步衰减。

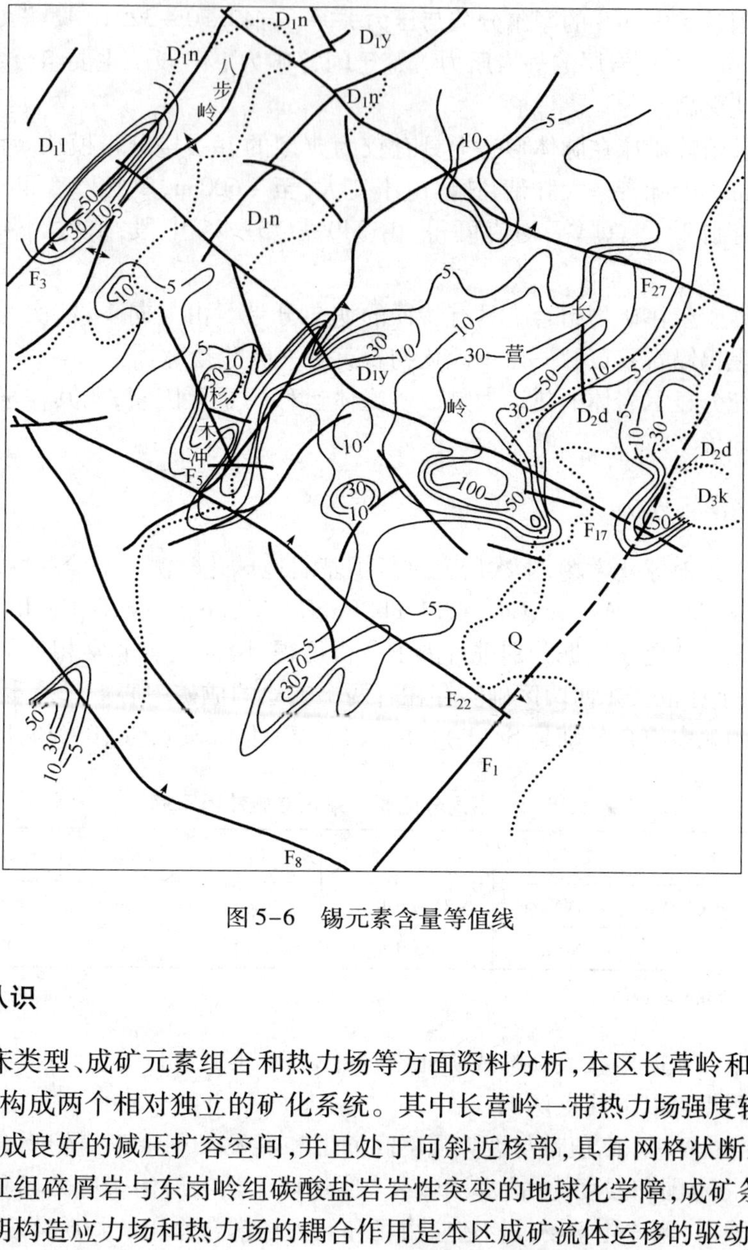

图 5-6 锡元素含量等值线

五、几点认识

（1）由矿床类型、成矿元素组合和热力场等方面资料分析，本区长营岭和八步岭深部均存在隐伏岩体，构成两个相对独立的矿化系统。其中长营岭一带热力场强度较高，成矿期拉伸变形较强，形成良好的减压扩容空间，并且处于向斜近核部，具有网格状断裂的圈闭作用以及存在着郁江组碎屑岩与东岗岭组碳酸盐岩岩性突变的地球化学障，成矿条件最为优越。

（2）成矿期构造应力场和热力场的耦合作用是本区成矿流体运移的驱动力。在成矿早期（Ⅰ阶段），以岩体的热动力占主导地位，在岩体的热动力驱动下，成矿流体由中心深部沿缓倾斜断裂裂隙向东西两侧浅部运移，造成了本区的水平顺向分带。由于西侧一组北东向断裂发育，且为南东倾斜，故水平分带更为显著。在成矿中晚期（Ⅰ—Ⅳ阶段），岩体热动力不断减弱，构造应力场作用占主导地位，在构造应力的驱动下，沿陡倾斜断裂裂隙脉动式上侵，由北东深部向南西浅部运移，造成了本区的垂直逆向分带。

（3）本区 F_5 断层下盘东侧同时出现蒸发晕的剩余正值带和 W、Sn、Cu 的高值带，很有可能为未知的隐伏盲矿体所致，应尽快地布置工程加以验证。根据矿液流向分析，成矿中晚期由北东深部向南西浅部运移的事实（钱建平，1993），今后，深部找矿应放在长营岭矿床北部，而不是前人所认为的矿床南部。

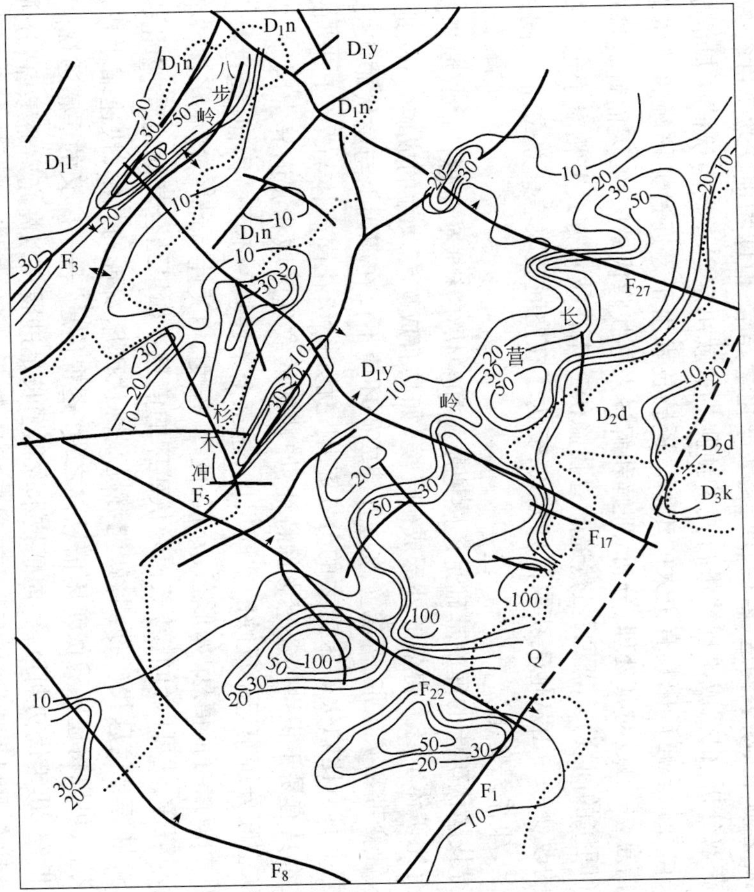

图 5-7　钨元素含量等值线

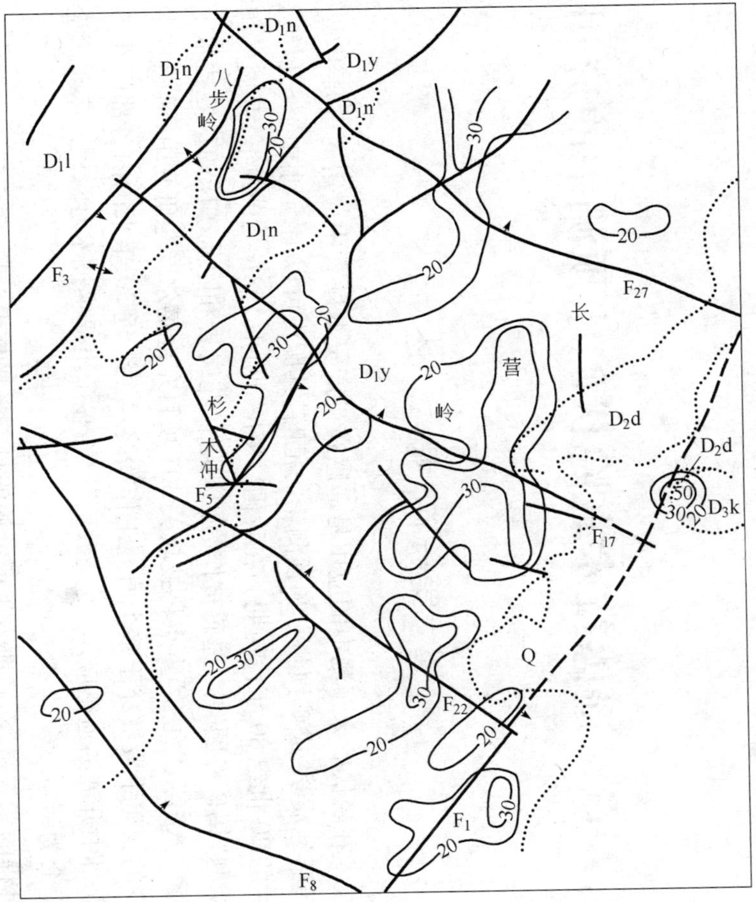

图 5-8　铜元素含量等值线

第六章 遥感技术在隐伏矿床预测中的应用

第一节 概 述

遥感技术在隐伏矿床预测中的应用是遥感在矿产资源勘查中应用的重要组成部分，理论上属于遥感地质学、成矿预测学和预测论的范畴，其历史可以追溯到国内外开始对隐伏矿床投以关注的20世纪80年代初期。在我国“六五”期间(1981~1985年)开展的国家重点科技攻关课题“锡矿专题”中，遥感被作为预测隐伏花岗岩和隐伏矿床的重要技术手段加以应用；在国家“八五”、“九五”重点科技攻关305项目东准噶尔专题研究中，遥感技术也被作为不可缺少的找矿手段贯穿于整个研究工作始终。至于近30年来国内各部门在各种隐伏矿床预测项目中开展的遥感应用，更是数不胜数，显示出遥感技术对隐伏矿床预测应用所具有的旺盛生命力。

这一过程的背景是，随着地表矿产资源的日益采尽枯竭，寻找隐伏矿床资源已经成为当今必须解决的重要课题。隐伏矿床由于潜藏于地下，难以直接发现，寻找只能依据间接信息——如蚀变、矿化、断裂构造、岩性、地层、地球化学异常、地球物理异常等进行，通过对这些信息的获取分析，根据成矿规律进行找矿预测。这就决定了寻找隐伏矿床只能是间接找矿，因而要比寻找表露矿床具有更大的难度。遥感技术由于是通过无接触的遥感方式获取这些间接信息，并通过对其处理、分析、理解和解译来寻找隐伏矿床的，因而就更具有间接找矿的性质(间接的间接)。可见，虽然遥感寻找隐伏矿床在技术方式上相对于地面找矿勘查有了重大的改变——由从地表获取信息方式，变为了在空间获取信息方式，但在间接找矿性质这一点上，却并无变化。

遥感寻找隐伏矿床的理论基础是遥感地质学和隐伏矿床成矿学理论。其原理是由于隐伏矿床具有比矿体本身大得多的外部成矿环境，如具有成矿专属性的成矿岩体、地层、断裂构造(带)、蚀变带和矿化带，等等。这些外部成矿环境不仅在成因上与隐伏矿床关系密切，而且在空间上具有比隐伏矿床更大的分布范围，犹如隐伏花岗岩体与“顶上带”的关系一样，另外还都具有易于识别的遥感影像特征，如特殊的纹理区域和波谱异常区域，以及可以被遥感影像空间分辨率记录反映的空间尺度，这三个条件缺一不可。因而，通过对这些区域的空间特征和波谱特征信息，如形态、分布、位置、程度、相关性、背景等遥感影像特征信息的提取、分析和解译，就可以(间接)获得隐伏矿床的信息。如果结合其他地质、物化探等综合地质资料，开展综合信息找矿预测，就能够提高隐伏矿床发现的几率，快速缩小找矿靶区。在这种意义上，可以将遥感隐伏矿床信息称之为“透视信息”——广义的遥感透视信息。

从20世纪80年代初期至今，遥感技术取得了长足进展。以高光谱遥感、高分辨率遥感和全球环境动态观测为特征的新一代卫星遥感技术，已经广泛运用于科学研究和经济发展的各个领域，导致了空间信息获取、处理和利用的革命性变化。这种变化同样不例外地也扩展到了地质矿产资源勘查领域，导致遥感地质矿产信息形成机理研究、示矿遥感异常信息提取、遥感资料解译自动化和定量化以及遥感与 GIS、GPS 结合精定位找矿研究及应用的显著进步。隐伏矿床作为当今矿产资源勘查的重点目标之一，在新一代遥感技术日益推广普及过程中更是受益匪浅。如今，通过基于高分辨率卫星遥感影像的精定位解译，编制1∶2000（甚至更大）比例尺的遥感隐伏矿床预测图，提供米级精度的勘探工程（如探槽、探井和钻孔等）的设计，已完全可能。而仅仅在 10 年前，这还是不可想象的事情。遥感技术对隐伏矿床预测应用的这种快速发展，也向隐伏矿床预测理论研究提出了新的要求。这就是如何尽快建立起基于新一代对地观测技术的隐伏矿床遥感预测理论和技术体系，以满足我国国民经济快速发展对于矿产资源的需要。

第二节　卫星遥感技术

从 20 世纪后期到进入 21 世纪初的 20 多年的时间里，地球观测遥感技术取得了长足进展，以高光谱、高分辨率和 EOS 计划为特征的新一代卫星对地观测遥感技术，逐渐取代了早期通常只有几个波段、数十米分辨率和长周期观测的“老式”卫星遥感对地观测技术，从而使遥感地质向精准定量遥感应用迈进了一大步。在这一过程中，遥感技术在隐伏矿床预测中的应用也得到很大发展。

一、陆地卫星 Landsat 系列

自美国宇航局 1972 年 7 月 23 日发射第一颗陆地卫星 Landsat-1 以来，以 Landsat 1 ~ 7 组成的陆地卫星系统一直是全世界地质遥感的主力遥感卫星。它们在过去的 33 年里为人类做出了巨大的贡献。该卫星计划主要面向陆地资源观测，由 7 颗系列卫星组成，经历了三代发展。第一代为 Landsat-1、2、3，空间分辨率为 79 m，只有 4 个波段。第二代为 Landsat-4、5、6，空间分辨率为 30 m，扩展为 7 个波段。第三代为 Landsat-7，于 1999 年 4 月 15 日从美国范登堡空军基地发射，空间分辨率为 30 m 和 60 m，在 TM 的 7 个波段基础上，又增加了空间分辨率为 15 m 的第 8 波段（Pan 波段）。该卫星采用了一些新技术，并且与 EOS AM1 按同天轨道结伴飞行，因此属于新一代地球观测系统的组成成员之一。7 颗陆地卫星的主要技术参数见表 6-1。

表 6-1　Landsat 1 ~ 7 主要技术参数

陆地卫星名称	轨道高度/km	地表分辨率/m	波段数	发射时间	图像类型
Landsat-1（ERTS-1）	920	79 × 79	4	1972	MSS
Landsat-2（ERTS-2）	920	79 × 79	4	1975	MSS
Landsat-3	705	79 × 79	4	1978	MSS
Landsat-4（D）	705	30 × 30	7	1982	TM
Landsat-5	705	30 × 30	7	1984	TM
Landsat-6	705	30 × 30	7	1993	ETM
Landsat-7①	705	30 × 30/15 × 15	8	1999	ETM +

① 新一代地球观测卫星。

Landsat-7 作为新一代地球观测系统成员，具有表 6-2 的观测参数，它在性能上相对于过去的 Landsat 1 ~6 做了以下七方面的改进：

（1）Landsat-7 的成像仪 ETM + 中增加了全色波段(Pan)，其分辨率为 15 m。

（2）热红外波段的探测阵列，从过去的 4 个增加到 8 个，对应的分辨率从 120 m 提高到 60 m。

（3）下行数据有两个，各为 75 Mbps，采用空间数据系统咨询委员会的 CCSDS 格式。第一个通道包含 1 ~6 个波段数据，第二个通道包含 6、7、8(Pan)波段数据。

（4）Landsat-7 的 ETM + 的数据的绝对辐射精度为 5%，波段间配准精度为 0.3 个像元。在不使用地面控制点的情况下，地理定位精度为 250 m。

（5）Landsat-7 有星载固体存储器约 400 Gbps 容量，保证卫星设计寿命 5 年后仍有 378 Gbps，可记录大约 100 景 ETM + 数据。

（6）卫星可以同时以 150 Gbps 的速率实时向三个国际地面站传送数据，总的传送能力为 450 Gbps，或同时以 300 Mbps 的速率向一个美国站，150 Mbps 的速率向一个国际地面站传送数据。

（7）Landsat-7 与 EOS AM1 两颗卫星按同天轨道结伴飞行，前后间隔 15 ~60 min。Landsat-7 飞越赤道上空的时间为上午 10:00，EOS AM1 为 10:15。EOS AM1 地面扫描宽度为 2048 km。在可见光、近红外、短波红外和热红外有 29 个星下点分辨率为 1 km 的波段，灰度为 12 bits。此外，还有两个分辨率为 250 m 的 VNIR 波段和 5 个分辨率为 500 m 的 VNIR/SWIR 波段。这样，可在几乎相同的大气和植被生长条件下同时获得具有高分辨率(30 m)和中粗分辨率(250 ~1000 m)的多光谱数据。

表 6-2 Landsat-7 ETM + 的观测参数

波 长/μm	分辨率/m	覆盖范围/km	波 长/μm	分辨率/m	覆盖范围/km
0.45 ~0.52 蓝色	30	183 × 170	1.55 ~1.75 短波红外	30	183 × 170
0.52 ~0.60 绿色	30	183 × 170	10.4 ~12.5 热红外	60	183 × 170
0.63 ~0.69 红色	30	183 × 170	2.08 ~2.35 短波红外	30	183 × 170
0.76 ~0.90 近红外	30	183 × 170	0.50 ~0.90 全色	15	183 × 170

在这 7 方面改进中，增加 15 m 分辨率的全色波段(Pan)对隐伏矿床勘查有较大实际意义。因为通过将该波段数据与其他 ETM + 多光谱波段数据融合，可以同时得到兼具 15 m 空间分辨率和多光谱信息的隐伏矿床遥感“透视信息”，从而使精定位预测能力增加。虽然，因 Landsat-7 卫星 SLC(扫描行校正器)发生故障，中科院卫星遥感地面站已从 2004 年 10 月 1 日起停止接收 Landsat-7 数据，但对隐伏矿床预测来说，历史存档数据与最新接收的数据具有同等的使用效能，因为矿产地质信息在现今阶段发生时变的因素可以忽略。因此，该卫星发射以来的所有历史存档数据对地质找矿仍具有同样的价值。当然，受云层覆盖者除外。

二、SPOT 卫星系列

SPOT 卫星系列是法国空间中心设计制造的地球观测试验卫星，第一颗卫星 SPOT-1 的发射时间是 1986 年 2 月 21 日，至今已经发射了 5 颗，即 SPOT 1 ~5。这 5 颗卫星的主要技术参数见表 6-3，SPOT-5 的主要技术参数见表 6-4。

表 6-3 SPOT1~5 的主要技术参数

陆地卫星名称	轨道高度/km	地表分辨率/m	波段数	发射时间
SPOT-1	822	10, 20	4	1986.2.22
SPOT-2	822	10, 20	4	1990.1.22
SPOT-3	822	10, 20	4	1993.9.26
SPOT-4	822	10, 20	5	1998.3.24
SPOT-5	705	2.5, 5.0, 10	5	2002.5.4

表 6-4 SPOT1~5 的主要技术参数

波段/μm	高分辨率几何装置/m	植被成像装置/km	高分辨率立体装置/m	波段/μm	高分辨率几何装置/m	植被成像装置/km	高分辨率立体装置/m
PA:0.49~0.69	2.5 或 5	—	10	B3:0.78~0.89	10	1	—
B0:0.43~0.47	—	1	—	SWIR:1.58~1.75	20	1	—
B1:0.49~0.61	10	—	—	视　场	60000	2250	120000
B2:0.61~0.68	10	1	—				

SPOT 主要优点是:独有的倾斜观测功能,可以接收立体像对,因而可以根据卫星数据生成 DEM,而通过 SPOT 的三颗卫星同时运作,又能够使这一对影像之间的时间差缩到最短(最短获取同一对影像的前后时间差仅为 20 min),这样就保证了经相关处理后得到的 DEM 具有较高的几何精度(相对高程精度可达 10 m 左右)。

由表 6-3 和表 6-4 可见,SPOT5 有着比 SPOT 1~4 高得多的地面分辨率,从而使它可以在隐伏矿床大比例尺精定位勘查预测中发挥出重要的作用。

三、Quickbird 卫星系列

Quickbird(快鸟)是目前世界上具有最高空间分辨率的商用卫星。Quickbird-1 于 1999 年 11 月发射失败后,Quickbird-2 于 2001 年 10 月 18 日发射成功,成为目前世界上分辨率最高、性能最优秀的一颗商用卫星。该卫星全色波段的地面分辨率为 0.61(Pan 波段,星下点)~2.44 m(多光谱,星下点),地面覆盖宽度为 16.5 km,含大部分可见光和近红外波段信息,因此,非常适于中-大比例尺精确定位矿产地质勘查,尤其是老矿山“二轮找矿”的精细地质勘查,成像参数见表 6-5。

表 6-5 Quickbird 卫星主要技术参数

成像方式	推扫式成像		成像方式	推扫式成像
传感器	全波段	多光谱	立体成像	沿轨/横轨迹方向
分辨率/m	0.61(星下点)	2.44(星下点)	辐照宽度	以星下点轨迹为中心,左右各 272 km
波长/nm	450~900	蓝:450~520	成像模式/km×km	单景　16.5×16.5
		绿:520~600		条带　16.5×165
		红:630~690	轨道高度/km	450
		近红外:760~900	倾角/(°)	98(太阳同步)
量化值	11 位		重访周期/d	1~6(70 cm 分辨率,取决于纬度高低)
星下点成像	沿轨/横轨迹方向(+/-25°)			

四、Iknos 卫星系列

Iknos 卫星是美国空间成像公司于 1999 年 9 月 24 日发射升空的世界上第一颗高分辨率商用卫星，由美国洛克希德马丁公司(Lockheed Martin Co.)设计制造。雷神公司(Raytheon)负责建立地面接收系统和影像处理系统，见表 6–6。

表 6–6 Iknos-1 卫星的主要技术参数

发射日期	1999 年 9 月 24 日	扫描宽度/km	11
发射载体	雅典娜载体	波段类型	多波段、全波段
质量/kg	817	波长范围/μm	多波段：
轨道高度/km	681		0.45 ~ 0.52
轨道倾角/(°)	98.10		0.52 ~ 0.60
轨道类型	太阳同步		0.60 ~ 0.69
轨道周期/min	98		0.76 ~ 0.90
速度/km · s^{-1}	6.5 ~ 11.2		全波段：
重访周期/d	2.9(1 m 影像)，1.5(1.5 m 影像)		0.45 ~ 0.90

五、CBERS 卫星系列

CBERS 是中-巴地球资源卫星的缩写。1986 年，我国国务院批准利用传输型卫星技术，研制资源一号卫星。1988 年，为加强发展中国家之间高科技合作，中国与巴西签署联合议定书，在我国研制的一号卫星基础上，联合研制中巴地球资源一号卫星。目的旨在：

(1) 为国土开发整理规划、国民经济和社会发展中长期规划、地区经济发展规划，对国土资源与环境进行宏观、动态、综合、快速、多层次、多时像的调查，提供基础资料；

(2) 为农业、林业、水利、地矿、测绘、海洋、环保、军事等行业提供自主的地球资源卫星遥感信息；

(3) 为我国政治、经济、外交、军事需要，调查有关资源、环境、灾害情况。

根据这些目的，CBERS 的主要应用领域归纳为 16 个方面，即：地理空间信息更新、国土资源遥感综合调查、土地资源调查、农业资源动态监测、森林资源调查、水资源及水利、水电工程选址调查、环境调查、海洋及海岸带资源调查、城市调查、旅游景观调查、环境地质调查、自然灾害调查、测绘制图、外国资源调查和军事侦察。卫星装载了 3 个传感器，即 CCD 相机、红外多光谱扫描仪(IRMSS)和宽视场成像仪(WFI)。三者各担负不同的成像使命。其中大多数波段与 TM 或 ETM + 的波段有对应关系，见表 6–7。

表 6–7 CBERS-1 传感器的波段参数及与 TM/ETM + 的对应关系

传感器	波 段	波段范围/μm	分辨率/m	相当于 TM 或 ETM + 波段
CCD	B1	0.45 ~ 0.52	20	TM1/ETM + 1
	B2	0.52 ~ 0.59	20	TM2/ETM + 2
	B3	0.63 ~ 0.69	20	TM3/ETM + 3
	B4	0.77 ~ 0.89	20	TM4/ETM + 4
	B5	0.51 ~ 0.73	20	

续表 6-7

传感器	波　段	波段范围/μm	分辨率/m	相当于 TM 或 ETM + 波段
IRMSS	B6	0.5 ~ 0.9	80	
	B7	1.55 ~ 1.75	80	TM5/ETM + 5
	B8	2.08 ~ 2.35	80	TM7/ETM + 7
	B9	10.4 ~ 12.5	160	TM6/ETM + 6
WFI	B10	0.63 ~ 0.69	256	TM3/ETM + 3
	B11	0.77 ~ 0.89	256	TM4/ETM + 4

我国为推广 CBERS 影像数据使用举办过至少 6 期以上的技术培训班,在许多部门已经取得了较好的应用成果。由于 CBERS 的红外多光谱扫描仪 IRMSS 具有近、中、远红外波段,非常适合于探测矿化蚀变遥感信息,因此,对隐伏矿床勘查预测有很大的应用潜力和价值。国土资源航空物探遥感中心利用 CBERS-1CCD 数据,在西南天山霍什布拉克地区开展铅、锌、铜、金等地质矿产信息提取取得了较好效果的事实,就证明了这一点。由于 CBERS 是完全具有我国自主知识产权的技术数据,与外星数据相比,在数据获取方便性和价格上,都存在巨大的优势,有利于国内生产、科研和教学部门的推广应用,因此,具有良好的发展前景。

六、印度 RESOURCESAT-1 卫星(IRS-P6)

RESOURCESAT-1 卫星(IRS-P6)是 2003 年 10 月 17 日在印度空间发射中心发射升空的,该卫星是印度 IRS-1 卫星系列的成功延续。在 IRS-P6 卫星上装载有 LISS-4、LISS-3 及 AWIFS 等传感器,主要应用于农业。同时,它所传回的遥感图像分辨率约 5.8 m,可应用于城市规划、灾害处理、制图等领域,具有分辨率高、重访周期短、覆盖范围大等特点,填补了我国 5m 分辨率多光谱卫星数据的空白。

RESOURCESAT-1 卫星运行寿命为 5 年,为近地极轨道,与太阳同步,平均高度为 817 km。该卫星的独特之处在于将三种分辨率不同、幅宽不同的传感器组装在同一个平台上。其中,该星 23 m 及 56 m 分辨率的彩色图像适用于环境及农业监测、自然资源管理、土地利用计划、灾害处理,这些图像具有信息丰富、覆盖范围大等特点,适合于矿产普查与成矿预测。

RESOURCESAT-1 卫星轨道为太阳同步、近地极轨道。从 RESOURCESAT-1 的轨道模型来看,它具有典型的光学遥感卫星的特点。卫星轨道参数见表 6-8。

表 6-8　RESOURCESAT-1 卫星轨道参数

长半轴/km	7195.12	重访周期(LISS-3)/d	24
轨道高度/km	817	重访周期(LISS-4)/d	5
轨道倾角/(°)	98.731	重访周期(AWIFS)/d	5
偏心率	0.001	相邻轨道距离/km	117.5
每天飞行的轨道数	14	经过赤道时间	10:30 ± 5 min(降轨)
轨道周期/min	101.35	设计寿命/年	5

此外,还有欧空局 ENVISAT-1 卫星(ASAR 传感器)、美国 TERRA 卫星(ASTER 传感器)等等(见表 6-9,表 6-10),限于篇幅,不逐一加以介绍。

七、当前世界上高分辨率遥感卫星和遥感光学传感器

我国国家863计划308主题“空间信息获取与处理”，对当前世界上高分辨率遥感卫星和遥感光学传感器做了调查分类，见表6-9和表6-10。中国和巴西合作研制的CBERS被划归为高分辨率卫星。根据此两表，隐伏矿床预测可以根据需要选择适合的卫星数据。

表6-9 近年来发射的高分辨率遥感卫星及其主要技术参数

国 家	计划名称	轨道高度/km	重复周期/d	地面分辨率/m	传感器	波 段	发射日期
中国-巴西	CBERS	778	26	20~256	P, M	11	1999
印 度	IRS-1C	817	24	5.8~7.3	P, M	5	1996.12
日 本	ASTER	750	16	15~90	P, M	14	1999
欧空局	ERS2	785	35	26	R	1	1995
法 国	SPOT-4	832	26	10~20	P, M	4	1998
法 国	SPOT-5	832	26	10~20	P, M	4	2002.5.4
澳大利亚	RIES-1	500	7	10~30	P, Hyper	105	2000
加拿大	Radarsat-1	793	24	9~100	R	1	1995
加拿大	Radarsat-2	793	24	3~100	R	1	2001
美 国	Landsat-7	705	16	15~60	P, M	8	1999
美 国	IKONOS-2	681	<3	1~4	P, M	4	1999
美 国	Orbview-3	470	<3	1~4	P, M	4	2000
美 国	Orbview-4	470	<3	1~8	P,M,Hyper	200	2001
美 国	Lightsar	800	24	25	R	3	2002
美 国	Probe-1			5~10	Hyper	128	
美 国	Quickbird-1	450	1~6	0.61~2.44	P, M	4	
美 国	Quickbird-2	450	1~6	0.61~2.44	P, M	4	2001.10.18

表6-10 新一代遥感光学传感器概况

传 感 器	平台	计划/国别	光谱/nm	波段数	主要用途	发射时间
HIRIS高分辨率成像光谱仪	卫星	EOS/美国	400~2450	192	生物圈	1998~
HRVIR高分辨率可见光红外传感器	卫星	SPOT-4/法国	510~730 500~1700	1,4	植被、叶绿素、探测	1986~2004
EOS-COLOR海色仪	卫星	EOS/美国	402~885	8	海洋颜色	1998~
ISTOK-1红外光谱辐射系统	卫星	PRIRODA-1/俄罗斯	400~1600	64	地球生态、海洋、气象、地质、大气	1995~1998
AVNIR-2先进的可见近红外辐射仪	卫星	ADEOS/日本	420~890	5	陆地、沿海观测	2000~2003
Quickbird快鸟传感器	卫星	Farth Watch/美 国	450~900	1,4	制 图	1997~
MERRIS	卫星	POEM	400~1050	15	海洋、大气	1998~2002

续表 6-10

传感器	平台	计划/国别	光谱/nm	波段数	主要用途	发射时间
中等分辨率成像光谱仪		ENVISAT-1/欧洲空间局			陆地观测	
MODIS 中等分辨率成像光谱辐射计	卫星	EOS/美国	400~14500	36	大气、海洋、陆地、地球物理	1998~
EOSP 地球观测扫描偏震计	卫星	EOS/美国	410~2250	12	太阳辐射、制图、气溶胶	1998~
GLI 全球成像仪	卫星	ADEOSII/日本	可见光、近红外、热红外	34	碳循环	1999~2004
ALISSA 大气激光雷达探测仪	卫星	PRIRODA-1/俄罗斯			云、气溶胶、大气 大 气	1995~1998
CCD 电荷耦合器件相机	卫星	CBERS/中国、巴西	450~890	5	高分辨率制图	1999
MISR 多角度成像光谱辐射计	卫星	EOS AM/美国	可见/近红外 9 个观测角度	4	气溶胶、地表、立体摄影	1998~
HYDICE 高光谱数字图像收集实验仪	飞机	美 国	400~2500	206	军民两用、农林业 环境资源管理	调试阶段
DIAS-16115 数字式航空成像光谱仪	飞机	美 国	400~1200	160	陆地、海洋生态 环境、农林业 地质制图	始于 1994
ROSIS 反射光学系统成像光谱仪	飞机	德 国	430~830 (=2400)	84	沿海地区叶绿素	始于 1993
SFSI 短波红外满光谱制图成像仪	飞机	加拿大	1200~2400	122	陆地表面观测	始于 1994
SMIFIS 空间可调成像傅里叶变换光谱仪	飞机	美 国	1000~5200	100	陆地表面观测	1993~
TRWIS TRW 成像光谱仪	飞机	美 国	450~880 900~1800	98 128	自然资源勘探 管理、环境保护	1991~

第三节 遥感图像处理技术

隐伏矿床遥感“透视信息”获取问题，实质是隐伏矿床外部环境遥感影像特征识别问题，即对隐伏矿床的间接指示信息——蚀变、矿化、断裂构造、岩性、地层、地球化学异常、地球物理异常等的空间特征和波谱特征的识别问题。因此，采用何种技术手段有效提取这些间接示矿信息，是遥感在隐伏矿床预测中应用的关键。随着以高分辨率和高光谱为特征的新一代卫星技术的广泛投入使用，遥感图像处理方法也在不断更新改进，以适应新一代遥感技术应用不断发展的需要。面向新一代卫星遥感的数字图像处理除了保持采用一些传统的技术方法外，还采用了一些新方法新技术。

一、高分辨率卫星影像几何精校正

卫星在空间对地球表面遥感成像过程中，由于扫描、地球自转、地球曲率、地形起伏、运行高度变化、运行速度变化、运行产生的扫描行扭斜、卫星姿态角变化、多光谱扫描的全景投影和空间麦卡托透影等原因，会造成卫星传感器成像误差，引起卫星遥感图像几何形变，使遥感解译信息具有准确的定位性，必须对遥感影像作几何精校正处理。从原理上，新一代高分辨率卫星遥感与过去卫星遥感并无差异，但在校正点坐标数据采集上，两者却有很大不同。对于中、低分辨率的卫星影像如 MSS、TM 和 ETM +（多光谱波段）等，因其分辨率在 15 ~120 m，对精度要求相对较低，因此，几何精校正控制点取自 1:5 万或 1:1 万的地形图已能满足要求；而对于分辨率已提高到米级和分米级的高分辨率卫星影像，这种采集控制点的方式就失之过粗，误差太大，而必须采用与之相适应的方式。作者实践过两种方式——目前一直主要采用的方式：一种是用 GPS 仪到影像区内实测控制点坐标，另一种就是从大比例尺的地形图（如 1:500）上量度控制点坐标。实践表明，这两种方式获得的控制点数据都能较好地满足高分辨率卫星影像几何精校正的要求。

几何精校正对于隐伏矿床预测的重要性在于，现在大多数高分辨率卫星遥感找矿应用，都主要面向矿山及其外围的“二轮找矿”或者“寻找危机矿山替代资源”勘查的隐伏矿床预测进行，因而都希望得到大比例尺的精定位找矿预测结果，以便直接设计详查或精查地质勘查验证工程，如探槽和钻孔位置等。这就要求将新一代卫星遥感技术用于隐伏矿床预测时，必须采用更准确的几何精校正方法。当然，如果工作区有大比例尺地形图，如 1:500，仍可采用地图量取坐标的方法，但若无这样的大比例尺地形图——这种情况属多，则必须采用 GPS 实测地面控制点。总之务必明了，在不作几何精校正的情况下运用高分辨率卫星影像数据，乃是一种对高技术遥感数据资源的极大浪费！因此，几何精校正对于高分辨率卫星遥感隐伏矿床预测必不可少。

二、高分辨率卫星影像数据融合

遥感图像信息融合（Fusion）是将多源遥感数据在统一地理坐标系中，采用一定的算法生成一组新的信息或合成图像的过程。不同的遥感数据具有不同的空间分辨率、波谱分辨率和时相分辨率，如果能将它们各自的优势综合起来，就可以优势互补。这样不仅扩大了各自信息的应用范围，而且大大提高了遥感影像分析的精度。

遥感图像信息融合不仅仅表现在多源遥感图像信息之间的叠加方面，还表现在利用多源遥感图像信息进行目标的识别决策上。例如在基于 Bayes 模型的目标识别方案中，可以利用不同平台、不同类型传感器、不同时相的遥感数据，通过计算得到目标的融合概率，最后以融合概率为基础实现目标的识别决策。再如在基于 Dempster-Shafer 证据理论（简称为 D-S 理论）的目标识别方案中，可以利用不同平台、不同类型传感器、不同时相的遥感数据通过计算得到目标的综合可信度，以综合可信度为基础就可以实现目标的识别决策。这种以 Bayes 模型、D-S 理论为基础的信息融合方法称之为“信息融合的模型方法”。

多种遥感数据融合的技术关键是：（1）充分认识研究对象的地学规律；（2）充分考虑不同遥感数据之间波谱信息的相关性而引起的有用信息的增加和噪声误差的增加，对多源遥感数据作出合理的选择；（3）解决遥感影像的几何畸变问题，使各种遥感影像在空间位置上能精确配准起来；（4）选择适当的融合算法，最大限度地利用多种遥感数据中的有用信息。只有对研究对象的地学规律、遥感影像几何和物理特性、成像机理这三者有深刻的认识，并把它们有机地结合起来，信息融合才能达到预期的效果。

遥感数据融合的算法很多，如植被指数算法、缨帽变换、主成分分析、基于模型的方法等等，但总的来说，目前还没有统一的数据融合模型和有效的融合效果评价方法。本节主要介绍几种利用原始遥感数据生成新的信息量更加丰富的遥感影像的算法。

（一）基于 HIS 变换的遥感影像信息融合

在计算机内定量处理色彩时，通常采用 RGB 系统，但在视觉上定性的描述色彩采用 HIS 显色系统更直观一些。HIS 显色系统采用色调（Hue）、饱和度（Saturation）、亮度（Intensity）表示颜色。为了实现两套色彩表示系统之间的转换，必须建立 RGB 空间和 HIS 空间之间的关系模型，RGB 空间和 HIS 空间相互转化的处理过程称之为 HIS 变换。利用 HIS 变换，可以进行多源遥感图像之间的信息融合。

1. HIS 变换的正变换（由 RGB 到 HIS）

令 $M=\max(R,G,B)$，$m=\min(R,G,B)$

$$r=\frac{M-R}{M-m} \qquad g=\frac{M-G}{M-m} \qquad b=\frac{M-B}{M-m}$$

其中 r,g,b 中至少有一个为 0 或 1。

（1）$I=\frac{M-m}{2.0}$。

（2）当 $M=m$ 时，$S=0.0$；

当 $M\neq m$，$I\leqslant 0.5$ 时，$S=\frac{M-m}{M+m}$；

当 $M\neq m$，$I>0.5$ 时，$S=\frac{M-m}{2.0-M-m}$。

（3）当 $S=0.0$ 时，$H=0.0$；

当 $S\neq 0.0$，$R=M$ 时，$H=60\times(2+b-g)$；

当 $S\neq 0.0$，$G=M$ 时，$H=60\times(4+r-b)$；

当 $S\neq 0.0$，$B=M$ 时，$H=60\times(6+g-r)$。

2. HIS 变换的逆变换（由 HIS 到 RGB）

当 $I\leqslant 0.5$ 时，令 $M=I\times(1.0+S)$；

当 $I>0.5$ 时，令 $M=I+S-I\times S$；

令 $m=2.0\times I-M$

（1）$R=f(m, M, H)$；

（2）$G=f(m, M, H-120)$；

（3）$B=f(m, M, H-240)$。

上面三式的右端可以改写成函数 $f(m,M,h)$ 的形式，当 h 为负数时，可加上 360 使之为正，f 的具体形式为

当 $0\leqslant h<60$ 时，$f=m+\frac{(M-m)h}{60}$；

当 $60\leqslant h<180$ 时，$f=M$；

当 $180\leqslant h<240$ 时，$f=m+\frac{(M-m)(240-h)}{60}$；

当 $240 \leqslant h < 360$ 时，$f = m$。

3. HIS 在遥感影像信息融合中的应用

利用 HIS 变换，可以实现不同空间分辨率的遥感图像之间的几何信息的叠加。例如，对于 SPOT 全色波段的图像（分辨率为 10 m，图像大小为 6000 像元 × 6000 像元）和多光谱图像（分辨率为 20 m，图像大小为 3000 像元 × 3000 像元），可先对多光谱图像进行重采样，使其在图像大小方面跟全色波段一致。然后对三个波段的多光谱实施 HIS 正变换，并用 10 m 分辨率的全色波段图像替换经 HIS 正变换以后得到的亮度分量 I，最后进行 HIS 逆变换可得 10 m 分辨率的多光谱图像，这个过程如图 6-1 所示。

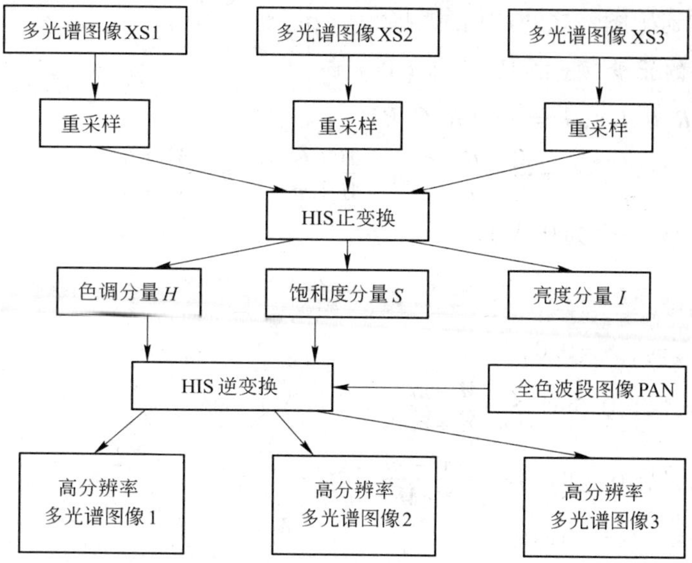

图 6-1 SPOT 全色波段和多光谱图像的信息融合

在多种遥感数据融合处理中，最重要的是掌握信息融合的机理。例如在上面的处理中，利用 HIS 正变换把 3 个波段的多光谱图像变成了具有明确物理意义的三个量：亮度、饱和度和色调。而亮度分量图像上的像素值反映了地物在 0.50 ~ 0.59 μm、0.61 ~ 0.68 μm、0.79 ~ 0.89 μm 3 个波段上辐射强度的总和，全色波段图像上的像素值反映了地物在 0.51 ~ 0.73 μm 波段上的辐射强度，物理意义基本相同，因此这种替换是合理的。

此外由于 SPOT 多光谱图像中的红、绿波段与全色波段的相关性很强，也可以采用相关系数的方法将全色波段的信息融合到多光谱图像中去，具体方法如下：

（1）对多光谱图像进行重采样，使其大小和全色波段图像一致。

（2）计算多光谱图像各波段与全色波段图像的相关系数

$$r(P,X_k) = \frac{\sum_{i=1}^{m}\sum_{j=1}^{n}(P(i,j)-\overline{P})\cdot(X_k(i,j)-\overline{X}_k)}{\sqrt{\sum_{i=1}^{m}\sum_{j=1}^{n}(P(i,j)-\overline{P})^2\cdot\sum_{i=1}^{m}\sum_{j=1}^{n}(X_k(i,j)-\overline{X}_k)^2}} \tag{6-1}$$

式中，$k = 1,2,3$；m,n 分别为图像的长、宽；$P(i,j)$ 为全色波段图像上 (i,j) 处的像素值；$\overline{P}$ 为

全色波段图像的灰度平均值；$X_k(i,j)$ 为重采样后的多光谱中第 k 波段图像上 (i,j) 处的像素值；$\overline{X}_k$ 为重采样后的多光谱中第 k 波段图像的灰度平均值。

(3) 按下式将全色波段图像的信息融合到多光谱图像各波段中

$$X_k^*(i,j) = \frac{1}{2}[(1+|r(P,X_k)|)\times P(i,j) + (1-|r(P,X_k)|)\times X_k(i,j)] \quad (6-2)$$

式中，$k=1,2,3$；$i=1,2,\cdots,m$；$j=1,2,\cdots,n$；$X_k^*(i,j)$ 即是融合了全色波段信息后第 k 波段图像上 (i,j) 处的灰度值。

(二) 基于小波变换的遥感影像信息融合

1. 正交二进小波变换

假设有一个二维图像 $f(x,y)\in V_{j+1}^2$，$\{c_{m,n}^{j+1},m,n\in Z\}$ 是 $f(x,y)$ 在分辨率 $j+1$ 上的近似表示，则二维信号 $\{c_{m,n}^{j+1},m,n\in Z\}$ 的有限正交小波分解公式为

$$\begin{cases} c_{m,n}^{j} = \frac{1}{2}\sum\limits_{k,l\in Z} c_{k,l}^{j+1} h_{k-2m} h_{l-2n} \\ d_{m,n}^{j1} = \frac{1}{2}\sum\limits_{k,l\in Z} c_{k,l}^{j+1} h_{k-2m} g_{l-2n} \\ d_{m,n}^{j2} = \frac{1}{2}\sum\limits_{k,l\in Z} c_{k,l}^{j+1} g_{k-2m} h_{l-2n} \\ d_{m,n}^{j3} = \frac{1}{2}\sum\limits_{k,l\in Z} c_{k,l}^{j+1} g_{k-2m} g_{l-2n} \end{cases} \quad (6-3)$$

相应的重建公式为

$$c_{m,n}^{j+1} = \frac{1}{2}\left(\sum_{k,l\in Z} c_{k,l}^{j}\tilde{h}_{2k-m}\tilde{h}_{2l-n} + \sum_{k,l\in Z} d_{k,l}^{j1}\tilde{h}_{2k-m}\tilde{g}_{2l-n} + \sum_{k,l\in Z} d_{k,l}^{j2}\tilde{g}_{2k-m}\tilde{h}_{2l-n} + \sum_{k,l\in Z} d_{k,l}^{j1}\tilde{g}_{2k-m}\tilde{g}_{2l-n}\right) \quad (6-4)$$

式(6-3)和式(6-4)即为正交二进小波变换的正变换和反变换公式。在实际计算中，通常给出滤波器系数数列 $\{h_k,k\in Z\}$，其余的滤波器系数按下面的公式求出

$$\begin{cases} g_k = (-1)^{-1+k} h_{1-k} \\ \tilde{h}_n = h_{1-n} \\ \tilde{g}_n = g_{1-n} \end{cases} \quad (6-5)$$

对于一幅数字图像 c^{j+1}，按式(6-3)分解后可形成4幅子图像 c^j，d^{j1}，d^{j2}，d^{j3}，并且由这4幅子图像可以按式(6-4)合成原图像 c^{j+1}，这个过程可形象地用图6-2来表示。

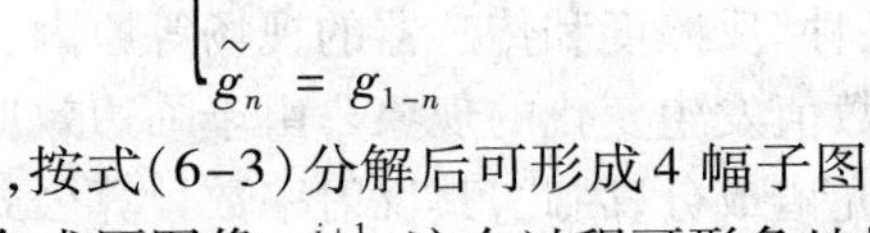

图6-2　图像的小波分解与重构

图像 c^{j+1} 分解后各分量的含义如下：

c^j：集中了原始影像 c^{j+1} 中的主要低频成分；

d^{j1}：对应着 c^{j+1} 中垂直方向的高频边缘信息；

d^{j2}：对应着 c^{j+1} 中水平方向的高频边缘信息；

d^{j3}：对应着 c^{j+1} 中45°方向的高频边缘信息。

2. 小波变换在遥感影像信息融合中的应用

采用小波变换的方法进行遥感图像信息融合的思想是：首先将待融合的图像重采样成尺度大小一致的图像，再将它们用小波正变换算法分解为不同分辨率的子图像。信息融合一般在分解后的高频子图像上进行，最常用的信息融合方法是：计算高频子图像上每个像素的局部平均梯度（或局部方差、局部能量），以该像素的局部平均梯度（或局部方差、局部能量）为准则，确定融合后的高频子图像上的像素值。例如设待融合的两幅图像分别为 $A(x,y)$ 和 $B(x,y)$，不同分辨率的高频子图像分别为 $A_j^k(x,y)$ 和 $B_j^k(x,y)$（$k=1,2,3$；j 为尺度参数），由不同分辨率的高频子图像得到的梯度图像分别为 $GA_j^k(x,y)$ 和 $GB_j^k(x,y)$，则不同分辨率上的高频融合子图像 $F_j^k(x,y)$ 为：

当 $GA_j^k(x,y) \geqslant GB_j^k(x,y)$ 时，$F_j^k(x,y) = GA_j^k(x,y)$；

当 $GA_j^k(x,y) < GB_j^k(x,y)$ 时，$F_j^k(x,y) = GB_j^k(x,y)$。

以高频融合子图像 $F_j^k(x,y)$ 作为小波分析后的高频信息，利用小波逆变换就可以得到包含 $A(x,y)$ 和 $B(x,y)$ 两幅图像信息的融合图像。

（三）遥感影像和 DTM 数据之间的复合

用于信息融合的原始数据可以是遥感影像，也可以是非遥感数据，如地面的高程数据 DTM（Digital Terrain Model）等。利用地面的 DTM 数据，可以消除遥感影像上由于地形起伏而产生的几何变形，提高遥感影像的定位精度。地面的 DTM 数据也可以作为辅助数据用于遥感图像的分类识别，以提高遥感影像的分类精度。对于二维的遥感影像，在有了相应地区的 DTM 数据以后，利用计算机图形学的算法，可以生成具有真实感的三维立体图像，并且可以从多角度或从指定路线上进行动态漫游和观察。

三、排除临边效应的 MPH 技术

（一）临边效应

临边效应是由于地形条件、反照度和传感器的视场等原因，由相邻像元光谱对中心像元光谱产生影响，使之反射率数值发生变化的现象。由于临边效应，中心像元光谱并不是纯光谱，而是包含了相邻像元的光谱成分，因此，其反射率数计算公式为：

对于单波段像元模型为

$$R_{vsi} = \sum_{j}^{P} P_{ij}\overline{R}_j + bE_i \qquad (6-6)$$

式中，R_{vsi} 为图像中像元 i 的平均反射率；$\overline{R}_j$ 为一种地物类型 j 的平均反射率；P_{ij} 为地物类型 j 在像元 i 中所占的百分比；E_i 为误差；b 为邻边像元的贡献光谱。

对于多波段像元模型为

$$x_i = \sum n f_j M_{ij} + bE_i \qquad (6-7)$$

式中，x_i 为在 i 波段的像元反射率；n 为波段数；M_{ij} 为在 i 波段中第 j 端元光谱的反射率；f_j 为

第 j 端元组分在像元中占的百分比；E_i 为误差；b 为邻边像元的贡献光谱。式(6-7)表达了多波段光谱反射率可计算光谱的深度。

对像元分辨率小于 250 m 的多光谱数据弱信息提取时，一般要考虑临边效应的影响，美国陆地卫星系列数据经历了近年的运行，提供了廉价的 80 m 分辨率的 MSS、30 m 分辨率的 TM 和 ETM 多光谱数据，成为资源环境应用稳定的数据源。以下讨论定位在 30 m 尺度像元系列多光谱卫星数据的临边效应处理和提取有效弱信息。

MPH 技术是总结了原有图像处理方法，针对在排除临边效应和提取矿化弱信息的基础上提出的一种技术。该技术经历了十余年国内外多种不同地理环境条件的应用，实验证明是有实际效果的技术，应用中有效率达到 98% 以上。

用基于先验知识的掩膜技术(masking)，结合专题分析和研究的需要，从图像中确定了目标区后，选择对要掩膜背景地物响应强的光谱波段选取阈值，并将阈值区赋零值做成膜。用膜与其他波段相乘，使其在后续处理过程中的方差为零，由此提高后续算法对掩膜后剩余区信息的分解效率。

主成分变换(PCA)，MPH 技术中主要借用了主成分变换的两个算法功能：(1)主成分变换对输入波段全部像元值的统计功能；(2)对全部像元灰度值的压缩和分解功能。由于多波段像元灰度值相关性强的信息多为地形信息和反照度信息，遥感应用中称为共同信息(丰茂森，1992)。主成分算法又将具有共同特征的灰度值(大于 90%)压缩到第一主成分中，第二主分量后续的压缩分量被认为是去掉了地形和反照度信息后的较“纯”的地物信息。

一景遥感数字图像总能量经过优选择掩膜和主成分压缩，两次光谱剥离计算后，剩余数据更能表达资源卫星 50～100 m 识别能力。如在内蒙古西鄂尔多斯濒危珍稀植物保护区种群时空分布规律信息时，对 ETM 的 1～5 和 7 六个光谱波段的数据分别作了原始数据的方差统计，原始数据的主成分变换方差统计和掩膜代表水体和部分干涸河道光谱的像元的主成分变换的方差统计和比较。原始数据的均值和方差表现的是各个波段 DN 值的分布特征，主成分变化方差是协方差，是对各波段整体像元相关性和特征。未经掩膜的主成分变换特征值和方差反映了六个波段整体像元的 DN 值特征。主成分变换的第一主成分积累了主要的地表反映照度信息，表现为地形信息，是各波段的共同信息。掩膜后一部分像元为零值在主成分变换统计中，这部分零值像元被填入近似于变换前原始各波段数据统计的均值。其结果，通过处理方法排除了叠加在“目标”单元的干扰信息，提高了对剩余像元的分解效果。从上述三种统计结果的方差对比分析，掩膜后的主成分方差范围扩大，包含了更多波段的共同信息，后续各分量与未经掩膜的主成分相同分量相比变化不大，体现了掩膜方法、主成分变换对减少临边效应的累加效果，以及剩余分量对微弱信息的分解效力。

(二) MPH 技术应用实例

近年来，为了验证 MPH 技术的实用效果，有意选择不同地理环境条件下的地区开展方法实验。如，半干旱地区，河北东坪研究区从钾长石花岗岩背景中提取金矿含金钾化蚀变带信息；新疆昆仑山高山积雪环境下，提取含多金属矿化、硅化、绢云岩化热液蚀变岩信息：结合国家计委湘西山区找矿，为了排除稠密植被覆盖干扰，开展的黔阳地区树冠层地球化学效应信息提取：为了反映生态环境变化和植物的多样性，利用 1M-EIM 数据提取内蒙古西鄂尔多斯珍稀濒危动物动态变化与种群信息等。下面以中国西部喀喇昆仑明铁盖多金属矿化带信息的提取为例，介绍 MPH 技术的应用。

卫星遥感对地观测技术具有宏观定量、经济快速获取地表信息的优势。卫星勘查技术是实施西部资源战略的重要手段，特别是在常规技术方法难以开展工作的高寒山区，遥感技术更是发挥着不可替代的作用。面对高寒山区自然环境的特殊性和复杂性，总结十余年来在新疆高寒山区遥感矿产勘查研究与实践，得出成矿环境分析和成矿标志遥感探测相结合的方法。在昆仑山区新一轮遥感矿产勘查中，建立成矿环境与遥感信息之间的关联，探测新的成矿环境以发现新的成矿类型。运用该方法在喀喇昆仑明铁盖地区发现了多金属矿化区——罗布盖子沟铅锌矿化区就是其中一例。

1. 成矿地质背景、环境与标志分析

明铁盖地区位于喀喇昆仑西北部，地处中国、阿富汗、巴基斯坦三国交界，中－巴红旗拉甫口岸西南。地理坐标：北纬 74°～75°，东经 37°～37°15′，是海拔 4200～5520 m 的高寒山区。前人根据不同大地构造观对该区隶属的地质构造单元进行了划分，阐述了区域构造及其发展演化历史。目前，用增生弧模式来解释西昆仑大地构造格架与演化，将西昆仑划分为陆—增生弧型碰撞造山带。明铁盖地区隶属于该增生弧型碰撞造山带之喀喇昆仑前陆冲褶带。喀喇昆仑前陆冲褶带局部出露古元古代深变质基底岩石和志留系弧后盆地板岩。晚古生代－三叠纪弧后盆地沉积和侏罗－白垩纪前陆盆地沉积广布。构造样式注定于三叠世末－白垩纪北部羌塘陆块与南部晚古生代－早中生代昆仑岛弧的碰撞和褶皱冲断，形成了极性向南的逆冲推覆构造系。随着白垩纪褶皱冲断的结束，巨大的兴都库什——喀喇昆仑花岗岩带形成，明铁盖地区的花岗岩类属于该花岗岩带。

前人将明铁盖地区划分为喀喇昆仑成矿区林济塘金、石膏成矿带。研究区比较完整的资料是 1∶100 万区域地质调查矿点资料和新疆地质矿产局第二地质大队编制的 1∶50 万地质矿产图（新疆地质矿产局第二地质大队，1985）。以往区域遥感地质研究（李永安等，1995）已将本区划为二级找矿预测区，并指出围绕岩体接触带及附近寻找热液型铜、金矿床。在本研究中运用卫星遥感构造和矿化信息在花岗闪长岩外接触带找到了罗布盖子多金属矿化区。

根据上述资料，我们对该区成矿环境进一步分析，认识到了该区优质的成矿地质条件。

明铁盖地区的成矿地质环境是：广泛出露的下二叠统加温达坂组弧后盆地含炭岩系和燕山期成矿花岗岩、花岗闪长岩及北西—东西向剪切带构造；研究区内已知有两个热液铜矿化点，一处热液型含钨金矿点。

下二叠统加温达坂组在明铁盖达坂—罗布盖子沟—卡满素河剖面下部为灰色、灰黑色炭质粉砂岩、变质的绢云母石英砂岩和褐灰色钙质绢云母板岩；中部为灰黑色含深水黄铁矿还原斑和锰结核的泥质板岩，灰黑色硅质板岩、泥质放射虫硅质岩、薄层深水硅质灰岩加中厚层泥晶灰岩及安山凝灰岩、含砾板岩；上部为褐灰色钙质长石英细砂岩与厚层灰岩互层。视厚度达 2900 m。在达布达－明铁盖剖面夹多层拉斑玄武岩 276.3 ± 18Ma（丁道桂等，1996）。其总体是一套夹基性火山岩的黑色含炭岩系，是有利的成矿岩石。

明铁盖地区广泛出露燕山期花岗岩、花岗闪长岩，约占岩石出露面积的 50%。形成于白垩纪，K-Ar 年龄为 70.9～110.9Ma；SiO_2 为 60%～65%；Al_2O_3 为 15%～16%；Na_2O 2.9%～3.0%；K_2O 为 2.8%～3.6%。属钙碱系列 I 型（同熔型）花岗岩，是地幔衍生物并有较多陆壳成分混杂(李继亮,1999)。

明铁盖地区发育北西向和近东西向剪切带,控制外围侏罗－白垩系沉积和区内花岗岩的分布。前期1:100万区域地质调查在区内发现了谢并喀拉基尔干铜矿点和明铁克铜矿点;现有民采卡拉其古八大山含钨金矿点。铜矿点均为产于花岗岩外接触带的石英脉型,受北西向剪切带控制,以下二叠统含炭岩系为含矿围岩。石英脉长达30 m,宽10～30 cm,黄铜矿以浸染状分布在石英脉中。卡拉其古八大山含钨金矿点也是石英脉型,位于东西向卡拉其古断裂北侧,花岗闪长岩体内断裂破碎带中发育多条石英脉,脉长10～30 m,宽1～15 m,走向75°,脉内见黑钨矿、黄铁矿、黄铜矿、孔雀石,围岩蚀变为云英岩化、硅化、绢云母化、绿泥石化。

根据上述矿点的区域构造背景,成矿地质环境,概括出明铁盖地区遥感找矿目标为花岗岩内、外接触带受断裂控制的热液矿床,矿化蚀变岩是直接成矿标志。

2. TM 图像处理及地质解译

明铁盖地区可购得卫星TM数据轨道号为P149,R34,接收时间为1986年6月。区内65%的地表面积被冰雪覆盖。这主要因为冰雪在可见光波段反射光谱强,在红外波段吸收光谱强。裸露岩石含水性增加,自身反射光谱减弱,加之冰雪光谱的干扰,岩性信息被抑制。因此,原始数据比值和主成分变换处理均未取得满意的效果。根据图像中冰雪覆盖一般出现在山顶部,山坡和沟谷基岩裸露的实际情况,采用了MPH技术。图像经掩膜冰雪后6个TM(1,2,3,4,5和7)波段的数据进行主成分变换,选择MPH3,MPH5,MPH6合成假彩色图像。图6-3中呈现出反S形构造地貌影像。该反S形构造北半部为燕山期花岗闪长岩体形成的环形影像,其具有放射状分布的沟谷,该反S形构造南半部为半环形山体,发育有卡满素河、卡前乃河等沟谷。最为引人注目的影像是反S形构造地貌中部、花岗闪长岩环形影像南缘有两条近东西向展布的弧形线性构造,南北两条分别向南、北突出,形成一构造透镜体。该构造透镜体中部分布有大、小两个色调环,由黄色、绿色和白色调斑点构成。大环北半部已在透镜体之外,小环在透镜体之内。该透镜体东部也有黄色、绿色色调异常。由于该影像主要色调为粉红色,是掩膜冰雪后的充填色调,蓝色调为基岩,白色调为沟谷冲积物。根据

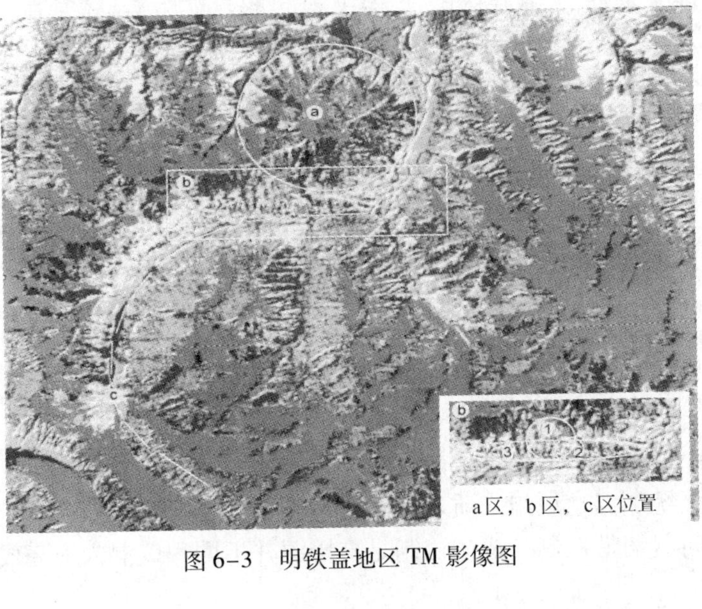

图6-3　明铁盖地区TM影像图

野外观察这些绿、黄色调是褐铁矿化与硅化。根据野外和图像构造分析，比较成分测试Kriging Pb、Zn、Cu、Ag空间变化趋势图高值显示，这些色调环是构造透镜体南、北两侧断裂为含矿热液上升的通道、花岗闪长岩体南缘的热液矿化蚀变晕，应当是矿床直接的标志。野外验证花岗闪长岩环形影像南缘两个变环侧发现了4个铅锌矿化带，3个在透镜状影像构造体内，1个在透镜状影像构造体边部。

3. 明铁盖多金属矿化区的地质特征与遥感地质成矿模式

1998年8月野外验证工作时，对明铁盖花岗闪长岩环形影像南缘矿化蚀变异常影像做了剖面观察和系统采样。剖面观察过程中发现了4条铅锌矿化带。对矿化带1和2进行了重点观测与采样。矿化带以下二叠统加温达坂组中部灰黑色含深水黄铁矿还原斑和锰结核的泥质板岩，灰黑色硅质板岩、薄层深水硅质灰岩加中厚层泥质灰岩为含矿围岩。

第1矿化带处在硅质灰岩与炭质板岩交接带，第2、3、4矿化带均以炭质板岩为含矿围岩。

矿化带均受倾向为200°~250°倾角为50°~85°的顺层剪切带控制，剪切带由高应变带和低应变带相间组成，单条宽达100m。密集分布剪切扁豆体。野外据水平擦痕方向、拖褶皱轴与断面锐夹角及剪切透镜体两组剪裂面夹角判断向110°~150°方向右行剪切。第1矿带长达140m，宽达20m；第2矿带长达150m，宽达50m。每个矿化带发育3~5条矿脉。矿脉由强硅化带及与硅化伴生的方铅矿、闪锌矿、黄铜矿、黄铁矿等金属硫化物组成。硫化物以细脉状、块状、密集浸染状、稀疏浸染状分布在石英扁豆体中及其两侧的围岩中和围岩中的剪裂面中，是典型的蚀变岩型矿化。

室内磨制了14块矿石的光片和薄片。显微镜下观察，主要金属硫化物为方铅矿、闪锌矿、黄铁矿，次为黄铜矿；脉石矿物为石英、方解石、长石、黑云母、绿泥石等。矿石呈半自形－他形粒状、交代残余、乳滴状（黄铜矿在闪锌矿中）结构。细脉状、块状、密集浸染状、稀疏浸染状构造。

围岩蚀变主要为硅化、碳酸盐岩化、绿泥石化，以硅化为主。硅化表现为断续分布的宽达到数厘米、长达数米的石英扁豆体及石英细脉，矿化都与硅化相伴，矿化带都在硅化带中。

矿化带次生蚀变发育，尤其在碳酸盐岩中，红色褐铁矿发育，这是造成TM影像黄色色调异常的原因。

矿石化学成分分析结果表明，地表成分变化较大，Au含量为$1\times10^{-9}\sim50\times10^{-9}$，平均为$10.58\times10^{-9}$；Ag含量为$50\times10^{-9}\sim5000\times10^{-9}$，平均为$1478.7\times10^{-9}$；Cu含量为$15\times10^{-6}\sim90\times10^{-6}$，平均为$35.08\times10^{-6}$；Pb含量为$16\times10^{-6}\sim26000\times10^{-6}$，平均为$4531.17\times10^{-6}$；Zn含量为$47\times10^{-6}\sim24600\times10^{-6}$，平均为$8145.03\times10^{-6}$。根据第2矿带采样位置平面图和样品化学分析结果，运用Kriging插值计算了Pb、Zn、Cu、Ag、Au 5个元素的趋势面，都具有相同的品位变化趋势，在两端，以靠近花岗闪长岩一端最高；Au与Pb、Zn、Cu、Ag互为消长关系，在Pb、Zn、Cu、Ag高的两端低，在Pb、Zn、Cu、Ag低的中部高，呈马鞍形。

总结明铁盖罗布盖子沟多金属矿化遥感与测试资料，其成矿地质特征可概括为以下几个方面：

（1）产于燕山期花岗闪长岩外接触带。

（2）以下二叠统加温达坂组炭质岩系为含矿围岩。

（3）受北西向剪切带控制。成矿机制是与幔源并不同程度混入地壳成分的花岗闪长岩有关的富硅热液沿断裂上升,发生充填、交代作用形成蚀变岩型脉状矿化。推断罗布盖子沟多金属矿化是以花岗闪长岩环形影像南缘构造透镜体状影像构造的东西向弧形断裂为导矿通道,含矿热液上升充填到北西向剪切带中成矿。由遥感构造、色调异常、化学分析、野外调查等综合分析,形成罗布盖子沟多金属矿化成矿模式。该模式在喀喇昆仑地区利用遥感技术寻找相同成矿环境的矿床起到了指导作用。

中国西部高山冰雪覆盖区,成矿环境的地质分析与遥感成矿标志信息是遥感矿产勘查关键。根据相同的成矿环境产出相同的成矿类型进行“相似类比”,运用成矿信息遥感从面积地区迅速、准确地集中和缩小勘查区域,可大量节省人力与财力。

喀喇昆仑明铁盖罗布盖子沟铅锌多金属矿化区的发现是上述遥感矿产勘察方法运用的成功典例。成矿环境和标志分析明确了该区的具体遥感目标是花岗岩、花岗闪长岩内、外接触带的受断裂控制的热液脉型矿床。经掩膜冰雪后主成分分析的 TM 影像揭示了成矿环境与标志的组合影像,花岗闪长岩环形影像南缘构造透镜体及其相关的蚀变色调环,实现遥感进一步地表验证。

野外验证,系统采样测试和 Pb、Zn、Cu、Ag、Au 趋势面分析图揭示了矿化强度双峰(Pb、Zn、Cu、Ag 元素)和单峰(Au 元素)空间变化规律(刘德权等,1996)。

由遥感矿化定位信息,元素趋势面图分析和矿化特征综合分析建立了明铁盖罗布盖子沟多金属矿化区的成矿模式是产于燕山期花岗闪长岩外接触带、受剪切带控制的、以黑色含炭岩系为含矿围岩的蚀变岩型矿化。该模式对喀喇昆仑山区勘查相同环境的矿产起到了指导作用。

第四节 遥感与综合地学信息可视化分析技术

一、背景

遥感与综合地学信息可视化分析技术起源于 20 世纪 70 年代末,当时比较通行的提法是“遥感与综合地学信息数字图像处理技术”或“遥感与多元地学信息数字图像处理技术”。其产生背景是随着航天遥感在地质找矿中发挥出越来越大的作用,以及地质矿产勘查技术手段不断现代化,在开展区域矿产资源勘查评价时,地质工作者越来越面临着如何将数量巨大的遥感影像资料与地球物理、地球化学和矿产地质等资料集成在一起,进行找矿信息的空间定位配准综合分析,以快速对一个地区的矿产资源情况作出综合评价。对此,William Collins & Sheng-Huei Chang, W. S. Kowalik & W. E. Glenn,J. P. Darch & J. Barber 等的研究起了先导作用。他们通过数字图像处理计算机的多图像 Overlay 显示技术,成功地实现了将第一代陆地卫星的 MSS 影像与地球物理和地球化学异常的综合显示分析,取得了过去不曾有过的良好找矿预测效果。国内对这项技术的开发应用起源于 20 世纪 80 年代初。1984 年 5 月,桂林工学院(现桂林理工大学)吴虹结合两名本科生的毕业论文实习,在石油勘探开发科学研究院遥感所(北京)的 IPOS-101 遥感图像处理系统上,实现了 MSS 影像与化探次生晕、地磁异常的 Overlay 彩色合成综合显示。同年 10 月,桂林工学院又与北京有色矿产地质研究院、桂林矿产地质研究院和广西 272 物探队四家组成联合攻关队伍,结合国家科委“六五”科技重点攻关课题“锡矿专题”的研究方向,以广西大厂和平桂两地区为实验研究区,进一步深入开展了这项研究。通过对地、物、化、遥数据的综合显示,提取到大量常规方法难以反映出来的"二次示矿信息",提出了具有我国特色的"遥感与综合地学信息数字图像处理"理论－技术体系。1991 年,桂林工学院吴虹接受全国遥感地质工作协调小组委托,完成了对我国自 20 世纪 80 年代以来开展遥感与综合地学信息数字图像处理技术开发应用研究情况的调查课题,调研报告《遥感及多元地学信息数字图像处理技术现状及发展方向》发布于《国土资源遥感》(1991,No. 3)。此外,国内还有一些单位和部门致力于这一新技术的开发研究,如地矿部航遥中心等,取得了更多的显著成果。但是,到 20 世纪 80 年代之后,这项技术基本上已经很少有新的创新。

随着以高光谱和高空间分辨率为特征的新一代卫星遥感技术大步进入矿产资源勘查领域,以及 GIS 的广泛使用,原似乎已处于完善状态的遥感与综合地学信息数字图像处理技术面临着新的挑战,一些随新技术而来的新理论问题有待于解决。如何将高分辨率遥感信息与非遥感的地学信息相结合,开展精定位水平上的遥感综合地学信息可视化分析评价,最大限度地发挥出高光谱和高空间分辨率遥感的技术优势,已成为当前深化新一代卫星遥感技术在地质矿产资源勘查应用,特别是在隐伏矿床预测中应用的关键。近几年来,作者结合 Quickbird-2、Spot-1 和 Landsat-7 ETM + 等新一代卫星数据,在这方面进行了一些探索研究。

二、综合信息可视化处理分析解析表达

根据二维线性系统理论,遥感综合地学信息数字图像处理可以看作是由输入图像 $G(x,y)$ 的离散二维函数组 $G_1, G_2, \cdots, G_N$ 到输出二维函数组 $F_1, F_2, \cdots, F_M$ 的映射。其中,$(-\infty<x,y<\infty)$ 指连续的独立空间变量。这种映射可以用算子 $O_m\{\cdot\}$ 来表示,$m=1,2,\cdots,M$。对于一个确定的 m,$O_m\{\cdot\}$ 算子对应着一种特定的图像处理方法,归结为三种情况:

(1) 串行处理

$$\{F_1, F_2, \cdots, F_M\} = O_N\{O_{N-1}\{\cdots\{O_2\{G_1\}\}\}\} \quad (6-8)$$

(2) 并行处理

$$\{F_1, F_2, \cdots, F_M\} = O_A\{O_1\{G_{x1}\}, O_2\{G_{x2}\}\cdots O_N\{G_{xN}\}\} \quad (6-9)$$

(3) 混合处理

$$\{F_1, F_2, \cdots, F_M\} = O_B\{O_M\{O_{M-1}, \cdots O_1\{G_{y0}\}\}, O_{N1}\{O_R\{G_{y1}\}, \cdots O_S\{G_{yn}\}, \cdots\}\cdots\} \quad (6-10)$$

对于式(6-9),当 $x_1 \neq x_2 \neq x_n$ 时,以及对于式(6-10),当 $y_0 \neq y_1 \neq \cdots \neq y_n$ 时,两式均为多元(或多源)信息图像综合(或复合)处理。第一章所述的第 E 类 GP—综合地学信息数字图像处理,即以(2)和(3)作为基本的处理形式。

作为式(6-9)和式(6-10),即当 $M=1$ 时,有

$$F = O_N\{O_{N-1}\{\cdots\{O_2\{O_1\{G\}\}\}\}\} \quad (6-11)$$

$$F = O_A\{O_1\{G_{x1}\}, O_2\{G_{x2}\}, \cdots O_N\{G_{xN}\}\} \quad (6-12)$$

$$F = O_B\{O_M\}\{O_{M-1}\{\cdots O_1\{G_{yo}\}\}, O_{N1}\{G_R\{G_{Y1}\}\cdots, O_S\{G_{YN}\}, \cdots\}\cdots\} \quad (6-13)$$

即处理结果只形成(输出)一幅图像 F 的情况。

由以上式(6-9)~式(6-13)容易导出 GP 所采用的各种处理方法。例如,当式(6-9)的 $M=1, N=1$ 时,有

$$F=O\{G\} \tag{6-14}$$

就是单一图像单一处理。

值得指出的是，W. K. Pratt 在其著作《数字图像处理学》中，只以式(6-12)～式(6-14)来作为对图像处理二维系统的唯一描述，显然是不完善的。全面的描述应该是式(6-9)～式(6-11)的形式。开展讨论这一问题已超出本书范围。

式(6-9)～式(6-11)的复合处理可用图 6-4 表示。

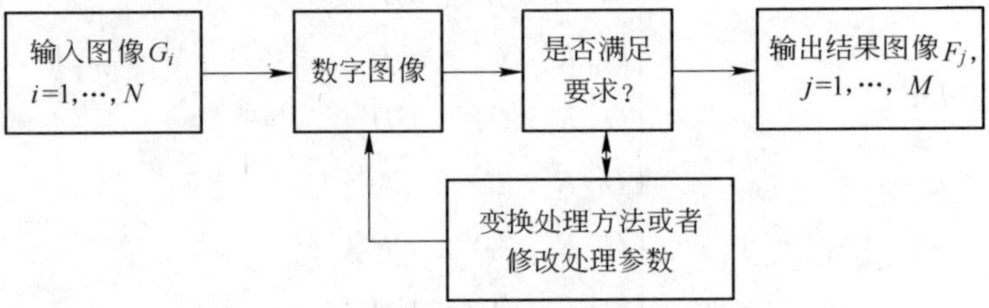

图 6-4　数字图像复合处理

三、多元图像综合处理

多元地学图像综合处理是 GP 中亦是“三隐”预测中内容最为丰富和最具有应用价值的部分。在本文中，主要指遥感、物探、化探及地质四种专业类型数据资料的以下述 12 种组合方案为基础的图像综合处理。

（一）图像组合方案

(1) R_i 和 R'_j图像变量($i,j=1,2,\cdots,n$)的综合。有 3 种方式：

$$\begin{cases} O\{R_1,\ R_3,\ \cdots,\ R_n\} \\ O\{R_1,\ R_3,\ \cdots,\ R_n;\ R'_1,\ R'_3,\cdots,\ R'_n\} \\ O\{R'_1,\ R'_3,\ \cdots,\ R'_n\} \end{cases} \tag{6-15}$$

式中，R_i、R'_j分别表示遥感变量和其派生量的数字图像，下同。

(2) GY_i 和 GY'_j图像变量($i,j=1,2,\cdots,n$)的综合，有 3 种方式：

$$\begin{cases} O\{GY_1,\ GY_2,\ \cdots,\ GY_n\} \\ O\{GY_1,\ GY_2,\ \cdots,\ GY_n;\ GY'_1,\ GY'_2,\cdots,\ GY'_n\} \\ GY'_1,\ GY'_2,\ \cdots,\ GY'_n \end{cases} \tag{6-16}$$

式中，GY_i 和 GY'_j 分别表示地质变量和其派生的数字图像，下同。

(3) GC_i 和 GC'_j 图像变量($i,j=1,2,\cdots,n$)的综合，有 3 种方式：

$$\begin{cases} O\{GC_1,\ GC_2,\ \cdots,\ GC_n\} \\ O\{GC_1,\ GC_2,\ \cdots,\ GC_n;\ GC'_1,\ GC'_2,\cdots,\ GC'_n\} \\ GC'_1,\ GC'_2,\ \cdots,\ GC'_n \end{cases} \tag{6-17}$$

式中，GC_i 和 GC'_j 分别表示地球化学变量和其派生量的数字图像，下同。

(4) GH_i 和 GH'_j 图像变量($i,j=1,2,\cdots,n$)的综合，有 3 种方式：

$$\begin{cases} O\{GH_1,\ GH_2,\ \cdots,\ GH_n\} \\ O\{GH_1,\ GH_2,\ \cdots,\ GH_n;\ GH'_1,\ GH'_2,\cdots,\ GH'_n\} \\ GH'_1,\ GH'_2,\ \cdots,\ GH'_n \end{cases} \tag{6-18}$$

式中,GH_i 和 GH'_j 分别表示地球物理变量和其派生量的数字图像,下同。

(5) R_i(含 R'_j)、GY_i(含 GY'_j)、GH_i(含 GH'_j)图像变量($i,j=1,2,\cdots,n$)的综合,主要有8种方式:

$$\begin{cases} O\{R_i,\ GY_i,\ GH_i\} \\ O\{R'_j,\ GY'_i,\ GH_i\} \\ O\{R_i,\ GY'_i,\ GH'_i\} \\ O\{R'_j,\ GY'_j,\ GH_i\} \\ O\{R'_j,\ GY'_j,\ GH'_j\} \\ O\{R_j,\ GH_i,\ GH'_i\} \\ O\{R_i,\ GY_i,\ GH'_j\} \\ O\{R'_j,\ GY_i,\ GH_j\} \end{cases} \tag{6-19}$$

(6) R_i(含 R'_j)、GY_i(含 GY'_j)、GC_i(含 GC'_j)图像变量($i,j=1,2,\cdots,n$)的综合,主要有8种方式:

$$\begin{cases} O\{R_i,\ GY_i,\ CH_i\} \\ O\{R'_j,\ GY_i,\ CH_i\} \\ O\{R_i,\ GY'_j,\ CH'_i\} \\ O\{R_i,\ GY_i,\ CH'_j\} \\ O\{R'_j,\ GY'_j,\ CH'_i\} \\ O\{R_i,\ GH'_j,\ CH'_j\} \\ O\{R'_j,\ GY_i,\ CH'_j\} \\ O\{R'_j,\ GY'_j,CH'_j\} \end{cases} \tag{6-20}$$

(7) R_i(含 R'_j)、GH_i(含 GH'_j)及 GC_i(含 GC'_j)图像变量($i,j=1,2,\cdots,n$)的综合,主要有8种方式:

$$\begin{cases} O\{R_i,\ GY_i,\ CH_i\} \\ O\{R'_j,\ GY_i,\ CH_i\} \\ O\{R'_i,\ GY'_j,\ CH_i\} \\ O\{R'_j,\ GY'_j,\ CH'_i\} \\ O\{R'_j,\ GY'_j,\ CH'_j\} \\ O\{R_i,\ GH'_j,\ CH'_j\} \\ O\{R_i,\ GY_j,\ CH_j\} \\ O\{R'_j,\ GY'_i,CH'_j\} \end{cases} \tag{6-21}$$

(8) R_i(含 R'_j)、GH_i(含 GH'_j)、GC_i(含 GC'_j)及 GY_i(含 GY'_j)图像变量($i,j=1,2,\cdots,n$)的综合,主要有15种方式:

$$\begin{cases} O\{R_i,\ GH_i,\ CH_i,\ GY_i\} \\ O\{R'_j,\ GH_i,\ CH_i,\ GY_i\} \\ O\{R_i,\ GH'_i,\ CH_i,\ GY_i\} \\ O\{R_i,\ GH_i,\ CH'_i,\ GY_i\} \\ O\{R_i,\ GH_i,\ CH_i,\ GY'_i\} \\ O\{R'_j,\ GH'_i,\ CH_i,\ GY_i\} \\ O\{R'_j,\ GH'_i,\ CH'_j,\ GY_j\} \\ O\{R'_i,\ GH'_j,\ CH'_j,\ GY'_j\} \\ O\{R_j,\ GH_i,\ CH'_i,\ GY_i\} \\ O\{R_j,\ GH'_i,\ CH'_j,\ GY'_j\} \\ O\{R_i,\ GH_j,\ CH_j,\ GY'_j\} \\ O\{R'_i,\ GH_i,\ CH'_j,\ GY_j\} \\ O\{R'_j,\ GH_i,\ CH_j,\ GY'_i\} \\ O\{R_i,\ GH'_j,\ CH_j,\ GY'_j\} \\ O\{R_i,\ GH'_i,\ CH'_j,\ GY'_j\} \end{cases} \tag{6-22}$$

(9) GY_i(含 GY'_j)、GH_i(含 GH'_j)、GC_i(含 GC'_j) 图像变量($i,j = 1,2,\cdots,n$) 的综合,主要有 8 种方式:

$$\begin{cases} O\{GY_i,\ GY_i,\ CH_i\} \\ O\{GY'_j,\ GY_i,\ CH_i\} \\ O\{GY_i,\ GY'_j,\ CH_i\} \\ O\{GY_j,\ GY_j,\ CH'_i\} \\ O\{GY'_j,\ GY'_j,\ CH_j\} \\ O\{GY_i,\ GY'_j,\ CH'_j\} \\ O\{GY'_i,\ GY_j,\ CH'_j\} \\ O\{GY'_j,\ GY'_j,\ CH_j\} \end{cases} \tag{6-23}$$

(10) GY_i(含 GY'_j)、GH_i(含 GH'_j) 图像变量($i,j = 1,2,\cdots, n$) 的综合,主要有 4 种方式:

$$\begin{cases} O\{GY_i,\ GH_i\} \\ O\{GY_i,\ GH'_j\} \\ O\{GY'_j,\ GH_i\} \\ O\{GY'_j,\ GH'_j\} \end{cases} \tag{6-24}$$

(11) GY_i(含 GY'_j)、GC_i(含 GC'_j) 图像变量($i,j = 1,2,\cdots,n$) 的综合,主要有 4 种方式:

$$\begin{cases} O\{GY_i,\ CH_i\} \\ O\{GY_i,\ CH'_j\} \\ O\{GY'_j,\ CH_i\} \\ O\{GY'_j,\ CH'_j\} \end{cases} \tag{6-25}$$

(12) GH_i(含 GH'_j)、GC_i(含 GC'_j) 图像变量($i,j = 1,2,\cdots,n$) 的综合,主要有 4 种方式:

$$\begin{cases} O\{GH_i,\ CH_i\} \\ O\{GH_i,\ CH'_j\} \\ O\{GH'_j,\ CH_i\} \\ O\{GH'_j,\ CH'_j\} \end{cases} \tag{6-26}$$

以上列出 12 类共 71 种综合方案。当然,这些组合并不是唯一的。若不限于一对一的定位置换综合,还可以导出一些综合方案,因篇幅原因,不再赘述。但必须强调的是,对于"三隐"预测,参加综合的图像变量之间必须具有相关性。因此,相关分析是这种应用必不可少的前置步骤。

(二) 图像综合处理

现在,在"三隐"预测中采用的图像综合处理方法有很多,一般可分为叠加显示综合与数值融合综合两大类。前者属于基于物理模型综合,后者属于基于数字模型的综合。各自在应用中具有不同的功能,简述如下。

1. 假彩色合成

解析表达式为

$$F = R\{G_1\} \oplus G\{G_2\} \oplus B\{G_3\} \tag{6-27}$$

式中,$R\{\cdot\}$,$G\{\cdot\}$,$B\{\cdot\}$ 分别为对图像 G_1,G_2,G_3 的红、绿、蓝变换,$\oplus$ 表示对光的合成。这是一种图像的等权叠加 (Overlying)组合,如图 6-5 所示。

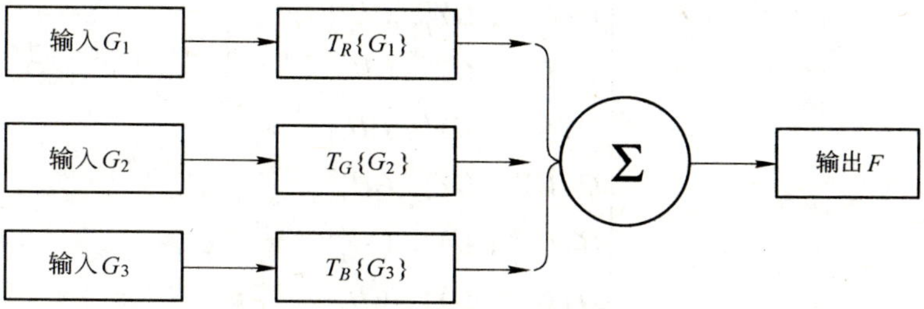

图 6-5 假彩色合成框

2. 代数运算综合

任何图像与图像之间的加、减、乘、除运算都是图像综合处理,解析表达式分别为

加综合法: $$F = \sum_{i=1}^{N} W_i G_i \qquad 0 \leqslant W_i \leqslant 1, \Sigma W_i = 1 \tag{6-28}$$

减综合法: $$F = G_i - G_j \qquad i \neq j \tag{6-29}$$

乘综合法: $$F = \prod_{i=1}^{N} W_i G_i \tag{6-30}$$

除综合法: $$F = \frac{G_i}{G_j} \qquad i \neq j \tag{6-31}$$

代数运算综合法内容极为丰富,可以在此基础上,结合具体问题设计适合各种情况的复

杂综合方法。

3. 因子计量(得分)综合

利用因子分析中的因子计量(因子得分),可以建立起在去相关意义上的多图像的线性组合或综合。因子计量通过 KL(Karhuner-Loeve)变换获得。KL 变换属一种二维酉变换,在图像处理中有三种主要的应用:第一,从图像中提取特征;第二,图像变换编码;第三,减少计算维数。“三隐”预测取其第一和第三种应用。设 g 为多元地学图像向量,f 为变换后图像。则由 g 变换为 f 的 KL 变换表示为:

$$f = O_{KL}\{g\} = KL(g) \tag{6-32}$$

可通过求解线性方程组

$$f = Ag \tag{6-33}$$

$$g = (G_1, G_2, \cdots, G_n)^T \tag{6-34}$$

$$f = (F_1, F_2, \cdots, F_n)^T \tag{6-35}$$

实现。式中,A 为变换矩阵。为使变换后的图像向量 f 相关性最小,用主成分分析法确定 A 矩阵:

$$\Sigma A = \lambda \cdot A \tag{6-36}$$

Σ 是多元地学图像的协方差矩阵,λ 是 Σ 的特征值,A 为 Σ 的特征向量,有

$$\Sigma = \begin{bmatrix} \Sigma_{11} & \Sigma_{12} & \cdots & \Sigma_{1N} \\ \Sigma_{21} & \Sigma_{22} & \cdots & \Sigma_{2N} \\ \vdots & \vdots & & \vdots \\ \Sigma_{N1} & \Sigma_{N2} & \cdots & \Sigma_{NN} \end{bmatrix} \tag{6-37}$$

其中矩阵元素

$$\Sigma_{ij} = S_{ij}^2 = \left[\sqrt{\frac{\sum_{k=1}^{n} (X_{ik} - \overline{X}_i)(X_{jk} - \overline{X}_j)}{n-1}} \right]^2 \tag{6-38}$$

由式(6-36)可得

$$\Sigma A_k - \lambda A_k = 0$$

$$(\Sigma - \lambda[I] \cdot A_k = 0)$$

因为 $A_k \neq 0$,所以 $\Sigma - \lambda[I] = 0$。求得

$$\lambda = \begin{bmatrix} \lambda_1 & & & \\ & \lambda_2 & 0 & \\ & 0 & & \\ & & & \lambda_N \end{bmatrix} \tag{6-39}$$

由 Σ 矩阵及 λ 对角阵可列出方程

$$\begin{cases} (\Sigma_{11} - \lambda)A_1 + \Sigma_{12}A_2 + \cdots + \Sigma_{1N}A_N = 0 \\ (\Sigma_{22} - \lambda_2)A_2 + \cdots + \Sigma_{2N}A_N = 0 \\ \Sigma_{N1}A_1 + \cdots + (\Sigma_{NN} - \lambda_N)A_N = 0 \end{cases} \tag{6-40}$$

解方程后求得 $A_1, A_2, \cdots, A_N$

$$\begin{cases} A_1 = (A_{11}, A_{12}, \cdots, A_{1N}) \\ A_2 = (A_{21}, A_{22}, \cdots, A_{2N}) \\ \vdots \quad \vdots \quad \vdots \quad \vdots \\ A_N = (A_{N1}, A_{N2}, \cdots, A_{NN}) \end{cases} \tag{6-41}$$

代入式(6-36),即可求得满足相关性最小条件的多元图像线性组合:

$$\begin{bmatrix} F_1 \\ F_2 \\ \vdots \\ F_N \end{bmatrix} = \begin{bmatrix} A_{11} & A_{12} & \cdots & A_{1N} \\ A_{21} & A_{22} & \cdots & A_{2N} \\ \vdots & \vdots & & \vdots \\ A_{N1} & A_{N2} & \cdots & A_{NN} \end{bmatrix} \begin{bmatrix} G_1 \\ G_2 \\ \vdots \\ G_N \end{bmatrix} \tag{6-42}$$

将式(6-42)写成分量形式为:

$$F_i = \sum_{j=1}^{N} A_{ij} G_j \qquad (j = 1, 2, \cdots, N) \tag{6-43}$$

利用因子计量组合优化压缩多元信息的优点,将其与图像识别方法结合使用,对“三隐”预测有较好的效果。

4. 图像分类

图像分类属于图像或模式识别(Pattern Recognition)范畴。因分类结果依赖于多元图像信息,故将其列为多元图像综合处理方法一类。分类处理不仅能直观显示出找矿预测区的位置、形状及大小,而且,还能指示出预测区的属性,这是一般图像处理方法所不及的,因而,对隐伏矿床预测甚为有用。

研究工作主要采用了两种图像分类方法:最小距离分类方法和聚类分析法。前者属监督分类,后者属非监督分类。两种分类都是基于对像元与类别之间接近程度的相似性距离来判定像元类别归属的。区别在于,对于最小距离分类,类别事先已知,而对于聚类分析,类别事先不知道,须在处理过程中摸索或试探设定。

A 最小距离分类

最小距离分类过程如图6-6所示。

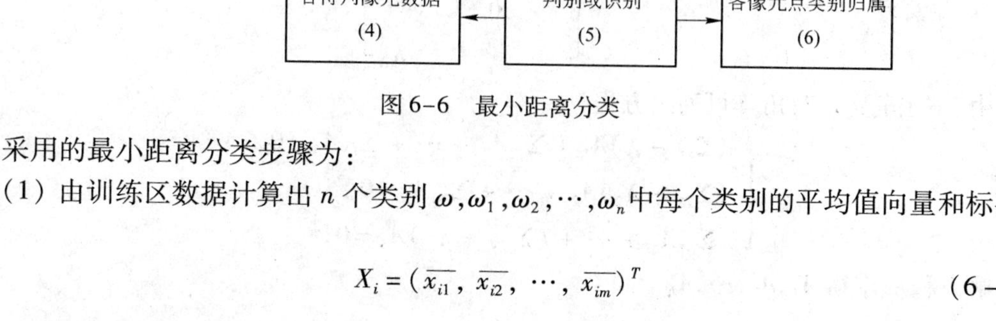

图6-6 最小距离分类

采用的最小距离分类步骤为:

(1) 由训练区数据计算出 n 个类别 $\omega, \omega_1, \omega_2, \cdots, \omega_n$ 中每个类别的平均值向量和标准差向量

$$X_i = (\overline{x_{i1}}, \overline{x_{i2}}, \cdots, \overline{x_{im}})^T \tag{6-44}$$

$$S_i = (\overline{S_{i1}},\ \overline{S_{i2}},\ \cdots,\ \overline{S_{im}})^T \quad (6-45)$$

式中，$i=1,2\cdots,n$，为类别数。

(2) 对于每个像元点，设其灰(亮)度值向量为 $X = (x_1,x_2,\cdots,x_m)^T$，计算该点至每个类别中心点的相似性距离

$$d(x,\ x_i) = d_i \qquad (i=1,\ 2,\ \cdots,\ n)$$

最常采用的是欧氏距离和“出租汽车距离”。

(3) 从 $d_i(i = 1,2,\cdots,n)$ 中挑出最小者 d_m，即

$$d_m = \min(d_1,d_2,\cdots,d_n)$$

(4) 按给定的阈值系数 t，对于 $|x_k - \overline{x_{mk}}|$ 和 $t_{sik}(k=1,2,\cdots,n)$ 进行比较，若对于 $k=1,2,\cdots,m$，都有

$$|x_k - \overline{x_{mk}}| < t \cdot S_{ik}$$

则将 X 归于 i 类，即 $x \in \omega$，否则，将 X 归入无归属类别 ω_0，即作出判决 $x \in \omega_0$。

(5) 对于归类于 $\omega_i(i=1,2,\cdots,m)$ 的像元点，赋予新的亮度值 i。它是输出的分类图像的数据。

以上(2)~(5)步操作，对每个像元都重复执行。

B　集群分析

集群分析过程如图6-7所示。集群步骤一般为：

(1) 对预估的 N 类集群 $\omega_i(i=1,2,\cdots,N)$，设定 N 个初始集群中心 $X_i(i=1,2,\cdots,N)$。

(2) 计算像元点 $P(m,n)$ 到第 ω_i 类的距离 $D_i(X_p,X_i)$。

(3) 将 $D=\min\{D_1,D_2,\cdots,D_N\}$ 的 $P(m,n)$ 划归 ω_m 类，$m = 1 \sim N$ 之中某一数。

(4) 根据新划分的类别 $\omega_{i'}^*(i'=1,2,\cdots,N')$，计算其集群中心(均值) $X_{i'}^*$ 及标准差 $S_{i'}^*$。

(5) 对于给定的限 T，比较 $S_{i'}^*$ 与 T。当 $S_{i'}^* < T$ 时，分类结束，并将属于同一种类别 ω_i 的像元 $P(m,n)$，用同一种数值(或符号)重新编码。

以上(2)~(5)步操作，对每个像元都重复执行。

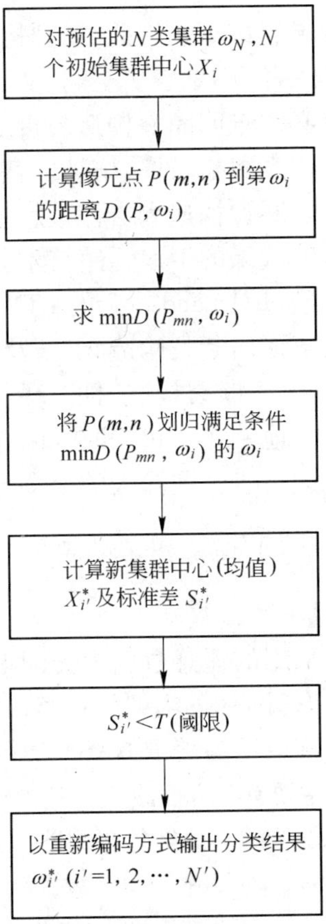

图6-7　集群分析

第五节　隐伏矿床预测应用

自20世纪80年代以来，先后在广西、广东、浙江、内蒙古、新疆、青海、河北、云南、贵州等地区，承担过20余项各类隐伏矿床预测遥感应用研究课题，结合当时作者开展的隐伏矿床预测主攻研究方向，自主开发出遥感物化探综合地学信息处理技术、基于遥感重磁环形影像同现模式的隐伏花岗岩和隐伏矿床预测技术和“三隐”预测数字图像处理技术，提出了基于遥感的矿产勘查数字图像处理学理论。进入21世纪，随着新一代卫星遥感技术的发展，在遥感隐伏矿床预测应用研究上，不断做过一些新的探索研究，先后在广西黄令山、大厂、新疆伊吾、山东招远、广西高龙等地区的隐伏矿床预测实际工作中，取得了一些新的成果。

一、广西黄令山地区铜金多金属隐伏矿床预测应用

（一）地质背景

广西黄令山地区燕山期花岗岩侵入活动和断裂活动发育，存在寻找岩浆热液交代式透辉石矽卡型铜、金矿床的良好前景。矿床类型主要为断裂构造控制的岩浆热液交代式透辉石矽卡岩矿床。因此，断裂构造和岩体—沉积岩围岩接触带（下简称接触带）不仅是重要的控矿条件，亦是容矿空间，从而是最重要的找矿标志信息。要深入开展该地区找矿勘查，首先就必须查明断裂构造与接触带的分布及其与地质物化探等矿产信息的关系。但由于工作区第四系覆盖较厚，植被发育，极为有限的基岩露头风化也十分严重，依靠常规地质勘查手段获取断裂构造和岩体接触带信息非常困难。为此，采用了对提取矿床"遥感透视信息"具有特殊效果的卫星遥感技术。

通过对 Landsat-7 的 ETM + 影像数据数字图像处理和图像分析，在河塘岩体及其周边邻区共解译出断裂构造 61 条及复式环行构造 1 个。而此前该区 1:10000 的地质图上只标示出了 28 条断裂构造，且无环形构造。遥感技术的应用使该区获得的找矿信息量大增。通过遥感 - 地 - 物 - 化相结合的综合地学信息找矿预测，共圈定出新找矿预测区 6 个，从而为在本区进一步开展深入的金多金属矿地质勘查提供了依据。

（二）遥感图像处理

1. 遥感数据

采用的遥感数据为美国 1999 年 4 月 15 日发射的第三代陆地卫星 Landsat-7 ETM + 影像数据（国际分幅编号：125-44），成像时间 2001 年 11 月 25 日，数据购自中国卫星遥感地面站。该卫星为美国 NASA 实行 Landsat 计划中的最后一颗卫星。其性能指标较前 6 颗陆地卫星主要有 7 方面改进。其中与本课题有关的改进为成像仪 ETM + 中增加了分辨率为 15m 的全色波段（Pan）；热红外探测器的阵列，从过去的 4 个增加到 8 个，对应的地面分辨率从 120m 提高到 60m。购买的 ETM + 数据区、课题设计的工作区及实际遥感精定位解译区的坐标位置不同，三者之间是一种嵌套关系，如图 6-8 所示。

图 6-8 购买 ETM + 数据区、实际遥感精定位解译区和课题设计工作区三者的位置关系示意图

三种区域的面积大小为：

(1) 购买 ETM + 数据区：8516 km^2。

(2) 实际遥感精定位解译区：1426.54 km^2。

(3) 设计工作区：528.75 km^2。

成果图——《广西横县黄令山地区 Landsat-7 ETM + 遥感与地质物化探综合信息找矿预测图》的范围与实际遥感解译区一致，面积是 1998 年区地调院第四地质队提交的《广西横县河塘岩体周边地区金多金属矿大比例尺成矿预测报告》的研究区的约 2.7 倍，从而确保了解译所需的外围及周边背景的遥感信息支持。

由于河塘岩体内外接触带与控矿构造（断裂、岩体等）的长度一般都超过 100 m，而 ETM + 遥感影像的空间分辨率为 15 ~ 30 m（可见光波段），因此，采用 ETM + 遥感影像足以清晰地显示它们，从而确保了遥感手段运用的精度与可靠性。

2. 数字图像处理

数字图像处理是从 ETM + 卫星影像中获取矿产地质信息的主要技术手段。这里采用了两种遥感数字图像处理方法——图像几何校正和图像增强。

A　几何校正

几何校正处理的主要目的消除卫星影像数据中包含的图像几何畸变误差。由于卫星传感器系统在成像过程中一系列内、外部因素影响，会导致图像几何畸变，影响找矿预测定位的精确性。为此必须消除这些误差。几何校正处理的最终成果是形成带坐标网格的实用遥感影像图。

几何校正的基本原理是利用控制点（GCP，Ground Control Point）对遥感图像几何畸变进行纠正，即用 GCP 数据对原始图像的几何畸变过程进行数学模拟，建立原始的畸变图像空间与地理制图用标准空间（亦即校正空间）之间的某种对应关系，利用这种对应关系把畸变空间中的全部元素变换到校正图像空间中去，从而实现几何校正。研究工作采用的地理坐标投影为高斯 - 克里格 19 度带投影。校正使得每一个像元都建立起了与地图一致的坐标关系，从而使定量定位遥感地质解译成为可能。几何校正技术实施的主要工作量是建立控制点文件。该项工作需要分别在卫星影像和地图上量度同名点的图像坐标和地理坐标。控制点取自 4 幅 1∶100000 的地形图。由于 ETM + 多光谱波段与全色波段的空间分辨率不同，其同名点的像元坐标亦不同。为此，必须分别建立 ETM + 1 ~ 5 和 7 波段的控制点文件和 Pan 波段（第 8 波段）的控制点文件，并分别对它们作几何校正。该两组控制点文件数据见表 6-11。

表 6-11　ETM + 影像几何精校正控制点文件

控制点号	地图坐标		1 ~ 5 和 7 波段像元坐标		Pan 波段像元坐标		控制点所在国际分幅编号
	X	*Y*	*S*	*L*	*S*	*L*	
1	19311220	2500650	686	2879	1388	5757	6-49-51
2	19314050	2502850	7875	2801	1561	5610	6-49-51
3	19319200	2513780	954	2440	1907	4879	6-49-39
4	19342400	2516080	1726	2362	3454	4722	6-49-39
5	19350670	2525680	2006	2042	4013	4079	6-49-40

续表 6-11

控制点号	地图坐标		1～5 和 7 波段像元坐标		Pan 波段像元坐标		控制点所在国际分幅编号
	X	Y	S	L	S	L	
6	19362850	2527500	2411	1982	4819	3964	6-49-40
7	19377130	2562330	2885	820	5768	1641	6-49-28
8	19362200	2571150	2390	526	4773	1054	6-49-28
9	19327400	2577840	1225	305	2449	607	6-49-27
10	19311620	2561150	701	860	1400	1716	6-49-27
11	19319380	2541620	960	1513	1919	3024	6-49-39
12	19300530	2535550	331	1714	662	3424	6-49-39

B 图像增强

为消除购买 ETM + 影像数据中的影响像质的干扰因素，采用了图像增强处理技术。图像增强是计算机数字图像处理技术中最重要、也是用途最广的图像信息处理方法。通过增强处理可以使原来不清晰的图像变得清晰，即产生好的视觉效果，从而使其更适合于某种特定应用的需要。对于本项工作而言，"特定应用的需要"就是要 ETM + 影像能够显示——提供更多的找矿"遥感透视信息"，如断裂构造和岩体接触带位置、长度、宽度、形态和相互关系，等等。

为达此目的，采用了假彩色合成图像增强处理技术。该处理可以在保持影像信息特征不失真前提下，使图像达到理想的视觉识别效果。经大量波段组合试验，最后确定出以 Band3 作红变换、Band2 作绿变换和 Band1 作蓝变换的最佳假彩色合成增强波段组合方案，表达为：

$$R(\mathrm{ETM3}) \oplus G(\mathrm{ETM2}) \oplus B(\mathrm{ETM1})$$

通过该增强处理方案获得的图像能够较好地反映本区的地貌特征和地质特征，如水体显示为天蓝色或深蓝色，植被覆盖的山体显示为浊绿色或暗绿色，农田显示为豆绿色，人类活动频繁区显示为灰白色，等等。这些影像特征都比较接近自然色彩和人眼的视觉习惯。最主要的是，该影像对研究区主要部位——河塘岩体环形影像区域的显示反映非常清晰，纹理细节及色彩十分丰富，为找矿预测提供了大量重要的遥感地质信息。

（三）图像分析与解译

1. 遥感线性构造解译

区内断裂构造比较发育，并通过线性影像特征形式得到较为清晰的反映，主要有三种表现形式：

第一种形式：在连续分布的山区地带，以浅色调的山沟或色彩差异区域分界线形式反映，这种情况的线性影像占全区线性影像的绝大部分，如河塘岩体周边的线性构造。

第二种形式：以平地区域上出现整齐的山体边缘的形式反映，如黄令山南西的平直山体边缘。

第三种形式：通过地貌特征反映，如整齐平直的河岸、山体的连续定向缺失等，如沿郁江斜贯穿过河塘岩体环形山的 NE 走向大断裂。

如果按走向划分并从全区宏观范围角度,本区的大型线性构造主要显示为 NE 和 NW 两组。该两组线性构造通过其规模和长度,体现为是一种大型断裂构造形迹的影像特征。分析认为它们是大华夏板块上的灵山滕县断裂和贵港—横县断裂之间应力场作用的产物,因此,对研究区断裂构造总格局形成具有控制作用。在小范围内,线性构造分布形态比较多样,如河塘岩体环形构造周围的线性构造就以 EW、NEE 和 NNE 向的为主,并且还有少量近 SN 向的线性构造。它们应当是局部断裂运动的产物。

全区总共解译出长度超过 100 m 的遥感线性构造 92 条。数量远远超过该区已有地质图所标示的断裂构造。其中,在河塘岩体及其周边邻区 61 条,在其他地段 31 条。另外,在河塘岩体周边还存在许多羽状的小型线性构造未计及。在新发现的线性构造—断裂构造中,最值得一提的是沿郁江由 SW 往 NE 斜贯穿过图区中部环形(山)构造的 NE 向断裂。它是研究区内规模最大的断裂。由于其与环形构造的空间关系分析,其形成时间应该晚于导致该环形构造形成的燕山期中、酸性岩侵入体。从数量分布特征看,河塘岩体及其周边邻区的线性构造最为密集,占了全区线性构造总量约 66%。直观表明这里是全区断裂构造最发育的区域。出现这一情况与河塘岩体的岩浆侵入活动密切有关。由于岩体上升的热动力作用,使围岩承受到巨大的上下错动的环状分布剪切应力和径向张力。径向张力作用结果就导致形成以岩体为中心的径向放射状线性断裂。由 ETM + 影像揭示的该地段存在的密集线性影像特征,正是对这一复杂应力场作用的产物在当前剥蚀水平下的反映。

对解译出的线性构造作玫瑰图统计,发现区内线性构造有 3 个优势走向,即方位角 20°、280°和 350°方向,见图 6-9。应该说这一统计结果基本反映了本区断裂构造的走向分布规律。从目前掌握的实际资料看,主要是 280°和 350°走向的这两组断裂与本区金矿关系密切。

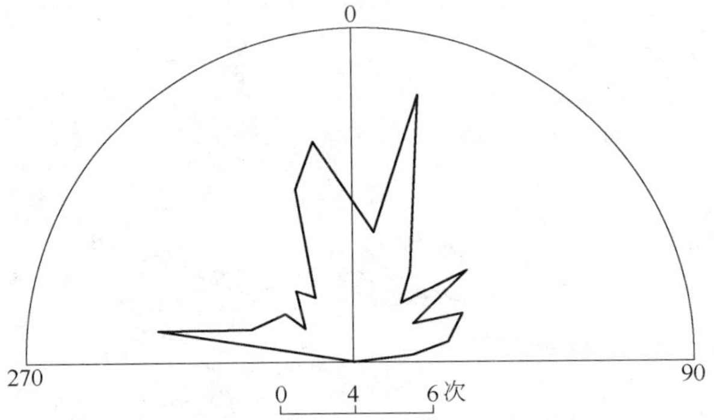

图 6-9 黄令山地区遥感线性构造统计玫瑰图

由于已知矿点和金次生晕异常的位置都处于环形构造周围的线性构造密集区,表明本区金多金属矿床的形成和分布严格受到环形构造周围的断裂构造控制。

2. 遥感环形构造解译

研究区内另一显著的遥感影像特征是以河塘岩体为中心的环形构造影像。在地貌上该环形构造显示为一走向南北、形态似水滴状的环形山,位于影像区中部,跨越分布于郁江南北两岸。除其南东部环边与外围山体相连外,其余部分环边的外围全是平坦地形,从而构成被郁江切割成两半,但整体性仍保持完好的正环形山地貌,见图6-10。若按照椭圆度量,该环形构造长轴(NS 走向)长度约 8 km;短轴(EW 走向)长度约 5 km。长短轴比为

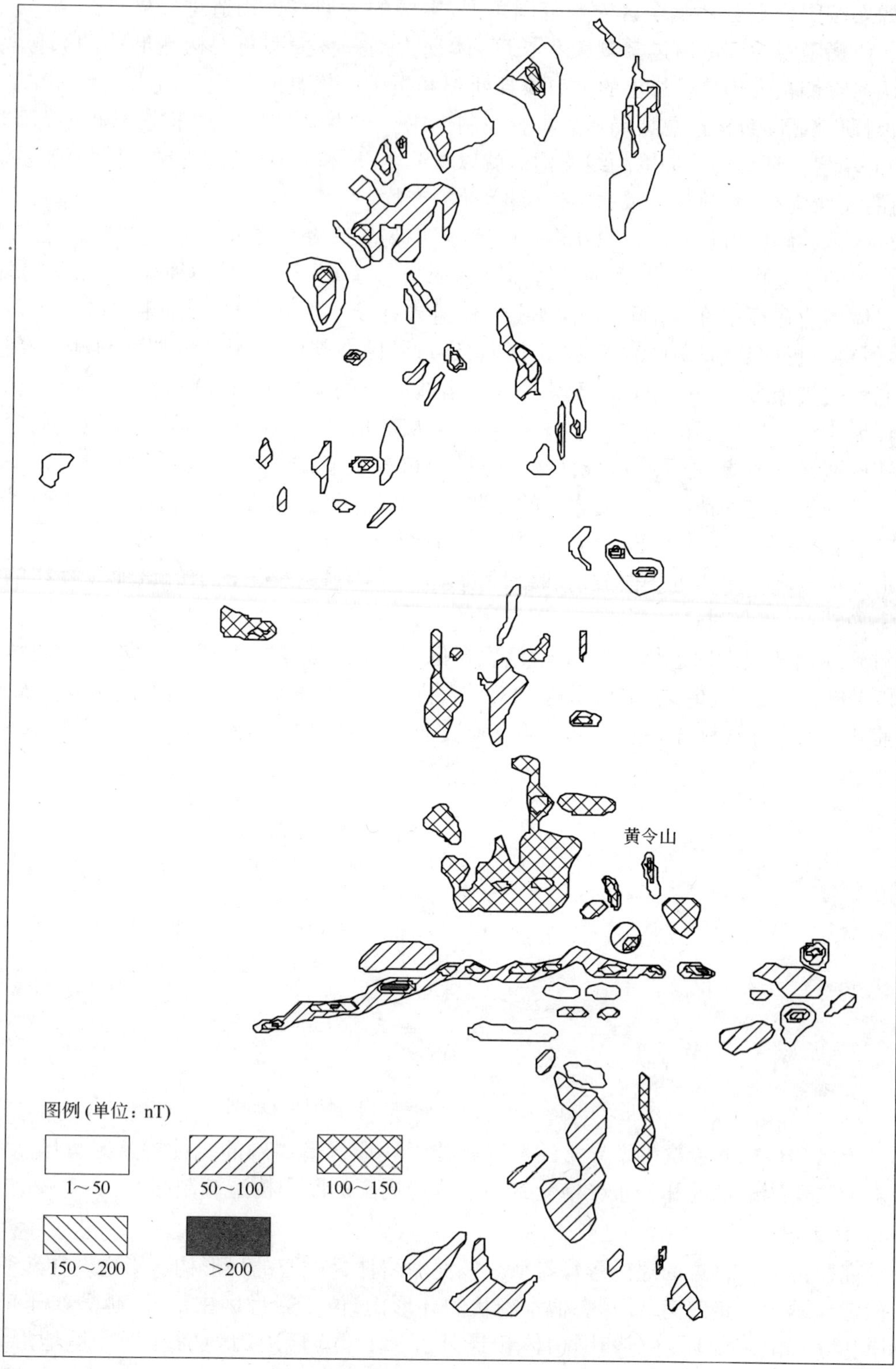

图 6-10 黄令山地区地面 ΔZ 磁异常彩色编码增强分析

1.6∶1。面积约 31.4 km^2。

由于该环形构造中部为一套燕山早期的中、酸性岩，而外部是碎屑沉积岩，环形构造基本沿接触带分布，因此，可以比较肯定地推断，该环形构造就是由河塘岩体的侵入作用造成的，虽然它与上述分布于河塘岩体周围的密集线性构造的形成具有相同的岩浆热动力源，但两者不同之处在于，前者是径向应力作用的产物，由于径向应力主要为张应力，故产生的岩石破裂以张性破裂为主；而后者是切向应力作用的产物，由于切向应力主要为剪切应力，故产生的岩石破裂以剪切破裂为主。张性破裂由于拥有开阔的空间，容易成为成矿热液的通道和溶矿空间。而相比之下，剪切破裂由于是在剪切应力的挤压作用下产生的，不容易成为成矿热液的通道和溶矿空间。通过上述分析，在利用河塘岩体环形构造找矿时，应该把主要注意力放在那些横穿接触带的径向断裂上。当然，并不是有径向断裂就一定有矿，还必须根据该断裂上方或周围是否存在物化探信息显示。这将在下面的综合信息找矿分析中作进一步研讨。

3. 遥感波谱特征分析

除线性和环形构造影像特征信息外，ETM + 影像还为本课题提供另一类重要的遥感地质信息——影像波谱特征信息。理论上，不同地物由于物质成分与组构差异，对太阳光吸收/反射也不同，这在遥感影像上体现为波谱特征差异。对于可见光波段假彩色合成的影像，波谱特征差异直接表现为（地物反射的太阳光的）颜色差异；而对于红外影像，如 ETM4（0.775 ~ 0.90 μm，近红外）、ETM5（1.55 ~ 1.75 μm，短波红外）、ETM6（10.4 ~ 12.5 μm，热红外）和 ETM7（2.09 ~ 2.35 μm，短波红外），在影像数据通过假彩色合成处理后，其波谱特征差异也可以反映为可视的颜色差异。因此，只要是多波段影像，都可以通过假彩色合成增强处理，显示提取地物波谱异常，在此基础上，通过基于野外地物波谱数据的模式识别，实现对地物的遥感识别区分。

然而，实际上，由于存在“同物异谱”和“异物同谱”问题，波谱异常与地物之间的对应关系并不是唯一的，而是多解的；加上第四系和植被覆盖影响，对波谱信息的解译利用常常变得十分复杂困难。实验表明，只有在基岩出露良好的地区，例如大戈壁和严重石漠化山区，遥感波谱信息利用才能够取得较好的效果，甚至可用作地质填图乃至直接找矿——圈定表露蚀变带和矿化带的依据。但在植被和第四系覆盖较厚的地区，这样的应用就比较困难。而研究区正是属于后一种情况。另外，波谱异常定量分析必须利用野外地物波谱测试数据，而野外地物波谱测试是一项需要有一定投入的基础性工作，而由于经费和时间原因，课题未能开展这项工作。正是由于这些诸方面原因，课题对波谱信息的利用方式和程度都还十分有限。尽管如此，还是力所能及地做了一些应用探索试验。现以附图形式列出 12 种以地质找矿波谱信息提取为目标的试验结果（见图 6-11 ~ 图 6-22），并作简要描述如下。

影像图 6-11：R（ETM1）⊕ G（ETM2）⊕ B（ETM7）合成，细节欠清晰，深色区域为山体，山体高度与深度成正比，宏观上研究区未反映出显著的有利找矿的波谱异常特征。

影像图 6-12：R（ETM2）⊕ G（ETM5）⊕ B（ETM4）合成，细节清晰，绿色粗纹理结构区域为山体，山高与绿色深度成正比，宏观上研究区未反映出显著的有利找矿的波谱异常特征。

广西横县—黄令山—贵港地区

Landsat-7 卫星 ETM + 遥感影像假彩色合成增强与地物波谱特征分析(影像图 6-11 ~ 图 6-22)

(影像图中的矩形框为研究区)

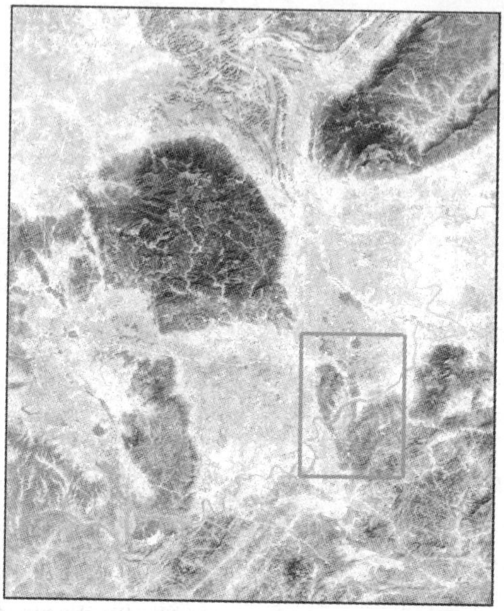

影像图 6-11 ETM1,2,7 波段假彩色合成增强显示处理影像

细节欠清晰,深色区域为山体,山体高度与深度成正比,宏观上研究区未显示出显著的波谱异常特征

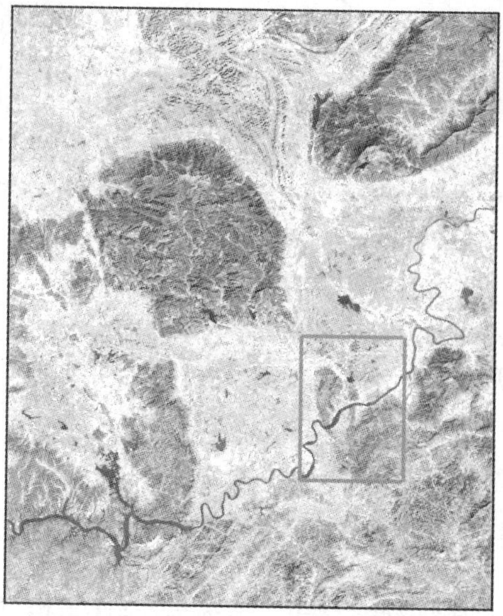

影像图 6-12 ETM2,5,4 波段假彩色合成增强显示处理影像

细节清晰,绿色粗纹理结构区域为山体,山高与绿色深度成正比,宏观上研究区未显示出显著的波谱异常特征

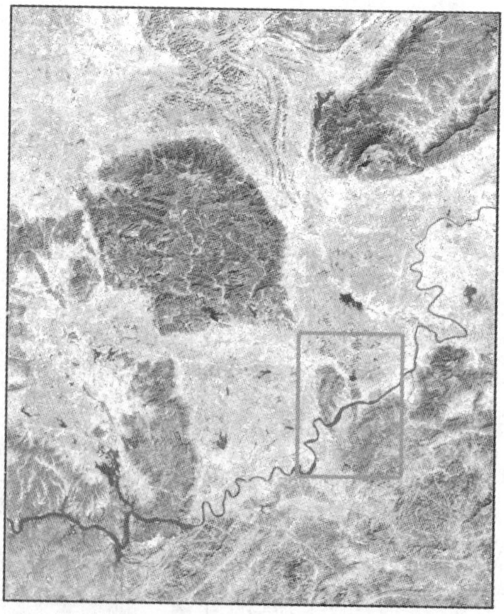

影像图 6-13 ETM2,7,4 波段假彩色合成增强显示处理影像

细节一般,蓝色区域为山体,山体高度与蓝色色度成正比,宏观上研究区未显示出显著的波谱异常特征

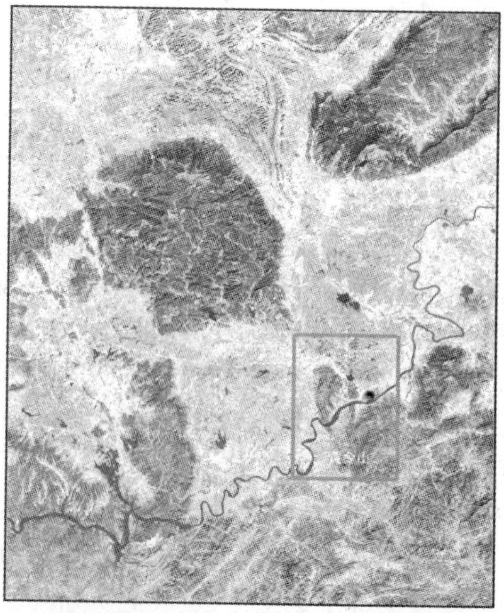

影像图 6-14 ETM2,7,5 波段假彩色合成增强显示处理影像

细节一般,暗蓝色区域为山体,山体高度与颜色色度成正比,宏观上研究区未显示出显著的波谱异常特征

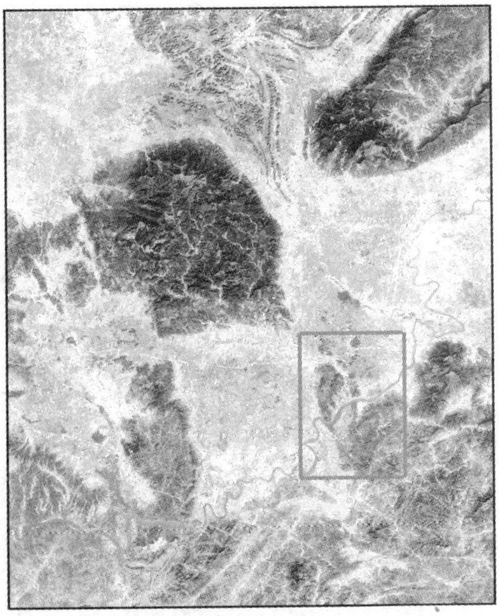

影像图 6-15 ETM3,2,1 波段假彩色合成增强显示处理影像

接近真实色彩,深色区域为山体,山体高度与色度成正比,宏观上研究区未显示出显著的波谱异常特征

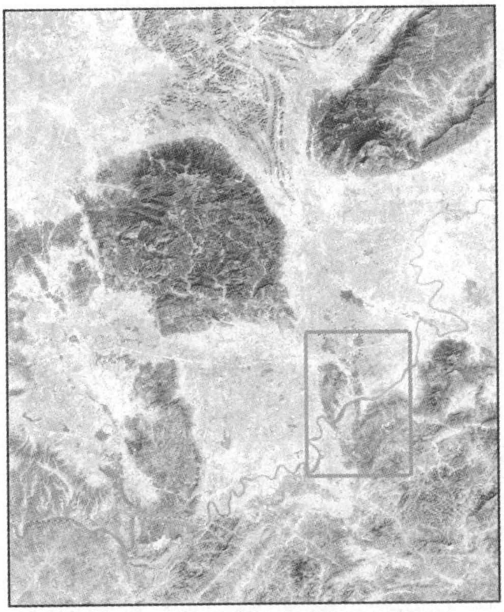

影像图 6-16 ETM3,2,4 波段假彩色合成增强显示处理影像

细节较清晰,蓝色区域为山体,山体高度与色度成正比,宏观上研究区未显示出显著的波谱异常特征

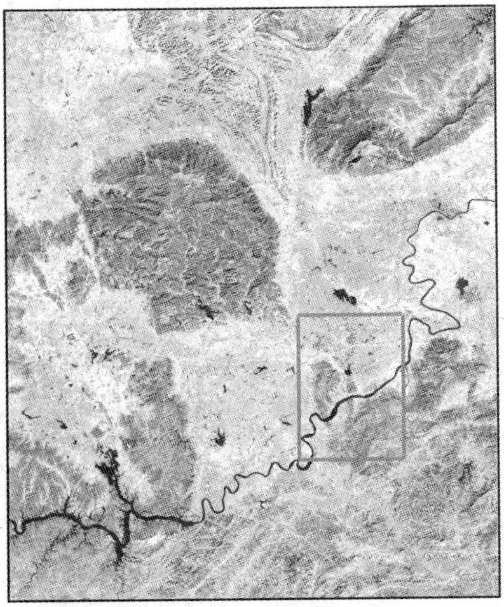

影像图 6-17 ETM3,5,4 波段假彩色合成增强显示处理影像

细节清晰,灰蓝区域为山体,山体高度与颜色色度成正比,宏观上研究区未显示出显著的波谱异常特征

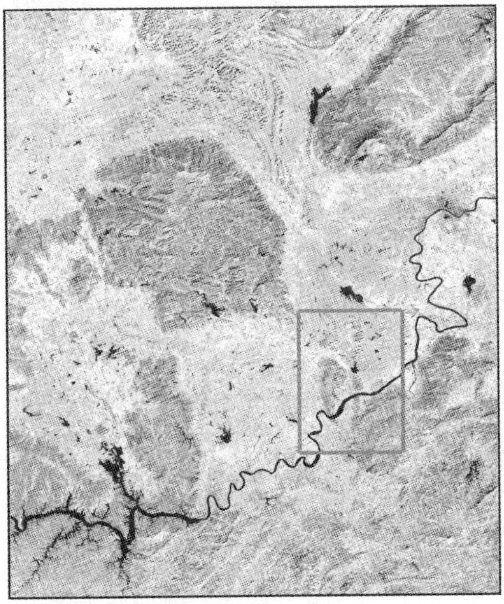

影像图 6-18 ETM4,5,3 波段假彩色合成增强显示处理影像

细节非常清晰,橙色区域为山体,山体高度与色度成正比,宏观上研究区未显示出显著的波谱异常特征

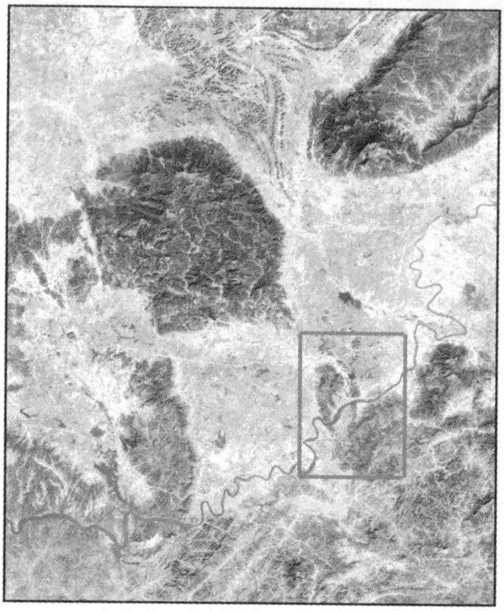

影像图 6-19 ETM5,2,3 波段假彩色合成增强显示处理影像

细节清晰,枣红色区域为山体,山体高度与色度成正比,宏观上研究区未显示出显著的波谱异常特征

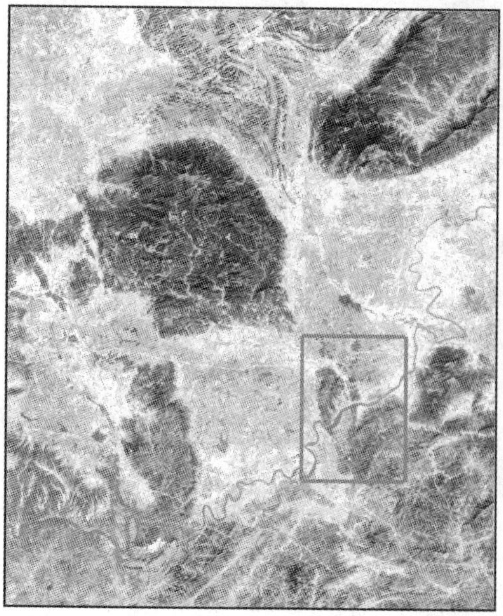

影像图 6-20 ETM7,2,1 波段假彩色合成增强显示处理影像

细节不清,暗色区域为山体,山体高度与色度成正比,宏观上研究区未显示出显著的波谱异常特征

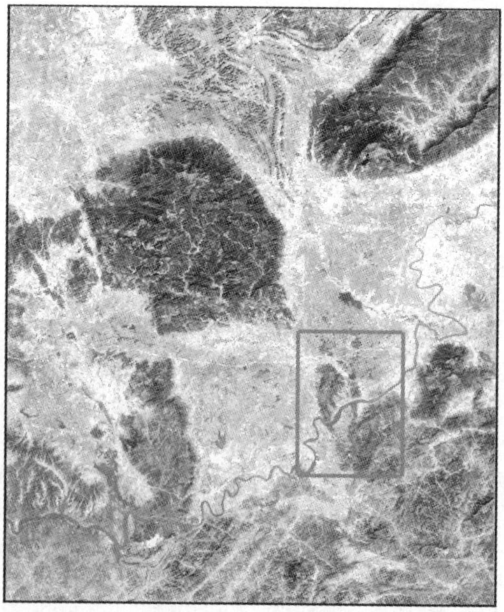

影像图 6-21 ETM7,2,3 波段假彩色合成增强显示处理影像

细节欠清晰,橙色区域为山体,山体高度与橙色色度成正比,宏观上研究区未显示出显著的波谱异常特征

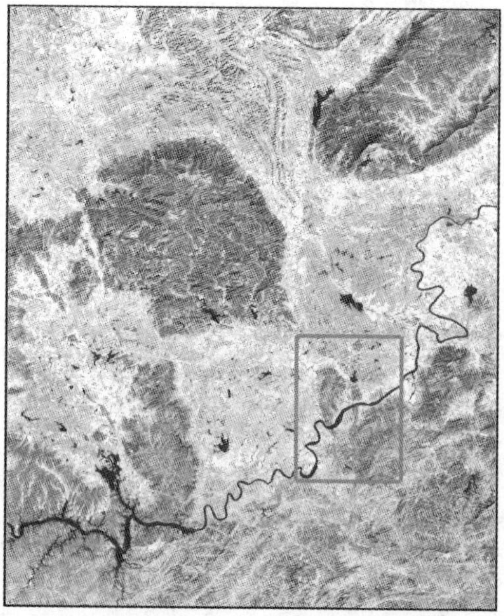

影像图 6-22 ETM7,5,1 波段假彩色合成增强显示处理影像

细节清晰,绿色区域为山体,山体高度与绿色色度成正比,宏观上研究区未显示出显著的波谱异常特征

影像图6-13：R(ETM2)⊕G(ETM7)⊕B(ETM4)合成：细节一般，蓝色区域为山体，山体高度与蓝色色度成正比，宏观上研究区未反映出显著的有利找矿的波谱异常特征。

影像图6-14：R(ETM2)⊕G(ETM7)⊕B(ETM5)合成：细节一般，暗蓝色区域为山体，山体高度与颜色色度成正比，宏观上研究区未反映出显著的有利找矿的波谱异常特征。

影像图6-15：R(ETM3)⊕G(ETM2)⊕B(ETM1)合成：接近真实色彩，深色区域为山体，山体高度与色度成正比，宏观上研究区未反映出显著的有利找矿的波谱异常特征。

影像图6-16：R(ETM3)⊕G(ETM2)⊕B(ETM4)合成：细节较清晰，蓝色区域为山体，山体高度与色度成正比，宏观上研究区未反映出显著的有利找矿的波谱异常特征。

影像图6-17：R(ETM3)⊕G(ETM5)⊕B(ETM4)合成：细节清晰，灰蓝区域为山体，山体高度与颜色色度成正比，宏观上研究区未反映出显著的有利找矿的波谱异常特征。

影像图6-18：R(ETM4)⊕G(ETM5)⊕B(ETM3)合成：细节非常清晰，橙色区域为山体，山体高度与色度成正比，宏观上研究区未反映出显著的有利找矿的波谱异常特征。

影像图6-19：R(ETM5)⊕G(ETM2)⊕B(ETM3)合成：细节清晰，枣红色区域为山体，山体高度与色度成正比，宏观上研究区未反映出显著的有利找矿的波谱异常特征。

影像图6-20：R(ETM7)⊕G(ETM2)⊕B(ETM1)合成：细节不清，暗色区域为山体，山体高度与色度成正比，宏观上研究区未反映出显著的有利找矿的波谱异常特征。

影像图6-21：R(ETM7)⊕G(ETM2)⊕B(ETM3)合成：细节欠清晰，橙色区域为山体，山体高度与橙色色度成正比，宏观上研究区未反映出显著的有利找矿的波谱异常特征。

影像图6-22：R(ETM7)⊕G(ETM5)⊕B(ETM1)合成：细节清晰，绿色区域为山体，山体高度与绿色色度成正比，宏观上研究区未反映出显著的有利找矿的波谱异常特征。

由影像图6-11所示的研究区宏观地面影像特征为：影像南西角、南东-中部区域主要由具有深绿/浊绿色调的平缓宽阔、斑点状和斑块状交织的纹理特征构成，直观反映出这里是由多种岩性组成的有较好岩石露头或第四系覆盖较浅的山区，适合开展地表地质勘查工作。该区域面积约占影像区总面积的50%，主要由古生代和中生代碎屑岩地层和中酸性火成岩组成。除此之外的图区其他部分，显示为大片不规则连续分布的灰白色、均匀浅豆绿色和浅棕—浅绿—浊绿色间杂的波谱异常特征，对应着处于不同开发利用状态下的具有较厚第四系覆盖的郁江河流阶地平台、小平原和丘陵区。其中，灰白色为人类活动较多区，均匀浅豆绿色为单一农作物种植区，浅棕—浅绿—浊绿色相间为综合经济作物种植区。总体上，高山区主要集中分布在以郁江为界的南—南东半部影像区域，丘陵区主要分布在以郁江为界的北—北西区域。地质构造的影像特征以线性和环形影像特征为主，主要分布在具深绿/浊绿色调的山区，而在小平原和丘陵区域线性和环形影像特征显示信息微弱。

（四）遥感与综合地学信息找矿预测

1. 遥感与磁异常综合分析

根据资料，由于本区金矿常与磁黄铁矿、磁铁矿共生或伴生，因此，磁异常清晰地反映出了本区40余处ΔZ磁异常的分布特点及规律。其中，有9处已发现金矿化，约占15%；10余处发现磁铁矿，约占20%；基性岩脉引起2处，约占4%；找矿意义不明30余处，约占60%。通过将地磁ΔZ异常叠加到ETM+影像图上，可以清楚看见，这些异常绝大部分是分布在水新村环形构造之内部和其边缘地带的线性构造密集区域。前人曾将河塘岩体出露区

地磁 ΔZ 异常划分为四种类型：(1)以低缓负异常为特征，异常值一般 $-25 \sim -5$nT，由花岗闪长岩引起，分布于新旺—抗浪、六河—河塘—陈塘—六高、龙塘大岭等3个区段，与金矿关系密切。(2)以低缓正异常为特征，异常值一般 $+10 \sim +40$nT，由二长花岗岩引起，含有较多细粒闪长岩包体，分布于黄塘—那朋、牛芦—龙塘等两个区段，与金矿关系不明。(3)形态规整、强度大、梯度陡，异常值一般 $+300 \sim +450$nT，分布于龙塘至陈塘一带，呈东西向带状展步，由辉石闪长岩岩墙引起。(4)岩体内局部高强度异常，异常值 $+50 \sim +500$nT，由蚀变捕虏体引起。对照遥感影像分析，分布在水新村环形构造之内部和其边沿地带的线性构造密集区域里的 ΔZ 异常，主要是(1)和(2)两种类型。这一方面表明在这一范围内的磁异常要比出现在其他地段的磁异常更具有找矿指示意义，另一方面也指示这一范围内具有较好的找矿前景。

2. 遥感与化探异常综合分析

20 世纪 90 年代初期，广西第四地质队在研究区河塘岩体分布区开展过 1∶10000 比例尺的 Au、Cu、Pb、Ag 次生晕面积性测量工作，获得了 8 个比较完整的 Au、Cu、Pb、Ag 综合异常，即抗浪 Au 综合异常、白牛岭 Au-Cu 综合异常、青塘 Au-Ag-Pb 综合异常、家程岭 Au-Ag 综合异常、丁桥岭 Pb-Cu-Au 综合异常、河塘 Au-Cu-Pb 综合异常、大塘 Au-Cu 综合异常以及大虫岭 Au-Cu 综合异常，并已对这些化探异常做了初步评价，其主要特征归纳如下：

(1) 抗浪 Au、综合异常：呈北西向，椭圆形，面积约 0.5 km^2。各元素异常互相套合较差，形态较规整，异常均未封闭。其中 Au 元素异常面积 0.085 km^2，峰值 126.8×10^{-9}，浓度分带较为清晰，浓集中心明显，异常内带窄，梯度变化陡。Cu 元素异常面积约 0.083 km^2，峰值 100×10^{-6}，浓度分带及浓集中心不明显。Ag 元素异常面积 0.084 km^2，峰值 2.48×10^{-6}，浓度分带及浓集中心皆不明显。Pb 元素异常面积约 0.34 km^2，峰值 2000×10^{-6}，浓度分带及浓集中心明显，异常内带窄，梯度变化陡。该综合异常与 F18 断裂带吻合，已发现 Cu、Ag、Au 矿化。具有进一步工作的价值。

(2) 白牛岭 Au、Cu 综合异常：呈南北向，椭圆形，面积 0.04 km^2。两元素异常完全套合，形态规整，强度高，浓度分带清晰，具有明显的浓集中心。其中 Au 元素异常面积 0.025 km^2，峰值 434.2×10^{-9}，Cu 元素异常面积 0.025 km^2，峰值 100×10^{-6}。该异常处于寒武系捕虏体中，已发现一小型 Au、Fe、Cu 矿床。

(3) 青塘 Au、Ag、Pb 综合异常：略呈北东向，近似圆形，位于 F17 断裂北侧，面积约 0.16 km^2。其中 Au 元素异常面积约 0.015 km^2，峰值 32.2×10^{-9}，形态规整，浓度分带清晰，浓集中心明显。Ag 元素异常面积约 0.030 km^2，峰值 0.30×10^{-6}，形态规整，但没有浓集中心。Pb 元素异常面积 0.06 km^2，浓集中心不明显。Au、Ag 元素异常局部套合，Pb 元素异常位于 Au、Ag 元素异常东侧。异常源未查明。

(4) 家程岭 Au、Ag 综合异常：呈东西向，椭圆形，面积约 1.0 km^2，两元素异常套合较差。均未封闭。其中 Au 元素异常面积 0.03 km^2，峰值 20×10^{-9}，形态规整，没有明显的浓度分带和浓集中心。Ag 元素异常面积约 0.16 km^2，形态不规则，浓度分带不清晰。峰值 2.0×10^{-6}。本区已发现金矿化，值得进一步工作。

(5) 丁桥岭 Pb、Cu、Au 综合异常：呈南北向，椭圆形，面积约 0.21 km^2，三元素异常局部套合。其中 Au 元素异常面积大于 0.01 km^2（北端未封闭），形态规整，异常值 5×10^{-9}。Cu 元素异常面积约 0.01 km^2，形态规整，浓度分带不清晰。Pb 元素异常面积约 0.15 km^2，形态规整,没有明显浓集中心,浓度分带不清晰。异常源未查明。

(6) 河塘 Au、Cu、Pb 综合异常:南北向,椭圆形,面积约 0.6 km^2,三元素异常套合较差。其中 Au 元素异常面积约 0.18 km^2,形态规整,浓集中心明显,浓度分带清晰,峰值 88×10^{-9},异常内带窄,梯度变化陡。Cu 元素异常面积约 0.01 km^2,形态规整,没有明显浓集中心,异常值 50×10^{-6}。Pb 元素异常面积约 0.02 km^2,形态规整,没有明显浓集中心,异常值 50×10^{-6}。空间上 Cu、Pb 元素异常位于南北两端,Au 元素异常位于中间。本区已发现 Au 矿化,值得进一步工作。

(7) 大塘 Au、Cu 综合异常:近似圆形,面积约 0.25 km^2,两元素异常部分套合。其中 Au 元素异常面积约 0.15 km^2,形态规整,浓度分带清晰,浓集中心明显,峰值 64×10^{-9},异常内带窄,梯度变化陡。Cu 元素异常面积约 0.03 km^2,形态规整,浓集中心不明显,峰值 250×10^{-6}。本区已探明一定的金矿储量。

(8) 大虫岭 Au、Cu 综合异常:北西走向,椭圆形,面积约 1.6 km^2,两元素异常套合较好。其中 Au 元素异常面积约 0.86 km^2,南东方向未封闭,形态规整,浓度分带清晰,浓集中心明显,梯度陡,峰值 2000×10^{-9}。Cu 元素异常面积约 0.08 km^2,形态规整,没有明显浓集中心,峰值 250×10^{-6}。本区已探明一小型金矿。

对收集到的 Au 次生晕数据用数字图像处理技术作 Au 异常与 ETM + Pan 波段影像 Overlay可视化叠加分析,结合 ETM + 遥感影像解译获得的地质信息,在前人工作基础上,对本区 Au 异常分布规律获得了两点重要的新认识(参见图 6-23)。

新认识一:金异常在郁江南岸的分布,明显体现出集中产出在以河塘岩体为中心的环形构造的双环边区域内及其外侧临近地带——更确切地说,是分布在环形构造“径向断裂”发育部位的规律。由于郁江北岸环形构造是河塘岩体环形构造作为一个整体在江北的延伸,并具有与江南岸相同的地层与构造背景环境,这一分布规律自然也会保持到江北。因此,虽然目前在江北地区尚未开展 Au 次生晕测量工作,但同样也可沿用这一规律开展找矿预测。这就是说,在江北的找矿应把注意力主要集中在环形构造的“径向断裂”分布地段。

新认识二:位于黄令山和大虫岭之间的本区规模最大的金异常,即上述(8)之异常,似乎并不服从上述分布规律。其实,这是由于当初在遥感地质解译时,没有将河塘岩体的环形构造南端的环边解译完全造成的。实际上,从影像显示的自然环形特征来看,该异常仍在环形构造之内,只是由于该环形构造在向南延伸后由于变窄而不如其他部分显著罢了,见图 6-23。造成原因主要与当初解译过分注重环形构造几何图案上的完美性有关,即要求解译出的环形线条必须是圆形、椭圆形或接近这些形态的图形才行。因而,将影像特征客观反映的继续向南变窄延伸的不规则环形部分,在勾图时人为地给“卡断”了。由于当发现这一情况时,综合信息解译图已经编好,因此,只能说是留下了一个遗憾。但这并不影响我们对河塘岩体环形构造控矿规律的认识。关键是在最终的预测区圈定中,我们采用了这一认识。这就是对 1 号预测区的圈定。

3. 实地查证

为检验遥感物化探综合信息找矿预测室内工作的效果,遥感人员与地质及物、化探人员密切配合共同到研究区开展了实地查证工作。查证沿四条事先设计的路线进行。这四条路线是:

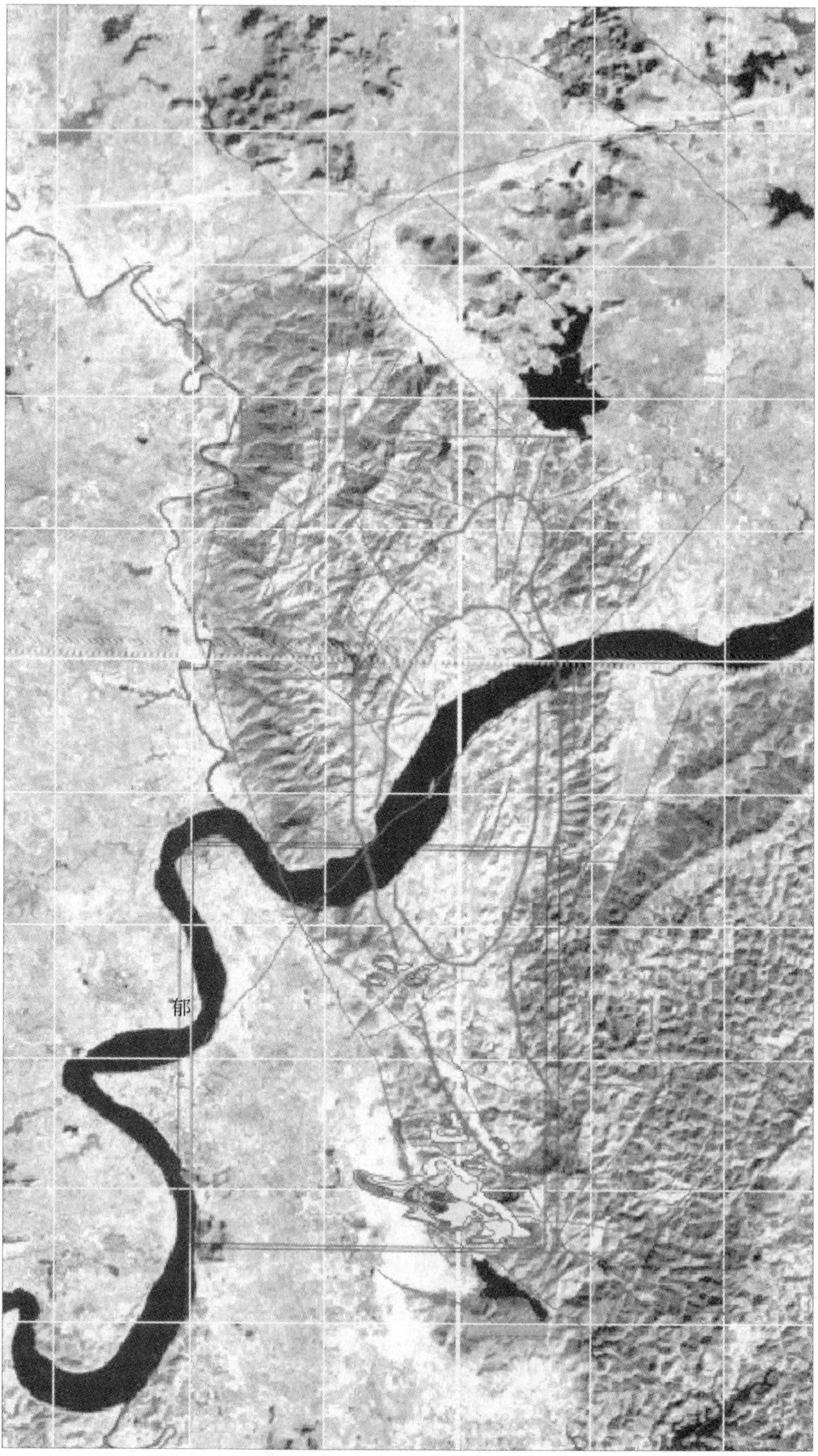

图 6-23 黄令山地区 Landsat-7 Pan 波段影像与金次生晕异常叠加分析

第一条路线：谢圩→站圩→中团；

第二条路线：横县→谢圩→站圩→六河村；

第三条路线：横县→谢圩→大塘→大虫岭→六高；

第四条路线：横县→谢圩→郁江渡口→黄令山。

在野外查证过程中，一直将存储有遥感影像的手提电脑带在身边，随时打开电脑显示遥感影像，核对影像上查证点与实际点位的一致性，以及查证点的实际矿产地质信息表现与影像特征的关系，等等，对重要的查证点用手持式 GPS 定位，并作详细描述、记录、拍照。表 6-12 列出了 19 个查证点的 GPS 定位坐标及简要地质描述。

表 6-12　遥感野外实地查证点 GPS 观测数据及地质描述

GPS 观测点编号	GPS 点位置坐标		描　述	备　注
	N	E		
G01	22°50.361′	109°26.785′	寒武系砂页岩(细砂岩、粉砂岩)	
G02	22°50.214′	109°26.938′	褐色矽卡岩、含石英脉(厚度 1 mm)	标本
G03	22°50.166′	109°26.972′	细晶花岗岩脉、风化物中可见灰白色石英颗粒	接触界线明显
G04	22°55.116′	109°26.982′	花岗闪长岩与围岩(寒武系砂页岩)的接触带、接触带内物质均一，风华物为灰白色	
G05	22°49.954′	109°27.099′	大量花岗闪长岩、风化面为灰色的风化物(长石等)	
G06	22°50.410′	109°27.225′	转置寒武系砂页岩、在接触线附近	
G07	22°50.471′	109°27.178′	寒武系硅化砂岩	
G08	22°50.489′	109°27.187′	花岗闪长岩露头约 5m 逐渐变为新鲜的岩石	
G09	22°50.525′	109°27.165′	灰白色的矽卡岩风化层	化探取样
G10	22°50.535′	109°27.159′	灰白色的矽卡岩风化层	化探取样
G11	22°50.499′	109°27.006′	褐铁矿化矽卡岩风化层	化探取样(风化层)
G12	22°50.499′	109°27.995′	褐铁矿化矽卡岩风化层	化探取样(风化层)
G13	22°50.180′	109°27.550′	花岗闪长岩、球性风化较强烈	标本
G14	22°48.469′	109°27.028′	厚层红色亚黏土风化层、夹有磨圆度较好的闪长岩砾石	标本
G15	22°50.925′	109°29.054′	寒武系砂页岩风化层、高岭土化较明显(有一烧砖厂)	
G16	22°50.774′	109°28.778′	矿体(赤铁矿)在岩体与围岩的接触带上	化探取样(2 个)；剖面(照片 7)
G17	22°50.790′	109°28.235′	花岗闪长岩岩体、含闪长岩包体(同生作用形成)，灰白色的风化岩体、包体(10 cm × 15 cm × 30 cm)	标本，岩体解理的产状(65° ∠170°，65° ∠220°，70° ∠183°)图 6-19
G18	22°48.939′	109°26.997′	寒武系粉砂岩，金矿赋存于风化的围岩中	化探取样，标本
G19	22°48.925′	109°26.981′	矽卡岩铁矿	标本

野外查证表明，本区围绕河塘岩体的断裂构造十分发育，断层证据随处可见，与这些断裂构造对应的遥感线性和环形构造在实地的局部表现主要是山沟、山体形态和山地与平地的平整接触线等地貌特征。野外查证中所观察到的有利于成矿的地质现象，的确都发生或产出在河塘岩体环形构造带内。因此，在对该区进一步开展勘查工作时，对遥感线性和环形构造信息的利用可以具体转化为对这些地貌特征信息的利用。

（五）遥感找矿预测区

综上所述，通过工作从遥感综合地学信息找矿预测角度提出6个新找矿预测区，分别编号为1～6号预测区，分述如下：

1号预测区——黄令山预测区（因黄令山位于其中，故又称黄令山预测区，下同）：面积5.0620 km^2。预测区确定主要依据，这里位于河塘岩体环形构造之南端的构造发育部位，是NNE、NE、NEE、SEE四组较大的断裂构造同时与环形构造南沿外侧的强应力场带的交汇点，成矿非常有利。本区规模最大的金次生晕异常产出于此。异常所具有的明显NWW走向及拉长形态，由图6-2解译出的一条NWW走向断裂构造正好从该异常主轴线位置穿过，清楚表明该金高品位地质体的形成受到该条断裂的控制。在广西地质四队1998年12月提交的《广西横县河塘岩体周边地区金多金属矿大比例尺成矿预测报告》中，这里曾被圈定为A1找矿靶区。该区内有一小型金矿。由于该区工作程度较高，因此，今后的找矿方向应是朝内深部和旁侧发展。

2号预测区——陈塘预测区：面积2.5758 km^2。预测区确定主要依据，这里处于河塘岩体环形构造的南端内侧，处于河塘岩体形态急剧收缩的转折端位置。由于同时有多条NW向断裂从区内穿过，该部位处于两种来源应力场共同强烈作用的位置，因此，理论上应该有利于深部成矿热液组分运移充填。该区另一个最重要的物探信息是存在一条EW走向的高值磁异常，资料表明是对一条普通辉石闪长岩脉的反映。基性岩脉的出现表明很可能控制岩脉的EW断裂构造不是在河塘岩体形成之前形成的。而是在其形成之后才形成的。因此，该EW断裂构造难以对本区金矿成矿做出贡献。尽管如此，由于这里是河塘岩体形态急剧收缩的转折端与多条NW向断裂复合交汇的地段，而且在《广西横县河塘岩体周边地区金多金属矿大比例尺成矿预测报告》中，Au-C3异常有一半处于该预测区内，因此，其仍是较为理想的金矿成矿环境。可以通过在区内断裂构造和破裂构造明显地段开展构造地球化学采样，以确证该区找矿前景。

3号预测区——大塘预测区：面积1.9398 km^2。预测区确定主要依据，位于河塘岩体环形构造南端内、外两环之间，由宽变窄的转折部位的南侧，除环形构造的环形破裂外，这里还存在两组NE和NE向的断裂。因此这里具备较好的金矿成矿构造环境。化探在该区有两个较高值的形态完整的异常，其中一个高值达20×10^{-9}，另一个高值达50×10^{-9}。此外还有较好的铜异常。广西地质四队1998年12月提交的《广西横县河塘岩体周边地区金多金属矿大比例尺成矿预测报告》所定的A2金矿预测区的大部与本预测区的NE部重合。这些综合信息表明该区的圈定依据是比较充分的，从而具有较好的找矿前景。可以通过验证这两个金异常来评价该预测区的找矿潜力。

4号预测区——河塘预测区：面积1.6760 km^2。预测区确定主要依据，位于河塘岩体环形构造正东面内侧的花岗闪长岩与寒武系黄洞口组中段的碎屑岩夹灰岩地层的接触带两侧，以及将河塘岩体环形构造切割为南北两段的NE向地区性大断裂之SE盘边沿。该地段EW和NEE向线性——断裂构造非常发育密集，分析认为，是由于近于南北走向的河塘岩体在侵入过程中，在东西两侧受到的张性应力要远远大于南北两端所致。而岩体的环形构造与这两种类型断裂呈钝角交汇。这三者组成的复杂构造格架出现在对成矿十分有利的花岗闪长岩与寒武系黄洞口组中段的碎屑岩夹灰岩地层的接触带，无疑，使得这里成为了一个寻找内生金多金属矿床的有望区域。该区只有一个20×10^{-9}的金点异常，但有近东西走向的较完整低值铜异常（$60\times10^{-6}\sim70\times10^{-6}$），以及NNW走向的峰值为100 nT的狭长形态完整磁异常。根据这些情况来看，有必要首先查明20×10^{-9}的Au点异常的真实性，如果属实，再在成矿有利部位开展进一步的深部找矿工作。

5号预测区——古坪预测区：面积3.4247 km^2。预测区确定主要依据，该区处于郁江北岸，未开展过化探工作。因此预测区确定主要是依靠遥感地质解译线性环形构造信息以及地质和磁测异常资料。其中，遥感提供的信息最具有启发性。这里是3条NE向的断裂、1条SN向的断裂、3条NW向的断裂与环形构造相交之处，这里虽无金异常（没做工作），但却有两个非常完美的磁异常。之所以说是非常完美，是因为该两磁异常都具有完善的正负异常对，而且其形态都完整无缺。区内花岗岩闪长岩体与围岩接触带形态很不规则，有寒武系黄洞口组的灰岩大理岩捕虏体出现在岩体内部。这表明，上述发育的断裂构造可以通过与不规则的接触带的沟通，将岩浆携带的成矿热液组分传输到远离岩体的围岩中，从而形成脉状或浸染状的内生金属矿床。鉴于这样的分析，有必要在上述三种走向断裂交汇地段开展构造地球化学采样分析，并可以在最接近断裂交汇地段的磁异常的适当位置布置钻探工程，开展验证工作。

6号预测区——中团预测区：面积2.1033 km^2。预测区确定主要依据，区内断裂构造发育，河塘岩体环形构造的西边环形断裂依NNE走向纵贯该区，4条NW和2条NE走向的直线形断裂构造在区内分别与两条环形断裂在7处交汇，从而构成了较为密集的断裂交汇结点分布。预测区虽然全部处于泥盆系下统莲花山组地层中，但东侧紧邻燕山早期花岗闪长岩体。发育的断裂构造完全有可能从深部穿进花岗闪长岩体内，成为花岗岩内部的含矿热液向上运移的通道。区内在中团村附近有4个形态类似A3的找矿预测区完全在本预测区内，而且也顺河塘岩体环形构造西环边走向展布，并与本预测区范围基本重合。这种在不同时间、地点和根据不同资料作出几乎完全一致性相同的预测，也从某种角度表明了本次成矿预测结论的可靠性。为快速评价该预测区找矿潜力，可以在区内所有断裂/环形构造交汇点处开展构造地球化学采样，以样品分析结果作为是否值得在该区进一步投入勘查工程的依据。

二、新疆伊吾淖毛湖地区金隐伏矿床预测中的应用

（一）概述

本项遥感工作的任务，是配合课题总体目标，采用新一代卫星遥感技术，在新疆淖毛湖地区开展金矿遥感地质勘查，获取大比例尺的金矿找矿信息，为进一步布置大比例尺的金矿勘查工程提供精定位的遥感地质学依据。具体而言，就是通过对美国2号快鸟（Quickbird-2）和7号陆地卫星（Landsat-7）遥感影像的数字图像处理、图像分析和综合地质解译，结合野外实地查证，圈定出可供进一步开展大比例尺地面勘查工程的找矿靶区。

工作区位于新疆天山山脉东端的北部临近中蒙边境的淖毛湖地区，见图 6-24，属于戈壁缓丘地形，地貌形态单调，为典型的大陆性气候，日夜温差达 40 ~ 50℃，物理分风化非常强烈，无植被覆盖，基岩广泛出露，具备采用遥感技术直接寻找浅表赋存的内生金矿床的良好条件。

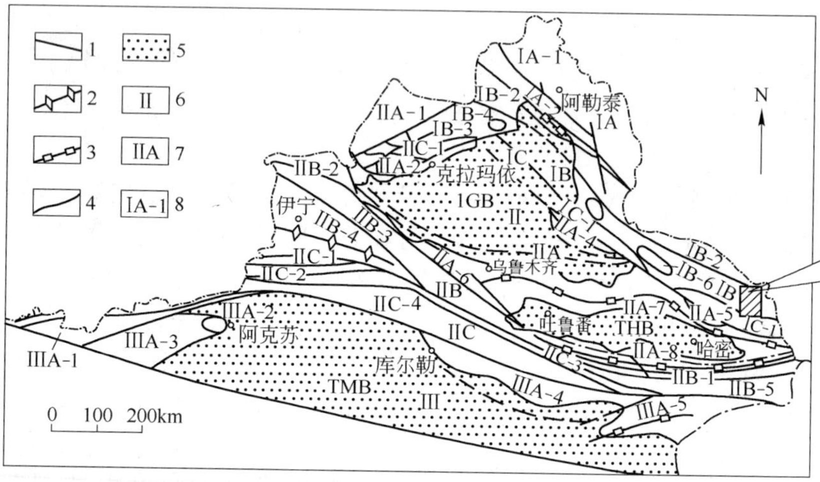

图 6-24　新疆北部大地构造略图及遥感工作区位置

1—缝合线；2—裂谷；3—裂陷槽；4—2 级构造单元界线；5—盆地；6—1 级构造单元代号；7—2 级构造单元代号；8—3 级构造单元代号

自 20 世纪 80 年代以来，通过国家项目 305 项，先后有中科院遥感应用研究所、地矿部遥感中心、地矿部航测物探队、原中国有色金属工业总公司遥感中心和桂林矿产地质研究院等单位和部门，在新疆开展过遥感寻金属矿产资源的遥感地质勘查工作，获得了许多找矿重要发现，为加速查明新疆金属矿产资源做出了很大贡献。前人的工作表明，遥感用于新疆金矿产资源勘查具有较好的效果。这为本课题在新疆淖毛湖地区开展遥感技术勘查金矿提供了重要的依据。

（二）遥感数据及图像处理

1. 遥感数据

历史上新疆开展的遥感地质找矿，主要限于采用中等分辨率的卫星遥感影像数据，如分辨率 79 m 的 MSS 影像（美国陆地卫星 Landsat-1/2）和分辨率 30 m 的 TM 影像（美国陆地卫星 Landsat-3/4/5）。近年来也开始采用分辨率 15 m 的 ETM + 影像（美国陆地卫星 Landsat-7）、10 ~ 2.5 m 的 SPOT 影像（法国）和 20 m 的 CB 影像（中国和巴西合作）。本次工作采用的基本遥感影像数据是美国 2001 年 10 月 18 日发射的高分辨率商用卫星 Quickbird-2（快鸟）的影像数据，空间分辨率为 0.61（Pan 波段）~ 2.4 m（全色波段）。其 Pan 波段空间分辨率分别是 SPOT-5 卫星影像的 4 倍和 MSS 影像的 130 倍。与新疆历史上采用的卫星遥感技术比较，本次采用的卫星遥感技术最为先进，在新疆遥感矿产资源勘查史上具有创新的意义。

这次使用的 Quickbird-2 卫星影像数据面积为 64 km^2(美国数字地球公司规定的该卫星数据的基本出售面积单位)。虽然该范围区域能够反映Ⅱ号蚀变体和北山金矿成矿带分布区,但却无法反映其外围周边地区的地质背景,而后者对于这次遥感找矿同样重要。为弥补这一不足,本次工作同时还采用了 Landsat-7 的 ETM + 影像数据。在地质解译时,将两种卫星影像结合使用,互相补充,取得较为理想的应用效果。具体这两种卫星遥感数据的情况如下:

(1) Quickbird-2 卫星影像数据。影像成像时间为 2003 年 10 月 9 日,面积为 64 km^2,地质解译使用面积 64 km^2。

(2) Landsat-7ETM + 影像数据。原始数据国际分幅编号 138-29,为一景完整的 Landsat-7ETM + 影像数据,成像时间 1999 年 8 月 11 日。全景影像面积为 42124 km^2。本课题地质解译实际使用面积为 2151 km^2。图 6-25 示出了本次工作中的 3 种影像区——ETM + 影像解译区、Quickbird-2 影像数据区和Ⅲ号蚀变体 Quickbird-2 影像子区的位置关系。

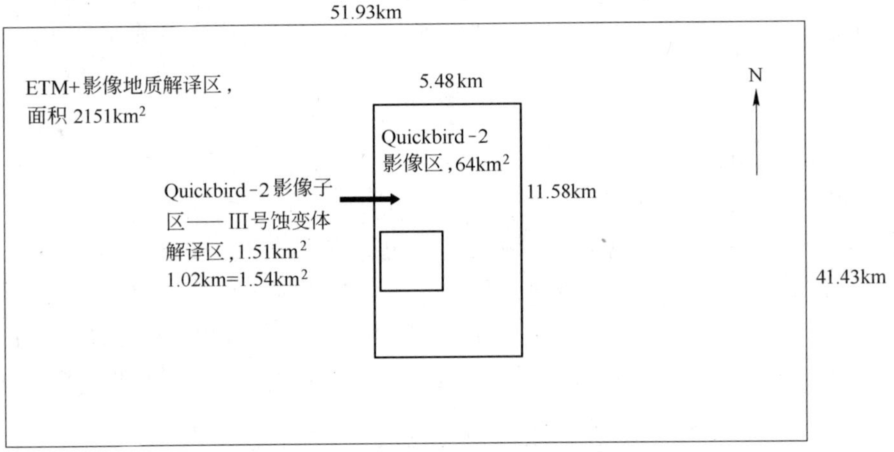

图 6-25 ETM + 影像区、Quickbird-2 影像区和Ⅲ号蚀变体解译区位置关系示意图

2. 图像处理

由于 Quickbird-2 影像和 ETM + 影像的成像波段范围划分不同,其波段和波段功能差异很大。根据两种影像各自的特点,制定了对它们作遥感数字图像信息提取处理和开展信息利用的不同方案。

对 Quickbird-2 影像,主要目标是提取大比例尺的矿产地质目标信息,如,控矿线性构造、各种成因造成的地表精细纹理结构、局部矿化蚀变带和勘探点位等的影像特征信息。采用的图像处理方法以假彩色合成及反差增强为主。

对于 ETM + 影像图像,主要目标是提取中—中大比例尺的矿产地质目标信息,如,区域断裂构造、区域弧形构造和环形构造的纹理结构的边缘信息,多光谱影像数据还可以直接揭示反映裸露基岩的岩性差异信息,含矿蚀变带信息,含矿构造带信息和蚀变矿化区的信息,采用的图像处理方法以假彩色合成增强和比值假彩色合成增强为主。

3. 区域遥感地质解译

通过对 ETM + 影像分析解译,从宏观上可见,在以 Quickbird 影像区为中心的 2151 km^2区域内,主要存在两类遥感影像特征。一类是线性、弧形和环形影像特征,另一类是由不同色彩区域构成的地物波谱异常特征。前者主要表现为由灰度/色彩突变边缘构成的线性、弧形和环形体,局部显示为细密线性体组成的纹理群。后者主要表现为不同形态大小的波谱异常色彩区。通过对线性和纹理影像特征的综合分析,共解译出区域性线性、弧形构造共 51 条。其中,NE 走向 9 条、NW 走向 14 条、SN 走向 18 条、EW 走向 10 条。

在此基础上,根据:第一,环形构造控矿机理;第二,环形构造-线性构造复合控矿机理;第三,与地物波谱异常所联系的蚀变矿化信息;第四,从已知到未知的找矿预测原则,可圈定出 A、B、C 3 个找矿预测区。各预测区情况为:

A 找矿预测区——面积 27.43 km^2,位置在 R1 环形构造的 NW 边缘。该预测区正好包含了地质确定的Ⅲ号蚀变体分布区。在 ETM + 影像的分辨率水平上,已经可以发现该区域内的线性和弧形构造非常发育,粗略解译可得到 4 个方向的线性构造共 8 条,即:

NNW 方向 3 条:L10,L48,L3;

NW 方向 2 条:L12,L13;

SN 方向 2 条:L10,L7;

EW 方向 1 条:L2。

此外,还有一条由 R1 环形构造的 NW 边缘穿过所导致的弧形构造。这些线性构造多与断裂有关。因此,在其所在位置和互相交汇部位,有可能成为金矿热液组分活动的通道,或者直接成为其容矿空间,因此,这些地段可作为金矿床勘查的有利地段。由地质确定Ⅲ号蚀变体分布区与这些地段基本吻合的事实,表明这里是本区金矿找矿最有望的地段(图 6-26)。

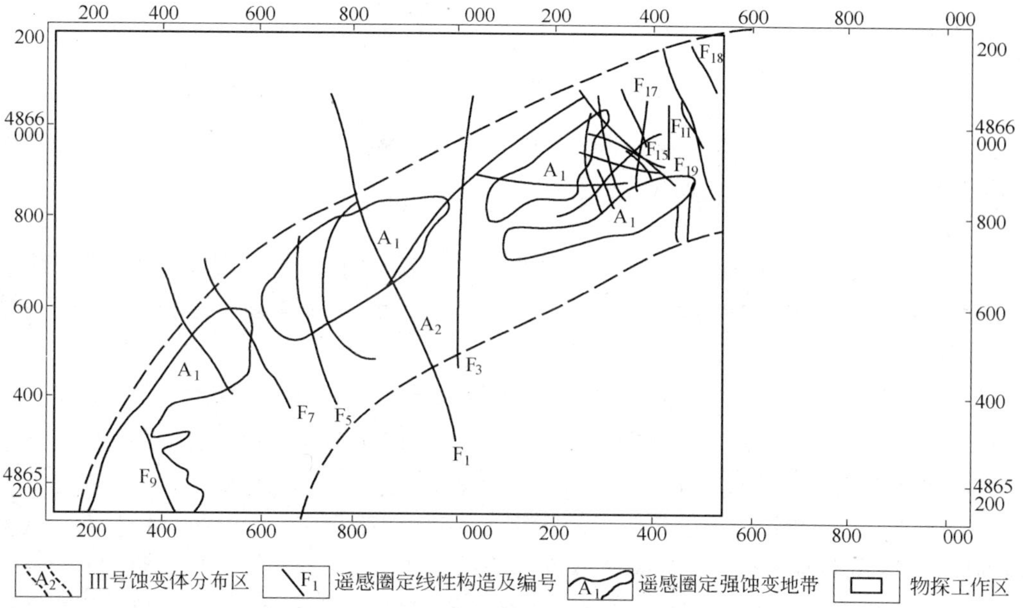

图 6-26 新疆淖毛湖地区Ⅲ号蚀变体 Quickbird-2 卫星遥感找矿地质解译图

B 找矿预测区——面积 17.68 km^2，跨布于 R_1 环形构造 NE 边缘的环内外两侧，NE 走向的 L11 线性构造和近 EW 走向的 L2 线性构造交汇于该区内，从而与 R_1 环边一起，构成一个三角形构造切割区域。因而，这里有可能找到金矿成矿的有利地段。

C 找矿预测区——面积 42.40 km^2，位于 R_1 环形构造的 SE 部，大部分区域处于 R_1 环内，小部分处于环外。处于环内的部分，分布有 7 条线性构造——L5、L43、L44、L45、L46、L47 和 L48。表明区内断裂构造发育。因此，在这里应能找到金矿勘查的有利地段。

4. Ⅲ号蚀变体地段遥感找矿地质解译

对Ⅲ号蚀变体赋存地段的遥感地质解译是对 Quickbird-2 影像进行的。具体解译地段位于整个 Quickbird-2 影像区（64 km^2）中部偏西位置，解译区面积为 8.23 km^2。

蚀变体的地表形态具有独特的遥感波谱影像特征，表现为连续分布的深猪肝色斑块，从而明显区别于外围地带的浅色背景。经计算机图像处理的精确测量，该影像特征区域的面积为 0.098 km^2。这种波谱异常区可能是由于蚀变带内蚀变矿物的强烈风化淋滤作用，使高价铁离子残留于地表，因而对太阳光产生特别的吸收作用而造成的。实地查证表明，在此遥感波谱异常区内，地表常可见不连续带状分布的褐色土壤，而在地下约 2～3 m 深处，就存在强蚀变氧化带。探槽揭露可见到发育的高岭土化和褐铁矿化，局部地段还有黄铁钾矾。鉴于以上遥感与地表成矿信息的一致吻合，故将该区称为Ⅲ号蚀变带遥感波谱异常区。

此外，通过对具有“放大”效果的对应于图 6-26 的 Quickbird-2 影像的解译，对Ⅲ号蚀变体赋存地段的线性构造信息进行了细化提取。原来在 30 m 分辨率的 ETM+ 影像上只是粗略反映的线性影像特征，在图 6-26 的 Quickbird-2 影像上反映得更加清晰，并且数量增加了许多，但总体上仍然是围绕 R_1 环形构造的 NW 缘分布。一般情况下，这里的线性构造应该对应着断裂构造。但也不尽然，因为有的线性影像特征经地面查证被证实为是干涸的线状流水道。即使是这样，那些比较确定属于断裂构造的线性体还是占了大多数，它们成为该区重要的控矿因素之一。因此，由图 6-26 得到的遥感找矿预测模式可以总结为：蚀变带波谱异常区加线性构造。具体而言，就是沿着蚀变带波谱异常区内的线性构造找矿，见矿希望比较大。

5. 精定位模式识别找矿应用

A　应用背景

遥感数据是不同地物对不同波段电磁波的响应转化的反射辐射值，因此与地物存在对应关系。它具有以下特点：（1）各类地物的幅度不同；（2）同类地物各波段幅度不同；（3）有时同类地物在同一波段的幅度也不同，不同地物在同一波段幅度相同（即“同物异谱”和“异物同谱”，有环境、时相上的原因）；（4）遥感数据是一种高维信息，数据量十分巨大。因此，模式识别方法在遥感模式识别中遇到了许多困难：运算量太大，难以获得合适的分类特征，无法获知各类的先验概率和概率分布函数，难以形成复杂的判别函数和分割界面等等。所以模式识别虽然在找矿预测中有一定的应用，但尚未见其对高分辨率卫星遥感影像的应用。

本研究表明，通过模式识别技术，可以有效地从 Quickbird-2 获得金矿找矿信息。由于 Quickbird-2 数据的高分辨率特征，使得模式识别的找矿预测区不仅具有定性，还具有精定位效果,从而更加有助于金矿资源勘探开发。

B　遥感图像分类原理

遥感图像分类(Classification)是将图像的所有像元按其性质分为若干个类别的技术过程。多光谱遥感图像分类是以每个像元的多光谱矢量数据为基础进行的,如图 6-27 假设多光谱图像由 n 个波段,则(i,j)位置的像元在每个波段上的灰度值可以构成一个矢量 $X=(x_1,x_2,\cdots,x_n)^T$,X 称作该像元的 n 维亮度值,包含 X 的 n 维空间称特征空间,这样 n 个波段的多光谱图像并可以用 n 维特征空间中的一点来表示。遥感图像的分类问题,将图像中的某一类目标称为模式,而把属于该类中的像素称为样本,多光谱矢量 $X=(x_1,x_2,\cdots,x_n)^T$ 称为样本的观测值。

如果将多光谱图像上的每个像素用特征空间中的一点表示出来,这样多光谱特征并和特征空间中的点集具有等价关系。通常情况下,同一类地面目标的光谱特性比较接近,因此在特征空间中的点聚集在该类的附近,多类目标在特征空间中形成多个点簇。我们可以根据图像的这种特征把遥感图像分割开来。

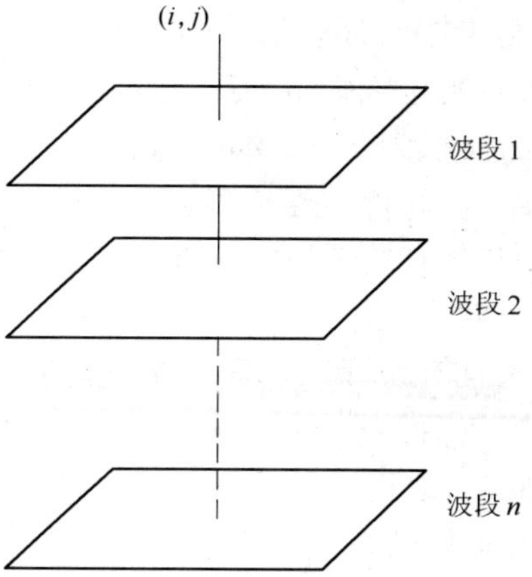

图 6-27　多光谱图像的例子

C　图像数学模型

a　分类数学模型——最近均值法

新疆伊吾地区的分类可简单的看作是两类问题:即非金矿化类,设 1 为 ω_1 和有金矿化类,设 2 为 ω_2;ω_1 有 N_1 个向量 $X_j^{(1)}$ $(j=1,2,\cdots,N_1)$,ω_2 有 N_2 个向量 $X_j^{(2)}$ $(j=1,2,\cdots,N_2)$。它们都是 n 维向量。则 n_1 及 n_2 的向量的平均值为

$$\overline{X}^{(1)}=\frac{1}{N_1}\sum_{i=1}^{N_1}X_i^{(1)}\qquad \overline{X}^{(2)}=\frac{1}{N_2}\sum_{i=1}^{N_2}X_i^{(2)}$$

假定以向量的平均值 $\overline{X}^{(1)}$ 及 $\overline{X}^{(2)}$ 分别作为类 1 和类 2 的中心,设 X 为任一像素点,若

$$\|X-\overline{X}^{(1)}\| < \|X-\overline{X}^{(2)}\| \qquad \text{则 } X \text{ 属于类 } 1$$

$$\|X-\overline{X}^{(1)}\| > \|X-\overline{X}^{(2)}\| \qquad \text{则 } X \text{ 属于类 } 2$$

因此判决边界为

$$\|X-\overline{X}^{(1)}\|^2=\|X-\overline{X}^{(2)}\|^2$$

由此得
$$(\overline{X}^{(1)}-\overline{X}^{(2)})^TX=\left(\frac{1}{2}\|\overline{X}^{(1)}\|^2-\|\overline{X}^{(2)}\|^2\right)$$

判决函数则为

$$\Phi_{(x)}=(\overline{X}^{(1)}-\overline{X}^{(2)})^TX-\frac{1}{2}(\|\overline{X}^{(1)}\|^2-\|\overline{X}^{(2)}\|^2)$$

判决规则：

若 $\Phi_{(x)} > 0$，　则 $X \in \omega_1$

若 $\Phi_{(x)} < 0$，　则 $X \in \omega_2$

而 $\Phi_{(x)} = 0$ 的情况比较少，在分类的时候既可以把它归为类别 1，也可以归为类别 2。

b　分类规则

根据以上的分类模型，把属于同一类但从不同的像元点得到的亮度值，即相应的波谱响应画在同一平面内，把测量空间正确地分割成不同的判决区域，使每个判决区域都对应于一个特定的可分类别（见图6-28），把任何一个落入某一判决区域的测量矢量正确地归属到与该判决区域相对应的判决中去。在北山金矿区干涸河流在遥感图像中表现的是明显的白色，所以在分类时不予以考虑，简单分为矿点和戈壁两类地物。

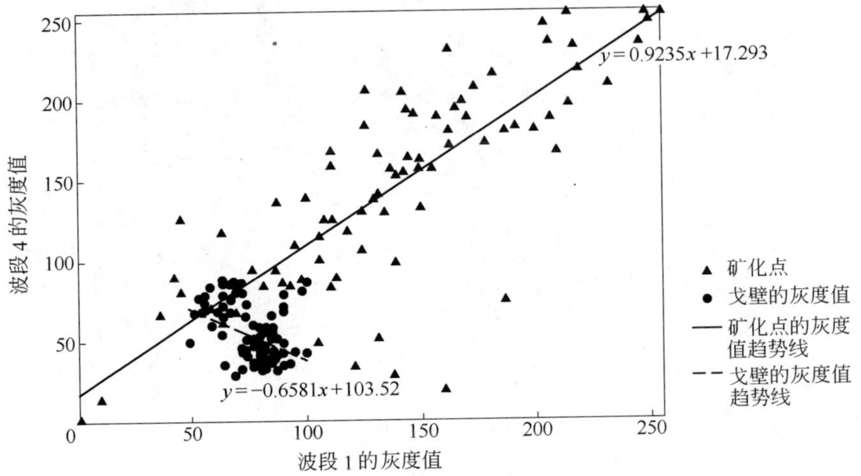

图 6-28　戈壁和已知矿点的亮度散点

由图 6-28 可见，已知矿点和戈壁之间存在明显的区别，即我们可以把测量空间中的某些局部区域与特定的地面覆盖类型联系起来，也就是说北山金矿区的地面地物类型是可分的。

根据鉴别函数的构造规则，建立以下的鉴别函数：

$$0.9235x + 17.293 - y = 0$$

这样，矿化点的灰度值 (x, y) 应该满足以上的方程，但在实际中存在一定的误差，所以不可能都等于零，我们在这里规定一个阈值 10，若这个差值小于 10 就属于矿化点，相反的，若这个阈值大于 10 则属于戈壁。

c　分类处理技术实施

本次工作的图像处理过程都是在 ENVI 软件中实现的，首先根据以上的鉴别函数进行如下的波段匹配（Band Math）运算模型：

$$0.9235 \times B_1 + 17.293 - B_4 \quad \begin{cases} \leqslant 10 & \text{矿化点类} \\ > 10 & \text{非矿化点类} \end{cases}$$

在波段运算的基础上进行密度分割（Density Slice），把研究区的地物划分为两种类型，即：小于、等于 10 的划归为矿化点类，而大于 10 的划归为非矿化点类，后者与本次找矿预测无关，见图 6-28。

D 对分类结果的认识

第一，通过对北山金矿区矿化点的密度分割图分析解译，由图 6-29 可见，矿化点表现为分布在灰度背景中的红色不连续斑块，北山金矿区的左侧有一个与北山金矿相连的扭曲带，可能是在成矿过程中受南北向的应力而产生的变形，具体情况还待证明。

图 6-29 遥感影像密度分割与解译

1—蚀变带；2—预测靶区；3—扭曲带

第二，在遥感影像中，同物异谱和异物同谱是一种很普遍的现象，如在本次的提取工作中，在暗色背景下也有红色的斑块，但比起矿化点来说，分布比较连续，通过与研究区的地质背景相比，可以排除是矿化点的可能。

第三，通过对比分析，在矿区共圈定出 3 个预测靶区和 6 个规模较小的蚀变带，其中一级靶区 2 个，二级靶区 1 个，具体见图 6-29。

第四，在北山地区开展进一步的工作，在此基础上做进一步的勘探工作，进行采样测定，对北山地区做更详细分类和提取工作。为下一步的找矿工作提供依据。

三、大厂锡多金属隐伏矿床预测应用

（一）研究区背景

广西大厂锡多金属矿床是世界级的特大型矿床，自 20 世纪 50 年代投入勘探开发以来，经过半个世纪持续不断开采发掘，现探明矿床储量资源已近枯竭。解决后备资源的紧缺问题已成为大厂矿区发展的当务之急。为此，开展了“广西大厂锡矿及其外围地区遥感综合地学信息融合精定位找矿预测”研究。研究目标在于，在以大厂矿田铜坑矿为中心的区域内，开展新一代卫星 Landsat-7ETM + 和 SPOT-1 遥感影像与地质、物探和化探信息相结合的数字图像处理，通过遥感综合地学信息精定位可视化分析与解译，提取隐伏锡多金属矿床新信息，圈定出可供进一步开展地质详查工程的找矿预测靶区，为大厂矿田新一轮找矿勘查提供科学技术依据。

（二）应用技术前提

大厂锡多金属矿床拥有三种主要矿床类型：矽卡岩型锌铜硫化物矿床、锡石-硫化物型矿床和锑钨石英脉型矿床。其中，以锡石-硫化物型矿床构成华锡集团当前主要的锡矿产品资源。这些矿床均为深隐伏矿床，虽然遥感不能直接发现，但是，其在形成过程中在地表留下的特有的遥感“透视信息”——成矿构造、含矿地层/岩性、隐伏花岗岩、矿化带和蚀变带等的遥感影像特征及规律组合分布等，都可以被卫星遥感技术探测到，并通过遥感—地质—物探—化探综合信息可视化分析解译，识别和定量分析这些“透视信息”，圈定出新找矿预测区，为大厂矿田新一轮找矿提供新的科学依据。

早在“六五”期间，就曾运用遥感与多源地学信息综合数字图像处理技术，在大厂矿田及其外围圈定了一批找矿远景区。但当时采用的MSS影像只有79 m的空间分辨率，对于矿区找矿失之过粗。然而，正是那次探索性工作，为这次深入研究奠定了基础。采用Landsat-7ETM +和SPOT-1的融合数据，使遥感影像空间分辨率达到了10 m，超过了15年前那次应用的6倍。理论上，这样的识别精度足以发现那些与具有工业规模的锡多金属隐伏矿床对应的地表“透视信息”。

（三）遥感数字图像处理

1. 数据

根据课题设计目标，采用了四种类型地学数据资料——遥感影像数据、物探数据、化探数据和地质数据。每一种数据类型又包括1～3种数据子类型。

A 遥感数据

遥感影像数据应用的主要目的是获取隐伏锡多金属矿床反映的宏观角度“透视信息”（广义）——隐伏花岗岩环形构造影像信息、控岩控矿线性断裂构造影像信息和矿化蚀变带波谱特征异常信息。采用了3种遥感数据：法国SPOT-1卫星Pan波段数据、美国Landsat-7卫星ETM +全波段数据和Landsat-5 TM全波段数据。原定在精定位找矿预测区采用SPOT-1影像数据（分辨率10 m），在遥感图像处理区采用TM影像数据（分辨率30 m）。由于收集到了比TM影像分辨率更高、时间更新的ETM +影像数据（Pan波段分辨率达15 m），故在实际应用中将TM改为了ETM +。这使得遥感图像处理区采用的实际遥感数据的质量超过了设计要求。各遥感数据的技术指标见表6-13。

表6-13 遥感、地质、物探、化探及地形图数据

数据类型		比例尺	区域大小/km^2	数据时间	数据来源	备 注
遥感数据	Landsat-5 TM 1～7波段	无	865	1998. 10. 15	中科院卫星遥感地面站	国际分幅编号126/43
	Landsat-7 ETM + 1～8波段	无	747	2002. 1. 30	中科院卫星遥感地面站	国际分幅编号126/43
	SPOT-1	无	199	2001. 6. 15	中科院卫星遥感地面站	国际分幅编号271/300

续表6-13

数据类型			比例尺	区域大小/km²	数据时间	数据来源	备注
化探数据	次生晕	Sn	1:50000	418	1985	有色4家“六五”合作报告	原始数据来自广西272队
		Cu	1:50000	418	1985	有色4家“六五”合作报告	原始数据来自广西272队
		Pb	1:50000	418	1985	有色4家“六五”合作报告	原始数据来自广西272队
		Zn	1:50000	418	1985	有色4家“六五”合作报告	原始数据来自广西272队
	原生晕	Sn	1:10000	70	1987	柳州华锡集团公司215队	由6幅数据图截取拼凑构成数据区
		Cu	1:10000	70	1987	柳州华锡集团公司215队	由6幅数据图截取拼凑构成数据区
		Pb	1:10000	70	1987	柳州华锡集团公司215队	由6幅数据图截取拼凑构成数据区
		Zn	1:10000	70	1987	柳州华锡集团公司215队	由6幅数据图截取拼凑构成数据区
		As	1:10000	70	1987	柳州华锡集团公司215队	由6幅数据图截取拼凑构成数据区
		Ag	1:10000	70	1987	柳州华锡集团公司215队	由6幅数据图截取拼凑构成数据区
		Sb	1:10000	70	1987	柳州华锡集团公司215队	由6幅数据图截取拼凑构成数据区
		Hg	1:10000	70	1987	柳州华锡集团公司215队	由6幅数据图截取拼凑构成数据区
物探数据	航磁 ΔT		1:50000	418	1964	“六五”“锡矿专题”	原始数据来自冶金部物探公司
	地磁 ΔZ		1:50000	418	1959	“六五”“锡矿专题”	原始数据来自广西272队
	重力 Δg 反演隐伏花岗岩体等深线		1:50000	268	1988	桂林冶金地质学院王钟,大厂重力三维定量反演计算课题	原始数据来自云南有色地勘公司
地质数据	地质图		1:10000	441	2003.5	桂林理工大学地质工程中心实验室大厂课题	原图来自柳州华锡集团公司
地形图数据	地形图		1:50000	923.68×2	1965	广西测绘局档案馆	1965年由总参测绘局编制
	DEM		1:50000	923.68×2	2000	广西测绘局基础地理信息中心	原图1965年由总参测绘局编制
	DRG		1:50000	923.68×2	2000	广西测绘局基础地理信息中心	原图1965年由总参测绘局编制

B 物探数据

采用物探数据的主要目的是在遥感综合地质解译中加入反映深部矿产地质情况的位场“透视信息”,增加找矿预测的地球物理方面的约束条件,以使隐伏锡多金属矿床精定位预测更加准确。共采用了三种物探数据,分别是1:50000比例尺的航磁 ΔT 数据、地磁 ΔZ 数据和重力 Δg 反演隐伏花岗岩体等深线数据。这三种物探数据均来自桂林理工大学存档资料的“六五”国家重点科技攻关课题“锡矿专题”报告。曾考虑采用1:10000的高精度地面磁测数据，但因收集不到资料，只好放弃。采用的各种物探数据的技术指标见表6-13。

C　化探数据

采用化探数据的主要目的是在遥感综合地质解译中加入反映成矿元素在表层空间分布性状的信息，增加找矿预测的地球化学方面的约束条件，以使隐伏锡多金属矿床精定位预测更加准确。共采用了次生晕和原生晕两种地球化学探矿数据。次生晕数据包括 Sn、Cu、Pb、Zn 共 4 种元素，原生晕数据包括 Sn、Cu、Pb、Zn、As、Ag、Sb 和 Hg 共 8 种元素。这两种数据分别来自广西 272 物探队和广西华锡集团 215 队。由于两种类型地球化学数据都含主要成矿元素 Sn、Cu、Pb、Zn，可以使它们的研究具有可比性。两类化探数据的有关技术指标见表6-13。

D　地质数据

采用地质资料的主要目的是为本次遥感、物探、化探综合地学信息分析解译，提供必要的基础地质背景。实际资料包括 1∶10000 的大厂综合矿产地质图和野外调查资料，见表6-13。

2. 数字图像处理

为提取本区深部找矿信息，主要采用了几何精校正、数据融合、复合增强和 Overlay 等数字图像处理技术。期望通过处理从卫星遥感影像数据中获取的找矿“透视信息”类型主要为遥感空间特征信息——环形构造和线性构造信息。至于遥感波谱特征信息利用，由于本区植被和第四系覆盖发育，矿床为深隐伏产出，矿床的遥感波谱特征信息反映并不明显。因此，遥感波谱特征信息利用不是本次工作重点。为尽可能多获取环形构造和线性构造信息，主要开展了几何精校正、数据融合增强、复合增强处理、综合信息 Overlay 处理和人机结合信息提取处理。

A　几何精校正

几何精校正是遥感影像定位分析解译的基础，目的在于建立遥感影像数据与综合地学数据空间配准坐标体系，实现遥感信息与多元地学信息的无偏对应综合解译。由于这项处理直接关系到找矿预测成果定位的准确性，处理相对复杂。

遥感图像的几何精校正有两个主要内容：像元重新定位（Wrap）和重采样（Resampling）。前者是按照选定的地图透影，将图像中每个像元的坐标值变换为相应投影图的坐标，常用主要有共线方程法和多项式法（Polynomial）。后者是将因重新定位造成的像元分布不均，通过插值变成分布均一的栅格数据，一般有三种方法：双三次卷积（Cublic Convolution）、双线性内插（Bilinear）和最临近值法（Nearest Neighbor）。

遥感图像几何精校正处理通过 ENVI 软件的 Register 功能实现。Wrap 处理采用 Polynomial 法，Resampling 处理采用 Bilinear 法。由于这些方法均已模块化，操作只要按固定程序进行便可，因此，实际工作量主要集中在建立控制点文件。后者必须通过在遥感影像上和地形图上，分别逐个量度同名控制点的两种坐标数据。

分别对 ETM+1、ETM+2、ETM+3、ETM+4、ETM+5、ETM+7、ETM+8 波段和 TM1、TM2、TM3、TM4、TM5、TM7 两种影像做了几何校正处理。因ETM+8波段（Pan 波段）分辨率为 15 m，而 ETM+1、ETM+2、ETM+3、ETM+4、ETM+5、ETM+7 波段分辨率为 30 m，故对这两种不同分辨率的 ETM+数据的几何校正必须采用各自独立的控制点文件。同样原因，对 TM 的几何校正也必须采用了自己的控制点文件。这样一来，必须建立三套几何校正控制点文件，即：ETM+多波段影像控制点文件、ETM+Pan波段控制点文件和 TM 多波段影像控制点文件。

B 数据融合增强处理

为实现10 m分辨率的SPOT-1Pan波段数据与分辨率30 m的ETM + 多波段数据的优点互补,提高卫星遥感数据找矿应用的信息综合度和精度,对ETM + 和SPOT开展了影像数据融合处理。这两种影像数据的技术性能参数见表6-14和表6-15。

表6-14 采用SPOT-1波段数据技术参数

波 段	波长范围/μm	波段类型	分辨率/m	设计功能
XS-B1	0. 50 ~ 0. 59	多光谱绿谱段 XS-B1	20	测量水浑浊度和水深
XS-B2	0. 61 ~ 0. 68	多光谱红谱段 XS-B2	20	作物、裸露土壤和岩石表面识别
XS-B3	0. 79 ~ 0. 89	多光谱近红外谱段 XS-B3	20	植被和生物研究
Pan	0. 51 ~ 0. 73	全色 P	10	测绘制图

表6-15 采用ETM +4、ETM +5、ETM +7波段数据技术参数

波 段	波长范围/μm	波段类型	分辨率/m	设计功能
ETM +4	0. 76 ~ 0. 90	短波红外波段	30	生物量测量,水体轮廓图
ETM +5	1. 55 ~ 1. 75	短波红外波段	30	植物水分测量,水/云区别
ETM +7	2. 08 ~ 2. 35	近红外波段	30	热液制图

融合处理技术原理为,将30 m分辨率的ETM + 7、ETM + 5、ETM + 4波段按10 m间隔重新采样,对采样结果做HIS变换,然后用10 m分辨率的SPOT-Pan波段替代亮度分量I,再将替代后的HIS做逆变换,就得到10 m分辨率的多光谱遥感综合信息图像。处理过程见图6-30。按图6-30得到的融合图像,作为综合地学信息成果图的基础地理信息背景。

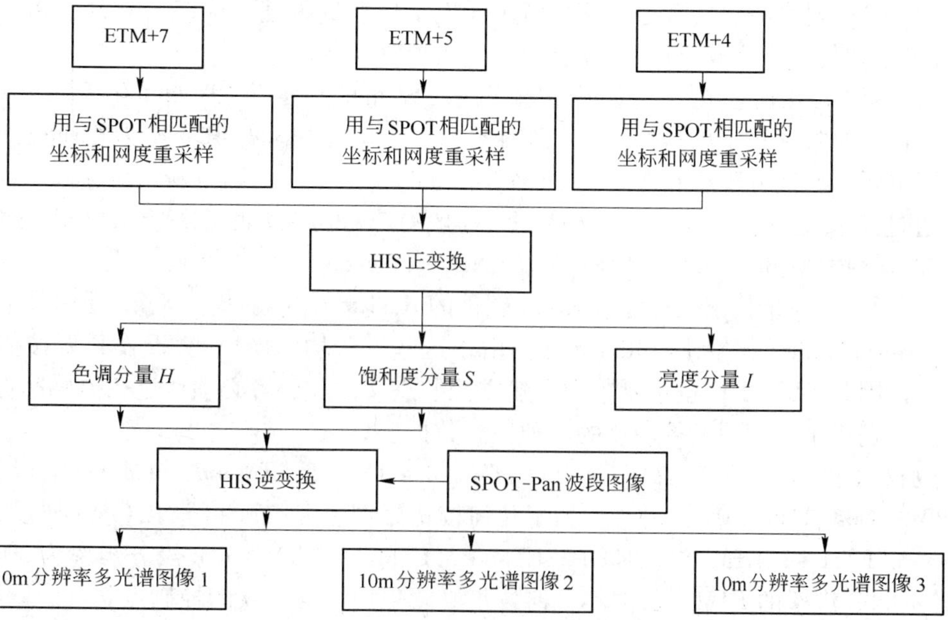

图6-30 大厂SPOT全色波段与Landsat-7 ETM + 多光谱影像数据融合处理技术

C　复合增强处理

复合增强处理是本次对提取遥感找矿信息的主要数字图像处理采用的主要方法。主要用于对 ETM + 和 TM 影像处理。该处理通过一系列增强处理方法，反复调整遥感影像的灰度结构或者概率分布，直至使遥感图像具有最好的视觉判读效果，从而达到更多地揭示反映大厂地区隐伏锡多金属矿床遥感“透视信息”的目的。处理技术过程如图 6-31 所示。

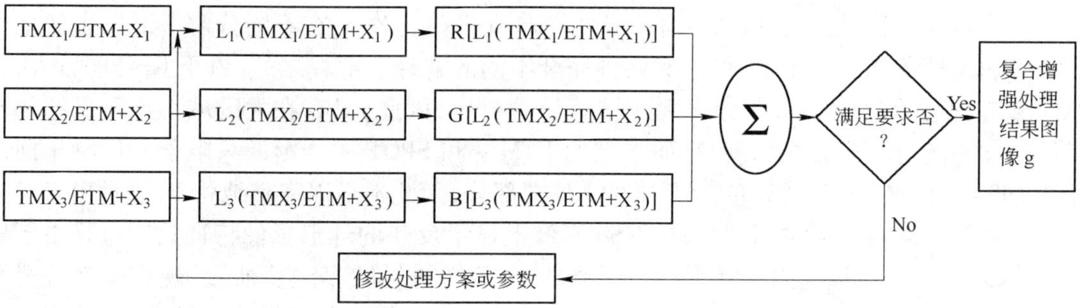

图 6-31　大厂 Landsat-5 TM 和 Landsat-7 ETM + 多光谱影像复合增强处理技术

D　综合信息 Overlay 处理

Overlay 处理是图像信息叠加处理。目的在于通过对各种综合地学数据与遥感影像数据的空间坐标配准，实现遥感信息与多元地学信息的无偏定位综合解译。共对化探原生晕 9 种元素和次生晕 4 种元素作了与 SPOT 影像的 Overlay 处理，即：

原生晕与遥感信息综合处理：
- Sn 元素原生晕与 SPOT 影像 Overlay 处理
- Sb 元素原生晕与 SPOT 影像的 Overlay 处理
- Cu 元素原生晕与 SPOT 影像的 Overlay 处理
- Pb 元素原生晕与 SPOT 影像的 Overlay 处理
- Zn 元素原生晕与 SPOT 影像的 Overlay 处理
- Ag 元素原生晕与 SPOT 影像的 Overlay 处理
- As 元素原生晕与 SPOT 影像的 Overlay 处理
- Hg 元素原生晕与 SPOT 影像的 Overlay 处理

次生晕与遥感信息综合处理：
- Cu 元素次生晕与 SPOT 影像的 Overlay 处理
- Pb 元素次生晕与 SPOT 影像的 Overlay 处理
- Zn 元素次生晕与 SPOT 影像的 Overlay 处理
- Sn 元素次生晕与 SPOT 影像的 Overlay 处理

E　人机结合信息提取

由于大厂锡多金属矿床为深隐伏矿床，而且该区第四系和植被覆盖发育，因此矿床信息在地表反映十分微弱。在这种情况下，采用计算机自动模式识别圈定隐伏矿效果并不明显。这已为早年的工作所证实。为此，遥感信息提取主要还是采取人机结合的遥感解译和信息提取工作模式，即首先通过 ENVI 软件数字图像处理获得理想增强显示效果的遥感影像，再将该影像转换为常用的计算机图像格式；然后，根据经验，利用 Photoshop 和 Coreldraw 软件的屏幕绘图功能，将具有地质找矿意义的遥感影像特征描绘出来。通过这种方式解译的遥感影像特征信息主要有线性构造特征、环形构造特征和波谱异常影像特征。

（四）隐伏花岗岩遥感信息提取与解译

从 ETM + 和 SPOT 融合影像上可以解译出由 3 个环形影像 R_1-R_2-R_3组构成的复式环形构造。它们较之“六五”“锡矿专题”期间通过 MSS 影像解译获得的复式环形影像清晰得多，提供了更多关于隐伏花岗岩体的细节表征，主要表现为两点：

第一，大椭圆环形构造 R_1已经不再明显，其 NE 走向的椭圆环边已经被析离为 NE 向的线性构造特征，或者说已经被 NE 向的线性构造所代替。对 R_1在不同分辨率遥感影像上所表现出的这种视觉不稳定性，可以有两种完全不同的解释。解释之一：由于 R_1跨度较大，其整体形态的显示反映必须依赖于大区域背景的衬托，因此，只有在大区域小比例尺的 MSS 影像上它才能得到充分显示反映，而本次的 ETM + 和 SPOT 融合影像只限于大厂 - 车河之间的 199 km^2区域，该区域只包括了 R_1的 NE 端部分，因此不足以完整地将 R_1显示出来。解释之二：R_1本来就不存在，而原来在 MSS 影像上显示反映的环形影像特征只不过是由于影像分辨率不高，将 NE 走向的断裂构造误当成了“R_1”的“椭圆环边”所致，现在随着分辨率提高，这种视觉理解误差消失，故“R_1”也就看不见了。根据这种解译，“锡矿专题”关于龙箱盖环形构造解译的第二点结论，即龙箱盖隐伏花岗岩体南西部深，北东部浅，岩浆运移方向为从南西往北东，岩浆中心位于南胄至牙菜屯一带，就不应当成立了。鉴于这样的分析，采纳解释之二的认识，即不再认为大厂地区的岩浆中心位于南胄至牙菜屯一带，而应在以 R_2环形构造为中心的区域内。

第二，龙箱盖隐伏花岗岩体的 R_2和 R_3两个环形构造影像特征的情况则相反。它们随着 ETM + 和 SPOT 融合影像分辨率的提高而变得更加明显。这充分表明了该两环形影像揭示的复式环形构造的客观存在。在 10 m 分辨率的影像上，R_2、R_3环形构造被细化为首尾相接的分段弧形山沟或弧形负地形。由于在这些低地人类活动较多，使得地面对太阳光的反射率较强，因此通常显示为浅色调，如白色、灰白色和灰白夹浅紫色等，因而映衬在融合影像深绿色的背景上，显得非常清晰，总体上组成了一个由宽窄不匀的浅色线条围成的双圆环形嵌套图案，这就是原来的 R_2和 R_3环形构造。根据影像测度对 R_2 和 R_3 两个环形构造的描述如下：

R_2：为一单边结构环形构造，解译出来的形态为一个长轴 NEE 向的钝椭圆。长轴 5.55 km，短轴 5.25 km，长短轴比为 1.06。分布范围 X：18760.0 ~ 18766.0，Y：2749.0 ~ 2754.7，环边按顺时针方向依次经过：铜坑—龙箱盖—拉么矿区南端的尾矿坝—新洲—大厂镇—铜坑，除在新洲的一小段环边形态欠清晰外，其他环边都非常明显可辨，从而构成一个完整的封闭钝椭圆。按椭圆计算环区面积为 91.54 km^2。

R_3：为一单边结构环形构造，解译出来的形态也为一个长轴 NEE 向的钝椭圆。长轴 3.65 km，短轴 2.65 km，长短轴比为 1.38。分布范围 18760.7 ~ 18765.0，2750.0 ~ 2753.0。整体形态不如 R_2完整。其中，环边清晰度以 NE-E 一侧为最清晰——这里是拉么铅锌矿区山沟，次为 SE 侧——这里是一条顺沟分布的 NEE 走向的尾砂坝，而 W 部环边在进入大厂镇后，与灰白夹浅紫色的城镇影像区域融为一体，只有 N 部环边最不明显。由于该环边上基本无标出地名的地理点，因此，不能采用类似 R_2的地名路径法对其描述。按椭圆计算环区面积为 30.39 km^2。

R_2与R_3两环边之间的平均距离约1km，面积为该两环面积之差，即61.15km^2。

由此观之，遥感在龙箱盖隐伏花岗岩体勘查中的应用，已由定性分析解译进化为定量分析解译，在10m分辨率精度水平上确认了龙箱盖隐伏花岗岩体环形构造R_2与R_3的存在，并对它们进行了中大比例尺的测量，获得了其形态、位置坐标、直径和面积大小等信息，从而为定位研究环形构造与隐伏花岗岩和矿产的关系提供了较为准确的依据。

（五）龙箱盖环形构造成矿区

根据上述分析，在“六五”“锡矿专题”提出的龙箱盖隐伏花岗岩体复式环形构造R_1-R_2-R_3中，现被确认真正存在的只有R_2与R_3两个环形构造。为顾及与早期研究成果提法上的连续性，将继续沿用R_2与R_3的称谓。

为研究该两环形构造与龙箱盖隐伏花岗岩体及矿产的关系，按几何精校正确定的坐标，将在融合影像上解译出的环形构造影像特征，转绘到大厂矿田1:10000的综合地质图上。在完成此项工作后，环形构造与隐伏花岗岩和矿产的关系立即昭然若揭。可见，大厂矿田的几个主要的大型矿床——铜坑矿、长坡矿、龙头山矿和拉么矿等，均在R_2与R_3之间或者R_2环形构造外侧边缘分布。虽然从龙箱盖至老山、青菜园和金竹坳约90个见矿钻孔并不出现在该区域内，但也都在紧邻R_2环形构造NE-E部外缘的100～2000m范围内的弧形地带内分布，总体构成一个与R_2连成一体的半弧形状见矿钻孔带，同样显示出对于R_2-R_3复式环形构造的密切依赖关系。根据这些事实表明，R_2-R_3复式环形构造区域的确对应着一个完整的成矿区域，我们将此区域称为龙箱盖环形构造成矿区。现在，我们用图6-32所示的龙箱盖隐伏花岗岩体与环形构造及矿产关系遥感解译概念模型来进一步分析龙箱盖环形构造成矿区。该图最上层为具有10m分辨率的SPOT-1 & Landsat-7融合影像，两个黄色套环为解译出的环形构造R_2与R_3。中间层为卫星影像上解译提取出的环形构造影像特征信息的简化表达，4个黄三角形位置对应大厂5个重要矿床——铜坑、长坡矿、龙头山矿、巴黎矿和拉么矿的位置。中部的水平直线AB为ABCD剖面在地表的投影。下方的立体透视图为根据这次研究推测的龙箱盖隐伏花岗岩及可能的矿体及矿化带分布。可见铜坑矿、长坡矿和拉么矿3个矿山都分布在外环R_2上，巴黎矿和龙头山矿位于内环R_3上。已知矿山如此集中地围绕R_2与R_3分布，表明了隐伏花岗岩体环形构造的确对本区矿床形成和分布具有控制作用，从而可以作为缩小找矿靶区的最重要的宏观找矿标志。由于图幅限制原因，图6-32的组图并没有严格按照比例尺和几何投影规则绘制，但这并不影响其意义的表达。由于此图建立起了对最新遥感分析解译结果的三维表达，它可以作为对找矿预测结论的重要注解。

（六）断裂构造信息提取与特征分析

1. 断裂构造信息提取

断裂构造对大厂锡多金属矿床的控制作用仅次于龙箱盖隐伏花岗岩体。占全区主导的NW和NE两组走向的断裂带，控制了整个大厂矿田断裂构造的基本格局。在这两组断裂带中，NW向的丹池大断裂属于区域性断裂，而NE向的断裂是由导致NW向的丹池大断裂带形成的构造运动派生的次级断裂。NW向断裂规模大于但数量少于NE走向的断裂带。20世纪80年代初期曾通过对1:50000航磁异常数字图像处理获得的“ΔT阴影浮雕图”图像的分析解译，提出NW向的断裂带是早于NE走向断裂形成的深大断裂，因而是龙箱盖隐

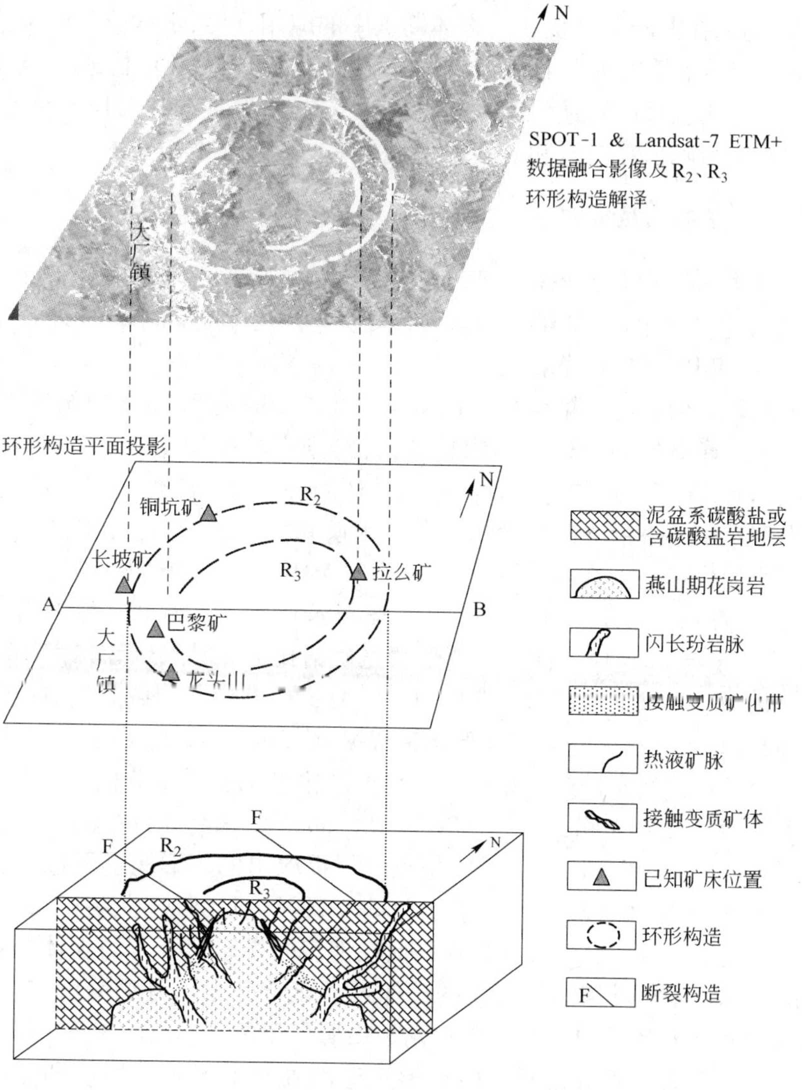

图 6–32 龙箱盖环形构造成矿区
基于 SPOT-1 & Landsat-7 ETM + 融合数据(10 m 分辨率)的
龙箱盖隐伏花岗岩体环形构造成矿带遥感定位预测模型

伏花岗岩体形成的"导浆断裂构造";而 NE 走向的断裂带要晚于 NW 向断裂带形成,因而是大厂矿田的"导矿容矿断裂构造"的研究结论。在后续的遥感工作中,也曾对 MSS 影像做过专门的构造解译,获得过较多的遥感线性构造信息。但由于当时采用 MSS 影像的分辨率较低及未作几何精校正处理两方面原因,所获得的遥感线性构造信息只具有宏观的意义,对于指导矿区大比例尺找矿勘查难以发挥作用。尽管如此,早期遥感累积的经验仍为今后工作打下了重要的基础。

为此,采用三种分辨率高于 MSS 的卫星影像——TM 影像、SPOT-1&Landsat-7 ETM + 融合影像和 ETM + Pan 波段影像(全色黑白影像)作为再次对大厂矿田开展断裂构造信息提取的信息源。对实验结果的比较研究表明,以 15 m 分辨率的 ETM + Pan 波段影像对揭示本区断裂构造的线性影像特征信息具有最好的效果。由于大厂矿田有找矿价值的断裂构造长度一般都超过百米,而 ETM + Pan 波段影像的分辨率为 15 m,采用 ETM + Pan 波段方案可以确保具有找矿价值的最小线性构造——断裂构造至少得到 5 个以上像元的显示反映。这已经可以满足按 1∶50000 比例尺精度确定矿田断裂构造的勘查要求。

通过遥感地质解译,在研究区内共获得各种走向的线性构造 203 条。对其中部分开展了实地查证。结果表明,大部分都与断裂构造有关。而在 1∶50000 地质图的同一区域内所标出各种已知断裂构造才 57 条。通过本次工作新发现的线性——断裂构造比原探明的断裂构造多 2.5 倍,从而为深化大厂矿田的找矿勘查提供了新的依据。

2. 特征分析

A 矿区断裂构造遥感影像特征

为定量研究大厂矿田断裂构造分布规律,对从 ETM + Pan 波段影像上解译获得的 203 条线性构造按走向进行了编号测量和统计,按 10°间隔分组,统计出每组的线性构造数及平均走向角度,在此基础上 ETM + Pan 波段影像解译的线性构造玫瑰图,见图 6-33。分析得到如下结论:

第一,本区的线性构造按大走向划分可分为 NE 和 NW 两组。其中,NE 方向可进一步细分为 NE30° ~ 39°、NE40° ~ 49°和 NE50° ~ 59°3 个次主走向组,NW 方向可进一步细分为 NW310° ~ 319°、NW320° ~ 329°、NW330° ~ 339°和 NW340° ~ 349° 4 个次主走向组。

第二,在本区线性构造的 7 个次主优势走向中,以 30° ~ 59°是本区线性构造的第一优势分布走向,310° ~ 339°是本区线性构造的第二优势分布走向。

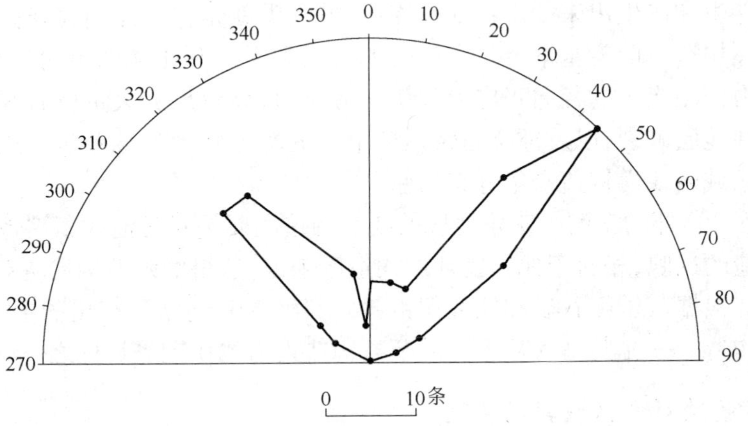

图 6-33 由 ETM + Pan 波段影像解译的线性构造玫瑰图

这一结果与大厂矿田实际情况相吻合。因为大厂矿田断裂构造的实际情况就是,规模上是 NW 向断裂居首,而数量上则以 NE 向断裂为最。

B 线性构造的长度特征

长度特征是本区线性构造定量测度的第二个重要参数。为此,对本次解译出的 203 条线性构造全部开展了长度测量和统计。测量用 Map Info 软件直接在卫星影像上完成。测量内容主要是线性构造的结点坐标。对于简单的直线型线性构造，测量出直线两个端点的坐标即可；对于折线型的线性构造，则分别测量出每个折点的坐标；而对于曲线型的线性构造，通过“化曲为折”，再按折线方式测量之。203 条线性构造的测量结果见表 6-16。可见，控制大厂矿田断裂构造基本格局的断裂构造，主要是长度在 0.5 ~ 1 km 的中小规模断裂构造。

表 6-16　全区线性构造长度统计表

线性构造长度范围/km	线性构造数	占全区线性构造比例	线性构造长度范围/km	线性构造数	占全区线性构造比例
≥10	2	10%	1≤x<2	63	90%
5≤x<10	3		0.5≤x<1	80	
2≤x<5	15		>0.5	40	

C　线性构造的位置特征

解译分析发现本区线性构造具有如下位置分布特征。总体上线性构造在全区范围内都有分布。但线性构造密度分布在不同部位有差别。密度最大的区域主要分布在图区 NW 部、龙箱盖环形构造区和车河—灰乐地段。这在很大程度上反映了这三个地区断裂构造的实际分布状况。

图区 NW 部线性构造密集区的地层岩性主要为大片连续分布的石炭系碳酸岩和含碳酸盐岩，正常情况下该地层就具有发育的所谓“太婆脸”纹理结构遥感影像特征，该特征表现为密集有序的明暗相间纹理排列。由于该区不存在岩浆侵入活动，因此，影像显示的密集线性构造对指导找矿意义不大。

龙箱盖环形构造区内的密集线性构造分布基本上是对两类断裂构造的反映。其中一类是丹池大断裂伴生和派生出来的次级断裂构造，另一类就是伴随龙箱盖花岗岩环形构造形成而形成的断裂构造。前者基本上具有与丹池大断裂平行和正交的走向。至于后者，由于岩浆侵入热动力作用产生的径向张应力和切向剪应力，导致形成大量以岩浆顶部为中心的径向展布的张性地层破裂，以及环绕岩浆顶部中心的环弧状剪切性断裂。这些断裂的同时存在是造成该区域内线性构造密集分布的原因。

位于研究区 NE 部的车河—灰乐地段的线性构造主要是对丹池大断裂伴生和派生出来的次级断裂构造的反映，相对于龙箱盖环形构造区来说，这里的线性构造所对应的断裂构造类型比较单一。根据灰乐氟石矿和拉么铜铅锌矿都沿 NW 向断裂产出的事实，可以考虑将该地段的断裂构造——尤其是 NW 走向的断裂构造列为找矿勘查目标之一。

（七）线性构造对本区找矿的意义

大厂矿田已知的最有利成矿地段，基本上都在线性构造密集区和环形构造和线性构造交汇部位。由于线性构造与断裂构造存在直接对应关系，而断裂构造对大厂矿田的形成具有重要的控制作用，因此毫无疑义，通过本次工作解译获得的线性构造对本区找矿具有重要意义。其找矿指示作用主要表现在三方面：

第一，与大厂环形构造呈相割关系的线性构造，其相割部分是导矿的良好通道，也是容矿的良好空间，而最有利的成矿部位是其与环边的交点。其对应的断裂构造是应列为找矿优先考虑的目标。铜坑、长坡和拉么矿属于这种情况。

第二，与大厂环形构造呈相切关系的线性构造，其切点部分是导矿的良好通道，也是容矿的良好空间，而最有利的成矿部位是其与环边的切点。其对应的断裂构造应列为找矿第二优先考虑的目标。龙箱盖和新洲锡矿属于这种情况。

第三，位于丹池大断裂与龙箱盖环形构造之间的线性构造，具有比除大厂环形构造区以外的其他部位的线性构造更有利的成矿可能性，其对应的断裂构造应列为找矿第三优先考虑的目标。灰乐和车河矿属于这种情况。

（八）遥感与综合地学信息可视化分析

1. 遥感与化探数据综合可视化分析

A　数据处理

实现遥感与化探数据可视化分析的技术方法是 Overlay 技术，即将经过增强处理的化探异常，叠加到遥感影像图上。通过这样一种形式，将遥感的定位信息与化探异常的定性信息综合，从而直观反映地表化探异常与地表遥感影像特征之间的关系，为确定有利找矿预测部位提供依据。

具体技术实现是将 SPOT-1 & ETM + 融合数据影像分别与 Sn、Sb、Cu、Pb、Zn、Ag、As、Hg 这 8 种元素的原生晕异常及 Sn、Cu、Pb、Zn 这 4 种元素的次生晕异常 Overlay——叠加显示。

原始化探数据为非规则网数据，通过网格化取数转化为栅格数据，再通过 Surfer32 软件处理为异常等值异常图。最后根据坐标将异常等值异常图叠加到 SPOT-1 & ETM + 融合数据影像上，得到"广西大厂矿田 SPOT 影像与某元素原生异常叠加分析图"。共做了 8 种元素原生晕的叠加综合信息图。

用 Coreldraw 软件从元素次生晕灰度异常中提取异常等值线轮廓，并做彩色增强，然后叠加到 SPOT-1 & ETM + 融合数据影像上，就得到 SPOT 影像与元素次生异常叠加分析图（书中没有附此图）。

B　可视化分析

原生异常-SPOT 影像 Overlay 综合显示图像和次生晕异常-SPOT 影像 Overlay 综合显示图像非常清楚直观地反映出了大厂矿田 8 种主要成矿元素的地球化学异常与龙箱盖隐伏花岗岩体环形构造的空间分布关系及规律。简述如下：

（1）Sn 原生晕和次生晕。原生晕异常主要分布于龙箱盖隐伏花岗岩体 R_2 与 R_3 环形构造之间的整个西部环带及部分北部环带，异常形态简单完整，由于原生晕数据区至拉么就截止了，无法判断该部位的异常是否会有向东延伸的趋势。从异常强度和规模看，以西部环带即铜坑—巴黎—龙头山地带为最大；而北部环带即拉么—龙箱盖地带只显示为局部异常特征。该特征反映了 Sn 组分在围绕龙箱盖环形构造地带的浅部岩层中的赋存分布，是对浅部锡矿化强度分布的直接指示，但尚不能代表深部的情况。次生晕异常的出现位置和强度中心基本上与原生晕相同，但具有大得多的展部范围。这是由于风化岩石中的锡组分随着第四系的搬运而扩散所致。两种晕都一致反映出龙箱盖环形构造对于锡矿成矿具有直接控制作用。之所以在环形构造的 NW 及 SE 环带上无此两种异常的强烈显示，推测与该两部位的 Sn 成矿机构赋存位置较深有关。

（2）Cu 原生晕和次生晕。原生晕异常主要散布于龙箱盖隐伏花岗岩体 R_2 与 R_3 环形构造之间的整个西部环带及部分北部环带，具有继续向南部环边扩展趋势。东部环边拉么地段存在较强和完整的异常，但由于数据区到此被截止，无法判断该异常继续向东延伸情况。与 Sn 原生晕相比，Cu 原生晕具有向 R_3 环中部聚拢的趋势。异常强度和规模以西部环带为大。该特征反映了 Cu 组分在围绕龙箱盖环形构造地带的浅部岩层中的赋存分布，是对浅部铜矿化强度分布的直接指示，但尚不能代表深部的情况。次生晕异常具有远大于原生晕的范围和规模，主要为两条宽阔的具有 NW 走向的异常带。该两异常带从 NW 向 SE 穿越整个龙箱盖环形构造，似乎与环形构造没有直接联系。分析认为，这是由于 Cu 的风化产物具有较强的迁移分散能力，而 NW 向的构造地形为其迁移分散提供了优势走向空间。Cu 异常信息可以为寻找大厂矿田中富 Cu 的多金属组合矿体提供指示，但宜采用原生晕数据为好。

（3）Pb 原生晕和次生晕。原生晕异常呈局部孤立的斑点状主要散布于龙箱盖隐伏花岗岩体 R_2 与 R_3 环形构造之间靠 R_3 的部位，环形形态以等轴状为主，主要集中在环形构造西缘两环之间地带，其他部位除铜坑处两环间有两个孤立异常外，在其他异常有显示的环东缘的拉么矿地段却无反映。这种异常图像特征一方面与 Pb 元素活动性低有关，但也反映了东环区矿床的矿石组合中缺铅矿石组合。Pb 元素次生晕的图像特征也反映了与 Pb 原生晕相同的分布规律，只不过是异常范围要大得多。造成原因与 Pb 在地表状态下的迁移能力要强于原生状态有关。根据上述分析，显然当在环形构造其他部位布置大比例尺的化探原生晕工作时，不宜再以 Pb 作为指示元素。

（4）Zn 原生晕和次生晕。原生晕异常明显集中展布于 R_2 与 R_3 环形构造的整个 NW 半环区内，具有面状分布特征，而不像 Sn、Cu、Pb 元素的原生晕那样呈环带状或近于环带状分布。这种特征是对 Zn 元素具有活跃的地球化学迁移性质的客观反映。由于 Zn 是大厂锡多金属矿床成矿元素里的重要组成成员之一，并且是含矿热液组分扩散运移过程中的先导元素，因此，其原生晕在 NW 半环区内的广泛面状分布很可能对其下部存在活跃的成矿机构的一种指示。但 Zn 的次生晕异常分布却出现了与原生晕完全相反的情况，它们在龙箱盖环形构造区域内毫无显示，但却在环形构造外部形成一个宽阔的异常包围圈，把龙箱盖环形构造区紧紧包围起来。正好与原生晕图像呈一种奇怪的“负像”关系（即：你有我无，我无你有）。原生晕异常只限于在环区内分布似乎还好解释，但次生晕异常紧紧围绕环区分布却一点也不进入环区内，则就很难解释了。照理按 Zn 的地球化学性质、地球化学行为以及环形构造区域的地貌特征，Zn 次生晕异常应当具有与原生晕相同的分布中心，只是范围要更大，形态要更复杂。但眼前的事实却不是这样。仅凭目前掌握的资料还难以对此作出合理的解释。

（5）Sb 原生晕主要分布于龙箱盖环形构造 R_2 与 R_3 环之间，其中以分布于此西部环区内侧的铜坑—巴黎—龙头山地段的强度和范围为最大，在龙箱盖有比较完整的 3 个孤立小型异常显示。与 Sn、Cu、Pb、Zn 这些主要成矿元素最大的不同之处是，Sb 原生晕在龙箱盖环形构造南和南南东的 R_2 与 R_3 环区内，也就是在青菜园正东面不远处，也出现了规模较大的完整异常，而其他元素在此地段基本都无异常反映。按照内生矿床成矿分带理论，锑矿通常在远离成矿热源的地方——这里是岩体，以低温和超低温矿床的形式产出。由此推测，在龙箱盖环形构造的南半环区的深部，可能存在一个成矿机构。该机构的导矿和容矿功能主要依靠龙箱盖环形构造的环状破裂构造提供的空间。由于该地段过去从未投入过深部勘探工作，因此，特别应该重视这一信息反映。

(6) Ag 原生晕主要分布于龙箱盖环形构造 R_2 北缘和南南西缘的环内外临近区域。该两部位基本上都不是大厂重要矿山的所在地，也与 Sn、Cu、Pb、Zn 原生晕异常中心存在相当距离，表明 Ag 的成晕成矿及迁移富集机制具有相当的独立性，也就是不依赖于大厂矿田以 Sn 为主的元素组合和矿物组合。虽然如此，但异常强度和规模最大的两个异常区，一个位于龙箱盖至铜坑这段环弧外部的临近区域，另一个位于龙头山至与平村之间的 R_2 外部邻区，表明它们对龙箱盖环形构造还是存在相当密切的依赖关系，只是依附于环形构造的部位与以 Sn 为主的元素组合不同罢了。Ag 是大厂矿田重要的多金属矿产资源之一，无疑这一信息可以为大厂 Ag 矿资源的深入开发利用提供依据。

(7) As 原生晕共有 3 个异常中心，其中两个分别分布于龙箱盖环形构造 R_2 与 R_3 环之间的地带 SW 缘和 NE 缘，另一个出现在紧邻大厂镇 NW 部外围区域。异常的完整性和强度以环区 SW 缘的异常中心为最好，NE 缘的次之，而大厂镇 NW 部外围区域的最差。但若按连续分布异常区域大小计，则以大厂镇 NW 部外围区域的大异常区为最。大厂矿田的 As 元素主要以毒砂单矿物的形式赋存，而毒砂是高温热液矿床的指示元素。按此理论解释环区 SW 缘和 NE 缘的两个异常中心的出现并无问题，但如何解释大厂镇 NW 部外围区域存在的大范围 As 原生晕异常呢？查 1∶50000 的地质图表明，在该部位存在有若干条近 SN 走向的闪长玢岩脉，因而，基本可以认为，该大范围的 As 原生晕异常与这些闪长玢岩脉成岩过程中带来的矿化组分有关。但这一分析对其他成矿元素的原生晕似乎不适用，因为它们在该部位并无异常显示。也许实际情况要比这里所想像的复杂得多。

(8) Hg 原生晕由大小不等的零散异常组成的异常群相对集中分布于龙箱盖环形构造西部 R_2 与 R_3 之间的地带，其中以铜坑矿区、巴黎山和龙头山三处的局部异常的强度及范围为最大。这些零散异常部分已经扩散到 R_3 内，但尚未到达 R_3 中部就消失了。因而龙箱盖环形构造的整个 NW 半环区均为 Hg 原生晕异常空白区。按照一般的地球化学理论，Hg 易于蒸发的性质使其具有较强的地球化学迁移活动性，可以随断裂、裂隙和疏松的地层结构在低温条件下扩散和远程迁移，因此是内生成因矿床有效的远程指示元素。因此，出现于西部 R_2 与 R_3 之间地带的 Hg 原生晕异常群，应该是对该地段深部、中深部和浅部等多层不同深度的金属成矿活动产生的 Hg 气异常叠加的反映。但这种分析并不适用于位于环形构造 NE 缘的拉么铜锌矿床，因为那里并没有 Hg 原生晕异常显示。由此看来，对大厂矿田 Hg 原生晕异常的利用必须非常谨慎。

以上分析表明，无论是何种成矿元素，其原生晕异常都表现出了围绕龙箱盖环形构造分布的规律。虽然不同元素异常在具体分布形态上有所差别，但围绕龙箱盖环形构造这点上却是相同的。这一事实表明：一方面，龙箱盖隐伏花岗岩体的确是大厂地区唯一的成矿和控矿中心；另一方面，从找矿角度，在大厂地区找矿要取得新的突破，仍然不能离开龙箱盖环形构造。

2. 遥感与物探数据综合可视化分析

研究所采用的物探资料有两种类型，即航磁 ΔT 资料和根据重力异常 Δg 反演计算得到的龙箱盖隐伏花岗岩体的顶面等高线。由于这两种资料都是来源于图纸等值线图的扫描图，无法再对数据作处理操作，因此只能进行定性分析。

由数字化 1/5 万航磁 ΔT 平面等值线图 6-34 可见，ΔT 正异常分布范围北至关山、南至鱼龙、西至白竹洞、东至将军庙山，总体上呈一个北西向走向的正异常带。在其 NE 面与之

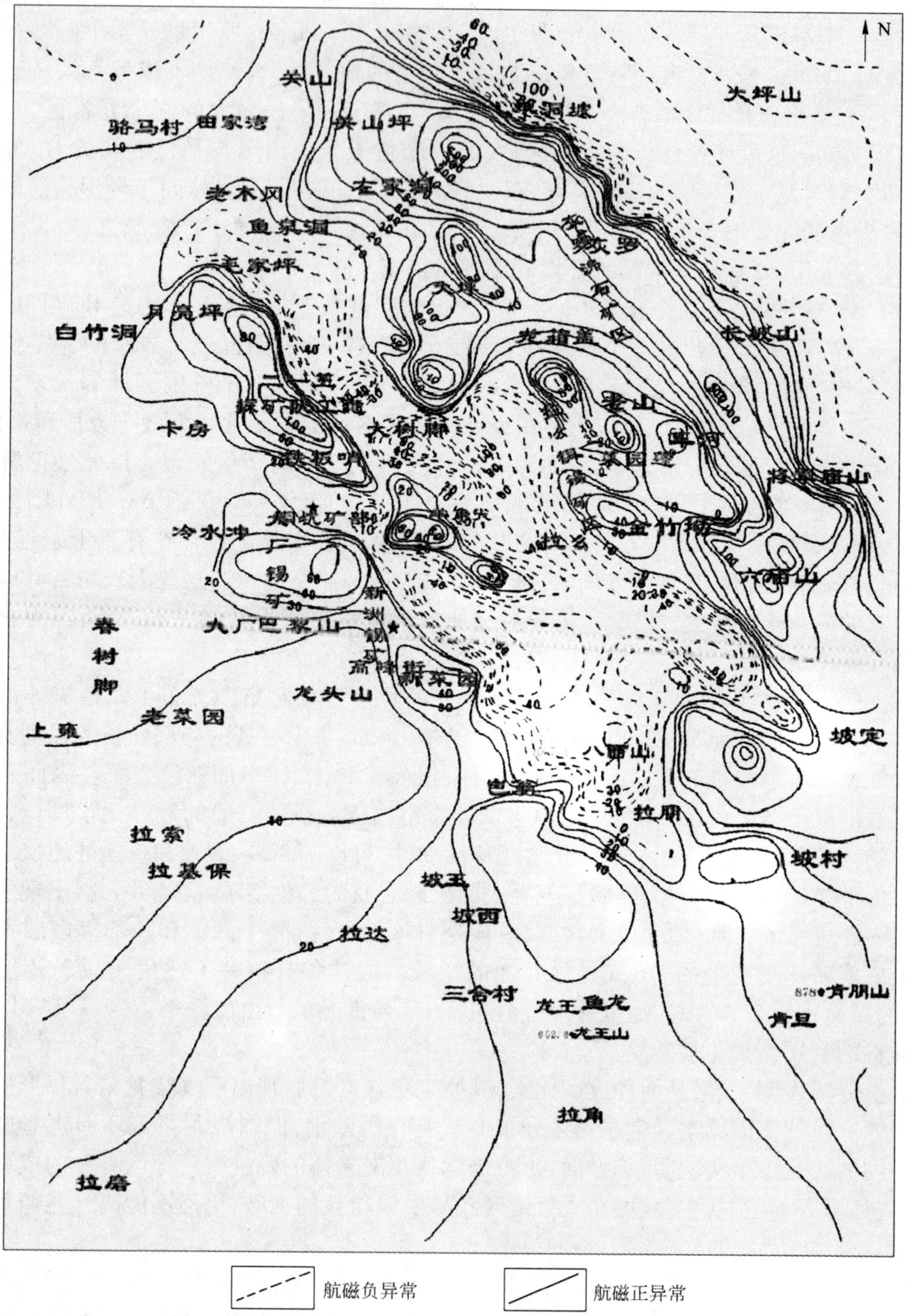

图 6-34 大厂矿区及其外围航磁 ΔT 异常平面等值线图

平行对应的还有一个负异常带，从而两者构成一个明显的正负异常对。资料表明，该正负异常对就是对 NW 走向的丹池大断裂的反映。正负异常之间的中线就对应着丹池大断裂的赋存位置。

进一步分析表明，从丹池大断裂到大厂矿田之间航磁异常存在的 3 个分带。东带：左家洞—大坪—龙箱盖—车河六庙山异常带；西内带：鱼泉洞—大树脚—羊角尖异常带；西外带：月亮山—铁板哨—冷水冲—青菜园异常带。东带磁异常环绕隐伏岩体主隆起东—南东侧分布，并沿断裂向南东延伸。西内带磁异常位于隐伏岩体主隆起和次级隆起之间。西外带磁异常则位于隐伏岩体次级隆起的顶部。龙箱盖环形构造位于东带磁异常和西内带磁异常之间。可见其周围大部环边上都有磁异常分布。表明磁异常与龙箱盖存在较密切的关系。3 个异常带内共有 14 处主要异常中心和 9 处次要异常中心。矿田磁异常的总体展布特征，从宏观上反映了与隐伏岩体密切相关的热变质带的客观存在；而磁异常的局部异常中心则多与构造交汇部位一致；这些地段的叠加异常，往往是矿化活动部位的标志。

重力异常 Δg 反演的龙箱盖隐伏花岗岩体顶面等高线，按性质实际也应该属于地质图形，而不应属于物探图形。按照反演计算的数学物理模型，理论上，该顶面等高线的分布范围就应该是龙箱盖隐伏花岗岩体上部在地表投影的范围。因而就应该与遥感解译的龙箱盖环形构造重合。但将该顶面等高线与环形构造两者的位置比较后，发现它们之间存在偏差。顶面等高线的中心不在 R_2 和 R_3 组成的复式环形构造的环区内，而是在复式环形构造其偏 NE 的一些位置。造成这种偏差的原因可以有很多，但本研究认为物探方面的计算误差可能是主要原因。这一方面是由于反演计算从理论上本来就是存在多解性造成的；另外，正确的反演计算还必须对模型设计——包括形态、产状、位置、深度和密度参数设计要求尽可能准确，然而实际上很难做到的。鉴于此，由 Δg 反演计算得到的龙箱盖隐伏花岗岩体顶面高度只能作为参考。

第七章 隐伏矿床预测的生物学方法

动物－植物找矿法是近年来国外比较推崇的一种找寻隐伏矿床（体）的方法。它主要利用动物灵敏的器官（如狗的鼻、鹰的眼）和生活中的遗迹（如蚯蚓、白蚁等翻上来的土壤、碎屑等）及利用植物特有的吸收土壤中某几种成矿元素的能力。这种方法可作为寻找隐伏矿床（体）辅助方法之一。由于深部矿体的存在，造成地表土壤中某种成矿元素的丰度较高，因而这里生长的某些植物所吸收的该种元素的量亦会较多。这可反映在植物颜色（茎、叶、花）的变化，植物的局部分布以及相同植物在不同地区（甚至很近）的变化等方面。英国伦敦大学柯尔教授在赞比亚热带雨林中发现斑状干草原这一现象，经研究并在其他方法配合下，很快找到了隐伏的斑岩铜矿床；她还在苏格兰北部高得兰岛上利用生物—地化标志，找到了隐伏的铀、钍、钾矿床。美国肯耐（Canney）在科罗拉多高原和津巴布韦，利用原始森林被元素中毒而呈现的低矮灌木丛和斑块状草地为标志，配合其他找矿手段，终于找到了隐伏的铀矿床和铜钼矿床。在加拿大、欧洲和希腊北部以及前苏联，人们利用植物和生物地球化学标志，在寻找隐伏金矿、铜－铅－锌矿等方面，也都取得了良好的效果。

在我国古书中，早就有一些文献提到过找 Ag、Au 的指示植物——大蒜，在长江中下游和云南东川一带也曾发现一种指示找铜矿的植物——海州香薷（或称铜草）。近年来，据柳志青等研究，产于胶东地区的中国石竹（当地农民叫竹叶梅），可以作为金矿的一种直接指示植物。

利用动物来找矿，主要是利用某些动物的感觉器官和生活功能来达到找矿的目的。例如芬兰利用狗的嗅觉灵敏，在 900 公顷的森林地区，共发现了 1330 处含硫岩石，而地质学家用传统方法仅发现此类含硫岩石 270 处。瑞典、加拿大、前苏联等国也都在训练狗，用来找矿。国外还常利用经过训练的鹰的视觉，鸽子的示踪大脑波异常，鼠类和蚯蚓从地下翻上来的碎石土块，作为找矿的一种指示和方法。津巴布韦，特别是在被卡拉哈里沙漠覆盖的地区，对“白蚁找矿”的作用相当重视，罗兹（Rhodesia）等（1969）认为，白蚁能将矿物质从深部带上来堆筑在自己的土堡里，分析这种土堡里的金及其指示元素，可以揭示出与金矿有关的异常。有些白蚁穿凿的通道可深达 27 m。在莫桑比克中部，人们还利用白蚁土堡来寻找铜和镍的异常。据《国外地质科技》（1986，第 8 期）介绍，1973 年发现的博茨瓦纳朱瓦能大型金刚石矿床，就是通过观察白蚁活动产物帮助找到的。有些金矿区，鸡一般长不到 1 kg 就死去，经杀鸡切胃从中发现含有金粒，并以此获得一些找金线索。前苏联有些海洋生物学家正在训练海豹，这些海豹经训练能潜入 600 m 深的海底，停止呼吸 1 h，从而探测到漏出的石油和天然气。法国地质学家 D. 鲁蒂等人写有《向何处去找矿》的专著（1981），也列举了不少这方面的实例。

近年来，桂林理工大学资源与环境工程系宋慈安、雷良奇等（1999）通过甘肃北山戈壁景观条件下生物地球化学找矿试验研究，在沙漠戈壁地区铜、金找矿预测上取得了初步效果。不仅根据不同特征的生物地球化学异常，分别圈出了值得进一步工作的铜、金找矿靶区或远景区。而且，在研究已知斑岩型铜矿床生物地球化学特征的基础上，根据生物地球化学异常对原生异常的物质继承性和异常分带的相似性关系，建立了铜矿床(体)生物地球化学找矿预测判别指标和模式(表 7-1)。

表 7-1 斑岩铜矿床(体)生物地球化学找矿预测判别指标和模式

判别指示意义	异常元素组合分带(矿体中心→外)	元素异常强度指标							
		Ag	Ba	Pb	Cu	Au	Sn	Ti	V
矿床剥蚀浅，深部矿体具有较大规模	元素组合简单，主要为原生异常中的成矿和前缘晕元素 Ag→Cu，Au→B→(Ti，V)	0.25	<90	<12	140	<1.6	<1.3	>65	>6
矿床剥蚀中等，深部矿体具有一定规模	元素组合较复杂，可出现高温和近矿晕元素 Ag，Ba，Pb→Cu，Au，Sn→B→(Ti，V)	0.25	90	12	140	1.6	1.3	65	6
矿床剥蚀深，深部矿体所剩不多，规模小	元素组合复杂，有较多的原生异常的高温和尾晕元素出现 Ag，Ba，Pb，Bi，Mo，Sn→Cu，Au	0.25	>90	>12	140	>1.6	>1.3	<65	<6

注：Ti、V 等基性元素在原生异常中主要由火山地层物质引起，异常离矿体较远，生物地球化学异常中有可能出现，也有可能不出现。

同时，通过不同类型金矿床生物地球化学异常特征的研究，对金矿床生物地球化学异常分带，建立了一个统一的基本模式，从异常中心(金矿化中心)向外元素分带为：

Au、Ag、As、Sb、Co→Ti、V、Cr、Mn

虽然，这方面工作确切的实效如何，尚有待验证和进一步深化，但他们从生物地球化学的角度，为沙漠地区覆盖隐伏矿床的预测，提供了新的方法和方向，无疑是有实际意义的。

第八章 隐伏矿床预测的综合途径与深部工程验证

第一节 隐伏矿床预测的综合途径

通过前面各章节的论述，不难看出，隐伏矿床预测是一项探索性和实践性很强的系统工程。既需要先进的成矿学理论作指导和扎实的地质工作基础，又离不开各种先进技术方法和手段的密切配合。因此，实施这样的系统工程，任何单打一的做法，任何强调某一方面而排斥其余的想法，都是不可取的。唯一正确的途径，只能是综合途径，即以现代成矿学理论为指导，扎实的地质研究为基础和地质与物探、化探、遥感技术等紧密结合的隐伏矿床综合预测途径。这里必须强调不可偏废的两个方面，一方面是必须强调成矿学理论的指导意义和地质研究的基础作用。离开了这一点，一切工作，一切方法、手段的采用，都将是盲目的，没有意义的。另一方面必须要有物探、化探、遥感技术等有效方法、手段的密切配合。同样，离开了这一点，光靠成矿学理论的指导和地质研究的基础，没有行之有效的必要方法、手段相配合，所谓预测在很大程度上也只能是空中楼阁式的遐想。因为面对隐伏矿床预测这一探索性极强的深部工作，离开了必要的新技术、新方法的应用，必将面临许多仅靠地质研究无法解决的难题。所以二者是相辅相成缺一不可的。所有隐伏矿床预测的研究者，无论是从事成矿学理论研究或基础地质研究的，抑或从事物探、化探、遥感技术等不同技术、方法研究的，都必须从思想上清醒地明确这一点，才能从各自本身工作的角度，为隐伏矿床的综合预测作出自身应有的贡献。原桂林冶金地质学院隐伏矿床预测研究所在承担广东韶关一六地区隐伏花岗岩预测及深部找矿研究，山西耿庄金矿外围隐伏金矿找矿预测研究，河北赤城金家庄金矿外围隐伏矿床综合预测研究，内蒙古狼山地区铜多金属深部找矿预测研究，山东莱州地区1:5万隐伏金矿综合预测研究，广西横县黄令山地区与潜火山杂岩有关金、铜找矿预测研究，以及新疆奇台县乌伦布拉克地区和伊吾县北山地区铜、金找矿评价研究等项研究工作中，都是遵循这一原则，通过综合预测途径，按照各地区不同的地质背景和成矿地质条件，在深入、认真地抓好不同内涵和性质的基础地质研究的同时，根据不同地区的实际情况和项目的任务要求，分别采用了大比例尺构造地球化学扫面、吸附相态汞、钋(Po)法测量，地电提取、土壤离子电导率等多种化探方法，以及高精度磁测、重力、激发极化、频率测深、自然电位、瞬变电磁及综合物探剖面探测等多种物探方法，还根据需要采用了遥感技术预测及综合地学信息数字图像处理等新技术、新方法，进行隐伏矿床的综合预测，并取得了良好的预测找矿效果，也积累了通过科学合理和高效的综合预测途径进行隐伏矿床预测研究的有益经验。通过上述工作，我们感到在深入扎实地质研究的基础上，以精确的遥感技术预测工作为先导，再根据不同的地质背景条件，选用相应有效的物探和化探方法，是进行隐伏矿床综合预测较为便捷、有效和经济的途径。在化探方法中，多年来实践的体验使我们深感还是正规的化探扫面和构造地球化学找矿两种方法最为有效。

国内不少知名的大型矿床都是通过综合预测找矿途径发现和查明的。如湖南常宁水口山矿田深埋于距地面 300 m 以下，地面无任何蚀变矿化显示的康家湾大型铅锌金银多金属矿床的发现，就是通过深入的基础地质研究掌握规律和密切配合物、化探方法的综合预测找矿途径发现的。到过矿区的不少中外地质专家无不叹服为国内外所罕见。原地矿部地质科学研究院院长朱效成考察后，曾感慨地说"这才是我国真正的一个独立盲矿床"。

他们的经验是，在矿田已有水口山铅锌多金属矿床等老矿区构造控矿规律（背斜核部加断裂控矿）的指导和借鉴基础上，通过大比例尺（1:10000）详细填图，发现和查明康家湾地段有一条北东向的 22 号断层通过，并有小岩体分布。根据构造分析，推断康家湾地段侏罗－白垩系红层底下 22 号断层附近有较老地层构成的隐伏背斜构造存在。同时有目的地进行的化探工作所获化探原生晕异常反映 22 号断层两侧出现 Pb、Hg、F 的较高异常，Ag、Hg 丰度均高出地层几倍至数十倍，分析与深部矿化活动有关。在上述信息基础上，进而又配合进行了物探电测深工作，物探成果反馈这一带红层厚约 200～300 m，并预示红层底下有利容矿层位——栖霞、茅口组（后改为当冲组）的存在。正是在上述地、物、化综合信息和充分资料基础上，他们大胆地提出了第一批钻孔验证施工方案，并经上级批准后，立即上钻施工。当连续打了六个钻孔均落空后，并没有惊慌失措，而是进行认真的分析研究，通过分析确认，虽然六孔落空，但已接近预期打背斜核部的目标，坚持继续施工第七个钻孔。果然功夫不负有心人，当第七个钻孔打到 370 m 处时，打到背斜核部和有利控矿层位——当冲组。接着在孔深 391 m 处见矿，打到了厚达 38 m 的铅锌硫铁矿体，预测获得成功，从此拉开了康家湾隐伏矿床正式勘探的帷幕。通过 3 年奋战，探获铅、锌金属储量 141×10^4 t，平均品位铅 3.92%，锌 4.48%。伴生金 46 t，硫铁矿石量 260×10^4 t，证实康家湾为一高品位的大型隐伏铅锌多金属矿床。勘探证实的矿床地质特征是，在侏罗－白垩系红层覆盖下，由二叠系组成隐伏背斜核部，断层从背斜轴部通过，矿体赋存在当冲组硅质灰岩中，简称背斜加一刀控矿。钻探验证的深部矿床地质实际情况与当初地质人员根据地、物、化综合信息所作出的推断预测基本一致。康家湾隐伏矿床预测找矿不愧为我国地质历史上一次极为成功的隐伏矿床综合找矿预测典范，至今具有现实的指导意义。

又如江西瑞昌武山铜矿区、南部大面积第四条覆盖下隐伏斑岩体及南接触带矽卡岩主矿体的发现，也是在矽卡岩成矿理论指导下，通过地质与物、化探密切配合的综合预测途径，并大胆坚持深部钻探验证而发现查明的。武山隐伏的南接触带主矿体的发现，不仅使矿区南、北接触带连为一体，形成环绕斑岩体的完整环状接触带矽卡岩型铜矿床，矿区铜金属储量由原来的 65.9×10^4 t 倍增为 137×10^4 t，一跃而为特大型铜矿床，而且也积累和丰富了运用地质与物、化探、钻探密切配合的综合途径进行隐伏矿床预测找矿的经验。

原长春地质学院王世称教授所倡导的统计地质学理论和方法，以及通过他多年深入研究所建立的专家系统，在全国许多地勘部门得到了广泛的传播和推广、应用。这种方法既是一种隐伏矿床综合预测的有效方法，也揭示了将预测工作从定性推向定量的发展方向。

对于从事隐伏矿床综合预测工作的各类专业研究人员来说，工作上固然有其专业分工。如物、化探工作自然是由物、化探人员来承担；但是，地质人员特别是主持整个综合预测工作的地质人员必须具备和掌握物、化探工作的基本知识，熟知在什么样的地质背景条件下应当选用什么方法，才能保证在地质研究基础上有效地发挥物、化探和遥感技术等方法、手段的作用。同样，物、化探，遥感等专业人员也应具备基础的地质知识，清醒地了解自己工作地区所处的地质背景条件及其对物、化探、遥感等各项工作的要求。总之，工作的性质和任务要求所有从事隐伏矿床综合预测的各类专业研究人员都具有一专多能和知识面广的基本素质。这方面，王世称教授为我们作出了很好的榜样，还在他青年时期一边工作一边攻读地质学研究生的时候(20 世纪 50 年代)，就富有远见地选修了勘查地球物理课程，在后来工作中，结合工作需要又对化探、遥感技术等做了认真的钻研。正是这种从年轻时就培养造就起来的一专多能和知识面广的综合素质，为他后来事业上的成就和对我国成矿预测研究工作所作出的卓越贡献，奠定了坚实的基础。

第二节 隐伏矿床预测的深部工程验证工作

众所周知，成矿预测的最终目的就是为了找矿。对于隐伏矿床的预测找矿来说，不论做了多少预测研究工作，其预测的效果如何？其最终的结论——是否有隐伏矿？都有赖于深部工程验证。如果不能及时地进行深部工程验证，一切预测工作都等于是空谈，白费工夫。因此，深部工程验证也是隐伏矿床预测这一系统工程不可分割的组成部分之一。只有提到这一高度来认识问题，才能保证深部工程验证及时无误的进行，并取得隐伏矿床预测的预期效果。深部工程包括钻探、井探、坑探等多种方法。一般多采用钻探，某些老矿山，或地形条件特殊的勘查区，也常采用井探或坑探。为了保证和提高工程验证的效果，施工验证前，充分的资料准备和分析工作是取得验证预期效果的决定性因素。也就是说，施工验证必须建立在具有充分可靠资料的基础上。为此，在施工之前必须充分掌握验证地区(或矿区)的地质背景，与成矿有关的各种地质因素及其变化规律，以及可能存在的反映成矿作用的各种蚀变矿化标志，分析成矿可能性程度，取得施工验证所必需的可靠地质资料和信息。对于施工方案最好能提出多种可能的方案和假设进行比较和深入分析，择优选用。一旦确定方案，就要坚定信心，沉着冷静对待施工过程中出现的问题。即使验证初期效果不理想，甚至部分钻孔验证失败，也不宜过早或轻率地作出否定的结论。要仔细观察、深入分析施工进程中出现的各种情况和信息，发现问题，力求作出正确的判断和决策。

总之，对待深部工程验证工作，一定要实事求是，尊重客观规律、尊重科学；充分依靠地质科技人员和施工的工人群众，切忌行政命令、凭长官意志办事。

前面提到的湖南水口山康家湾隐伏多金属矿床的发现和江西武山铜矿南部隐伏矽卡岩矿带的突破，不仅是地质与物、化探密切配合进行隐伏矿床综合预测所取得的成效，也是及时和大胆坚持深部钻探验证所取得的战果。正因为他们充分掌握了各自矿田、矿区的地质资料和成矿规律，才能提出正确的钻探施工方案；当钻进中出现问题和挫折时，他们能坚定信心、沉着应对，敢于冒风险，坚持原定方案继续施工；当工人群众中出现怀疑和埋怨情绪时，他们能耐心、细致地做好解释说服工作，取得大家的理解和支持，团结奋战，最后终于取得深部找矿的巨大突破。两个矿区深部找矿的成功实践，再一次充分证明在现代成矿理论指导下和扎实地质研究基础上，通过地质与物、化探等有效方法、手段紧密结合的综合途径，是进行隐伏矿床预测的最为正确、有效的途径。也充分证明科学预测必须配合及时无误乃至充分的深部工程验证，才能取得深部隐伏矿床(体)预测找矿的最佳实效。

第三篇　近年来隐伏、半隐伏矿床预测找矿工作的新进展及其经验教训

第九章　山东招(远)—莱(州)地区隐伏金矿床预测及深部找矿工作的新进展

招(远)—莱(州)地区在深入开展“焦家式”破碎带蚀变岩型金矿的找矿预测工作中,近年来又不断取得了新的进展。其中,最突出的成果有两个,一是界河、玲珑等金矿区内一种新类型金矿——细脉浸染花岗岩型金矿的发现。二是三山岛—仓上断裂、招平断裂等断裂带上,仓上、新立、大尹格庄等一批新的大型破碎带蚀变岩型隐伏金矿床的相继涌现。下面分别予以简介。

第一节　细脉浸染花岗岩型金矿的发现

细脉浸染花岗岩型金矿首先发现于招远界河金矿区,是矿山在深部采矿过程中发现的。据矿山 1988 年对矿区内两条矿带中之一条矿带初步控制,细脉浸染型金矿的金储量可达 2.5～3t,金的平均品位为 7.7g/t。据刘家远同矿山地测科徐顺利一起对矿区两条矿带细脉浸染花岗岩型金矿的观察(1989),这种新类型金矿具有如下特征:(1)空间上与破碎带蚀变岩型金矿紧密相伴产于破碎带下盘或旁侧相对正常的花岗质岩石中,两类金矿化呈连续递变关系(图 9-1)。(2)两类金矿化赋存的直接围岩为郭家岭花岗闪长岩杂岩体的斑状花岗闪长岩和细斑二长花岗岩,尤以后者与金矿关系更为密切。在坑道内见到细斑二长花岗岩侵入于斑状花岗闪长岩,二者呈明显的侵入接触关系(图 9-2),以往将二长花岗岩定为花岗闪长岩边缘相是不确切的。(3)金矿化与黄铁矿化关系密切,凡黄铁矿化强的地段,金矿化亦强,金品位相应增高。(4)矿区地面广布的是玲珑花岗片麻岩,郭家岭花岗闪长岩杂岩体及其伴生的两类金矿均呈隐伏产出。据矿山贾玉辉(1988)介绍,类似细脉浸染状金矿化在界河金矿邻近的河东金矿区内已有发现。据李镇东(1985)资料,在玲珑金矿田内,亦早已发现一种含金黄铁矿细脉浸染型金矿石。这种金矿石不仅在多处钻孔中见到,且矿体有一定规模,金的平均品位均在 3～7g/t 以上。他还强调指出:“含金黄铁矿细脉浸染型矿石的金品位,低于矿田内的含金石英脉型和含金蚀变岩型金矿石,但矿化连续性好,厚度大,矿物

成分简单，金的成色相对较高。”据杨敏之研究，三山岛金矿床实际上也主要是细脉浸染型金矿。在其按垂直展布关系所总结的下部细脉浸染型金矿，中部蚀变岩型金矿和上部中－低温热液脉型金矿的矿床组合模式中，他把三山岛列为下部细脉浸染型金矿的典型矿床，而把金翅岭列为中部蚀变岩型金矿的典型矿床。众所周知，三山岛金矿床也是山东单个金矿床金储量最大的矿床之一，也属特大型金矿。由此看来，招（远）—莱（州）地区产于相对正常花岗岩中的细脉浸染型金矿，不止于界河一处，不仅带有一定的普遍性，而且其潜在工业价值很大。作为一种金矿新类型，应当引起高度重视。

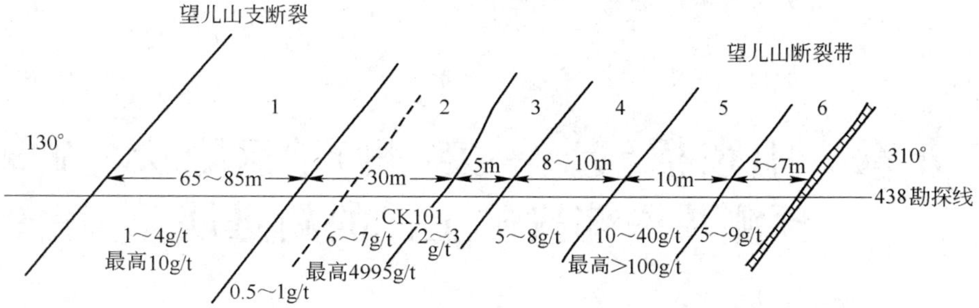

图 9-1 郭家岭花岗杂岩体内破碎带蚀变岩型金矿与花岗岩型金矿的递变过渡关系

（据界河金矿徐顺利，1989）

1—巨斑花岗闪长岩及其中的花岗岩型金矿化；2—细斑二长花岗岩及其中的花岗岩型金矿化；3，4—黄铁矿化花岗质碎裂岩；5—黄铁绢英化碎裂岩；6—糜棱岩

（3～6 细斑二长花岗岩中的破碎带及其中的蚀变岩型金矿化）

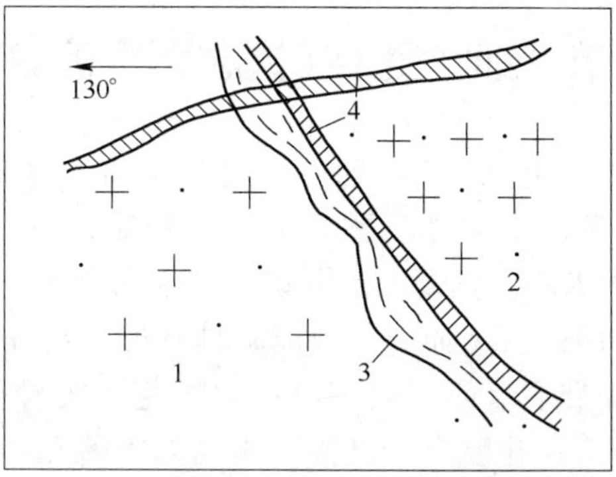

图 9-2 巨斑花岗闪长岩与细斑二长花岗岩的侵入接触关系

1—巨斑花岗闪长岩；2—斑状二长花岗岩；3—二长花岗岩冷凝边；4—伟晶岩脉

第二节 仓上金矿等一系列隐伏金矿床的涌现

仓上隐伏金矿床的发现经过了多次反复。由于第四系覆盖，普查找矿工作难度较大，相当长时期内工作进展缓慢、成效不大。后来总结了盲目跨海大距离以单纯钻探剖面拦截找矿的教训，开始注意合理选用物化探找矿方法。首先选用磁法测量圈定接触

带,进而推断断裂带,局部地段配合化探,取得了较好效果。同时,配合1∶5万区测填图,采用取样钻对该区进行全面系统的揭露,并注意一孔两用。对发现的蚀变矿化带,除追索圈定其分布规模外,均采取了原生晕分析和化学分析样,为了印证取样钻揭露的矿化较好地段,采用电法和汞气测量方法,达到了预期的目的。各种方法、手段的综合利用相互配合印证,为最后用钻探进行探索验证提供了可靠的依据。正如崔春池(1986)所总结的,"仓上隐伏金矿的发现与突破,是运用地质、物探、钻探工程等综合手段的结果"。这也是一条探寻隐伏矿床的宝贵经验。与此同时,仓上隐伏金矿探寻的过程,还获得了重要的地质发现和信息。首先,深部验证钻孔发现,蚀变碎裂岩带的上盘为胶东群斜长角闪岩、黑云母粒岩和斜长片麻岩,下盘主要为斑状花岗闪长岩;蚀变破碎带基本上是沿袭花岗闪长岩与胶东群变质岩的接触带发育形成的。事实再次证明是郭家岭花岗闪长岩杂岩体直接控制金的成矿。基于该隐伏金矿完全处于第四系覆盖区,其东侧为玲珑片麻状花岗岩的大片出露,推测此处郭家岭花岗闪长岩杂岩体亦可能原来即是隐伏侵入于片麻状花岗岩之中的,如同界河、新城等矿区侵入片麻状花岗岩之中的隐伏郭家岭花岗闪长岩杂岩体(图9-3)。同时,联系其北侧毗邻的三山岛金矿床实际上主要是细脉浸染型金矿,仓上金矿床纵使不是全部,也至少存在部分细脉浸染型金矿,当然这是一个有待进一步研究证实的问题。

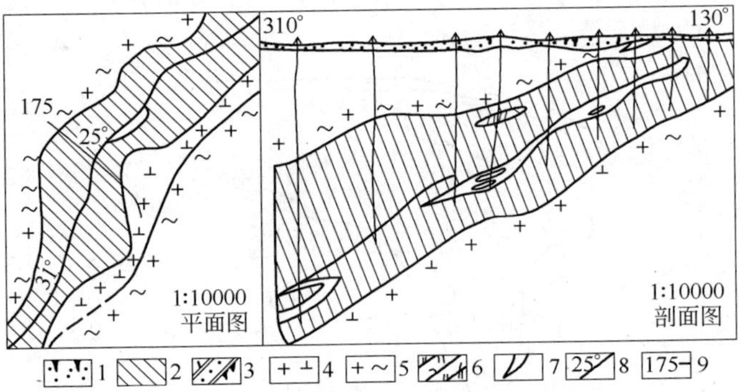

图9-3 新城金矿床矿体平面剖面图

(据张韫璞等,1983)

1—第四系;2—蚀变带;3—变斜长角闪岩;4—斑状花岗闪长岩;5—片麻状花岗岩;6—斜长角闪岩;7—矿体;8—断层线及产状;9—剖面线及编号

20世纪90年代初期,桂林理工大学隐伏矿床预测研究所同山东省莱州市黄金工业公司合作,开展莱州市1∶50000隐伏金矿综合预测研究(原山东省地矿局遥感中心田文新高级工程师参与部分工作)。通过该项工作,划出了Ⅰ、Ⅱ、Ⅲ三级金矿远景区八处。其中Ⅰ级金矿远景区三处,均位于莱州北部地区,由东向西依次为焦家金矿远景区(Ⅰ-1),西由金矿远景区(Ⅰ-2)和三山岛-仓上金矿远景区(Ⅰ-3)。

90年代后期,通过莱州黄金工业公司地质勘查院对三山岛-仓上金矿远景区的检查和找矿勘查工作,取得了这个带上隐伏金矿预测找矿的又一重大进展,在靠近三山岛金矿的新立村附近靠岸海域,又发现和查明了一处大型破碎带蚀变岩型隐伏金矿床——新立金矿(图9-4)。经系统钻探工程控制证实,为一大型蚀变岩型金矿床,金储量在30t以上,金平均品位4g/t,并存在特大型矿床发展前景。矿化类型兼有破碎带蚀变岩型和含金石英脉型，在空间分布上，上部含金石英脉型金矿为主，下部主要为网脉状含金硫化物蚀变岩型金矿。新立大型隐伏金矿床的发现，是近10余年来莱州地区金矿找矿工作的一项重大进展。也是该区区域性中比例尺隐伏金矿综合预测所取得的一项显著成果。实践证明已知成矿带上深部隐伏金矿的找矿预测是大有可为的，那种认为莱州地区进一步扩大找矿前景不大的认识，是不符合实际的。从现有资料来看，不仅新立金矿床本身具有进一步扩大规模的良好前景，而且，根据构造控矿的等距性规律和该区控矿断裂带产状变化的特点，作者认为在新立金矿与仓上金矿之间靠近仓上金矿的控矿断裂产状变换部位，还存在发现新的隐伏金矿床的极大可能性（见图9-4），很值得进一步深入开展综合找矿预测工作。当然，由于近岸水域和第四系的覆盖，工作有一定难度，但新立隐伏金矿的发现为进一步工作提供了可以借鉴的经验。关键是必须在扎实的地质研究基础上，采用地质与物、化探，遥感技术密切结合的综合找矿预测方法，同时必须配合及时而充分的深部钻探工程验证。

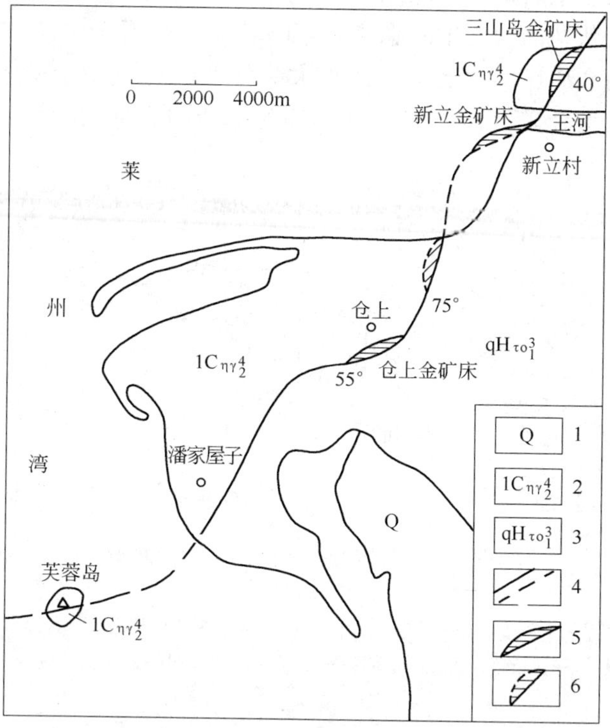

图9-4　三山岛仓上断裂带地质略图
（据莱州市地质矿产勘查有限公司）
1—第四系；2—玲珑超单元崔召单元；3—马连庄超单元栾家寨单元；
4—实测及推断断层；5—金矿体；6—预测靶区

招平断裂带中段大尹格庄金矿床的发现，是招远地区深部隐伏金矿探寻的一项重大成果，该矿床主要赋存在断裂带内岩体一侧的黄铁绢英岩化蚀变岩中，全部隐伏于地下，其顶部距地表垂深一般在255m左右，为一典型的大型破碎带蚀变岩型隐伏金矿床。该大型隐伏金矿的最终探明，得力于山东地矿局第六地质队地质人员深入扎实的矿区地质构造研究，和在其基础上提出正确的认识与判断，并用于指导钻探工程的合理布置，致使仅用有限的钻探工作量,就控制和查明了深部矿体厚大的富集部位,取得深部找矿的重大突破,为在招平断裂带上及至招(远)—莱(州)地区同类型隐伏金矿的寻找提供了可以借鉴的宝贵经验。

总之,招(远)—莱(州)地区隐伏金矿预测及深部找矿工作的新进展,意义是重大的、深远的,标志着招(远)—莱(州)地区今后的金矿找矿工作,已进入一个以"系列找矿"为主要方向和以隐伏金矿床的探寻为主要目标的新时期。

第十章 江西铜、金、锡等隐伏矿床预测找矿工作

第一节 江西北部德兴县银山矿区深部铜、金“就矿找矿”的重大突破

银山古代以采银为主，曾为南北朝和唐、宋等各朝代经济繁荣作出贡献。新中国成立后，20 世纪 50 年代至 60 年代中期，通过地质部门的勘查工作，探获锌金属量 55.50×10^4 t，铅金属量 41.18×10^4 t，银金属量 2490t，初步证实为铅锌（银）矿床。1958 年矿山建成后，至 80 年代中期，长期以开采铅锌为主，综合回收银。

自 20 世纪 70 年代初期，江西冶金地质勘探公司地质一队在矿区九龙上天区段（简称九区）施工的一个探测钻孔中发现铜矿化线索后，随即转入对银山矿区九区铜矿带进行找矿勘查工作，主攻方向已由铅锌转向铜。80 年代中期初步完成九区铜的勘查工作，求得铜金属储量 43.6×10^4 t。后经补充工作，改按“02—04”指标圈定矿体计算储量，又新增铜金属量 18.4×10^4 t，伴生硫储量 452.69×10^4 t，铜连同以往求得的 43.6×10^4 t，共为 62×10^4 t，已达大型规模。为矿山逐步转产提供了较为可靠的资源和资料依据。

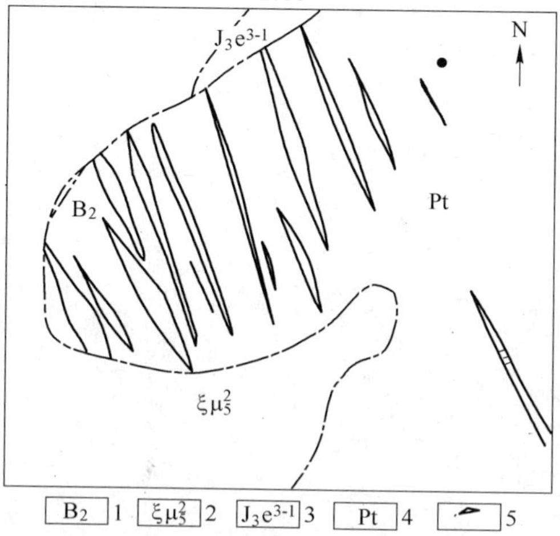

图 10-1 银山西区—240 中段矿体平面图
（据银山矿地测科，1989）
1—爆破角砾岩；2—英安玢岩；3—火山岩；4—千枚岩；5—矿体

继九区铜矿勘查取得成功后，地质一队进一步对西山火山口周围开展找铜工作。他们按火山机构控矿的指导思想布置工作，首先通过探槽揭露并采原生晕样品，经分析发现火山口东侧存在铜、砷异常。根据这一信息大胆地施工第一个找矿钻孔，结果发现了铜的工业矿体。随后，沿火山口周边继续探测，又在火山口北东至南东侧发现了一定规模的铜金硫脉状矿体（图 10-1）。在此基础上转入详查。到 80 年代末期结束详查工作，首次在西山区求得铜金属量 22.8×10^4 t，伴生金储量 35.14 t，伴生银 338.6 t，伴生硫 334.2×10^4 t。

九区和西山区铜矿发现以后，矿区矿化的空间分布明显呈现中心和深部是铜金硫矿，浅部和边部为铅锌银矿的分带规律。按照这一规律，地质一队对浅部以铅锌为主的银山区和九龙上天区的深部采用钻探进行探索，发现两个区段在 −200 m 和 −300 m 以下都有铜矿体存在，并已初步控制铜金属储量在 25×10^4 t 以上，且具向深部继续延伸的趋势。到 90 年代初期，矿区铜金属储量累计已达 109.8×10^4 t，铅金属量 40.18×10^4 t，锌金属量 55.86×10^4 t，

伴生金储量 127.61 t,伴生银 2690 t,伴生硫1708.89 × 10^4 t。除铅为中型外,铜、锌及伴生金、银、硫等均达大型规模,且都属可利用储量。

上述事实既充分说明了银山矿区深部找矿工作所取得的突破性进展,同时,也揭示了银山矿区深部继续扩大找矿的潜在远景。随着铜矿的发现和勘探,经过不断的实践和研究,地质人员认为银山矿区的浅部系与陆相火山岩喷发和次火山岩侵入有关而形成的火山热液型铅锌矿床,推测深部可能演变为铜厂式斑岩型铜矿床。根据上述推测,在九区、银山区和西山区分别各施工了一个深孔,进行更深部位的探索,结果证实矿体延伸超过 1200 m,且矿体厚度和品位都具有向下增厚增富的趋势。据此预测矿床延伸可达 2000 m 以上,铜金属储量至少在 200 × 10^4 t 以上。

银山矿区深部“就矿找矿”工作获得巨大突破,不仅在原采区深部发现大规模铜(金)矿床的基础上,又在矿区西山区段发现了新的规模十分可观的铜(金)矿资源,使矿区由铅锌矿床发展成为大型铜锌多金属矿床,并具有特大型—超大型次火山斑岩型铜矿床发展远景。而且,为与中生代陆相钙碱质火山—次火山岩建造有关铜金矿床的深部找矿,提供了理论依据和实践经验。近年来在巴布亚新几内亚相继发现波格拉、利海尔岛等与同类火山——侵入作用有关的金矿床,均为金储量在数百万吨的世界级超大型金矿床。我国宝岛台湾与新生代次火山岩浆作用有关的金、铜成矿也十分发育。据台湾大学地球科学系谭立平教授研究,仅金爪石地区与四个隐伏次火山石英安山玢岩体有关金矿床的潜在金储量,即可达 1000 t 之多(图 10-2)。包括中央山脉在内,谭立平预测,与新生代陆相火山作用有关的台湾金矿的潜在远景为 7000 t 纯金。无论是巴布亚新几内亚还是台湾省,金矿床往往是与斑岩铜矿床紧密伴生的,而且大多是先发现斑岩铜矿床随后才发现金矿床的。有的矿床本身就是金、铜兼而有之的斑岩金铜矿床。如巴布亚新几内亚著名的潘古纳斑岩金铜矿床(金储量 460 t,铜金属储量 420 × 10^4 t),台湾省金瓜石地区的长仁角砾岩筒型金铜矿床,本山脉状金铜矿床等。后者在矿区第 7 中段以上主要是金,7 中段以下则递变为以铜为主。这种金、铜相伴成矿的特征与江西银山、福建紫金山都十分类似,反映了我国东部乃至整个环太平洋成矿带中、新生代陆相火山作用金、铜成矿的共同规律,充分证明,与次火山岩浆作用有关的次火山斑岩型铜金矿床很可能成为我国特别是我国东部寻找和突破超大型铜、金矿床的一个重要方向和类型。银山上部铅锌(银)下部铜硫金的矿床模式为许多铅锌老矿山深部铜金找矿和求取新进展指明了方向和出路。银山深部找矿通过深入的矿山地质综合研究直接与以钻探为主坑道为辅的深部探矿工程相结合的有效途径,也为隐伏矿床预测找矿提供了一条便捷快速的有益经验,值得

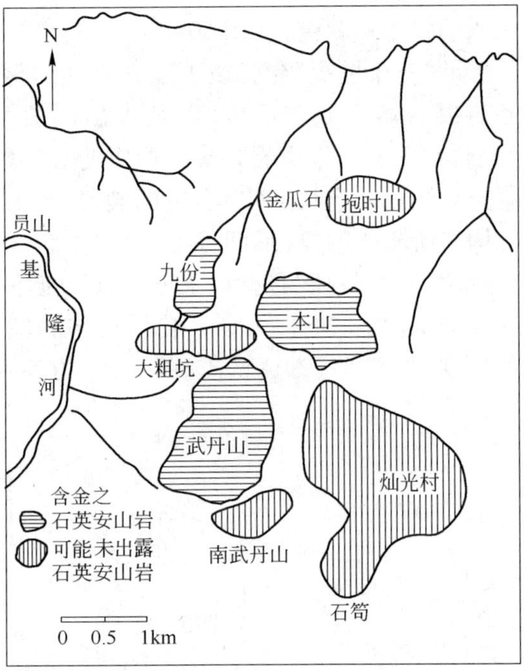

图 10-2 台湾省金瓜石地区的次火山石英安山岩与金矿
(据谭立平,1987)

同类老矿山借鉴。

第二节 江西南部斑岩锡矿隐伏矿床预测找矿的新进展

江西会昌县岩背锡矿是江西地矿局物化探大队运用土壤地球化学异常分析找矿所取得的一项显著成果。以矿床规模大、品位富、易采易选,成矿条件独特,引起国内外的重视。这个大型斑岩锡矿床的发现,不仅大大改变了江西锡矿的面貌,而且展示了斑岩锡矿床这一新类型锡矿无比广阔的发展前景,也为锡多金属隐伏矿床预测打开了思路。通过江西地质科学研究所的研究,总结出了矿床形成的“三个前提”,“五个特征”的成矿规律,进而概括出此类矿床的找矿预测模式(图 10-3)。

所谓“三个前提”包括以下三方面:(1)深断裂旁侧,上侏罗统鸡笼嶂组第二岩性段下部的晶屑凝灰熔岩赋矿层位,以及火山爆破、泥化、角砾化地段,是矿床形成的重要前提。(2)高位超浅成花岗斑岩是矿床形成的必要条件,花岗斑岩系高硅、富钾含矿次火山花岗质岩浆分异演化的产物。(3)多组断裂复合构造是控制斑岩侵入体及矿体产出的必要条件;复合构造所圈闭的“碗形凹谷”为斑岩隐蔽气液爆破和蚀变矿化创造了有利条件。

所谓“五个特征”包括以下五点:(1)矿体赋存于花岗斑岩内外接触带,矿石具浸染状、细脉浸染状构造,矿体厚大,矿化较均匀。(2)矿物共生组合除锡石外,含有较多的黄玉以及黄铜矿、黄铁矿、磁黄铁矿、闪锌矿、方铅矿等金属硫化物,具以矿体为中心的对称分带

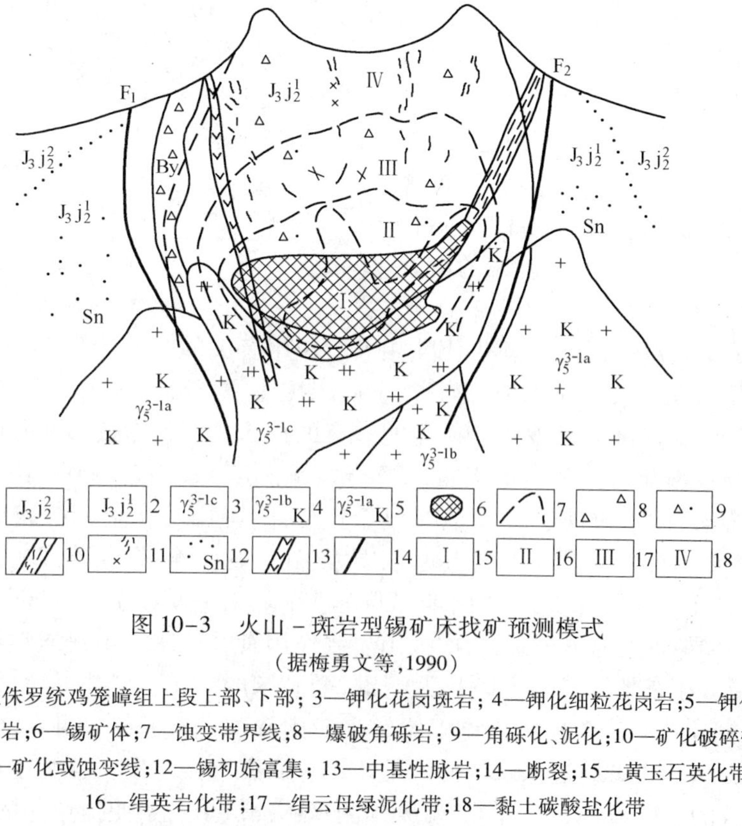

图 10-3 火山-斑岩型锡矿床找矿预测模式

(据梅勇文等,1990)

1,2—上侏罗统鸡笼嶂组上段上部、下部;3—钾化花岗斑岩;4—钾化细粒花岗岩;5—钾化中粒花岗岩;6—锡矿体;7—蚀变带界线;8—爆破角砾岩;9—角砾化、泥化;10—矿化破碎带;11—矿化或蚀变线;12—锡初始富集;13—中基性脉岩;14—断裂;15—黄玉石英化带;16—绢英岩化带;17—绢云母绿泥化带;18—黏土碳酸盐化带

特征。(3)矿床具有较明显的以接触带或矿体中部为中心的似环状矿化蚀变分带和原生地球化学分带。(4)裂隙型蚀变矿化发育,是矿化富集的重要因素,裂隙型矿化晚于面型蚀变矿化;在矿体上部围岩中,出现密集的绢云母、绿泥石、硅质蚀变线。(5)花岗斑岩及邻近火山岩中出现角砾化是一个显著特征。这种角砾化岩石及裂隙带,有利于矿液多次充填交代。附近地段常有爆破角砾岩存在。

根据上述岩背斑岩锡矿床"三个前提"、"五个特征"的规律,以及由其所概括出来的找矿预测模式,进行隐伏矿床预测,首先在上湾取得了明显效果。上湾隐伏锡矿床处于石城—寻邬北北东向深断裂带弧形转弯的南西侧,及与信丰—周田东西向拗断带的复合部位;产于横跨北北东向基底之上的上侏罗统鸡笼嶂组火山岩盆地中,运用"火山－斑岩型"成矿模式进行检验,发现上湾靶区具有如下特征:(1)具备"火山－斑岩型"锡矿床形成的三个前提条件。(2)与"火山－斑岩型"锡矿床的顶部特征极为相似。集中反映在蚀变类型,形式、分带规律、矿石矿物共生组合,矿化形式及某些矿物的标型特征等方面,上湾与岩背十分相似。(3)土壤地球化学异常具有"岩背式"隐伏锡矿床特征。上湾地表蚀变矿化岩石元素组合为Sn、Pb、Zn、Be,与岩背锡矿顶部带较为相近,具有以Sn为主的多元素土壤地化异常(图10-4)。

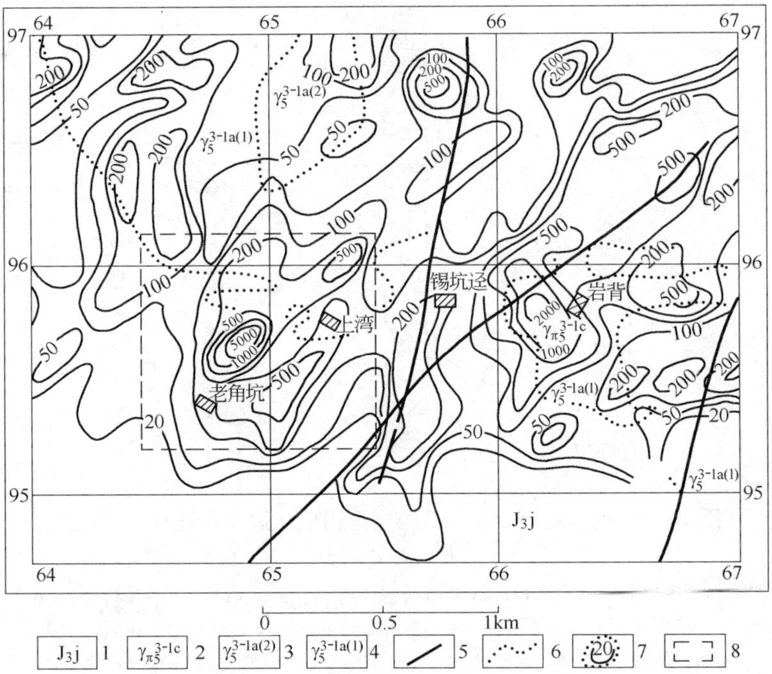

图10-4　上湾隐伏锡矿靶区土壤Sn异常

(据梅勇文等,1990)

1—上侏罗统鸡笼嶂组火山岩;2—燕山晚期第一阶段补充侵入花岗斑岩;3—燕山晚期第一阶段主体侵入中细粒似斑状黑云母花岗岩;4—燕山晚期第一阶段主体侵入中粗粒黑云母花岗岩;5—断层;6—岩体界线;7—异常等值线;8—上湾隐伏矿预测范围

总之,上湾靶区的成矿地质条件、控矿因素、矿化蚀变特征及其分带,以及地球化学异常等方面,均与"次火山－斑岩型"锡矿床典型特征或成矿模式完全一致,与岩背锡矿床顶部特征更为相近,为预测隐伏锡矿床提供了充分的理论依据。在此基础上,经过深部工程验证,三个钻孔均打到了工业矿体。矿体出现在火山岩与花岗斑岩的接触带附近(图 10-5),其中大部分矿体赋存于内接触带。

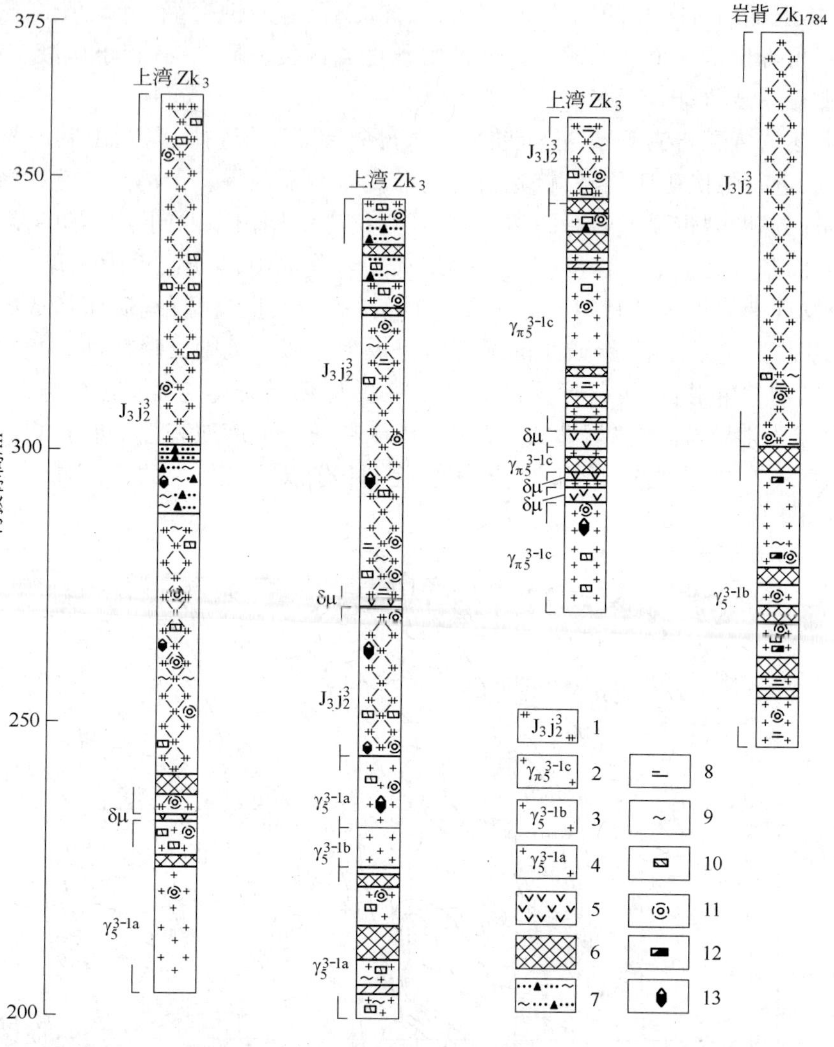

图 10-5 上湾靶区验证钻孔与岩背锡矿床边缘钻孔柱状对比图

(据梅勇文,1990)

1—上侏罗统鸡笼嶂组第二岩性段流纹质晶屑凝灰熔岩;2—燕山晚期第一阶段补充侵入花岗斑岩;3—燕山晚期第一阶段主侵入细粒花岗岩;4—燕山晚期第一阶段主侵入中细粒似斑状黑云母花岗岩;5—闪长玢岩;6—锡矿体;7—破碎带;8—绢云母化;9—绿泥石化;10—黄玉化;11—石英化;12—硫化物矿化;13—锡石矿化

上湾隐伏锡矿床的预测及验证效果,不仅为"次火山-斑岩型"锡矿的普查勘探提供了新基地,同时也为应用已知矿床成矿模式指导同类隐伏矿床预测取得了经验,为整个武夷山区斑岩锡矿的找矿预测开辟了新的途径,具有重要的科学意义和社会经济效益。

第十一章　闽、粤中生代火山岩区隐伏铜(金)多金属矿床预测找矿的突破性进展

闽、粤中生代火山岩区铜、金找矿工作长期以来进展甚微。福建境内,早在20世纪70年代中期,曾在漳州钟腾地区,集中力量进行斑岩铜矿的找矿攻关,亦以不了了之而告终。80年代末期,福建上杭县紫金山大型铜(金)矿床被发现。作为当时我国东南沿海地区铜金找矿工作的巨大突破,引起了国内地质界的普遍关注和浓厚的兴趣。大家集中关注的问题是,在铜金找矿工作长期停滞不前的客观条件下,为什么会出现如此重大的突破?其实,长期工作在这一地区的人们最清楚,紫金山铜(金)矿的发现并不是偶然的,而是广大地质工作者长期工作不断探索的结果。

据历史记载,紫金山早在宋康定年间即以"盛产金因名",其时约为1040~1042年。这是紫金山最早的采矿活动。至今遗存有古代采矿的老硐100余处。新中国成立以来曾多次在该区开展地质找矿工作。汀江河畔,龙潭口侧,雄伟的紫金山拔地而立,幽谷岚影悠悠,山巅云雾缭绕,给这座金山抹上了一道绚丽的色彩。金山上的探宝人,为了早日敲开神秘宝库的大门,他们心系峰峦,情洒金山。从20世纪60年代开始,30多年来一批又一批地质勘探队员(被前国家主席、尊敬的刘少奇先生誉为建设时期的游击队员,这是对我国广大地质工作者的最高赞誉),经过一次又一次的寻找、探索,从不气馁,从不间断。春天的淫雨,夏季的山洪,秋天的狂风,冬日的霜雪,拦不住找矿者的脚步。福建地矿部门几代地质人的艰辛劳动终于在80年代中期迎来了紫金山矿区深部铜(金)找矿的重大突破。

回顾紫金山矿床的发现史,其经验教训给人以极为深刻的启迪。

1960年4月福建省地质局第五地质大队进入紫金山地区,首先开展水化学找矿工作,圈出了小金山沟等四个水化学异常区。同年6月组成普查组进一步开展普查找矿工作,清理老硐,检查水化学异常,并选择二庙沟至小金山一带的1号、2号矿化带作重点检查,在1号矿化带发现强烈钼矿化,在3号矿化带首次发现富铜矿转石。可惜由于该队工作任务变动,刚刚起步和开局良好的普查工作不得不中途停下来。直至4年之后才重新开始。

1965年三〇五地质队组成铜矿普查组再次进入该区,开展以寻找铜矿转石、追索矿化露头的就矿找矿工作。与此同时,省地质局物探大队进入该区开展自然电位找矿试验工作,在紫金山顶、铜矿沟一带发现自然电位高异常区,峰值高于1000mV。1965年11月,三〇五队选择紫金山地区30km^{2}范围内开展铜矿普查找矿工作,填测1:2.5万地质草图,对已发现蚀变矿化较好的二庙沟、小金山沟、铜矿沟等地段进行重点检查,并在二庙沟施工钻探验证,了解深部矿化远景。配合地质找矿,物探大队也在该区开展了自然电位、原生晕、次生晕等综合物、化探工作。通过这一段工作,求得铜金属远景储量1866t,其中二庙沟圈出15个矿体,铜储量1685t,铜矿沟3个矿体,铜储量187t。还对12件样品进行金的查定,金品位介于

0.1～3.8g/t，最高10g/t。这些分析成果为后来的金矿普查提供了重要信息。

随后，1967～1971年，省地质局区测队开展1∶20万上杭幅区测工作，发现紫金山地区及附近几个金的自然重砂异常。通过对径美异常的检查，含金一般为0.05～0.46g/t，最高两个样达到1.43g/t和2.28g/t，圈出4个金矿化体，肯定了该区具有进一步找矿的远景。这期间，由于“文化大革命”的影响又导致工作停顿多年。

1977年10月，省地质局地质一队为支援地方五小工业办矿的需要，再度组成普查组，开展紫金山地区以二庙沟为中心的铜矿普查工作，重点是对三〇五地质队在二庙沟圈定的2号矿化带加密地表工程控制，并在省局要求下进行了1∶2万金属量测量。同年，该队物探组同时开展了41.5km^{2}的化探扫面，发现和圈定了Cu、Pb、Zn、Mo、Sn异常70余处。后因地质局体制调整，该区工作再度停止。

从1960～1979年，整整20年的漫长时间里，紫金山地区的找矿工作几进几出，几上几下。做做停停，停停做做。数以千百计的地质技术人员和广大工人群众付出了千辛万苦，却未能取得找矿工作的显著进展。除了受工作手段、技术水平等客观因素的影响外，长期以来地质工作体制的制约，特别是在那极“左”路线下没完没了的政治运动所造成的政治干扰，是严重阻碍紫金山地区找矿工作进程的根本原因。在那段艰难的岁月，紫金山可以说只是一个小小的缩影，全国的各行各业，各方面的事业无不如此。政治干扰如此严重地阻碍国民经济，国家建设的进程，甚至最终几乎导致国家经济的全面崩溃，这在古今中外历史上并不多见。沉痛的历史教训啊！

令人欣慰的是，历史终于翻开了新的一页。紫金山新一轮的地质找矿工作开始于1981年。省地质局地质八队综合组在收集整理龙岩地区各类矿产和异常资料时，发现上杭汀江流域有沙金异常，随即派员到上杭回龙、径美一带实地调查，发现当地群众淘洗沙金效果甚佳，并在二庙沟一条支沟老硐中采了样品，经分析含金达10g/t。同年，该队决定立即开展汀江流域1∶2.5万的重砂扫面工作，通过该项工作，圈定紫金山金异常面积约13km^2，其中4个高异常均分布于源自紫金山主峰的小金山沟、二庙沟、铜矿沟的上端。肯定了该区金矿化的存在和远景，为紫金山地区进一步找金工作揭开了序幕。1983年，闽西地质大队三分队继续在紫金山地区的燕子硐及其附近残坡积层中进行坡积物重砂测量，又发现了坡积层中金的重砂异常及大量古采硐，对一批古采硐采样分析，含金均大于1g/t。从此该区由面上的普查找金，缩小范围转入紫金山点上的找金工作。从1984年开始，在前人历年工作基础上，闽西地质大队正式对紫金山开展普查找矿工作。1987年以前以找金为主，后因部分钻孔发现深部高品位富铜矿化，从1988年以后，矿区普查工作转而为以铜为主，铜金兼顾。在这一正确方针指导下，经过1988～1992年的5年深入详查，施工了大量以钻探为主辅以坑探的深部工程探矿，终于查明紫金山是一个“上金下铜”的大宝库。控制金矿已达到中型规模，铜矿达到大型规模，一举打破了几十年来福建铜金找矿工作徘徊不前的局面（图11-1）。

紫金山深部铜金找矿工作的突破说明，在深入地质研究基础上，有针对性的综合物、化探工作及其所取得的自电异常，水化学异常，次（原）生晕化探异常、水系和坡积物重砂异常等，对紫金山矿床的发现起到了重要作用，为进一步深部找矿勘查工作提供了充分的信息和资料依据。深部工程验证及时而充分地投入，是加速隐伏矿床预测和更快更好地寻找出国家所急需的各种矿产资源的重要途径和有力的保证。

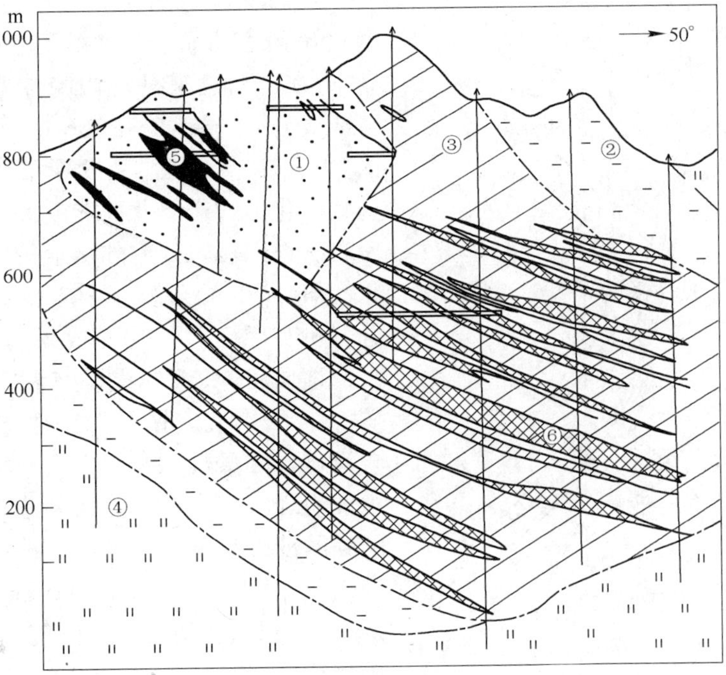

图 11-1　上杭紫金山矿区 3 线蚀变分带及矿体地质剖面
(据张德全,1991)
①—硅化岩;②—石英－迪开石交代岩;③—石英－明矾石交代岩;
④—石英－绢云母交代岩;⑤—金矿体;⑥—铜矿体

紫金山大型铜(金)矿床找矿勘查期间及其后,福建地质勘探部门与科研单位密切配合,在深入总结矿床成矿规律,建立矿床模式,进行区域成矿预测的基础上,又扩大战果及时开展外围普查找矿工作,取得可喜的成果,获得不少新的重要发现,其中,如第八地质大队工作的五子骑龙,初步控制铜矿远景即可望达到大型规模。

紫金山铜金矿床的发现和查明,是福建省几十年来几代地质工作者经历了艰难曲折的找矿过程,付出了艰辛的劳动而取得的。回顾该矿床的发现和勘查历史,有许多值得借鉴的经验和教训。从地质找矿工作的专业角度,在钱大都先生主编的《中国矿床发现史》福建卷里,总结归纳为以下六个方面,很有参考价值:(1)大面积强烈的热液蚀变,许多古采硐的存在,往往预示着矿床的存在。(2)发现富铜矿转石并潜心研究成矿条件,对普查找矿有重要指导意义,在某种意义上讲,转石对找矿起了一定作用。(3)分析成矿地质背景,充分利用重砂和物化探成果综合找矿。测试手段以光谱分析先行,发挥其快速、灵敏的优势。(4)科研与生产相结合,课题科研与矿区普查同步进行,紧密配合,如"上金下铜"、"广义斑岩成矿系统"等阶段性认识,在矿床评价工作中都起到了重要作用。(5)研究控矿地质条件,了解矿体产状、分布和富集规律,对正确指导探矿工程部署,合理评价矿床远景,有重要现实意义。(6)对于氧化带较深的隐伏硫化矿床,投入重型工程进行勘查很有必要,该区 20 世纪 80 年代后期果断决定施工机掘硐探,以及后来施工大量钻探工程,对于紫金山铜矿深部找矿重大突破起到了关键作用。

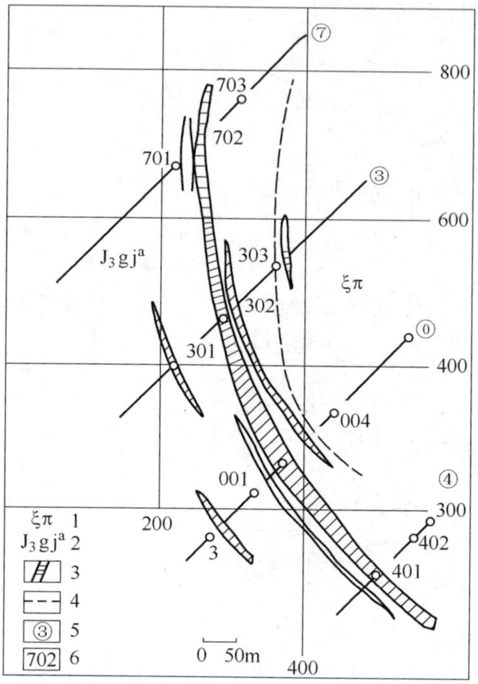

图11-2 钟区洋铜矿区 -100m 中段地质平面图
(据756地质队资料,1989)
1—英安玢岩;2—流纹质凝灰岩;3—浸染状铜矿(化)体;4—地质界线;5—剖面号;6—钻孔号

通过"中国东部隐伏矿床研究"这一国家"七五"攻关项目的研究工作,在隐伏矿床的预测找矿研究方面,也取得了一系列显著成果。其中,在广东惠来县境内晚侏罗世高基坪火山岩区,经广东省地矿局756地质队工作,继西岭锡多金属矿床之后,又发现了呈典型的细脉浸染状矿化形式产于北西向断裂一侧的隐伏英安玢岩次火山侵入体内外接触带中的钟区洋铜矿床(图11-2)。该隐伏铜矿床的发现,也是在充分分析利用已有物化探成果的基础上,通过深入的地质研究,选择成矿有利部位开展深部找矿工作,及时实施钻探工程验证,从而在原地表含锡矿化的酸性火山岩之下,发现了产于隐伏英安玢岩次火山侵入体顶部及其上部火山岩中的细脉浸染状铜矿体(Ⅰ号铜矿带),及沿北西向断裂充填交代的大脉型铅锌矿体(Ⅱ号铅锌矿带)。据已有初步资料可望达到中型规模,但矿化远没有完全控制,工作仍在继续,发展前景很大。如1:20000土壤测量铜异常落在侵入体与火山岩接触带上,矿区大比例尺土壤化探圈出的铜异常范围和矿化范围较小(Ⅰ号矿带南部),而目前钻探工程控制的隐伏浸染状铜矿分布范围明显超出大比例尺土壤化探铜异常和地表矿化范围,说明没有这类铜异常和地表矿化地段的深部仍很有可能存在隐伏的浸染状铜矿。从矿区基本的成矿地质条件来看,与江西银山铜铅锌(金、银)多金属矿床颇相类似,银山深部铜金硫矿化业已控制的深度已超过1200m,从深部矿化继续稳定向下延伸的趋势,预测最大延深可能在2000m以上。通过对比分析,推测钟区洋矿区深部铜矿找矿无疑具有较大的潜在远景。

总之,隐伏的钟区洋铜铅锌多金属矿床的发现,对于我国东南沿海中生代火山岩广布区,同样也是一项具有突破性的进展和成绩。同福建紫金山铜(金)矿床,江西银山铜铅锌(金、银)多金属矿床一样,再次揭示了我国东部中、新生代陆相火山岩广泛发育地区,寻找在火山岩覆盖之下与隐伏次火山侵入体密切伴生而形成的隐伏铜矿床或铜多金属矿床的广阔前景。普遍的规律表明,铜、金成矿主要与岩性相对偏基性一些的安山玢岩-英安玢岩有关,而铅、锌、银成矿则主要与岩性相对偏酸的石英斑岩、流纹斑岩、花岗斑岩有关,有时也含英安玢岩。

第十二章　新疆北部陆相火山作用有关金、铜找矿的突破性进展

新疆北部以金、铜为主的找矿勘查工作，近 20 年来取得了巨大的进展。诸如阿尔泰山区与海底火山作用有关的阿色勒大型铜（锌）矿床的查明；整个新疆北部与大规模构造作用有关的一大批不同规模构造蚀变岩型和剪切带型金矿的发现；东准噶尔北缘和天山东段与基性岩浆作用有关的多处岩浆熔离型镍－铜矿床的发现和查明等等，无不具有重大而深远的意义。特别是金矿，20 世纪 80 年代以前，整个新疆辽阔大地仅有西准噶尔的哈图一处岩金矿床。这些年来，随着一大批不同类型和规模岩金矿床的相继涌现，前后对比，今非昔比之感不禁油然而生。然而，最具深远意义的突破性进展，还是与陆相火山作用有关金铜找矿勘查工作的一系列新的发现和突破。下面分别加以简介。

一、与陆相火山作用有关浅成低温陆相火山岩型金矿的新进展

20 世纪 90 年代初，天山西段伊宁县地区大型阿希金矿床（具特大型远景）的发现，揭开了华力西时期陆相火山岩型金矿找矿勘查工作的序幕，展示了陆相火山岩区找寻金矿的重要意义。随后又在天山东南段鄯善县境内，发现了产于早二叠世陆相火山岩中的西滩（有人也叫石英滩）大型金矿床。在东准噶尔与东南天山交接部位附近的巴里坤县境内，发现了索尔巴斯套金矿、双峰山金矿等这一系列浅成低温陆相火山岩型金矿的相继涌现，以及新疆北部大面积石炭－二叠系陆相火山岩系分布区内星罗棋布的各类金矿异常、矿点、矿化点的广泛发育，进一步证实了浅成低温陆相火山岩型金矿在新疆的重要地位及其广阔的扩大找矿前景。据“九五”期间对东准噶尔东北端伊吾县淖毛湖北山地区找矿评价工作所获资料，即足以证明这一带及其毗邻的巴里坤县三矿湖－双峰山地区，具有极为有利的成矿地质背景条件和十分可观的找矿前景。这里与石炭纪陆相火山－次火山岩有关，不仅已有浅成低温陆相火山岩型金矿化，含金石英脉型金矿化和构造蚀变型金矿化的显示；而且很可能还有大规模隐伏次火山斑岩型金矿的存在。资料证明该区与陆相火山作用有关的金成矿作用，形成的不只是某一类金矿，而是一个完整的金矿床系列。很值得进一步深入开展找矿评价工作，特别是新类型隐伏金矿床的探寻。

阿希金矿床找矿勘查工作的历史过程，也给人以深刻的启迪和教益。20 世纪 80 年代中后期，新疆地矿局第一区调队先后在这一带开展了正规的 1∶20 万区域地质调查和 1∶20 万化探扫面工作，并圈出了包括阿希在内的多处金的化探异常。在此基础上进一步开展了 1∶5 万区调和普查找矿工作。据新疆地矿局第二区调队白光群高级工程师介绍，阿希金矿点的发现，首先源于群众的报矿。根据群众报矿提供的一种致密坚硬红褐色石头的线索（群众以为是铁矿），地质人员重新对通过化探异常区的路线剖面进行了过细的核查观察，并专门在出露这种红褐色石头的部位采样做金的分析，从而发现了阿希安山－英安质火山

岩中的金矿化。后经新疆地矿局第一地质大队正规勘探,终于证实阿希为一储量40 t以上,金平均品位5 g/t以上并具特大型远景的大型陆相火山岩型金矿床。阿希金矿发现史提供给我们一个重要的经验教训是,在野外工作中,对任何一种颜色和结构、构造特殊,岩石原始面目全非的石头,都应引起高度重视,决不能轻易放过。因为这类特殊的石头往往都是经历了强烈的蚀变矿化所造成的。上述群众报矿的致密坚硬红褐色石头,后来证明实际上就是红褐色次生石英岩金矿石。

阿希、西滩、双峰山等浅成低温陆相火山岩型金矿床的相继发现和探明,其深远意义不仅在于这些金矿床本身重大的经济价值,更在于对火山岩中找矿的重新认识。回顾本书第一作者20世纪60年代初期在新疆参与区测工作时的情景,限于当时的认识水平和外部交流极少的闭塞状况,包括他在内,人们在区测填图过程中,往往习惯性地将大片火山岩区作为简单区来对待,更谈不上对火山岩区的找矿了。再看看今天人们对火山岩区找矿的高度重视和热情,这种思想观念上的飞跃,必将进一步推动新疆陆相火山岩区找矿勘查和地质科研工作的更大发展。

二、陆相火山作用有关铜矿找矿工作的新进展

据刘家远等(2000)研究,新疆北部陆相火山作用形成了两类成矿岩浆建造,即火山喷溢喷发岩建造和潜火山杂岩建造。如果说金的成矿主要是与火山喷溢喷发岩建造有关,形成特征的浅成低温陆相火山岩型金矿床;铜的成矿则主要与潜火山杂岩建造(中酸性浅成－超浅成岩浆建造)有关,形成包括斑岩型铜矿床,接触交代矽卡岩类－矽卡岩型铜矿床,角砾岩筒型铜矿和含铜石英脉型铜矿在内的完整的铜矿床系列。无论是与火山喷溢喷发岩建造有关的陆相火山岩型金矿床,抑或与潜火山杂岩建造有关的各类铜矿床,它们统属陆相火山作用成矿的产物,并构成与华力西晚期陆相火山成矿作用有关的金铜成矿系统。

陆相火山作用有关铜矿找矿工作的新进展,突出的表现为鄯善县土屋超大型斑岩铜矿床及随后延东、小铺、卡拉塔格等一系列斑岩型铜矿的发现。其中最主要的固然是土屋超大型斑岩型铜矿床。土屋斑岩铜矿床的发现过程,据原新疆地矿局地矿处分营区调工作的梁云海教授级高工介绍(1999),最早是通过第一地质大队1:5万区调发现的,其标志主要是地面岩石露头上产出的孔雀石化。梁云海作为地质一队聘请指导区调工作的顾问,曾参与部分野外调查,鉴于这些地面次生孔雀石矿化虽不太强烈但均直接产于斑岩小侵入体中,他曾向地矿局提出,是否斑岩型铜矿化值得重视,建议投入少量钻探检查。由于当时经费不足等客观条件的限制,未能实现,客观上也未引起足够的重视。事隔两年之后才决定由地质一队上钻检查,结果第一钻就在斑岩体深部见到了原生铜矿化,在此基础上随即全面铺开找矿勘查和以钻探为主的正规勘探。通过多年工作终于证实土屋铜矿床控制储量已达大型规模,并具进一步扩大远景。它是新疆首次发现的大型斑岩型铜矿床。其铜矿化除直接产于闪长玢岩和斜长花岗斑岩体内,也产于岩体外围的火山－沉积岩层中。超大型土屋－延东斑岩铜矿带的发现和查明不仅具有巨大的经济价值,更具有深远的社会和理论意义。某些国外地质学者曾断言新疆不可能有斑岩铜矿床,土屋－延东斑岩铜矿的发现以事实为依据,否定了这一不符实际的武断结论;证明新疆不仅有斑岩铜矿,而且有超大型斑岩铜矿床。继土屋、延东之后,卡拉塔格、小铺等新

的斑岩铜矿相继发现表明，随着工作的深入，将会有更多的斑岩铜矿床在新疆的大地上涌现。

土屋－延东的找矿勘查工作经验再次证明，及时的深部工程验证是预测找矿工作不可缺少和不可延误的重要环节。同时也再次告诫我们，对地面岩石中出现的任何一点蚀变矿化的细微痕迹和线索，均应引起重视，不可轻易放弃。国内外的矿产发现史都表明，不少大规模工业矿床往往都是通过细微矿化蚀变痕迹和线索的追踪发现和找到的。

第十三章 近年来在隐伏矿床预测找矿工作中的经验教训

近年来在新疆与有关矿业公司合作，在铁、金等金属矿产隐伏矿床预测找矿方面，做了一些工作，既取得了一些好的找矿效果，积累了一些有益的经验，也有至今令作者深深反思的失败的教训。经验也好，教训也罢，总结出来析之于众，对于今后隐伏矿床预测找矿工作，也许不无稍许、点滴之借鉴作用。对于作者自己，可以作为一种警示和鞭策，在今后这方面的工作中，更加严谨、仔细、认真和严格要求。下面分别以新疆南部一处铁矿和东北部一处金矿的工作为例加以介绍。

第一节 新疆南部某含铜磁铁矿

一、工作背景和技术思路

该铁矿是由少数民族群众报矿发现的一处仅有两个长数米至数十米，宽1～8m小矿体的含铜磁铁矿矿点。发现后未做任何地质工作，即由当地一家民营矿业公司接手并进行小规模开采。后经不少地质及采矿业同行专家考察，几乎一致认为矿区地面出露的两个小铁矿露头，虽然矿石含铁量较富，但规模太小，且地形、交通及开采条件甚差，无开发利用价值。唯桂林理工大学刘家远教授2007年3月应邀到矿区做短期考察后，相对较为客观地认为该处目前出露的两个小铁矿露头，虽然规模甚小，但作为接触交代类矽卡岩型铁矿，矿区成矿地质条件较好，蚀变矿化显示十分广泛普遍，而工作程度甚低。通过做一些必要的地质查证工作，很有可能发现新的矿体，如能发现几个稍大一些的同类磁铁矿体，还是具有开发利用价值，也有利于地方经济的发展。这一有别于众的看法，给了当时颇有些进退两难的公司管理层很大的鼓舞。同年5月，应公司邀请，刘家远、程志平教授（物探专家）再次到矿区现场考察。通过考察，他们认为，根据矿区的地质背景及成矿特征，为满足公司当时亟待采矿生产的需要，只能不按地质找矿常规工作，在矿区连地质图都没有，不具备任何地质资料的情况下，先开展物探磁测扫面工作，为寻找隐伏、半隐伏磁铁矿提供资料依据。矿区位于海拔3500～4000m的高山区，切割剧烈，地形陡峻，这样的地形条件虽然会影响磁异常的解释，但如果铁矿存在，一定会通过磁测工作反映出来。

随后，组织物探技术队伍在矿区进行物探磁测工作。磁测工作以矿化露头为中心的0.5km^{2}范围内开展1:2000的高精度磁测扫面工作。首先对已知的Ⅰ号磁铁矿体进行详细的磁测工作，取得了矿体磁异常特征的经验性对比资料，继而在0.5km^{2}范围铺开磁测扫面，发现了多处规模相对较大的矿致磁异常，取得了理想的地质效果和找矿效益。为验证磁法勘探的效果，公司组织施工队伍选择磁异常中心部位直接剥离覆盖层并见矿，验证了磁异常确实是由磁铁矿引起。2007 年冬天公司即开始采矿生产，2008 年继续对矿区外围进行磁测扫面工作，并取得了相应的地质效果。

二、矿区地质背景

矿区位于西昆仑山地区成矿带内，大地构造位于西昆仑山造山带的次级构造单元以及库地南—盖孜西韧性剪切带内，矿化以磁铁多金属为主，受近南北向构造控制。库地南—盖孜西韧性剪切带内已发现多处铁、铜矿点，矿床成因类型有接触交代型、热液型等。

矿区出露岩石类型主要有以下几种：

（1）接触交代岩：分为深色蚀变岩与浅色蚀变岩。深色蚀变岩有黄铁矿化透辉石矽卡岩、黄铁矿化阳起石矽卡岩、蚀变岩；浅色蚀变岩主要是绿帘石化矽卡岩。

（2）花岗岩类：主要为花岗闪长岩、蚀变花岗闪长岩、云英岩化蚀变花岗闪长岩、青盘岩化花岗闪长岩、糜棱岩化花岗闪长岩、蚀变花岗岩等。

（3）矿区内局部可见少量残留的千枚岩、二云母片岩、糜棱岩化石英岩及云英岩，以及角岩化细砂质粉砂岩、片理化变质泥质砂岩—粉砂岩。

矿区构造主要为断裂构造，总体构造线走向为近南北向，花岗闪长岩与围岩呈侵入接触关系，局部呈断层接触，接触面多破碎，节理裂隙发育，局部可见断层角砾岩。矿区范围内主要的矿化特征为类矽卡岩型磁铁矿化，经常可以见到孔雀石、黄铁矿等伴生矿化。经捡块矿石标本测定，TFe 平均含量一般在 35% ~40%，最高达 65% ~70%。

三、磁法测量成果

由于矿体露头（后定名为 1 号和 2 号矿体）出露仅 1 ~8 m，推测矿体的规模较小。因此，高精度磁测测点大体按照 20 m × 10 m 的网格分布，在异常位置测点适当加密。图 13-1 所示为矿区的总磁场异常平面等值线图。从图中可以看到，矿区共有 4 个规模较大的磁异常，它们大致沿南北方向呈串珠状分布，其中一个对应于 1 号矿体，另外 3 个异常分别编号为 A、B、C。所有的磁异常都具有正磁异常位于东南方，负磁异常位于西北方，异常走向大致为北东到北北东方向的平面分布特点。异常幅度都在 6000nT 以上。因为围岩均为弱磁性或无磁性的岩石，只有磁铁矿具有强烈的磁性，所以可以判断所有的磁异常均为走向为北东到北北东方向的不规则透镜状磁铁矿体异常。对应两个已知露头矿体均有明显的磁异常，其中 1 号矿体异常规模较大，2 号矿体异常规模很小。

对 1 号矿体和 A、C 异常进行了正演拟合解释，其中，图 13-2 所示为过 1 号矿体的 1—1′测线的拟合磁异常曲线，标有数据点的为野外实测曲线，光滑曲线为理论计算曲线。根据正演拟合结果，1 号矿体的宽度约为 40 m，顶部埋深不足 5 m，延深超过 70 m，向东南方向倾斜，倾角约为 75°。矿体的磁化强度为 12795×10^{-6} CGSM，中心大致位于正异常到负异常的过渡点。从异常的平面分布推断其沿走向（北东方向）的长度约为 75 ~80 m。据此，按照磁铁矿石平均密度 3.4 t/m^3 计算，推断 1 号矿体的铁矿石储量应该在 600 ~700 kt。

图 13-3 所示为过 A 号磁异常的 *A—A′*测线拟合磁异常曲线，根据正演拟合结果，矿体的宽度约为 110 m，顶部埋深不足 10 m，延深超过 100 m，向东南方向倾斜，倾角约为 70°。矿体的磁化强度为 16689×10^{-6} CGSM。矿体的中心大致位于正异常到负异常的过渡点。从异常的平面分布可以推断其沿走向（北东方向）的长度约为 120 ~130 m。据此，按照磁铁矿石平均密度 3.4 t/m^3 计算，推断 A 号磁异常的铁矿石储量应该在 3.5 ~4 Mt 以上。

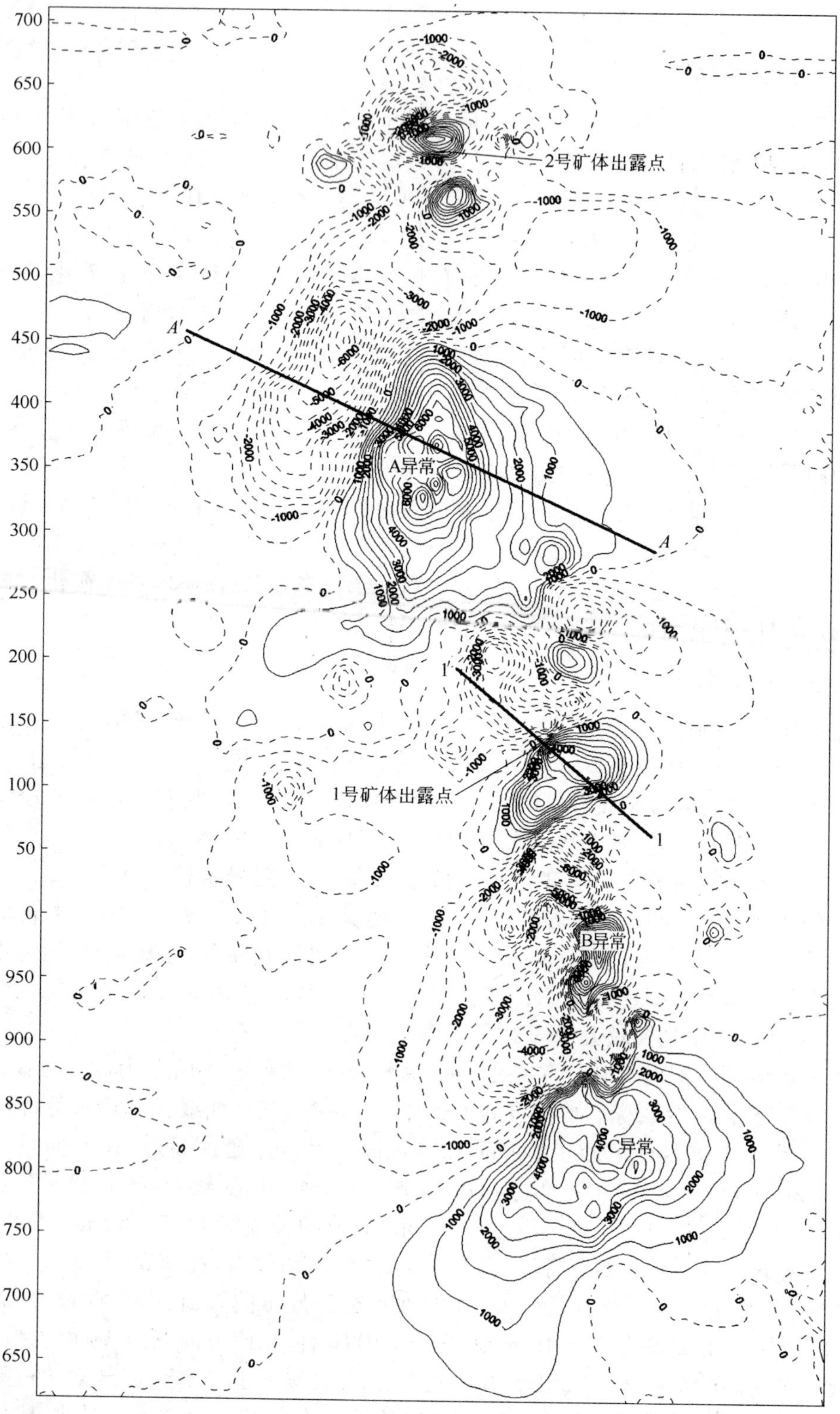

图 13-1 矿区的总磁场异常平面等值线图

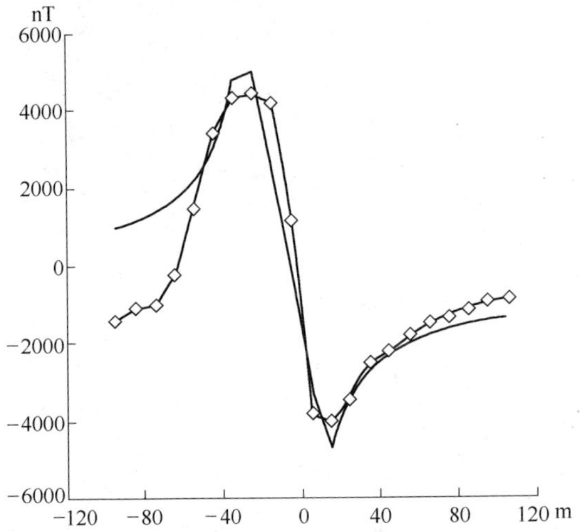

图 13-2　1—1′线拟合磁异常曲线

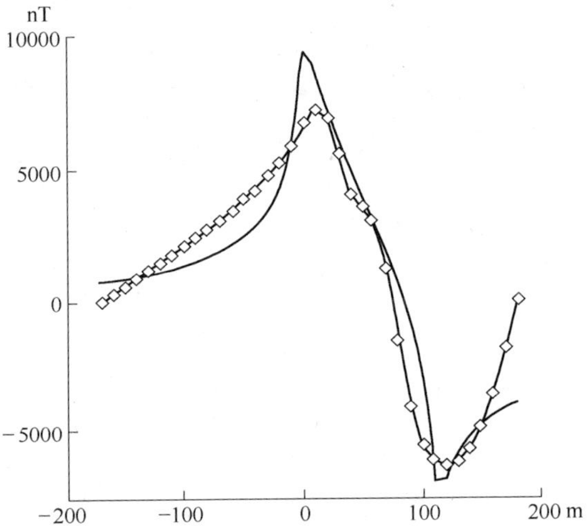

图 13-3　*A*—*A*′线拟合磁异常曲线

C 矿体的磁异常的正异常和负异常的最大幅度都大约为 5000nT，也是非常强烈的磁异常。对该矿体的磁异常进行了正演拟合解释，图 13-4 所示为拟合磁异常曲线，其中，标有数据点的为野外实测曲线，光滑曲线为理论计算曲线。野外实测曲线是沿一条走向为 330°穿过异常中心的虚拟测线在磁异常平面等值线图上读取的，正演拟合解释采用的理论计算矿体模型也是走向无限延伸、向下延深有限的倾斜板状体。根据正演拟合结果，矿体的宽度约为 80 m，顶部埋深不足 5 m，延深超过 100 m，向东南方向倾斜，倾角约为 70°（正演拟合时计算的矿体向北西方向倾斜，倾角为 85°考虑到异常区地形向西北方向倾斜 30°左右，故实际矿体仍向东南方向倾斜）。矿体的磁化强度为 11126×10^{-6} CGSM，约为 A 矿体磁化强度的三分之二，估计其磁铁矿的品位比 163－1 矿体略差。矿体的中心大致位于正异常到负异常的过渡点。从异常的平面分布可以推断其沿走向（北东方向）的长度约为 140 ~ 150 m。据此，按照磁铁矿石平均密度 3.4 t/m^3 计算，可以推断 C 矿体的铁矿石储量也应该在 3.5 ~ 4 Mt 以上。

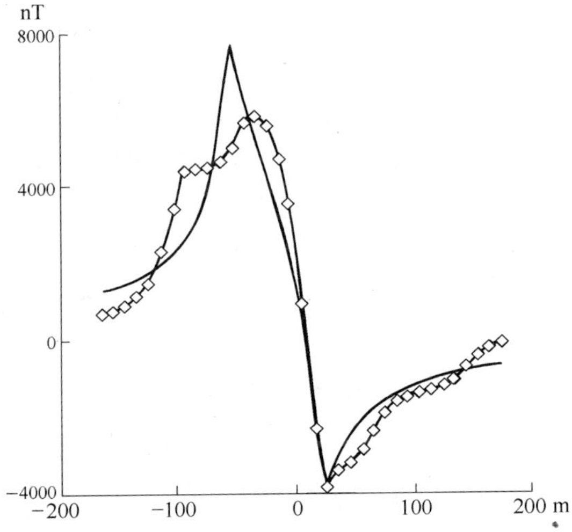

图 13-4　C 矿体拟合磁异常曲线

磁法勘探结束后，对这些磁异常进行挖掘验证，并进行了进一步的地质填图工作。挖掘结果证明磁法勘探的推断基本正确。图 13-5 所示为矿区的地质填图成果。地质填图工作表明：矿区范围内主要的矿化特征为类矽卡岩型磁铁矿化。磁铁矿体呈透镜状、扁豆体状和似层状，均产于花岗闪长岩侵入体与围岩的接触带，主要产于外接触带透辉石矽卡岩或深色蚀变岩中，如 1 号矿体、B + C 号异常矿体。围岩全为浅变质碎屑岩经强烈接触交代变质（热变质）和热液蚀变作用而形成的深色蚀变岩（含透辉石矽卡岩、阳起石矽卡岩）。区内未见碳酸盐类岩石,因此所谓矽卡岩实属类矽卡岩。也有产于内带强蚀变花岗闪长岩体内的磁铁矿体,如A号异常矿体。矿体一般为透镜状,以1号矿体为例,地面出露的磁铁矿化及其伴生的褐黄色褐铁矿化,地面出露宽度仅约2m,向下逐渐扩大至10m以上。A号异常矿体,则为直接产于花岗闪长岩体内的隐伏矿体。从矿体地面剥离情况来看,矿体产状均为近南北走向,向西(270°~300°)倾斜,倾角60°~70°。矿石矿物主要为磁铁矿,局部含黄铜矿、黄铁矿、磁黄铁矿。

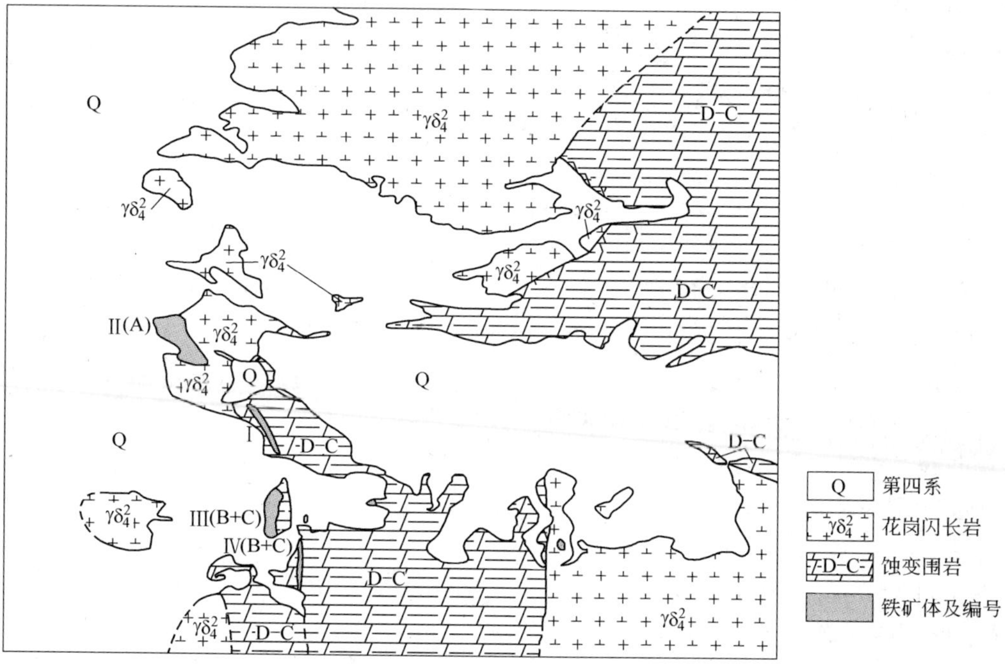

图13-5　矿区地质图

四、经济社会效益

自2007年冬至今,A号异常矿体(在1:2000矿区地质图上编为Ⅱ号矿体),B+C号异常矿体(矿区地质图上编为Ⅲ(B+C)号矿体和Ⅳ(B+C)号矿体),都已成为矿区主要开采的对象。Ⅰ号矿体经物探工作证实深部规模明显扩大,也同时在开采。通过3年多来的采矿和炼铁生产,不仅为公司创造了可观的经济效益,也为当地地方经济的发展作出了贡献,使公司成为当地政府部门重视的民营矿山企业。2008年的全球经济危机波及我国,铁价猛跌,公司也遭受到一定的损失,压缩了生产规模,但仍然坚持正常生产和经营,经受住了重大经济危机的考验,对这样一家开业才3年的民营矿山企业来说实属不易。

五、经验和收获

(1) 在围岩和矿体磁性差异较大的情况下,可以利用磁法勘探直接找矿,矿体一般为由磁铁矿或含铜磁铁矿等具有磁性特征的矿石所组成的矿体。

(2) 在对已知磁铁矿体进行磁测工作,取得其磁异常特征、规模、异常幅度等资料及对已知矿体推测估算规模的条件下,不仅可以较准确地判断所发现的磁异常即为隐伏、半隐伏磁铁矿体所产生的矿致异常，而且可以大致地估算该磁异常所代表的铁矿体资源量。众所周知，物探方法只是进行找矿勘探的一种间接手段，利用磁异常资料来估算矿体资源量，尽管这只是在没有钻探工程情况下的粗略估算，仍不失为一次大胆而有意义的尝试。

（3）物探工作必须与地质条件及相应的基础地质研究相结合，否则工作将是盲目的。

（4）通过工作，使来自学校和缺乏高山区复杂地形条件下工作经验的青年物探科技人员受到了极好的专业训练和艰苦环境下坚持工作的素质考验，大大增强了他们步入社会后可以面对一切艰难困苦的独立工作能力，培养了能吃苦耐劳的实用人才。

第二节　新疆东北部某处脉状蚀变岩型金矿

一、前人工作基础

该金矿是由原新疆地矿局哈密地质大队于20世纪80年代末期所发现的，通过该队的地质勘查工作，证明为一小型金矿床，初步求出金储量1.34 t。由于矿石含砷量很高，被认为是一呆矿，长期搁置未能开发利用。90年代后期，曾被几家民营矿山企业小规模开采和土法炼金，均因效果极差而终止。

90年代后期（1996～2000年），刘家远教授等承担国家三0五科技攻关项目的专题研究，对该矿床地质特征及其扩大找矿前景进行了深入研究，得出以下几点结论性认识：(1)矿床成因属于华力西晚期陆相潜火山岩浆作用有关的构造蚀变岩型金矿。(2)矿床以黄铁绢英岩化蚀变为标志，并以矿体受构造作用控制呈脉状产出为特征，从而定名为脉状蚀变岩型金矿。(3)总体看来该矿床工作程度相对较低，特别是深部工程控制程度和综合研究工作较薄弱，从而认为不仅矿区深部存在进一步扩大远景，地面也有发现新矿脉的可能。(4)根据矿区东部地面脉状矿体呈NE、NW、近SN和近EW等多组方向分布，具类似放射状展布趋势的特征（图13-6），初步推论其深部可能存在控制地面矿化的主导构造或隐伏成矿岩体。正是基于上述认识，由国家三0五项目办公室组织物探技术队伍对矿区进行大功率激电和高精度磁测扫面工作，结果在矿区西部发现了一处长约2 km、宽近1 km、面积近2 km^2、近SN向展布的大规模激电高相位异常（图13-7）。异常主体在矿区西部，峰值达47毫弧度，一般在15毫弧度以上。矿区东部处于该高相位激电异常东部边缘过渡带，无明显异常反映。根据矿区及其外围无含炭质地层、岩石等具高极化响应干扰因素存在的事实，物探人员认为很可能是金属硫化物所引起的矿致异常，值得进一步加以查证。这期间，澳大利亚金矿地质专家组在专题负责人之一的钱建平教授陪同下，对矿区进行了地质考察，通过实地考察和资料介绍，专家们提出了如下评价意见：(1)该金矿是一个与斑岩有关的低硫化物低温热液金矿的重要发现。(2)矿区西部的激电相位异常很可能与浅部（离地表100～200 m的顶部）的某一分异较好的侵入体内浸染型硫化物矿化有关。(3)很可能岩体富含斑岩型金矿化，成因上与矿区内的浅成低温热液矿脉体系有关和/或叠加有浅成低温热液金矿脉（据专家给刘家远教授的来信，2001）。同时，在专题组研究成果基础上，又由多家地勘部门对矿区东部再次进行了勘查工作，不仅在地面发现了9号、10号、11号等多条新矿脉；通过钻探验证，在原Ⅰ号、Ⅳ号矿带300 m以下的深部均发现了较厚较富的金矿化。从而证实了专题组对矿区东部存在扩大找矿前景的预测。

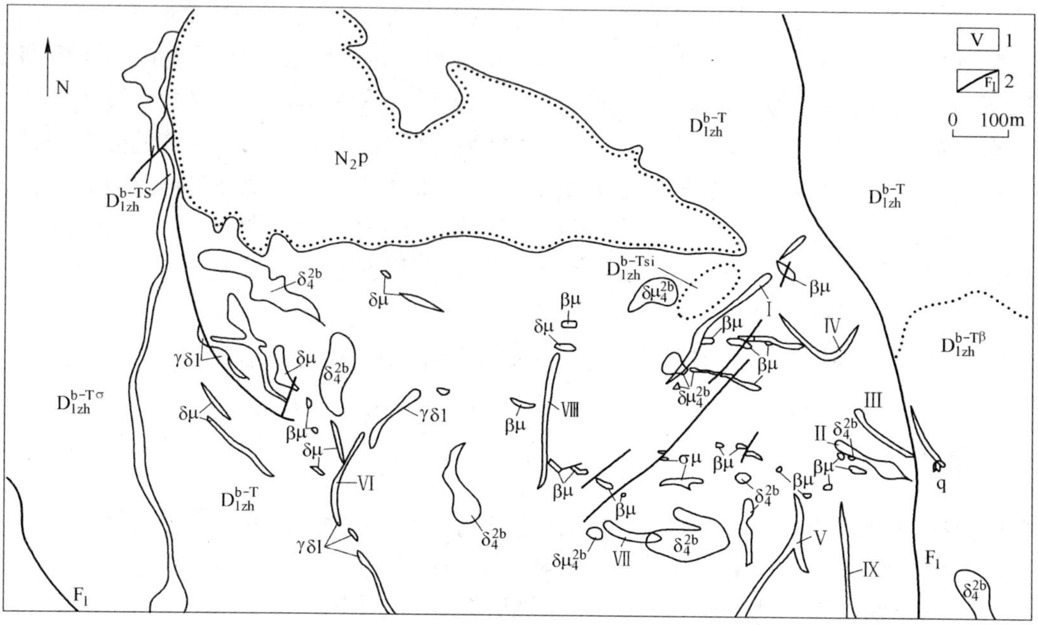

图 13-6 金矿区地质简图

N_2p—第三系上新统葡萄沟组、橙黄色粉砂质泥岩、灰白色黏土岩；D_{1zh}^{b-Tsi}—下泥盆统卓木巴斯套组第二亚组硅化英安质凝灰岩；D_{1zh}^{b-T}—下泥盆统卓木巴斯套组第二组硅化英安质凝灰岩；$D_{1zh}^{b-T\sigma}$—下泥盆统卓木巴斯套组第二亚组硅化英安质凝灰岩；$D_{1zh}^{b-T\beta}$—下泥盆统卓木巴斯套组第二亚组玄武质晶屑凝灰岩；D_{1zh}^{b-Tk}—下泥盆统卓木巴斯套组第二亚组凝灰岩结晶灰岩；γ_4^{2b}—华力西中期第二侵入花岗岩；δ_4^{3b}—华力西晚期第二侵入次石英闪长岩；$\delta\mu_4^{3b}$—华力西晚期第二侵入次闪长玢岩；βμ—辉绿玢岩；δμ—中性岩；σμ—安山玢岩；γδl—斜长细晶岩；q—石英脉

1—金矿带编号；2—断层

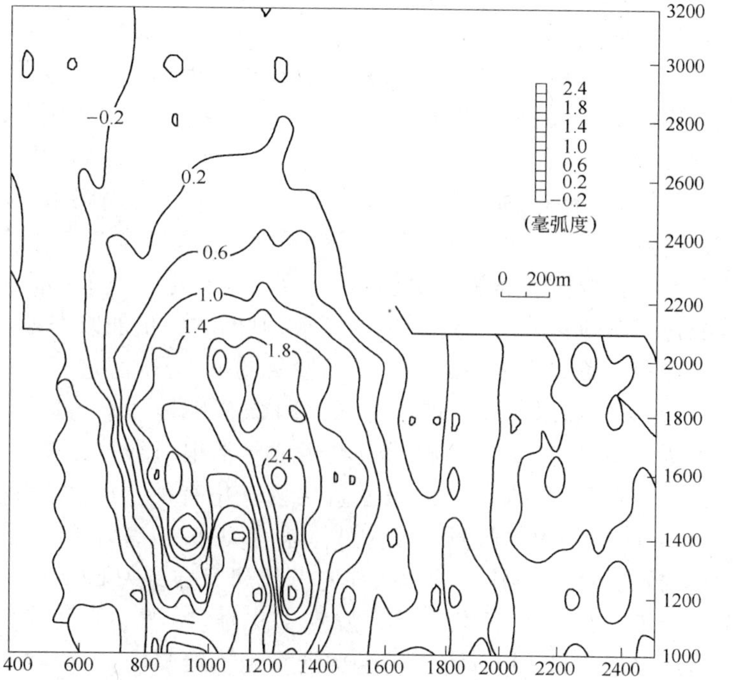

图 13-7 金矿区西区激电相位高相位异常平面图

二、矿区西部的综合地质评价工作

矿区西部是大致以Ⅷ矿化带为界，其东为矿区东部，包括Ⅷ矿化带在内及其以西地段为矿区西部。由于金的工业矿化主要分布于矿区东部，以往地质队的工作均集中于矿区东部。通过20世纪90年代后半期国家三0五项目专题研究之后，才逐步引起对矿区西部的关注。2005年夏，作者与一家民营矿业公司合作开展了矿区西部的综合地质评价，主要做了四项工作：(1)出露岩石的岩石类型、岩性特征及其蚀变作用研究；(2)1∶5000中梯激电扫面($1\,km^2$)；(3)1∶5000化探扫面($1\,km^2$)；(4)在2003～2004年开展该区区域遥感技术找矿预测研究工作基础上，继续对矿区进行了定量遥感寻找隐伏金矿研究工作。

通过上述工作，获得以下四项主要成果：

(1) 矿区西部出露岩石主要为玄武岩夹凝灰岩、砂岩、粉砂岩和薄层生物碎屑灰岩。其间有不少中基性岩墙岩脉贯入，其中以闪长玢岩、英安玢岩最为发育。不同岩石类型普遍具强烈片理化，片理化方向主要呈近SN向。岩石普遍具不同程度蚀变。蚀变类型主要有硅化、绢云母化、褐铁矿化，其次有绿泥石化、碳酸盐化、石膏化、黑云母化，地表可见黄钾铁钒化散布。总体看来蚀变程度明显弱于矿区东部。

(2) 通过激电中梯扫面工作，发现了极化率较强、规模大且具明显规律性的面型极化率异常(图13-8)。如果以3%作为异常下限，则绝大部分测量区均属异常区。异常走向近SN向，南端已封闭，北端未封闭。异常分布范围与前人工作所圈定的高相位激电异常基本吻合，范围更大。在进行矿区西部中梯激电扫面的同时，选择矿区东部矿化最好的Ⅰ号、Ⅳ号

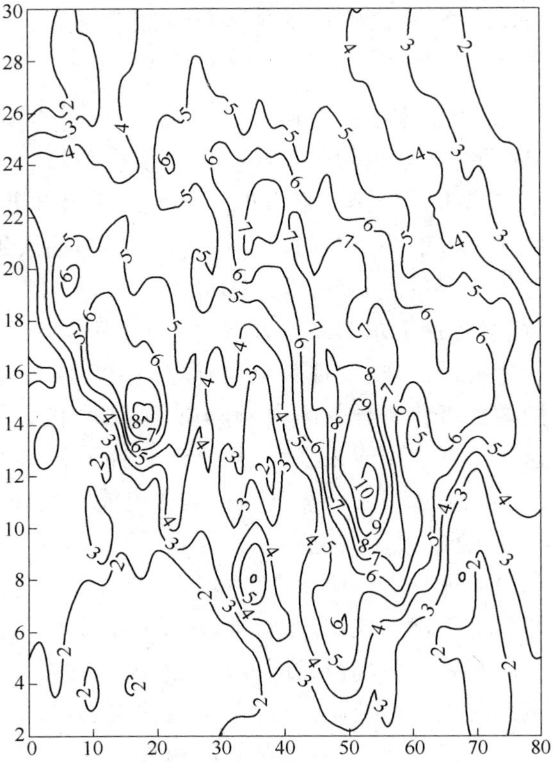

图13-8 金矿区西区视极化率平面等值线图

金矿带，横穿矿带做了中梯激电剖面测量，也都存在3%以上的极化率异常，只是其异常强度比矿区西部明显偏低(图 13-9)。根据测量区地质和地球物理情况，特别是区内岩层、岩石不含炭质干扰因素的客观事实，有理由推测极化率异常很可能是由深部的金属硫化物矿化所引起的矿致异常；而从矿区东部脉状蚀变岩型金矿与多金属硫化物密切伴生、金属硫化物种类愈多，含量愈高，则金品位愈富等规律，间接推测极化率异常很可能与富含硫化物的金矿有关；再由极化率异常呈面型展布且规模大等特征推测，与之有关的金矿化应该与矿区东部分散产出的脉状蚀变岩型金矿不同，很可能是呈大规模面型产出的金矿化。这是我们从物探成果出发，对矿区西部金成矿前景所抱有的一种乐观预测和推断。

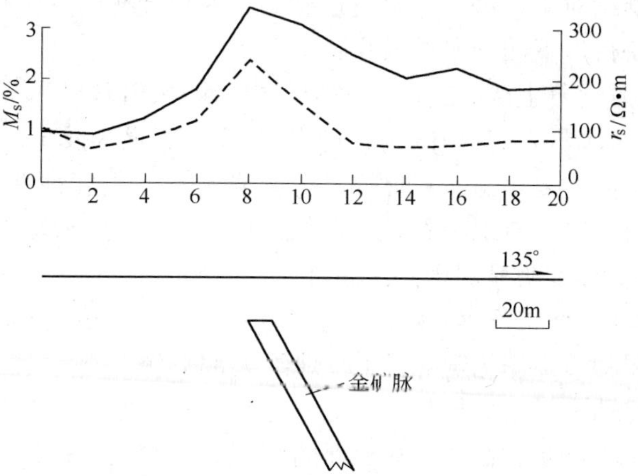

图 13-9　金矿东区Ⅰ号矿脉激发极化异常曲线

实线—视激发极化率；虚线—视电阻率

(3) 通过化探扫面工作，也证实矿区存在金的异常，但是与物探成果有出入，不是面型金元素异常，而是断续延展的带状金异常。带状金异常明显受构造控制，呈近SN向平行展布，分为三条异常带，分别编为Ⅰ号、Ⅱ号、Ⅲ号带。其中以Ⅰ号和Ⅱ号带异常较好，Ⅲ号带次之。Ⅰ号和Ⅱ号带均由三个金的小异常组成，其空间位置与前人地面所圈定的Ⅷ号和Ⅵ号矿化带大体相符。上述化探成果表明，矿区西部可能存在的金矿化与矿区东部相同，仍然是脉状金矿化，但其分布特点有别于东部多组方向的散布，而是呈近SN向的规律分布。

(4) 通过遥感影像构造解译工作，发现一个很有趣的由3层环边构成的复合同心套环。其空间位置完全处于面型物探极化率异常区内，且与夹于Ⅷ号和Ⅵ号矿化带之间的葫芦状小闪长岩体大体吻合。这一遥感工作成果表明，复合同心环形构造的下部很可能存在一个较大规模的热动力机构，结合地质资料，该热动力机构很可能是由华力西晚期多次侵入的闪长质杂岩体所构成，并与区内金的成矿可能存在成因联系。

从通过矿区西部综合地质评价工作所获得的上述四项主要成果来看，第一项出露岩石类型、岩性及蚀变特征，与金的矿化形式、分布特征，似不存在必然联系。第二项物探成果和第四项遥感成果较有利于说明矿区西部很可能存在较大规模的面型金矿化。第三项化探成果则表明矿区西部很可能存在受构造控制作近SN向规律展布的脉状金矿化。

基于以上四项工作成果及其意义，作者在对矿区西部隐伏金矿找矿前景进行分析讨论时，较为客观地提出了可能存在的两种找矿前景，即由大规模面型物探异常(包括高相位激电异常和极化率异常）所反映的地下一定深度较大规模的面型隐伏金矿（或斑岩型金矿），和由条带状化探异常所反映的地下一定深度的一定规模半隐伏金矿（脉状蚀变岩型金矿）。

三、钻探工程验证及其结果

2005 年综合地质评价工作结束后，根据作者提出的钻探工程验证建议，本应于 2006 年即实施钻探工程验证，由于客观原因，延迟到 2008 年才实施。先后施工了 ZK1、ZK2、ZK3 三个钻孔。三个钻孔均布置在 12 号、14 号、16 号三条物探剖面线上的极化率异常高值区。三个钻孔完工后，经过正规的岩芯系统采样和样品的测试分析，结果很不理想。除 ZK1 号孔 100 m 以下的深处发现有三条宽数厘米至 30 多厘米的含金多金属硫化物金矿脉之外，ZK2 和 ZK3 两孔均未见金的矿化。但三个钻孔黄铁矿化均十分强烈，呈细脉状、浸染状产出，自上而下断续密集发育。事实证明，矿区西部前后两次物探工作所获得的大规模面型高相位激电异常和极化率异常，主要是由岩石中普遍而强烈的黄铁矿化所引起的，而这种单一的黄铁矿化不含金，只有伴有闪锌矿、方铅矿、黄铜矿等多金属硫化物时，才会有呈脉状的金矿化出现。

钻探验证的结果及其所揭示的上述事实表明：(1) 矿区西部与矿区东部虽然属于一个统一的矿区，所处地质背景相同，但其成矿特征却大不相同。矿区东部以脉状蚀变岩型金矿的成矿为主要特征，脉状矿体中一般的黄铁绢英岩型金矿石也以黄铁矿发育为标识，但含金并具有低品位金矿化。当矿石中伴有较多闪锌矿、方铅矿、黄铜矿等多金属硫化物时，金品位明显上升，直至出现含金达 30 g/t 以上的特富矿石，矿石中金含量与多金属硫化物含量明显成正比。矿区东部不存在普遍而强烈的面型激电异常。矿区西部则以普遍而强烈的黄铁矿化为主要特征，并导致大规模面型激电异常的出现。与矿区东部相类似的是，只有当黄铁矿化伴有多金属硫化物时，才出现金矿化，但此类脉状金矿化较之矿区东部明显要弱得多。从 ZK1 号孔所见，此类多金属硫化物金矿脉宽仅数厘米至 30 多厘米，且出现在 100 m 以下的深处，矿脉向下延伸是否会扩大规模，尚难预料。(2) 在一定程度上证实了化探成果的预测，矿区西部可能存在的仍然是分散的脉状金矿化。(3) 与作者所期待的矿区西部可能出现大规模面型金矿化（斑岩型金矿化）的愿望相悖，可以说钻孔验证是失败的。

四、教训

本项工作中，物探、化探、遥感等方面通过扎实的野外和室内工作，提供的实际资料和最终成果，均是翔实可靠的。据此所作出的地质推论和找矿预测，也都是实事求是的，客观的。为什么又会在总的找矿评价和钻探工程验证工作上出现失误和偏差，乃至导致钻探验证的失败呢？其教训主要有三：

(1) 在研究思路上，把综合评价工作中地质、物探、化探和遥感等各方面的成果和资料紧密结合起来，加以综合研究，统筹考虑，并借以指导钻探验证工作，重视不够，而是偏重于成矿地质条件及物探、遥感成果等有利因素，对化探成果所揭示的不利因素考虑不够。

(2) 在工作部署上，主要是根据物探视极化率异常来布置钻孔位置，没有或较少考虑化探异常资料所提供的可能矿化信息。

(3) 在指导思想上，存在急功近利急于求成的思想倾向，总希望尽快找到大的隐伏矿床,取得隐伏矿床预测找矿的巨大突破。正是由于指导思想上这种不切实际的不良思想倾向,导致了研究思路和工作部署上的偏差,乃至钻探验证的失败。

总之,教训是深刻的,值得在今后的工作中加以汲取。特别是对于本项隐伏矿床综合找矿预测工作的主持者来说,尤应深刻记取,引以为戒。地质学本身是一门复杂多变探索性极强的科学,而隐伏矿床预测尤为一项探索性、实践性和综合性均极强的系统工程。对待这样的工作,不仅来不得半点马虎、浮夸,也不能带有主观意愿,急功近利、急于求成等任何感情色彩。必须遵循科学规律,一丝不苟地严谨工作、思考分析和处理问题。否则将对工作有百害而无一利,甚至造成重大的损失。

第十四章　老矿山深部找矿新进展

本章的内容全部源自刘亮明教授提供的资料。多年来,刘亮明教授在安徽、云南等省区的一些老矿区,进行深部找矿,做了大量的工作,取得了显著的找矿效益,为缓解这些老矿山的资源危机作出了贡献。而且,他还在深部隐伏矿找矿预测的理论和方法方面,做了较深入的探讨,提出了不少有创意的见解。特别是针对我国深部找矿预测工作存在的问题和困难,以及应采取的对策、措施,提出了很有意义的建议。为了真正提高深部找矿预测的成功率,他提出目前切实可行的对策应从如下五个方面着手:(1)切实提高成矿理论的预测能力;(2)发展信息探测技术的同时重视信息应用的创新;(3)充分利用好每一个深部钻孔;(4)建立基于长远规划和科学支持的投资决策机制;(5)真正重视人的作用。关于真正重视人的作用这个问题,结合我国的实际情况,他深刻地指出:事实上,制约中国深部找矿工作的主要瓶颈不是勘查技术和勘查资金,而是缺少像 Lowell(世界知名地质学家,斑岩铜矿成矿理论的创始人)那样的人——像他那样长期工作和全身心投入在地质勘查第一线的高水平地质学家。在中国,水平相对较高的地质人才集中于政府部门、科研院所和大学从事管理或研究工作,而不是在勘查一线从事实际的找矿勘查工作,而在一线工作的地质人员大多水平有待提高,更严重的是,他们长年累月忙于应付日常技术工作,缺乏经常性的培训机会,更难参与国际学术交流,知识更新慢。真正重视人的作用就要从机制上保证真正有水平、有事业心和责任心的地质学家能满怀热情、扎扎实实地工作在勘查一线(前苏联不少很有成就的知名矿床学家就是长期在矿山从事矿山地质工作出身的),唯有这样才有可能使中国深部找矿赶超世界先进水平。刘亮明教授的意见和论述是何等的中肯和切中时弊,地质界有识之士无不同感于此。遗憾的是,我国高度行政化、官僚化的现行科技管理体制严重妨碍了这些对策的落实和实施。但愿随着改革的深化,这些问题能够尽快得到解决。限于篇幅,就不再奢谈那些望尘莫及的大道理了。下面着重介绍刘亮明教授及其科研集体在安徽铜陵和贵池两处老矿山进行深部找矿预测工作的成功实例,以期广开思路,获致启迪,更好地推动老矿山深部找矿预测工作。

一、铜陵凤凰山铜矿预测成功实例

凤凰山矿田是铜陵矿集区的主要矿田之一,矿田已发现的六个矿床都是沿燕山晚期的新屋里岩体与下三叠统碳酸盐岩间的接触带分布(图 14-1),凤凰山铜矿是已有的六个矿床中规模最大的一个,但经过 33 年的生产,剩下的储量很少,非常迫切需要发现新的矿体以增加储量,但过去的勘查经历表明要实现这一目标并不容易。不少研究者研究过这个矿田(如:刘文灿等,1996; 闻广、吴思本,1983;张达、李旭东,1998),取得了不少新的认识。但矿山外围找矿一直没有新的进展,2000 年前在外围共施工有多个钻孔都没有发现新的矿体,这表明勘查模型需要创新(刘亮明等,2000,2002;Liu et al. , 2001;Liu & Peng, 2004)。

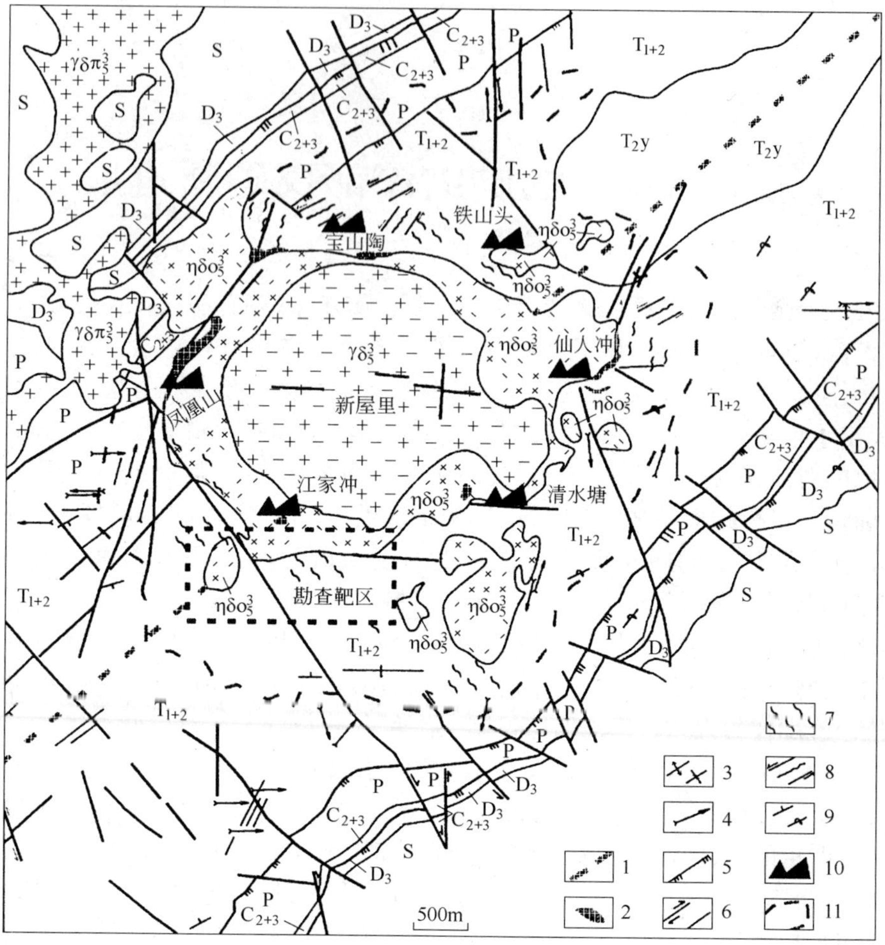

图 14-1 凤凰山矿田地质略图

(据刘文灿等(1996)和矿山资料修编)

T_2y—三叠系中统月山组；T_{1+2}—三叠系中、下统；P—二叠系；C_{2+3}—石炭系中上统；D_3—泥盆系上统；S—志留系；$\gamma\delta_5^3$—燕山晚期花岗闪长岩；$\gamma\delta\pi_5^3$—燕山晚期花岗闪长斑岩；$\eta\delta o_5^3$—燕山晚期石英二长闪长岩；1—铁帽；2—复式向斜轴；3—小型向斜/背斜；4—A 线理；5—层间滑脱构造；6—平移断层/断层；7—韧性剪切带；8—流变褶皱；9—地层正常产状/倒转产状；10—铜矿床；11—大理岩范围

(一) 勘查模型的创新

通过检查矿田内已有的矿床及其地质背景，刘亮明在新的勘查模型中加入了如下标准：(1)虽然现有的矿床都是矽卡岩型，但并不是整个接触带都有利于成矿，铜矿化只发生在那些与扩容性断层套合的接触带上，位于岩体西部边界的 NW 走向的断层是一个有利的成矿构造；(2)矿田南部出露的岩浆岩已钾长石化、绢云母化和黄铁矿化，蚀变组合类似于斑岩型铜矿床的蚀变，表明在矿田的南部有可能存在斑岩型铜矿化；(3)矿体为硫化物型，具有高的极化率和低电阻率的特征，矿体围岩中具异常高的铜含量；(4)以力－热－流耦合动力学数值模拟结果指导预测。根据上述这些标准，将勘查靶区选择在凤凰山铜矿以南约 1 km 处(图 14-1)。

（二）力－热－流耦合数值模拟

用数值方法模拟新屋里岩体同变形冷却过程中的耦合的力学－流体－热作用，模型形状见图14-2。模型是根据下面一些已被研究所证实了的解释（刘亮明等，2000，2001；Liu et al.，2001；Liu & Peng，2004）构筑的：（1）铜矿化主要发生在新屋里岩体的同变形退变质过程中；（2）成矿期的远场应力的主压应力是NW—SE方向的。

模型组成各单元的力、热、流参数主要根据各单元的岩石成分和Schön（1998）主编的岩石物理性质数据而定。利用FLAC（Cundall & Soard，1988；Coetzee et al.，1995）模拟当岩体侵入并基本固结后的同变形过程的力－热－流耦合演化，根据地质研究和参数系统变化的模拟实验结果比较，最终选择的边界和初始条件为：$\sigma_1=4\times10^7$ Pa、$\sigma_3=2\times10^7$ Pa，岩体初始温度650℃，围岩初始温度300℃。

模拟产生了下面一些非常有意义的结果（图14-3）：

（1）所有的扩容带都沿接触带分布，表明了流变学和热学性质的反差对变形的控制。

（2）所有已经存在的矿体都分布在扩容带内，而且矿体越大、扩容带的规模也越大，表明扩容不仅控制了矿体的位置，也控制了矿体的规模。

（3）在凤凰山铜矿以南存在一扩容带，往东存在一个矿田最大最强的扩容带，在这些扩容带内还没有发现矿床，这表明这些地段是存在隐伏矿体的高期望区。

（4）模拟的结果证实了勘查靶区内的找矿潜力，它正好位于最大的扩容带的西部。

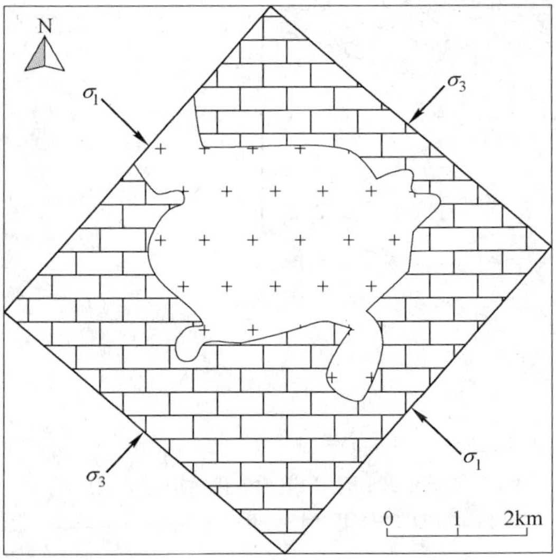

图14-2　模型的形状及边界条件

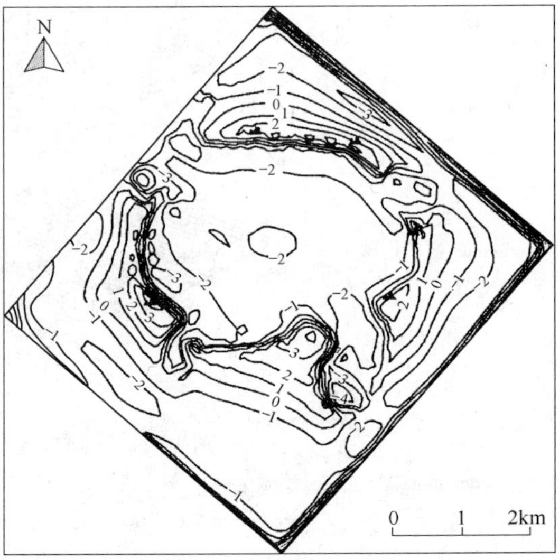

图14-3　模拟产生的体积应变等值线（单位10^{-3}）

（三）靶区内多种先进技术的勘查

在靶区内，进行了地质调查、构造地球化学测量、三频激电测量和可控源音频大地电磁（CSAMT）测量。构造地球化学测量主要采样分析断裂和蚀变的岩石，它提供了丰富的有关深部矿化的地球化学信息（图14-4*d*层）。三频激电测量获得的极化率异常和不同频率间相位差的异常都反映了隐伏的硫化物矿体（图14-4*b*层和*c*层）。通过反演CSAMT数据获得的电阻率剖面(图 14-5),反映了深部的构造和矿化。

(四) 信息集成的预测分析

通过对比勘查靶区的地质背景、地球物理和地球化学反应,推测了一个最有期望存在隐伏矿体的目标(图 14-4 中的 A 圈),A 圈内下列有利信息的套合支持了推断。

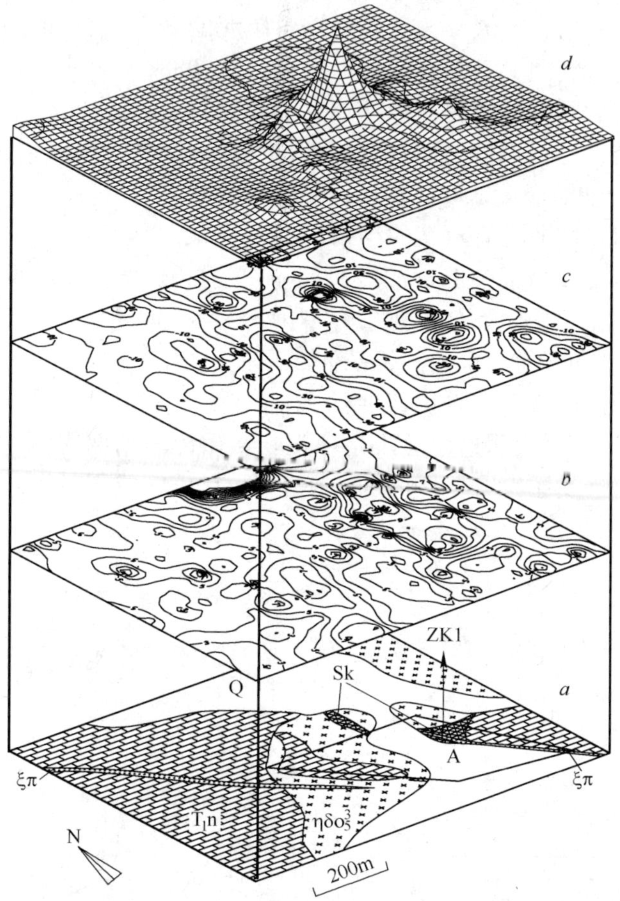

图 14-4 地质、地球物理和地球化学图对比

a—地质图; *b*—三频激电极化率等值线; *c*—三频激电相对相位差等值线; *d*—构造地球化学铜含量变化

T_1n—下石炭统南陵湖组大理岩; ξπ—正长斑岩; ZK1—1 号验证钻孔

(1) NW 向断层套合在石英二长闪长斑岩与大理岩的接触带上,表明其地质条件有利于成矿。

(2) 具有微弱铜矿化的矽卡岩沿这个接触带局部发育,石英二长闪长斑岩具有大范围的钾长石化、绢云母化、硅化和黄铁矿化,类似于斑岩铜矿床的蚀变。

(3) 高浓度铜异常呈一 NW 走向的带状,对应着与断层套合的接触带,可能是由隐伏的铜矿化所引起。

(4) 三频激电测量显示出一高极化率和高相位差异常,而且它们与地球化学异常及有利的构造是套合的。

（5）CSAMT 测量结果反演的电阻率剖面显示出一个向西倾的低电阻带，可能是含硫化物的带（图 14-5）。

对预测目标进行了钻探验证，验证钻孔（ZK1）终孔于 -601 m，钻遇了几个矿化段，上部矿化带主要是矽卡岩型，下部铜矿化主要是斑岩型。凤凰山铜矿已在 -300 m 中段开了一坑道至这一验证钻孔，已在 -300 m 标高上下证实了 10000 多吨铜储量（图 14-6），进一步的勘探仍在进行中，证实的铜储量也在稳步增长，充分表明了勘查战略的正确性。

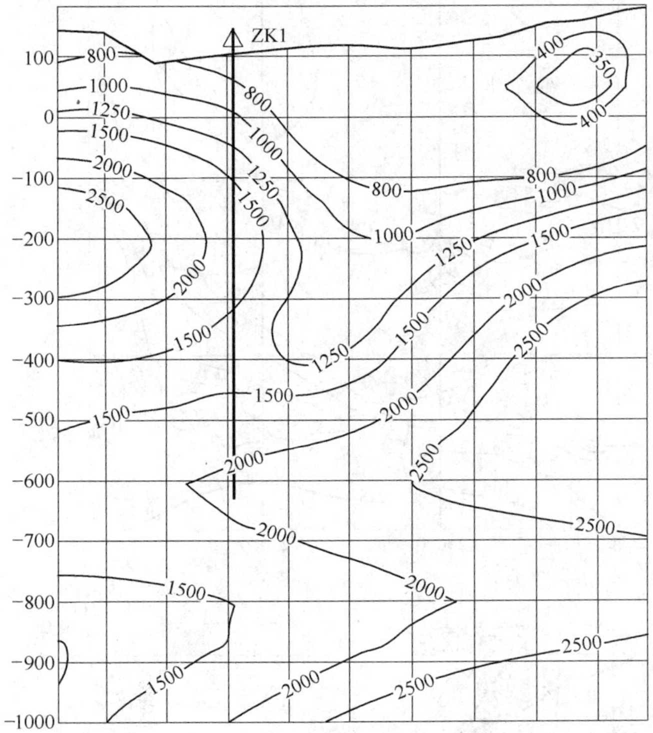

图 14-5　CSAMT 反演的电阻率剖面等值线图

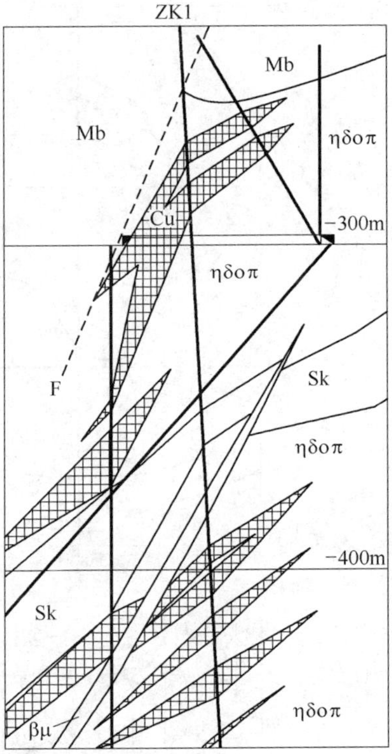

图 14-6　验证剖面图

F—断层；Mb—大理岩；βμ—辉绿玢岩；ηδoπ—石英二长闪长斑岩；Cu—铜矿体

二、贵池铜山铜矿深部矿体成功预测

（一）资源背景及地质背景

铜山铜矿位于安徽省池州市贵池区境内，东北距池州市区仅 40 km，距铜陵市 90 km，矿区西距长江仅 12 km，原为铜陵有色金属集团控股有限公司的骨干矿矿山之一。矿山始建于 1959 年，矿山历年累计总探明资源储量：铜矿石量 2171.68×10^4 t，金属量 24.13×10^4 t，平均品位 1.11%。矿山设计年采矿生产能力 99×10^4 t（矿石量），设计服务年限 40 年。2000 年后，矿山保有储量难以维持正常生产，2003 年实施政策性关闭破产，矿山经济及周围社会经济与稳定处于日益艰难的地步。

铜山矿也是典型的矽卡岩型矿床，所有的矿体都产在铜山岩体与下二叠系碳酸盐岩的接触带上。铜山岩体主要为花岗闪长斑岩，呈现独特的层控板状产出，其黑云的 K-Ar 同位素年龄为 142～139 Ma，为燕山早期。从矿体的形态及其边界以及矿石的构造特征来分析，主矿体不仅受铜山岩体的接触带控制，而且还受与接触带套合的断裂构造控制（图 14-7），矿体的形成和定位发生于岩体冷却过程，这种冷却是发生在引张变形环境，铜山岩体的同构造冷却过程发生的力－热－流耦合作用是导致矿体形成和定位的重要机制（Liu et al.，2010）。

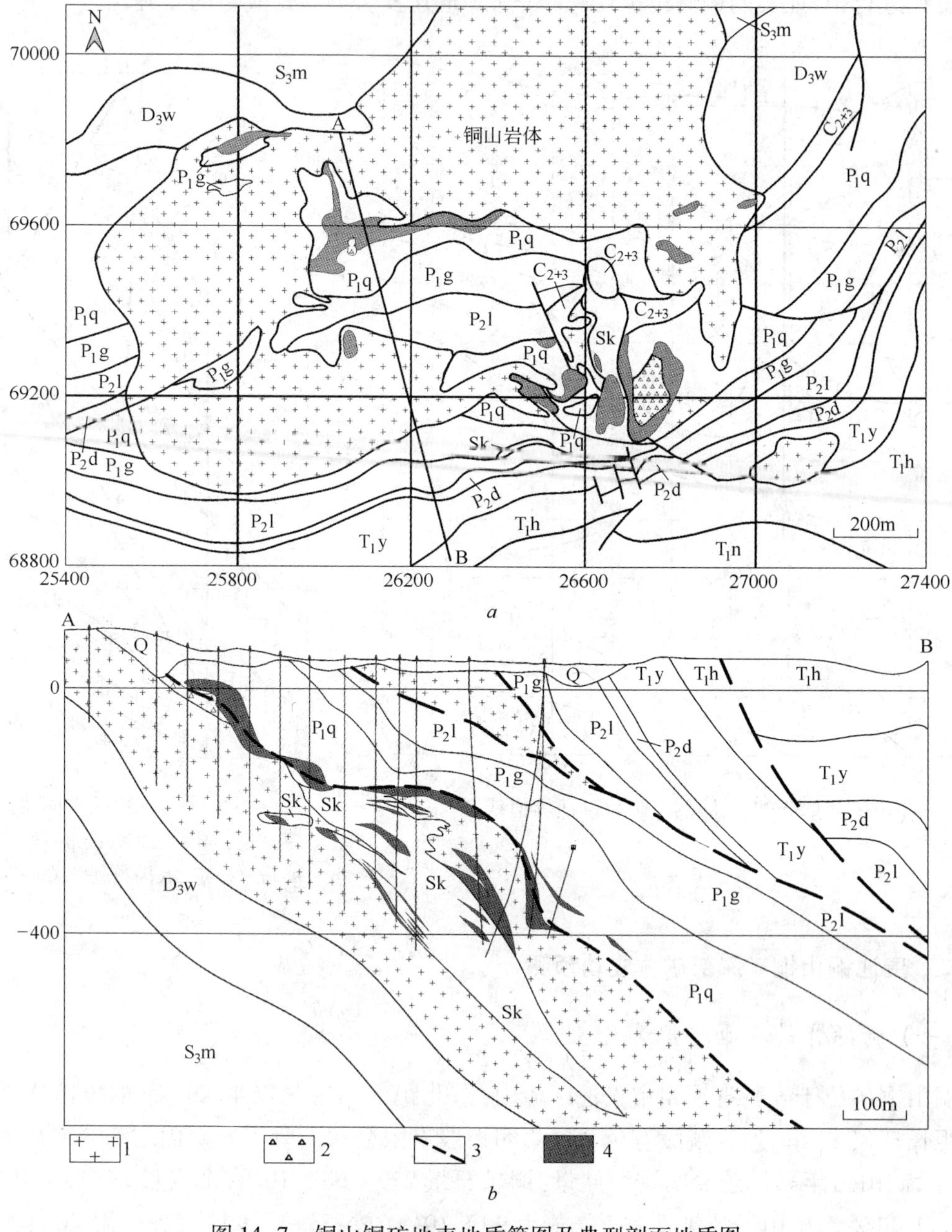

图 14-7　铜山铜矿地表地质简图及典型剖面地质图

a—地质简图；b—地质剖面图

Q—第四系；T_1h—下三叠统和龙山组；T_1y—下三叠统殷坑组；P_2d—上二叠统大隆山组；P_2l—上二叠统龙潭组；P_1g—下二叠统孤峰组；P_1q—下二叠统栖霞组；C_{2+3}—中上石炭统；D_3w—上泥盆统龙潭组；S_3m—上志留统茅山组；Sk—矽卡岩

1—花岗闪长岩；2—角砾岩；3—断层；4—铜矿体

(二) 矿床模式创新及成矿动力学计算模拟

主矿体的地质特征表明其定位不仅受岩体接触带控制,也同样受到与接触带套合的断裂构造控制。接触带为矿石沉淀定位创造了有利的化学条件,而断裂构造则为成矿流体的汇流和矿石的沉淀创造有利的物理条件,其作用机制主要是通过扩容来实现。断裂构造扩容的效率影响到矿石沉淀的效率和机制,快速的扩容(如隐爆)可以使流体压力快速降低,从而导致矿石在非常局限的空间内快速沉淀。扩容的规模决定了矿体的规模,大规模的扩容可以导致大规模的流体汇聚,为矿石的大规模沉淀创造空间条件。

与接触带套合的断裂构造的形成是区域构造应力场、高温岩体和围岩的不均匀收缩以及特殊的物质非均匀性分布等共同因素作用的结果。计算模拟结果显示,在岩体的同构造冷却过程中,沿岩体的接触带能形成分布不均的扩容区,在扩容区内首先发生岩石破裂,并导致周围流体向扩容破裂区汇聚,而且已发现的矿体都位于扩容区内,越大越强的扩容区所含的矿体的规模也越大。

能形成大规模矿体的高效扩容机制主要是断裂构造的伸展剪切,由于断裂构造的主裂面在剖面上总是呈波状的,这样使得陡倾的部分发生大规模张开,形成大规模扩容空间,从而形成大规模矿体;而缓倾斜部分的扩容十分有限,从而出现矿体变小,甚至出现无矿地段(图14-8)。

2001年,刘亮明在分析铜山矿田的找矿前景时,就发现铜山铜矿的矿体是受与接触带套合的断裂构造控制,而且是矿体的膨大部位是陡倾斜的部位,矿体变小并趋于尖灭的部位是缓倾斜的部位(图14-8),并据此提出了波状断裂的伸展剪切扩容控矿模型。现正在进行的铜山铜矿接替资源勘查项目的预测和工程设计的理论依据主要也是这一模型,已在4号矿体深部找到了尖灭再现的第二阶梯,证明了这一模型的有效性,安庆铜矿的深部找矿成果也同样证明了这一模型,说明这一模型在铜陵—贵池—安庆地区具有普适性。

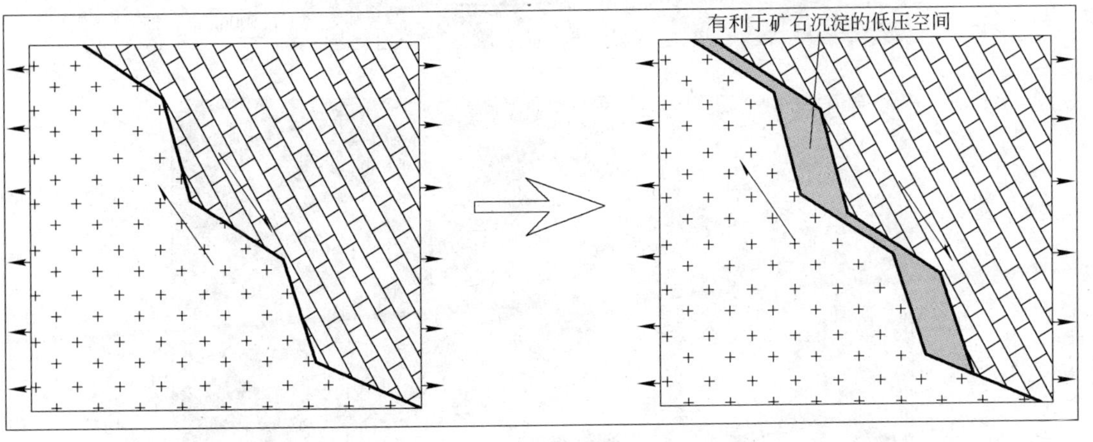

图14-8　控制矿体定位空间的阶梯状接触带断层控矿原理示意图

对于铜山矿体的上述构造控矿模式,设计了动力学模型进行铜山岩体的同构造冷却动力学计算模拟。模型的构成和边界条件见图14-9。模型的初始条件为:地表温度恒定保持为25℃,岩体的初始温度为600℃,沉积岩中的初始温度梯度为2℃/100 m。所有岩石都看成符合Mohr-Coulomb本构关系,模型两边的引张速度为1.73×10^{-10} m/s。计算模拟的结果见图14-10。

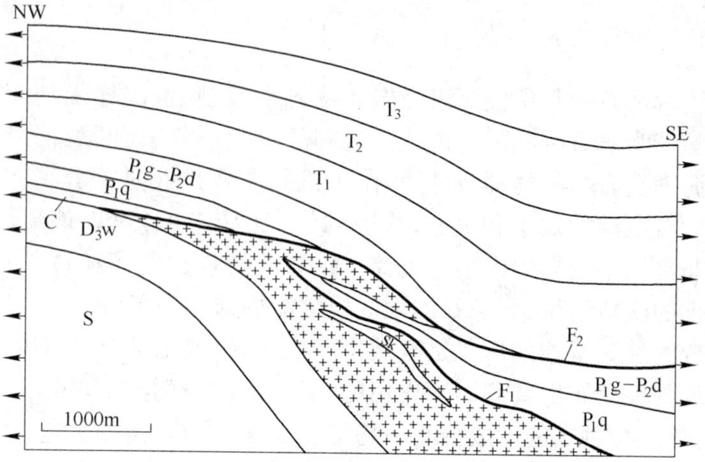

图 14-9　铜山岩体同引张冷却模型的构成及边界条件

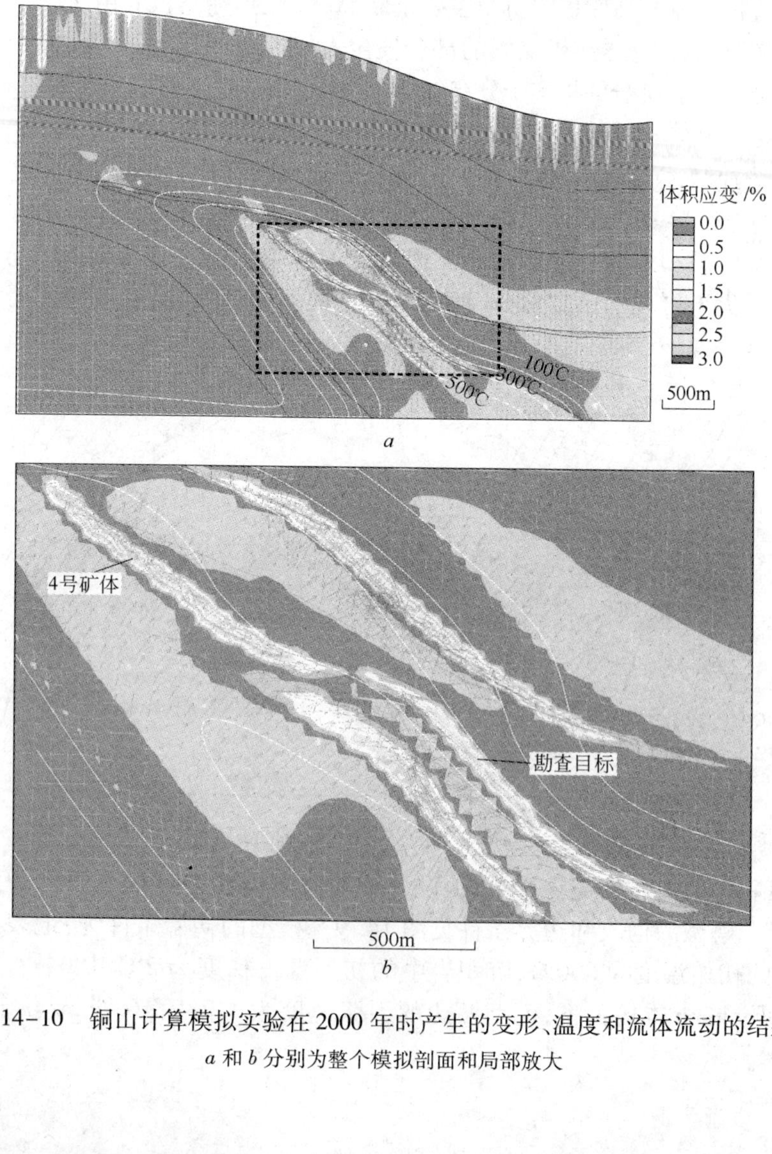

图 14-10　铜山计算模拟实验在 2000 年时产生的变形、温度和流体流动的结果

a 和 *b* 分别为整个模拟剖面和局部放大

计算模拟结果显示，有利于矿石沉淀的汇容扩容空间主要集中于与铜山岩体接触带套合的断层上，而且是断层产状变陡的部分，现在已发现的矿体都产于这种扩容接触带中，在接触带断层向深部延伸的变陡地段同样存在这种有利于成矿的汇流扩容空间，表明深部应存在未发现的矿体。铜山岩体同构造冷却动力学计算模拟的结果不仅进一步证实了图 14-8 所示的波状接触带断层伸展剪切的控矿模式，也证明现有主矿体的深部还存在可能发现的隐伏矿体。

（三）矿床预测及验证结果

2005 年，在帮助铜山铜矿申报国家危机矿山接替资源勘查项目时，采纳上述“接触带断层伸展剪切断裂控矿模式”关于深部存在隐伏矿体的预测结论，所有钻探工程都是基于上述模式而设计的。现在已完成的勘查项目证实了深部隐伏矿体的存在（图 14-11），新增加的铜储量在 22×10^4 t 以上。

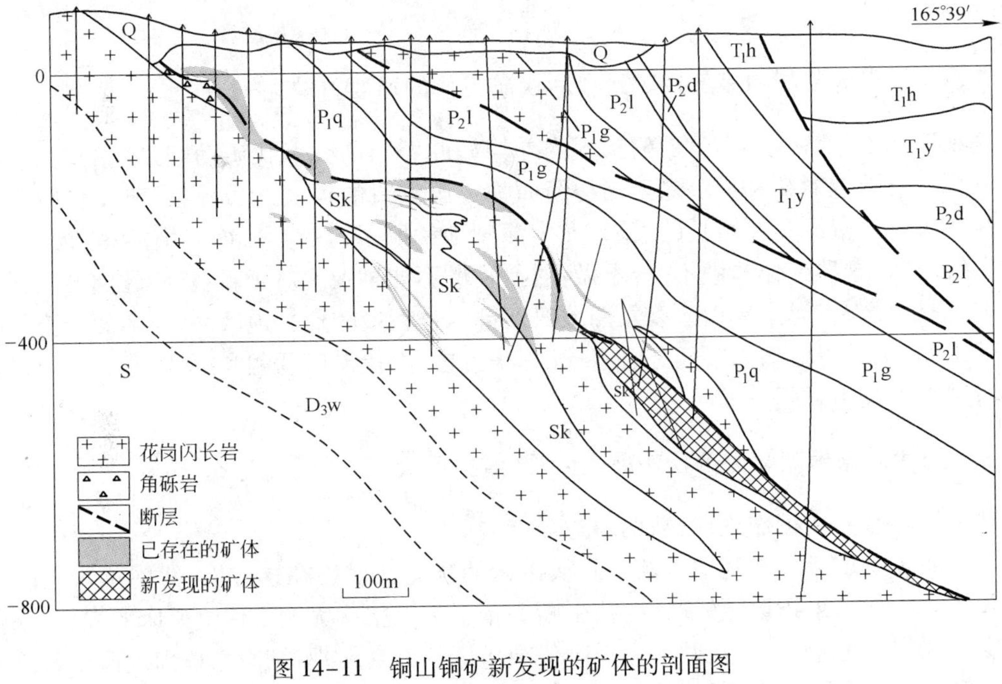

图 14-11　铜山铜矿新发现的矿体的剖面图

结　语

综前所述，作为本书的结束语，作者想再次强调指出三点。

一、隐伏矿床预测和深部找矿是一项探索性、实践性和综合性极强的系统工程

做好这项工作并取得预期的深部找矿效果，既需要先进的成矿学理论指导和深入扎实的地质研究基础，也需要勘查地球物理、勘查地球化学和最新遥感技术等新的方法、手段的密切配合，还需要深部工程验证及时无误和充分地投入。三个需要相辅相成，缺一不可。

二、隐伏矿床预测和深部找矿是今后找矿工作的重要方向之一

这项工作是大势所趋，势在必行，国内外均如此。当前我国找矿勘查工作的现状，许多矿产资源日益严重紧缺和许多老矿山纷纷面临资源危机的现实，以及国家建设和经济持续发展对各类矿产资源日益增长的需求，尤为深刻地说明了这一点。面对上述多方面相互制约的尖锐矛盾，这项工作非做不可，不做不行，晚做不如早做。对于新疆南部昆仑山、阿尔金山等偏远高山区，青海南部山区以及西藏等西部工作程度较低的地区来说，地面和浅部的普查找矿工作，仍是当前的主要任务，但从长远来考虑，隐伏矿床预测和深部探矿，也必将在不久的将来提上议事日程。

三、隐伏矿床预测和深部找矿前景广阔、潜力巨大

这个问题有必要稍作论证，从两个方面来看。

一方面是一切成矿有利地区新的隐伏矿床的预测找矿。在这方面，我国不少地区已取得显著成效。如山东招远、平度地区招平断裂带上大尹格庄大型隐伏金矿床的发现；莱州地区三山岛断裂带上仓上、新立两个大型隐伏金矿床的相继发现，湖南水口山地区康家湾大型隐伏铅锌（金、银）多金属矿床的发现；福建上杭紫金山大型隐伏铜矿床的发现；广东惠来钟区洋铜多金属矿床的发现等等。我国疆域辽阔，从东到西、自南而北，具有成矿有利条件的地区很多很广，在上述各地区纷纷发现大规模隐伏矿床所取得的经验教训的启迪、借鉴下，会有更多新的各类隐伏矿床被发现发掘出来。前景广阔，潜力巨大。

另一方面是老矿山、矿带的深部找矿（包括原有类型和新类型深部矿的探寻）。在这方面，国内外许多老矿山、矿带深部找矿所取得的丰硕成果尤其令人鼓舞，发人深思。

首先值得指出的是，近年来美国卡林金矿带深部新类型隐伏大金矿的不断发现。该带上的低品位微细浸染卡林型金矿，原采矿深度均在100～300 m以内，继1986年美国两家公司执行深部钻探计划，在500 m以下深部首先发现高品位、大规模的波斯特－贝茨隐伏硫化物金矿床之后，其他公司纷纷仿效，通过深入分析研究和深部勘查，又在卡林金矿带其他地

段的深部,相继发现了与波斯特同类型的米克尔和派普莱恩等隐伏大金矿。其中,米克尔隐伏矿床追索到579 m尚未尖灭,继续深延。一系列深部大规模隐伏富金矿床的发现,揭示了美国卡林金矿带深部找矿的巨大潜力。美国卡林金矿带前景如此美好,前已述及,我国许多省(区)均有同类金矿产出,特别是以盛产微细浸染卡林型金矿而驰名的滇、黔、桂金三角地带,是否也应同样具有深部寻找隐伏大矿富矿的潜在远景和潜力呢?很值得引起重视,加以仿效和采取必要的对策、措施。

根据英国矿床学家R. H. 西里托的研究,斑岩矿床系统,在其上部火山－次火山成因的脉状硫化物贵金属矿床和铜矿床之下,都可能有斑岩铜矿床或斑岩金矿床的存在。这一具有深远意义的科学推论,在世界不少地区相继得到证实,在我国也有所反馈。如江西德兴县银山次火山岩型铜铅锌多金属矿床,已有深部细脉浸染型斑岩铜矿化的直接显示。目前钻探工程控制的矿化深度已超过1200 m,矿化还呈继续深延趋势,研究者推测可望延深达2000 m以上。如果一旦证实,确实是斑岩矿床系统深部带大规模斑岩铜矿床的存在,这在世界矿业史上也是不多见的。

福建上杭县紫金山与次火山岩浆作用有关的浅成低温热液型铜(金)矿床,在矿区深部或其周围,是否也有斑岩铜矿床的存在?显然不容忽视,据戴自希材料(1994),矿区也已有重要发现。

我国东部中、新生代陆相火山岩和西北部晚古生代陆相火山岩广为发育,广泛分布,与其相关的浅成低温(或中低温)热液脉型或角砾岩筒型贵金属和有色金属矿化十分强烈,普遍。在这些地区已有火山－次火山成因脉状矿床或角砾岩筒型矿床之下,深部隐伏斑岩铜、金矿床的找矿预测工作,同样是前景广阔、潜力巨大,不容置疑的。

斑岩铜矿本身也存在深部找矿的问题。以江西德兴斑岩铜矿田为例加以剖析,通过20世纪70年代中期的第二轮扩大找矿,矿田内三个大型、超大型斑岩铜矿床都取得了深部找矿的辉煌成果,铜储量和成矿深度均显著增大。其中,铜厂矿床铜储量新增196×10^4 t,成矿深度超过1000 m,富家坞矿床铜储量新增115.4×10^4 t,成矿深度950 m,朱砂红矿床铜储量新增160.1×10^4 t,成矿深度控制达820 m,且继续深延。如此生动的范例,对我国其他许多斑岩铜矿产地,无论是山西中条山斑岩铜矿床、黑龙江多宝山斑岩铜矿床、西藏玉龙斑岩铜矿床等斑岩铜矿的老矿山、老基地,还是新近发现查明的新疆土屋—延东斑岩铜矿带,是否也值得引起重视,并根据本区实际情况考虑深部找矿的问题呢?答案应该是肯定的。

其他类型矿床,如胶东地区的破碎带蚀变岩型金矿,也取得了一系列深部找矿的重大发现和突破。不仅反映在招远界河、河东、玲珑等老矿区深部破碎带蚀变岩型金矿之下,发现了很有发展前景的新的金矿类型——细脉浸染花岗岩型金矿,而破碎带蚀变岩型金矿本身也存在深部找矿的前景。20世纪80年代后期,山东省地矿局第六地质队在招远台上金矿区施工超深钻探,进行深部探矿。这个终孔1060 m的超深钻孔,在垂深907 m、977 m和1050 m三处,分别见到三层金矿体。其中主矿体厚度超过30 m,并且随着矿化继续深延,矿体厚度和品位均呈稳定增长的趋势。众所周知,长期以来,我国金矿多在垂深300～500 m以上进行探采,加上国内不少金矿床多具上富下贫、上宽下窄,500 m以下渐趋尖灭的变化特征,500 m以下的情况一向不为人所重视。台上金矿区超深探矿所取得的重大突破,不仅揭开了胶东金矿深部找矿的新局面,也将对全国老矿山的深部找矿产生深远的影响。

上面不厌其烦地罗列了一系列事实和数据,目的都在于说明,在我国不论是成矿有利地区新的隐伏矿床预测找矿工作,还是老矿山、矿带的深部找矿工作,都大有可为,前景广阔,潜力巨大。但是,美好的前景、客观的潜力,能否转化成为现实的成效,实现深部隐伏矿床探寻的不断突破和我国地质找矿及矿业开发的持续发展,关键在于深入扎实而又科学有效并富有创新精神的工作,以及必需的工作量的投入。当然,也还需要政府有关部门以及地质和矿业界一切有识之士对这项事业的大力支持、扶助和满怀热情的关注。

参 考 文 献

[1] 舍赫特曼 П A 等著．热液矿床详细构造预测图[M]．石准立等译．北京:地质出版社,1982.

[2] 阿里斯托夫 B B 等著．隐伏矿床的普查问题[J]．编辑部译．国外地质科技,1982.

[3] 池三川．隐伏矿床(体)的寻找[M]．武汉:中国地质大学出版社,1988.

[4] 施林道．隐伏矿的分类．找矿途径和找矿方法会议[J]．中国地质,1987(8).

[5] 姚金炎．隐伏矿床及其找矿方法[J]．地质与勘探,1990(3).

[6] 黄崇柯．努力提高找隐伏矿的效果[J]．中国地质,1987(4).

[7] 程裕祺,陈毓川,赵一鸣．初论矿床的成矿系列问题[J]．中国地质科学院院报,1979,1(1).

[8] 翟裕生．论成矿系统[J]．地学前缘,1999,6(1).

[9] 翟裕生,彭润民,邓军,等．成矿系统分析与新类型矿床预测[J]．地学前缘,2000,7(1).

[10] 陈毓川,毛景文．桂北地区成矿系列和成矿历史演化轨迹[M]．南宁:广西科学技术出版社,1995.

[11] 江西地质科学研究所．江西省铜矿地质特征、分布规律与找矿方向[R]．江西省地质局,1977 .

[12] 国家地质总局．德兴斑岩铜矿现场会议纪要,1977.

[13] 刘家远．江西与中酸性斑岩有关铜矿床的含矿岩体特征及其对成矿的控制[J]．地质科技, 1978(5).

[14] 翟裕生,林新多主编．矿田构造学[M]．北京:地质出版社, 1993.

[15] 常印佛,刘湘培,吴言昌．长江中下游地区铁铜成矿规律[M]．北京:地质出版社, 1992.

[16] 刘家远．地洼花岗岩的多位一体复合成矿模式[J]．江西地质, 1989,3(2).

[17] 马长信．关于彭山高挥发分花岗岩底辟穹隆构造及其控矿作用[J]．地质论评, 1989,35(2).

[18] 刘家远．北方两类花岗岩两个金矿成矿系列．中国北方花岗岩类及其成矿作用学术讨论会论文集[M]．北京:地质出版社,1989.

[19] 袁奎荣等．隐伏矿床预测及深部找矿[M]．北京:科学出版社, 1990 .

[20] 刘家远．花岗岩类杂岩体中的晚期隐伏岩体与深部找矿[C]．桂林冶金地质学院 30 周年院庆论文集, 1986.

[21] 刘家远．赣西北地区爆发角砾岩[J]．江西地质科技情报, 1975(1).

[22] 蒋匡仁．矿物演化周期性探讨[J]．矿物学报, 1983(4).

[23] 切克瓦伊泽 B B 著．丘郁文译．网脉型金—硫化物—石英矿化的矿物地球化学普查模式[J]．国外地质科技, 1988(4).

[24] 庄锦良等．湘南地区锡铅锌隐伏矿床预测研究[M]．北京:地质出版社,1993.

[25] Смирнов В И. Геология Полеэных Исколамых. М.《Недра》,1982.

[26] W. Boyle R. Geochemical methods for the discovery of blind mineral deposits[J]. Geological Survey of Canada , 1981 , 75(844).

[27] 冶金部北京地质研究所．隐伏地质构造与矿产预测及方法研究专题论文集[C],1983.

[28] 吴承栋．近二十多年来矿床学和矿产预测工作的发展特点[J]．地质科技动态 , 1984(3).

[29] 谭立平著．台湾金瓜石金—铜矿床[J]．陶正章译．Newsletter , 1991(7).

[30] 宋慈安,雷良奇,等．甘肃北山戈壁景观条件下地球化学找矿试验研究[R]．桂林工学院,甘肃有色地质勘查局,1999.

[31] 柳志青,卢德林,等．胶东金矿直接指示植物——中国石竹[J]．黄金科技动态, 1990(10).

[32] Engineering Mining Journal, 1982,183(10).

[33] 胡惠民．大比例尺成矿预测方法[M]．北京:地质出版社, 1995.

[34] 刘亮明．金家庄矿田成矿断裂构造地球化学研究及隐伏矿床预测[J]．地质与勘探, 1993,29(3).

[35] 王世称,陈永良,夏立显．综合信息矿产预测理论与方法[M]．北京:科学出版社,2000.

[36] 杨言辰,李绪俊,马志红．生产矿山隐伏矿体定位预测[J]．吉林大学地球科学学院, 2002.

[37] 吴孝国. 物探能否直接找矿[J]. 地质与勘探,1989,25(12).
[38] 傅良魁主编. 电法勘探文集[M]. 北京:地质出版社,1986.
[39] 徐增亮,徐海江. 美国金矿[M]. 北京:原子能出版社, 1989.
[40] 桂林冶金地质研究所. 金属矿区地面物探方法概论[M]. 1973.
[41] 崔霖沛等. 寻找以铜矿为主的隐伏矿床的物探方法[R]. 地质矿产部"八五"重点攻关项目, 1994.
[42] 邓振球,李锡鸿,王欣观. 重、磁力测量在发现新疆黄山铜镍矿床中的作用[R]. 新疆地矿局,1994.
[43] 刘家远. 隐伏矿床预测的理论和方法.《造山带地质矿产研究的理论与方法》[R]. 地矿部秦岭项目办公室,1990.
[44] Маркушин Я Б. 在金属矿床普查工作中区分物探异常的综合方法[J]. 编辑部译自《Разведка Иорана Недра》,1974(5).
[45] 刘石年. 成矿预测学[M]. 长沙:中南工业大学出版社, 1993.
[46] 熊光楚. 地球物理调查预测金属矿产[M]. 北京:地质出版社, 1986.
[47] 曹洛华. 物探方法在长江中下游矽卡岩型铜矿床找矿中的应用[M]. 地球物理与中国建设. 北京:地质出版社,1997.
[48] 钱建平. 构造地球化学浅议[J]. 地质地球化学,1999,27 (3):94~101.
[49] 钱建平. 构造动力成矿理论的若干问题[J]. 地质地球化学,2002,30(4):1~6.
[50] 钱建平. 断裂构造地球化学的研究进展和发展方向,世纪之交矿物学、岩石学、地球化学的回顾与展望[M]. 北京:原子能出版社,1998:347~351.
[51] 钱建平. 广西珊瑚矿区中部成矿期构造应力场、热力场和地球化学场的耦合作用及成矿分析[J]. 矿物学报,1998,14(4):514~524.
[52] 钱建平,张力,董忠. 广西珊瑚长营岭矿床矿液流向的确定及其意义[J]. 地质与勘探, 1993,5:6~10.
[53] 钱建平. 黔西北威宁-水城铅锌矿带地质特征和动力成矿作用研究[J]. 地质地球化学,2001,29(3):134~139.
[54] 钱建平,杨国清,李少游. 贵州独山锑矿的地质地球化学特征及构造动力热液成矿[J]. 地质地球化学,2000,28(2):56~60.
[55] 吴次芳,陆景冈,董岩翔,齐家喆,麦广田. 地质构造地球化学特征要素及其在区域化探解释中的应用[J]. 物探与化探,1993,17(1):14~20.
[56] 浙江省土壤微量元素的构造地球化学特征[J]. 1991,23(8):334~338.
[57] 罗孝桓. 黔西南卡林型金矿勘查中的构造地球化学研究[J]. 贵州地质, 2000,17(4): 249~253.
[58] 赵柞永,李念凤,华曙光. 构造地球化学测量在找金中的应用[J]. 黄金地质,1998,4(4):25~29.
[59] 孙家骢,江祝伟,雷跃时,周大鹏,杨合荣. 动力驱动岩浆和矿液成矿机理初析——以个旧马拉格矿田锡多金属矿床为例[G]. 全国第二届构造地球化学学术讨论会论文摘要汇编,中国矿物岩石地球化学学会,元素地球化学区域地球化学委员会,贵州省矿物岩石地球化学学会. 1980. 10: 99~102.
[60] 韩润生,陈进,高德荣,黄智龙,马德云,李元,赵德顺. 构造地球化学在隐伏矿定位预测中的应用. 地质与勘探,2003,39(6):25~28.
[61] 袁奎荣. 隐伏花岗岩预测及深部找矿[M]. 北京:科学出版社,1990:92~112,140~152.
[62] 翁文波. 预测论基础[M]. 北京:石油工业出版社,1984:15~17.
[63] 张远飞,吴建生. 基于遥感图像提取矿化蚀变信息[J]. 有色金属矿产与勘查,1999,8(6):604~606.
[64] 马建文,赵忠民,布和敖斯尔. 遥感数据模型与处理方法[M]. 北京:中国科学技术出版社,2001. 9.
[65] 李冬田. 遥感地质学[M]. 北京:地质出版社,1988. 3.
[66] 李铁芳,冯均佖,苏民生. 遥感图像数字处理原理与应用[M]. 昆明:云南科技出版社,1987.

[67] 郭华东等．遥感找矿方法与实践[M]．北京:科学出版社,1995. 10.
[68] 周成虎,杨晓梅,等．遥感影像地学理解与分析[M]．北京:科学出版社,1999. 12.
[69] 浦瑞良,宫鹏．高光谱遥感及其应用[M]．北京:高等教育出版社,2000. 8.
[70] 郭华东．对地观测技术与可持续发展[M]．北京:科学出版社,2001. 2.
[71] 张钧屏,方艾里,万志龙,等．对地观测与对空观测[M]．北京:科学出版社,2001. 2.
[72] 张永生,张云彬．航天遥感工程[M]．北京:科学出版社,2001. 2.
[73] 刘玉洁,杨忠东,等．MODIS 遥感信息处理原理与算法[M]．北京:科学出版社,2001. 2.
[74] 斯韦恩 P H, 戴维 S M. 遥感定量方法[M]．北京:科学出版社,1984. 4.
[75] 朱述龙,张占睦．遥感图像获取与分析[M]．北京:科学出版社,2000. 4.
[76] 李晋明等．长江中下游产业密集带遥感调查文集[M]．北京:地质出版社,1993. 2.
[77] 崔屹．图像处理与分析数学形态学方法及应用[M]．北京:科学出版社,2000. 4.
[78] 贾永红．计算机图像处理与分析(第二版)[M]．武汉:武汉大学出版社,2001. 4.
[79] 张永生．遥感图像信息系统[M]．北京:科学出版社,2000. 4.
[80] 孙家炳,舒宁,关泽群．遥感原理、方法和应用[M]．北京:测绘出版社,1997. 6.
[81] 美国地质调查局,美国大气海洋局．陆地卫星 4/5 数据用户手册[M]．北京:科学出版社,1987.
[82] 林辉,何安国,李际平．高分辨率遥感及应用[M]．北京:科学出版社,2004. 7.
[83] 广西壮族自治区地质调查研究院第四地质队．广西横县河塘岩体周边地区金多金属矿大比例尺成矿预测报告[R],内部资料．1998. 12.
[84] 刘家远,柳怀之．广西大瑶山南缘火山岩浆作用与贵重、有色金属成矿(桂林工学院桂东南专题组,内部资料)[R]. 1997. 5.
[85] 中国遥感卫星地面站用户简讯[J],1999(4).
[86] 张玉君,杨建民,陈薇．ETM +(TM)蚀变遥感异常提取方法研究与应用[J]．国土资源遥感,2002(4):30 ~ 36.
[87] 张玉君,杨建民．基岩裸露区蚀变岩遥感的提取方法[J]．国土资源遥感,1998 (2):46 ~ 53.
[88] 邓兆伦．遥感与地学数据综合分析技术在长白山地区寻找隐伏矿的应用研究[J]．国土资源遥感,1994 (1):7 ~ 14.
[89] Darch J P, Barber J. Multitemporal Remote Sensing of Geobotanical Anomaly[J]. Economic Geology, 1983,78:770 ~ 782.
[90] Kowaiik W S, Glenn W E. Image processing of aeromagnetic data and integration with Landsat images for improved structural interpretation[J]. GEOPHISICS,July,1987,52(7):875 ~ 884.
[91] Wiliam Collins,Sheng-Huei Chang,Gary Raines, Frank Canney:Airborne Biogeophysical Mapping of Hidden Mineral Deposits[J]. Economic Geology, 1983,78:737 ~ 749.
[92] 冈萨雷斯 R C, 温茨 P. 数字图像处理[M]．北京:科学出版社,1983:14 ~ 32,123 ~ 192.
[93] 罗森菲尔特 A,卡克 A C. 数字图像处理[M]．北京:人民邮电出版社,1982:9 ~ 46,66 ~ 110,159 ~ 209.
[94] 普拉特 W K. 数字图像处理学[M]．北京:科学出版社,1984:2 ~ 3,75 ~ 97.
[95] 陈述彭．遥感大辞典[M]．北京:科学出版社,1990:141.
[96] 孙星和．宇航遥感物理基础[M]．北京:地震出版社,1990:96 ~ 128.
[97] 吕斯骅．遥感物理基础[M]．北京:商务印书馆, 1981:330 .
[98] 《遥感概论》编写组．遥感概论(高校教材)[M]．北京:高等教育出版社,1986:29.
[99] 马蔼乃．遥感概论[M]．北京:科学出版社, 1984:60 ~ 66.
[100] 约翰 E. 埃斯蒂斯．遥感手册(第六分册)[M]．北京:国防工业出版社,1983,2:4 ~ 12.
[101] 莫伊龙 J G. 遥感图像的数字处理[M]．北京:气象出版社,1987:165 ~ 190.

[102] 濮静娟,刘佚．遥感文选——热红外遥感在地学方面的应用[M]．北京:科学出版社,1981:343.

[103] 朱亮璞．遥感地质学[M]．北京:地质出版社,1994:153 ~ 158.

[104] 斯韦思 P H,戴维 S M,朱振福,等译．遥感定理方法[M]．北京:科学出版社,1984:84 ~ 85.

[105] 傅京孙．模式识别应用[M]．北京:北京大学出版社, 1990:1 ~ 4,6 ~ 7.

[106] 中国科学院遥感应用研究所．空间遥感图像的分析应用[M]．北京:国防工业出版社,1986:17,20.

[107] Robert K Vincent etc. Magnetic and Gravity Image processing for petroleum and Mineral Exploration [M]. Remote Sensing ,1980:456 ~ 457.

[108] Kowaiik W S, Glenll W E. Image processing of aero-magnetic data and integration with Landsat images for improved structural interpretation[J]. Geophysics,1987,52(7): 875 ~ 884.

[109] Norman R Paterson, Colin V Reeves. Applications of gravity and magnetic surveys:The state-of-the-art in 1985[J]. Geophysics, 1985,50(12):2558 ~ 2594.

[110] F. P. Agterberg-Application of Image Analysis and Multivariate Analysis to Mineral Resource Appraisal Economic Geology, 1981,76:1016 ~ 1031.

[111] Patricia Termain Eiason etc. Integration of geologic, geochemical, and geophysical data of the Cement oil field, Lklahoma, using spatial array processing[J]. Geophysics,1983,48(10):1305 ~ 1317.

[112] Lindrith Cordell and Daniel H. Knepper[J]. Aeromagnetic images: Fresh insight to the buried basement, Rolla quadranyle, southeast Missouri. Geophysics, 1987,52(2):218 ~ 231.

[113] Cuinnecc E A etc. Digital Image processing Applied to Analysis of Geophsical and Geochemical Data for Southern Missouri[J]. Economic Geology, 1983,9(1):59 ~ 63.

[114] Stan Aronoff. Image processing for Data Integration in Mineral Exploration Presented By V[M]. Dube at the Interational Geological Instrument Exhibition, Beijing, China, August 1 ~ 10, 1984.

[115] Susan B Freeman etc. Display Techniques for Integrated data sets[J]. Computer & Geosciences,1983,9(1): 59 ~ 64.

[116] 吴虹．位场数字图像模拟显示的量化技术[J]．桂林冶金地质学院学报,1991,11(8):287 ~ 297.

[117] 吴虹．花岗岩体的遥感重磁环影同现模式[J]．桂林冶金地质学院学报,1988,8(3):293 ~ 302.

[118] 吴虹．位场资料的数字图像处理及其应用[J]．桂林冶金地质学院学报,1986,3(6):73.

[119] 全国遥感地质工作协调小组办公室(吴虹执笔)．多源地学信息数字图像综合处理技术现状及发展方向[J]．国土资源遥感,1991. 9(3):3 ~ 10.

[120] 吴虹．重、磁阴影图像在构造地质研究中的应用[G]．全国矿床构造学交流会论文摘要汇编(下册),1987:98.

[121] 吴虹．大厂锡矿及外围地区航天 MSS 照片和航磁 ΔT 资料数字图像处理的应用效果,1984 国际锡矿地质讨论会论文集[M]．北京:地质出版社,1987.

[122] 吴虹．花岗岩体的遥感重磁环影同现模式[G]．89'京国际地球物理讨论会论文摘要(分组会宣读)地矿部北京计算机中心《地质信息技术》编辑部,1989:98.

[123] 吴虹．位场数字图像模拟显示量化技术[G]．91'北京计算机在地学中的应用国际讨论会论文摘要(大会宣读). CGS 和 COGS 联合举办:787 ~ 789.

[124] 吴虹．矿产勘查数字图像处理学初探[G]．91'北京计算机在地学中的应用国际讨论会论文集．CGS 和 COGS 联合举办:790 ~ 792.

[125] 吴虹,陈春香．地球化学数据可视化分析．KL 变换在阳春 - 石录地区二轮找矿中的应用[J]．地质与勘探,2003(4):54 ~ 59．

[126] 杨斌,罗德宣．广西大厂锡多金属矿田成矿物质来源及矿床成因分析[C]．有色金属矿产勘查．第三届有色金属矿床和矿业地质学术讨论会论文集,1999. 12:466 ~ 469.

[127] 张起钻．广西大厂超大型锡多金属矿床同位叠加成矿作用[C]．有色金属矿产勘查．第三届有色金属矿床和矿业地质学术讨论会论文集,1999. 12:482 ~ 485.

[128] U. S. Geological Survey, National Oceanic and Atmospheric Administration: LANDSAT 4 版 DATA USERS HANDBOOK, u. s. geological Survey Distribution branch,1984, 12.

[129] Wu Hong. Application of Digital Image Processing on Aerial MSS Photos and Aeromagnetic ΔT Data in Dachang Tin Deposit and its Neighboring Areas[J]. Abstracts, International Symposium on Geology of Tin Deposits, Sponsored by Organizing Committee of ISGTD RMRDC of ESCAP and Chinese Academy of Geological Sciences, Nanning, China,1984,28(2):125 ~ 126.

[130] 吴虹．浅隐花岗岩体的遥感重磁环形影像同现模式[C]．勘探地球物理国际讨论会论文摘要集．中国勘探地球物理联合会(UCEG)和美国地球物理学家协会(SEG)联合举办,中国,北京,1989. 6:19 ~ 23, 89.

[131] 吴虹．用 S101 提取大厂和平桂地区花岗岩体遥感影像特征的增强处理方法[J]．遥感与地质, 1987 (2):28 ~ 34.

[132] 吴虹．大厂、平桂钨锡矿床矿化元素分散场的相关显示及图像模式[C]．桂林冶金地质学院庆祝建校三十周年隐伏矿床预测科研论文专辑,1986: 89 ~ 96.

[133] 吴虹．广西大厂地区龙箱盖复式环形构造的综合解译[J]．冶金地质遥感简报,1983(2).

[134] 吴虹．用 101 系统处理陆地卫星 2 号(LANDSAT—2)广西钟山幅遥感图像的几点经验[J]．冶金地质遥感简报,1982(3):6 ~ 10.

[135] Guinness E A, Arvidson R E, Leff C E, Edwards M H, Bindschadler D L. Digital Image Processing Applied to Analysis of Geophysical and Geochemical Data for Southern Missouri[M], Economic Geology, 1983,78:654 ~ 663.

[136] Volk P, Haydn R: Integration of Remote Sensing and Other Geo-Data for Ore Exploration[C], a SW-IBERIAN Case Study, Presented at the 5th Thematic Conference: Remote Sensing for Exp Exploration Geology, Reno, Nevada, September 29-October 1, 1986.

[137] 刘家远,钱建平,程志平,单娜琳．新疆东准噶尔陆相火山作用与金铜成矿[M]．北京:地质出版社,2002.

[138] 陈国达,杨心宜．活化构造成矿学[M]．长沙:湖南教育出版社,2003.

[139] 刘亮明,蔡爱良．深部找矿：地质理论、勘查技术、投资决策的难题及对策[J]．地质通报, 2009, 28(7):923 ~ 932.

[140] 刘亮明, 彭省临, 张宪润．铜陵凤凰山矿区隐伏矿床预测研究的主要策略及初步成效[M]．湖南矿物地球化学论丛, 长沙：中南大学出版社, 2000. 91 ~ 93.

[141] 刘亮明,吕俊武,彭省临,王国平,方维萱,邵拥军．成熟勘探矿集区新一轮找矿:勘查战略创新及铜陵矿集区找矿实例[J]．地质论评,2005,51(3):790 ~ 792.